高等职业教育机电类新编技能型规划教材

SolidWorks 工程项目实践

主　编　苑成友　杨玉霞
副主编　牛　鑫　蒋丽华
参　编　商冬青　闫帅平　崔宗超
　　　　张九强　王　娜
主　审　殷国富

黄河水利出版社
·郑州·

内 容 提 要

本书以 SolidWorks2011 中文版为基础，根据完整的机械设计流程，以圆锥圆柱齿轮减速器为例，按照机械零件建模从易到难的特点，循序渐进地安排教学内容，帮助读者掌握用 SolidWorks 进行机械设计的方法和技巧。全书共 14 章，各章内容均是基于项目化教学的思路编写的，主要内容有 SolidWorks 概述、SolidWorks 建模基础知识、草图绘制、零件三维建模、组装装配体模型、SolidWorks 模拟仿真概述、创建工程图等。

本书适用于大专、高职等院校的机械专业三维建模的教学，也可作为 SolidWorks 培训教材或工程技术人员学习 SolidWorks 技术的参考书。

图书在版编目(CIP)数据

SolidWorks 工程项目实践/苑成友主编. —郑州：黄河水利出版社，2013.9(2018.3 修订重印)

高等职业教育机电类新编技能型规划教材

ISBN 978-7-5509-0544-3

Ⅰ.①S… Ⅱ.①苑… Ⅲ.①工程制图-计算机制图-应用软件-高等职业教育-教材 Ⅳ.①TB237

中国版本图书馆 CIP 数据核字(2013)第 217096 号

组稿编辑：贾会珍 电话：0371-66028027 E-mail：110885539@qq.com

出 版 社：黄河水利出版社

地址：河南省郑州市顺河路黄委会综合楼 14 层　　邮政编码：450003

发行单位：黄河水利出版社

发行部电话：0371-66026940、66020550、66028024、66022620(传真)

E-mail：hhslcbs@126.com

承印单位：河南承创印务有限公司

开本：787 mm×1 092 mm 1/16

印张：17

字数：413 千字　　印数：3 001—5 000

版次：2013 年 9 月第 1 版　　印次：2018 年 3 月第 2 次印刷

定价：34.00 元

前　言

SolidWorks 软件是基于 Windows 系统开发的三维 CAD 系统。对于机械工程师用户来讲，它的主要功能有三维建模、三维装配、工程图、运动分析、动画制作等。由于 SolidWorks 软件具有功能强大、易学易用和技术创新等特点，其已成为领先的、主流的三维 CAD 解决方案。SolidWorks 软件释放了设计师和工程师的创造力，使他们只需花费同类软件所需时间的一小部分即可设计出更好的、更有吸引力的、在市场上更受欢迎的产品。

高等职业教育培养的是生产建设管理与社会服务第一线实用型人才，更强调对职业的针对性和对职业技能能力的培训，是以社会人才市场需求为导向的就业教育。

本教材编者均有在企业工作的经历，有的长达数 10 年之久，深知企业需要什么样的人才，也深知应该给高职学生传授什么样的知识与技能，在教学工作中尽量地做到"必须"与"够用"，培养技术应用型人才。

三维造型技术已成为机械设计的主流技术。对于高职机械专业的学生来讲，在踏入社会之前熟练地掌握一种三维软件是必不可少的技能之一，只有这样才能满足社会对他们的要求，才能有更好的职业发展前景。

目前，高职学校工科专业中存在文科生与理科生兼招的情况，大部分学生来自于普通高中，也有部分学生来自于职业高中、中专、技校，有些学生有电脑操作基础，有些学生在电脑技术方面的知识是一片空白，种种情况造成了同一专业或是同一班级中学生基础参差不齐的现状。鉴于此种情况，传统的按知识体系来划分章节的教材已不能适应新形势下的教学需求，需要有与之相适应的新教材。

本教材是按"以项目为导向，以任务为驱动"的项目化教学思路编写的，所选择的实例为机械设计中的经典实例——蜗杆蜗轮减速器的设计，编写规划思路为：零件—部件—总装配—模拟仿真—分析仿真结果—绘制二维零件图纸—绘制二维装配图。通过对一个完整的工程项目的学习，学生能够掌握 SolidWorks 在工程实际中的应用技巧。

本教材采用了启发性的教学方法来培养学生融会贯通的能力，所讲授的绘图方法简便、操作方法快捷，每个实例均给出了详细的绘图步骤，并配置了相应的录像课件。在由简到繁的实例中，学生逐渐学习在 SolidWorks 环境下的绘图技巧，深化掌握 SolidWorks 各模块的核心功能，并掌握其高级应用，提高设计质量，进而为将来的高效率工作作好准备。

本教材由济源职业技术学院的苑成友、杨玉霞担任主编，济源职业技术学院的牛鑫、蒋丽华担任副主编，济源职业技术学院的商冬青、闫帅平、崔宗超、张九强、王娜担任参编。其中，苑成友编写第 1、2、9 章，杨玉霞编写第 14 章，牛鑫编写第 3、4 章，蒋丽华编写第 7 章，商冬青编写第 6 章，闫帅平编写第 5、13 章，崔宗超编写第 8 章，张九强编写第 10、11、12 章。全书由杨玉霞统稿，由四川大学制造科学与工程学院殷国富担任主审。

本教材的编写工作得到了各位同仁的帮助与指导，在此一并表示感谢！

由于编者水平有限，教材中难免有欠妥和错误之处，恳请读者批评指正。

编　者

2013 年 6 月

目　录

第 1 章　SolidWorks 概述

SolidWorks 软件是基于 Windows 系统开发的三维 CAD 系统。对机械工程师来说,它的主要功能有三维建模、三维装配、工程图设计、运动分析、动画制作等。SolidWorks 的功能强大、易学易用和技术创新等特点,使其成为领先的、主流的三维 CAD 解决方案。SolidWorks 释放了设计师和工程师的创造力,使他们只需花费同类软件所需时间的一小部分即可设计出更好的、更有吸引力的、在市场上更受欢迎的产品。

1.1　SolidWorks 软件启动与文件管理

1.1.1　SolidWorks 软件启动

通过以下两种方法均可启动 SolidWorks 软件:

(1)启动方法一,直接双击桌面上的 SolidWorks 启动快捷方式,如图 1－1 所示。

图 1－1　软件启动方法一

(2)启动方法二,通过“开始”菜单栏,如图 1－2 所示。

图 1－2　软件启动方法二

1.1.2 SolidWorks 文件管理

1.1.2.1 新建文件

启动 SolidWorks 软件后，进入的是一个任务窗格，如图 1－3 所示。

图 1－3 任务窗格

通过这个对话框，用户既可以打开已有文件，也可以新建一个文件。如果选择“新建”命令图标，则系统会弹出“新建 SolidWorks 文件”对话框，如图 1－4 所示，可选择 3 种不同的文件形式——零件、装配体和工程图。

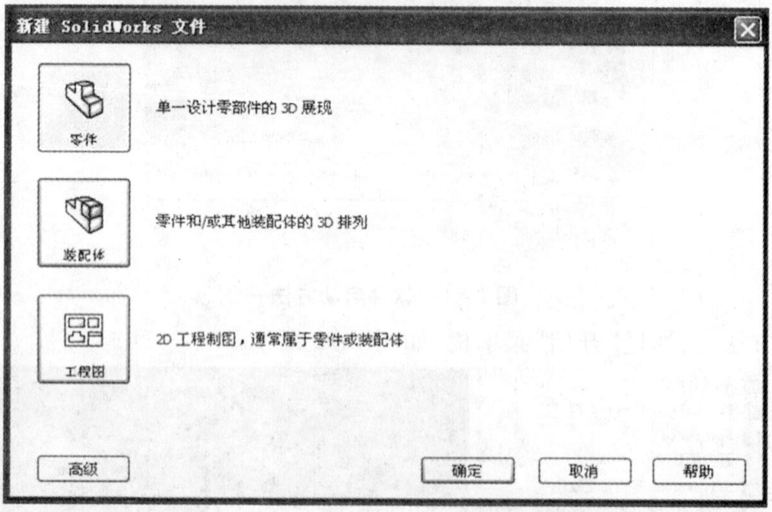

图 1－4 “新建 SolidWorks 文件”对话框

(1)单击“零件”—“确定”，系统进入零件建模环境，如图 1－5 所示，在此环境下可进行三维模型的创建。

图 1-5　零件建模环境

(2)单击“装配体”—“确定”,系统进入装配体建模环境,如图 1-6 所示,在此环境下可进行三维模型的装配。

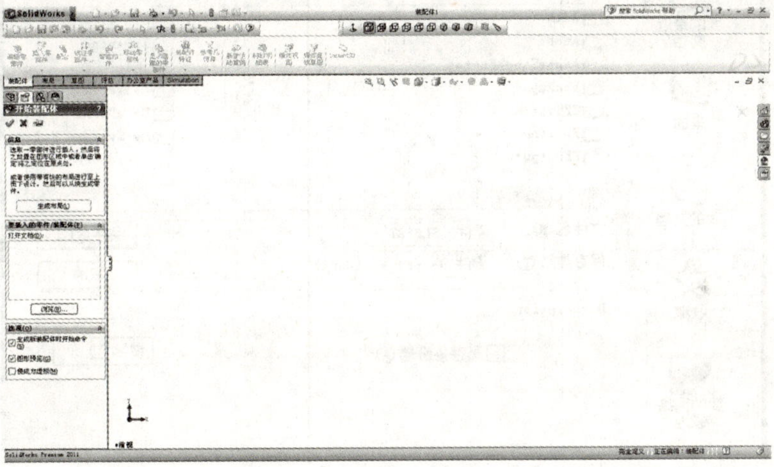

图 1-6　装配体建模环境

(3)单击“工程图”—“确定”,系统进入工程图绘制环境,如图 1-7 所示,在此环境下可将三维模型或装配体二维图轻松地转换出来。

1.1.2.2　**打开文件**

启动 SolidWorks 软件后,单击打开文件命令图标,可打开现有的 SolidWorks 软件系统能识别的文件。也可以在进入“零件”、“装配体”或“工程图”绘图环境后,单击打开文件命令图标,可打开 SolidWorks 软件系统能识别的文件。

1.1.2.3　**保存文件**

在第一次保存文件时,系统会弹出“另存为”对话框,如图 1-8 所示。单击“我的文档”右边的下拉箭头,设置要保存的文件路径,修改文件名,单击“保存”,就可以保存文件。在绘图过程中,要及时单击保存文件命令图标,保存文件,以防在掉电等意外情况发生时的数据丢失。

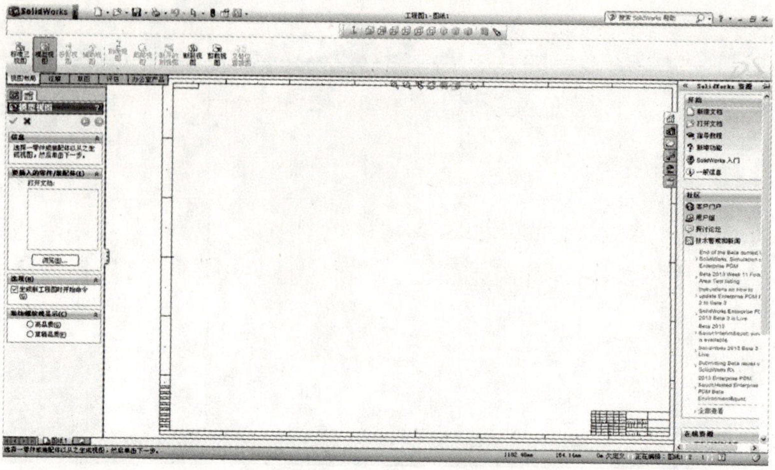

图 1－7　工程图绘制环境

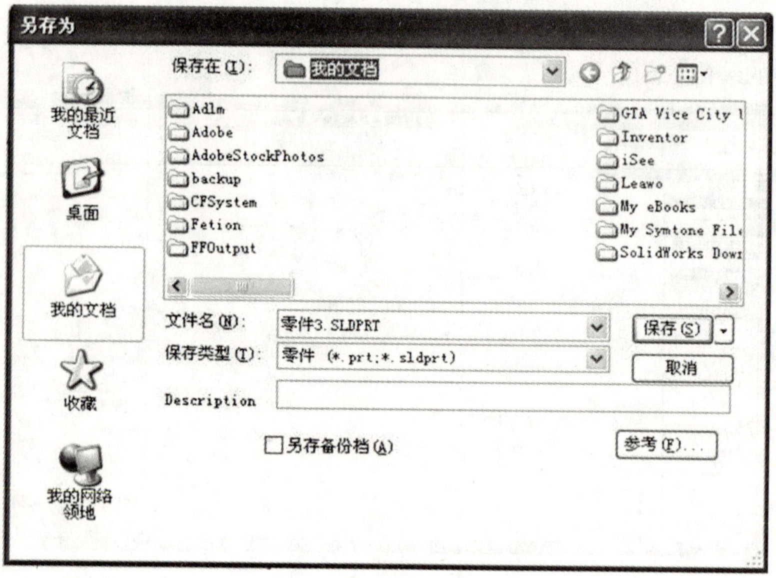

图 1－8　“另存为”对话框

1.2　SolidWorks 菜单栏

SolidWorks 的所有命令都可通过菜单执行，对于上述 3 种不同的系统环境——零件、装配体和工程图来说，主菜单都是一样的，不同的是下级子菜单。下面简单介绍一下 SolidWorks 的菜单命令。

1.2.1　“文件”菜单栏

“文件”菜单栏用来对文件进行操作，菜单命令如图 1－9 所示。菜单中的大多数命令和其他 Windows 应用程序一样，用来对文件进行新建、打开、保存、打包、打印、发送等操作。

其中“从零件制作工程图”命令用来新建一个工程图文件，并将正在打开的三维零件转换到这个工程图中。“从零件制作装配体”命令用来新建一个装配体文件，并将正在打开的三维零件插入到这个装配体中。“打包”命令用来将文件进行打包，可防止文件遗漏，此命令尤其在装配体中应用更多，可将原来分散的与装配体有关的文件打包在一个文件下。

1.2.2 “编辑”菜单栏

在“零件”环境下，“编辑”菜单栏如图 1-10 所示。“外观”命令可用来更改零件模型或装配体的颜色。在每个菜单栏中都添加了一个“自定义菜单”命令，选择该命令可以自定义菜单栏中要包含的命令。

1.2.3 “视图”菜单栏

“视图”菜单栏用来控制绘图区域要显示或隐藏的绘图元素，如图 1-11 所示。通过“显示”菜单的下级子菜单命令还可以控制零件的显示模式、曲率、切边等。

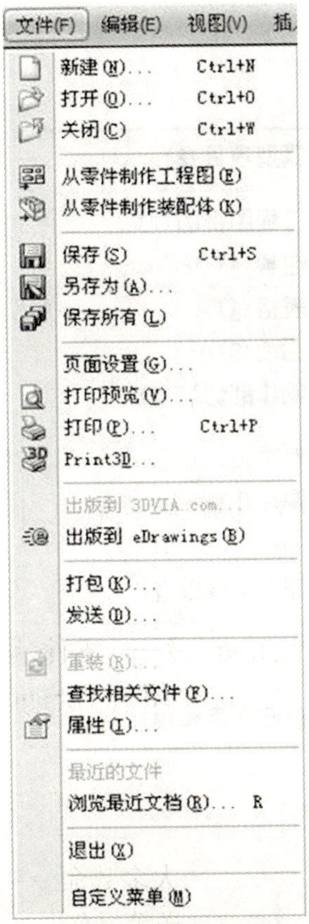

图 1-9 “文件”菜单栏

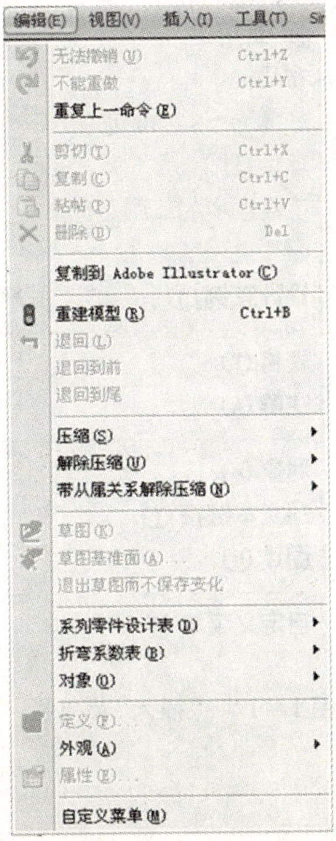

图 1-10 “编辑”菜单栏

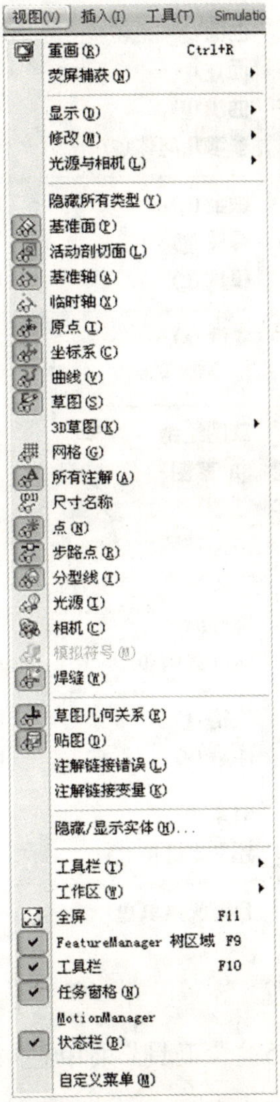

图 1-11 “视图”菜单栏

1.2.4 “插入”菜单栏

在“零件”环境下,“插入”菜单栏包含了所有建模命令,是三维建模的基础。在“装配体”环境下,“插入”菜单栏包含零部件、爆炸视图、新建运动算例等命令。在“工程图”环境下,“插入”菜单栏包含工程图视图、注解、表格、图纸等命令,如图 1 – 12所示。

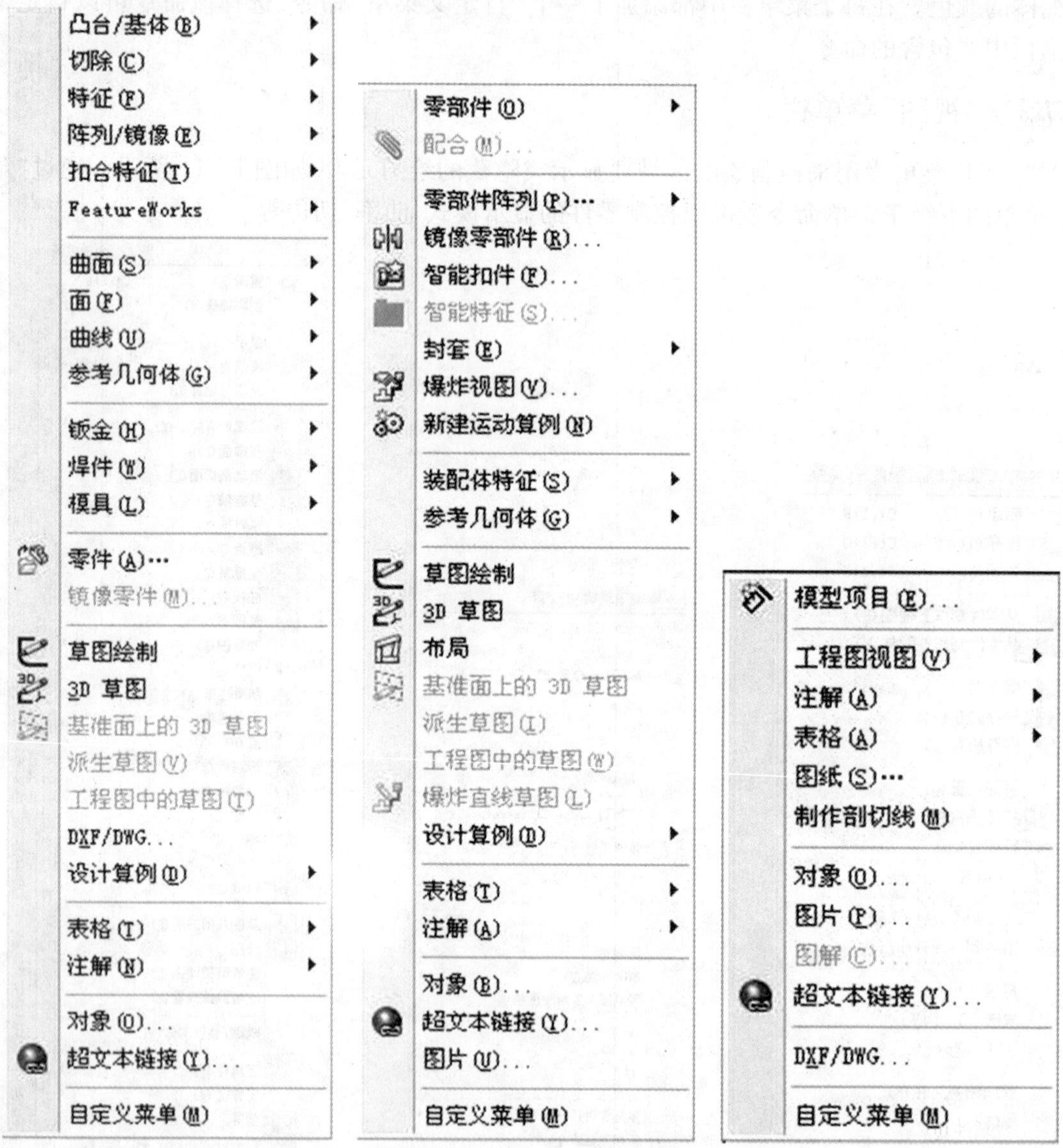

图 1 – 12 “插入”菜单栏

1.2.5 “工具”菜单栏

在“零件”环境下,“工具”菜单栏从功能上来看可分为四部分:第一部分主要是 Solid-Works 产品级的工具;第二部分是零件的草图工具;第三部分用来对零件模型进行测量;第四部分用来对软件的选项和配置进行调整。在“装配体”和“工程图”环境下“工具”菜单栏的内容有所不同，如图 1－13 所示。

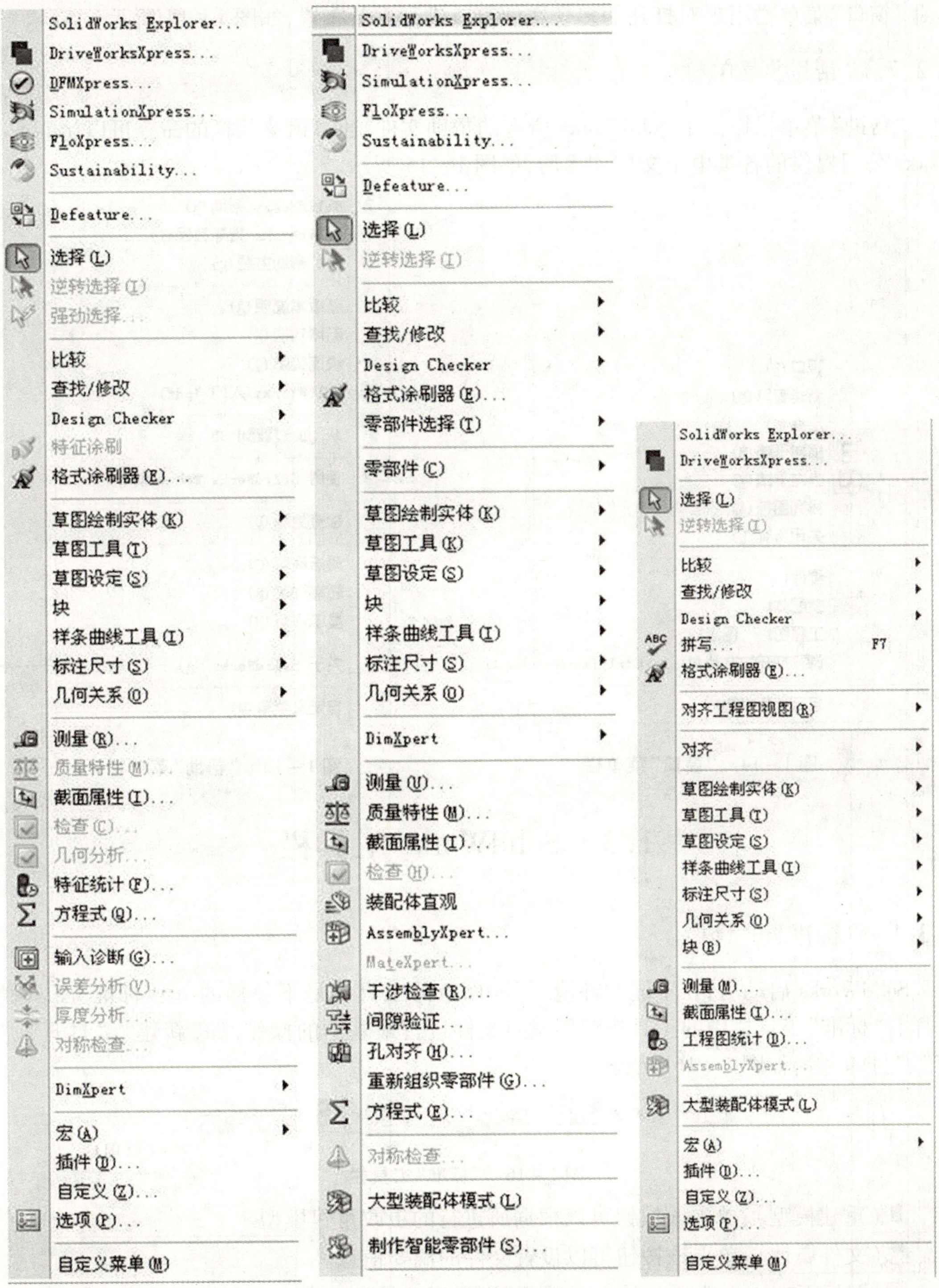

图 1－13 “工具”菜单栏

1.2.6 “窗口”菜单栏

“窗口”菜单栏用来对打开的多个文件窗口进行重新布置，如图 1－14 所示。

1.2.7 “帮助”菜单栏

“帮助”菜单栏提供了 SolidWorks 所有的帮助文件，通过该菜单栏的命令可以访问 SolidWorks 公司提供的各类电子文档和手册，如图 1－15 所示。

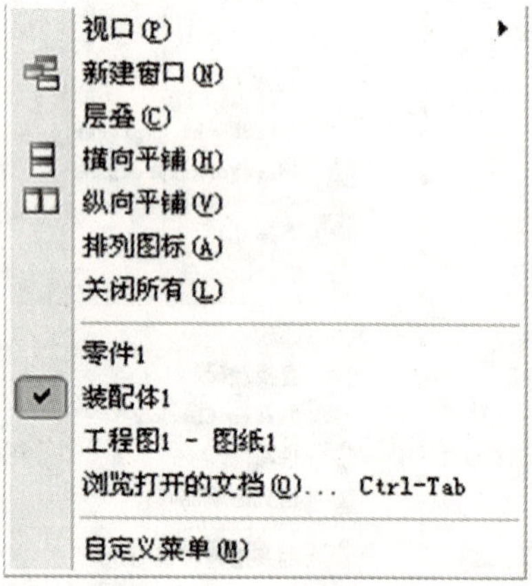

图 1－14 “窗口”菜单栏

图 1－15 “帮助”菜单栏

1.3 SolidWorks 工具栏

1.3.1 “标准”工具栏

SolidWorks 启动后，在不同的环境下，界面上的工具栏是不一样的，但“标准”工具栏均一样。“标准”工具栏中的工具按钮用来对文件进行最基本的操作，如“新建”、“打开”、“保存”、“打印”等，如图 1－16 所示。

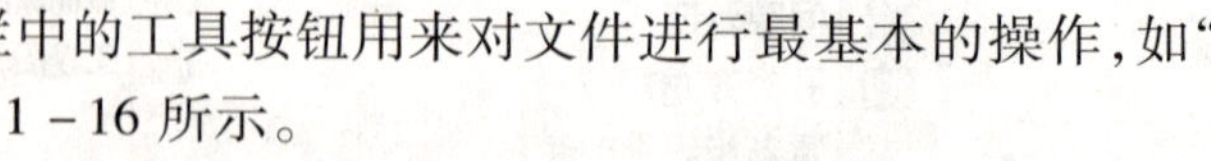

图 1－16 “标准”工具栏

(重建模型)：单击该按钮可以根据所进行的更改重建模型。

(文件属性)：单击该按钮可以设置文件的摘要信息。

：图标下有 3 个选项。其中，“选项”可设置系统选项和文件属性；“自定义”可以定义界面上的工具栏、快捷键等。

1.3.2 “视图”工具栏

在绘图区域上方,有如图 1－17 所示的“视图”工具栏。

图 1－17 “视图”工具栏

(整屏显示全图):缩放模型以符合窗口的大小。

(局部放大):将选定的部分放大到屏幕区域。

(上一视图):显示上一个视图。

(剖面视图):以选择的平面为基准,将模型剖开显示。

(视图定向):各方向视图。

(显示样式):以不同样式显示模型,如带边上色、线架形式显示模型。

(隐藏/显示项目):控制基准面、基准轴、原点、坐标系、草图、草图几何关系的显示与隐藏。

(编辑外观):编辑选中的模型颜色。

(应用布景):编辑绘图区域的背景。

1.3.3 “草图”工具栏

“草图”工具栏几乎包含了与草图绘制有关的大部分功能,如图 1－18 所示,里面的工具按钮很多,在这里只介绍一部分比较常用的功能。

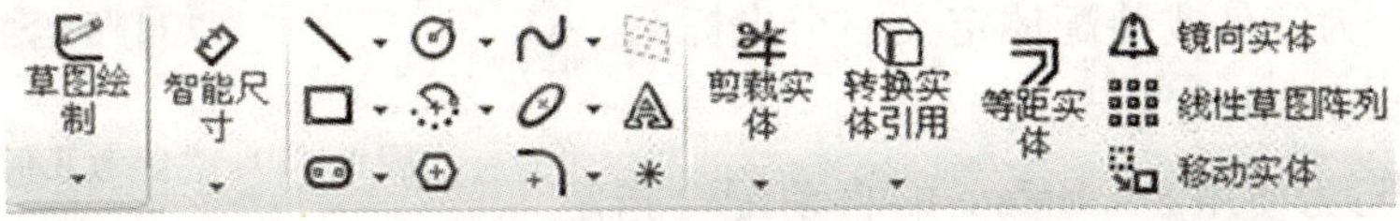

图 1－18 “草图”工具栏

草图绘制:绘制新草图或者编辑现有草图。

智能尺寸:标注图形尺寸。

(直线):绘制直线,在下拉列表中可选择绘制中心线。

(矩形):绘制矩形,在下拉列表中可选择绘制矩形的方式。

(槽):可绘制多种形式的槽。

(圆):绘制圆,在下拉列表中可选择绘制圆的方式。

(圆弧):绘制圆弧,在下拉列表中可选择绘制圆弧的方式。

(多边形):绘制多边形,在绘制多边形时可更改边数。

(样条曲线):绘制样条曲线,单击来添加形成曲线的样条曲线点。

(椭圆):绘制椭圆,在下拉列表中可选择绘制椭圆弧或抛物线。

(圆角):可对两个实体进行倒圆角,在下拉列表中可选择进行倒直角操作。

:绘制点。

:输入文字,可将输入的文字作为二维草图。

剪裁实体:剪裁草图实体,在下拉列表中有延伸实体命令,可对实体进行延伸。

转换实体引用:将所选的模型边线或草图实体转换为草图实体,在下拉列表中有交叉曲线命令。

等距实体:通过指定的距离等距生成边线、曲线等草图实体。

镜像实体:沿中心线镜像所选实体。

线性草图阵列:添加草图实体的线性阵列,在下拉列表中有圆周草图阵列命令,可对实体进行圆周阵列。

移动实体:移动选中的草图实体或注解,在下拉列表中有复制实体、旋转实体、缩放实体、伸展实体等命令。

1.3.4 “参考几何体”工具栏

“参考几何体”工具栏用于提供生成与使用参考几何体的工具,如图 1 – 19 所示。

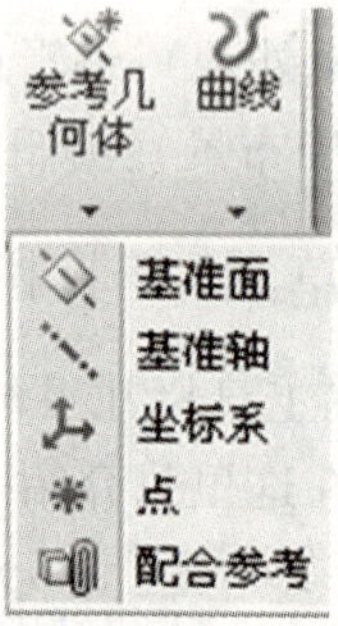

图 1 – 19 “参考几何体”工具栏

基准面:添加一个参考基准面。

基准轴:添加一个参考轴。

坐标系:为零件或装配体定义一个坐标系。

点:添加一个参考点。

配合参考:为使用 SmartMate 的自动配合指定用于参考的实体。

1.3.5 “特征”工具栏

“特征”工具栏提供生成模型特征的工具,其中命令很多,如图 1 – 20 所示,这里介绍几种常用的特征工具。

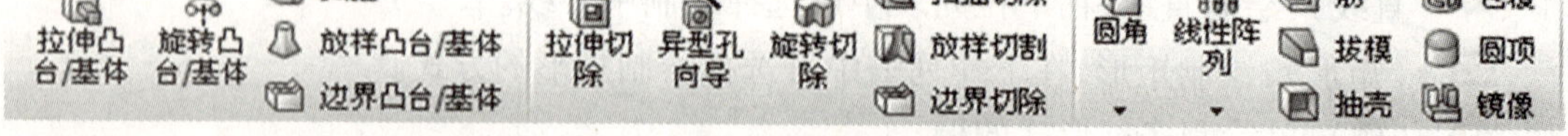

图 1 – 20 “特征”工具栏

拉伸凸台/基体:沿一个或两个方向拉伸一个草图来生成实体模型。

旋转凸台/基体:绕轴线旋转一个草图来生成实体模型。

扫描:将一草图沿开环或闭环路径扫描来生成实体模型。

放样凸台/基体:在两个或多个轮廓间添加材质来生成实体模型。

拉伸切除:沿一个或两个方向拉伸所绘制的轮廓来切除实体模型。

异型孔向导:用预先定义的剖面插入孔。

旋转切除:通过绕轴线旋转绘制的轮廓来切除实体模型。

扫描切除:将一草图沿开环或闭环路径扫描来切除实体模型。

放样切割:在两个或多个轮廓之间通过移除材质来切除实体模型。

圆角:沿实体或曲面特征中的一条或多条边对实体模型进行倒圆角,在下拉列表中有倒直角命令。

线性阵列:以一个或两个线性方向阵列特征、面及实体,在下拉列表中有圆周阵列命令。

筋:给实体添加薄壁特征。

拔模:以指定的角度斜削模型中所选的面。

抽壳:从实体中移除材质来生成一个薄壁实体模型。

包覆:将草图包裹到平面或非平面上。

圆顶:可将实体表面做成圆顶。

镜像:将面或基准面作为基准,镜像特征、面及实体。

1.3.6 “视图布局”工具栏

“视图布局”工具栏是生成工程视图的工具栏,如图 1－21 所示。一般来说,工程视图包含几个由模型建立的视图。工程视图中的视图也可以由现有的视图建立。例如,剖面视图是由现有的工程视图生成的,这个过程是由这个工具栏实现的。

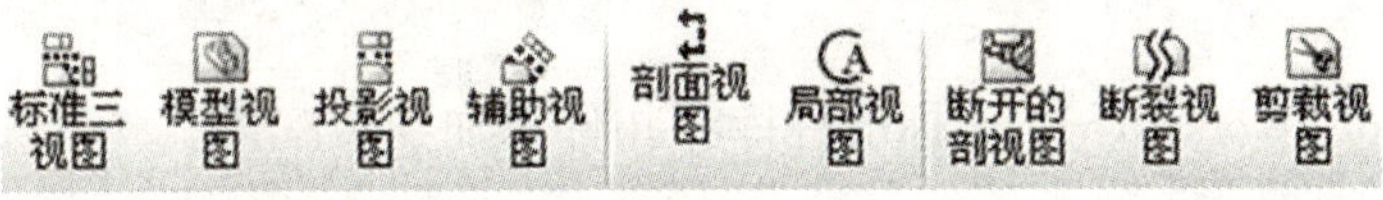

图 1－21 “视图布局”工具栏

标准三视图:添加 3 个标准、正交视图,视图可以是第一角视图,也可以是第三角视图。

模型视图:根据现有零件或装配体添加正交或命名视图。

投影视图:从一个已存在的视图展开新视图,添加一个投影视图。

辅助视图:从一个线性实体(边线、草图实体等)通过展开一个新视图来添加一个视图,通常用于生成斜视图。

:以剖面线切割父视图来添加一个剖面图,通常用于全剖视图。

:添加一个局部视图来显示一个视图的某部分,通常放大比例。

:将一个断开的剖视图添加到一个显示模型内部细节的视图,通常用于局部剖视图。

:给所选视图添加折线,将视图断开。

:剪裁现有视图以只显示视图的某一部分。

1.3.7 “装配体”工具栏

“装配体”工具栏在“装配体”环境下出现。可插入零部件、线性零部件、镜像零部件、显示隐藏的零部件、插入参考几何体、生成爆炸视图等,如图 1-22 所示。

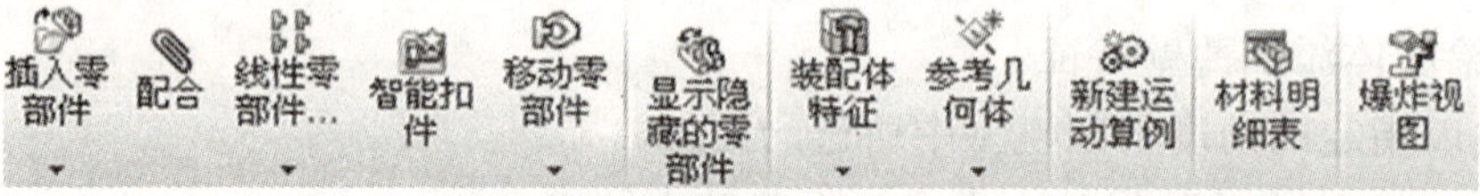

图 1-22 “装配体”工具栏

:添加一个现有零件或子装配体到装配体。下拉列表中有通过其他方式插入零部件到装配体的命令。

:添加几何约束关系来定位两个零部件,使之放置在正确的相对位置。

:将装配体中某一零部件沿一个或两个方向线性复制阵列。下拉列表中有通过圆周阵列、镜像等方式来复制零部件的命令。

:使用 SolidWorks Toolbox 标准件库将扣件添加到装配体。

:在配合所定义的自由度内移动零部件。下拉列表中有通过旋转的方式来移动零部件的命令。

:显示或隐藏零部件。

:在装配体上生成孔、拉伸切除、旋转切除、圆角、倒角焊缝等特征。

:进行模拟仿真运动算例的分析。

:插入装配体中的材料明细表。

爆炸视图:将零部件分离生成爆炸图。

1.3.8 “注解”工具栏

“注解”工具栏在“工程图”环境下出现，包含尺寸标注、写文字、标注零件序号、标注表面粗糙度、标注焊接符号、标注形位公差、标注中心线等功能，如图 1－23 所示。

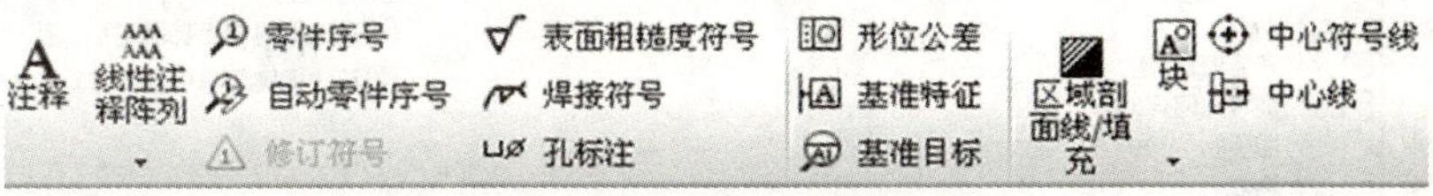

图 1－23 “注解”工具栏

注释:使用注释给工程图添加文字和标号。注释可以包含简单的文字、符号、参数文字或超文本链接。引线可以是直线、折弯线或多转折引线。

零件序号:在工程图文档或者注释中生成零件序号。

表面粗糙度符号:在工程图文档中标注表面粗糙度符号。

焊接符号:在工程图文档中标注焊接符号。

形位公差:在工程图文档中标注形位公差符号。

基准特征:在工程图文档中标注基准符号。

区域剖面线/填充:在不接受自动区域剖面线的边界内区域剖面线。

中心符号线:标记圆或圆弧中心的注解。

中心线:手动将中心线插入到工程图中。

1.4 自定义工具栏

工具栏是常用菜单命令的快捷方式，通过使用工具栏，可大大提高设计效率。SolidWorks2011 是一个功能强大的三维 CAD 软件，具有大量的工具栏。如何在利用工具栏操作的同时，又不让工作界面过于复杂呢？用户可根据自己的习惯自定义工具栏，同时还可以定义单个工具栏中的按钮。

1.4.1 自定义工具栏的种类

(1)选择主菜单“视图”—“工具栏”，单击要选择的工具栏即可，若要关闭某工具栏，单击该工具栏即可。

(2)选择主菜单“工具”—“自定义”，或在工具栏区域单击鼠标右键，选择“自定义”，系统弹出如图 1－24 所示的“自定义”对话框。在“工具栏”标签下，选择想显示的工具栏复选框，消除想隐藏的工具栏复选框。当选择“大图标”复选框后，系统会以大尺寸显示工具栏按钮。当选择“显示工具提示”复选框后，系统会在光标指在工具按钮时，出现对此工具的说明。当选择“激活 CommandManager”复选框后，系统会显示命令管理器。

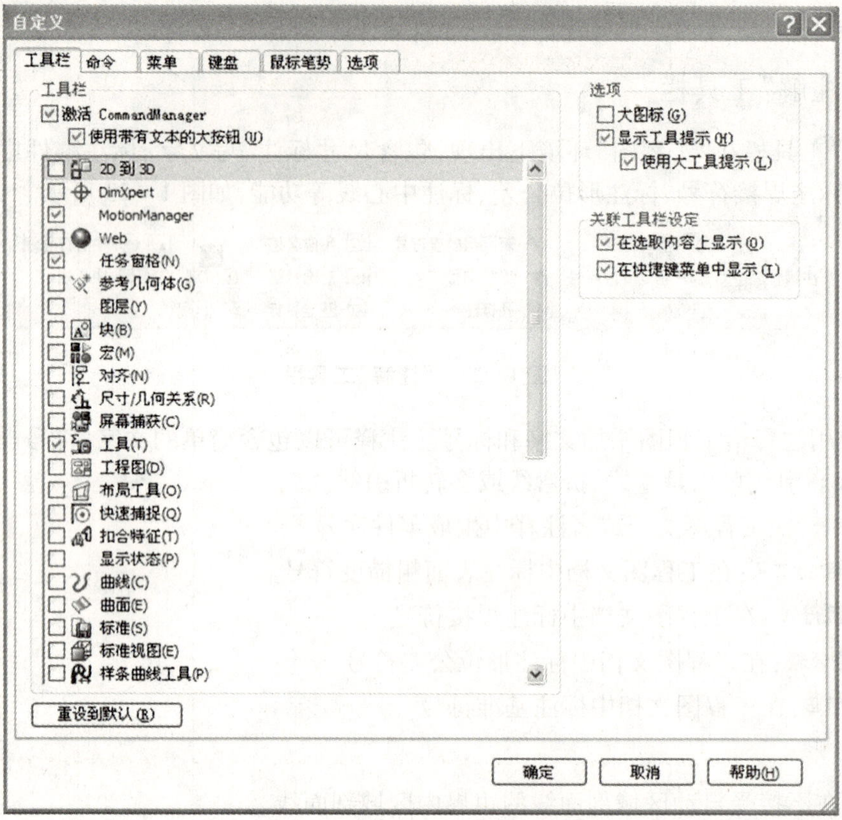

图 1－24 “自定义”对话框

用户可根据自己的需要打开、关闭某些工具栏。例如，在“零件”环境下，常打开“标准”、“草图”、“尺寸/几何关系”、“特征”、“标准视图”、“视图”等工具栏。在“装配体”环境下，常打开“标准”、“视图”、“装配体”、“选择过滤器”等工具栏。

1.4.2 自定义工具栏中的按钮

通过自定义命令，可以对工具栏中的按钮进行重新排列，还可以将按钮从一个工具栏移到另一个工具栏中，或是将不用的按钮从工具栏中删除等。

自定义工具栏中选择按钮的方法是：选择主菜单“工具”—“自定义”，或在工具栏区域单击鼠标右键，选择“自定义”，系统弹出“自定义”对话框，单击“命令”标签，打开“命令”选项卡，如图 1－25 所示。在“类别”一栏选择要改变的工具栏，在“按钮”一栏选择要改变的按钮，同时在“说明”方框中可以看见对该按钮功能的说明。在对话框内单击要使用的按钮图标，将其拖动放置到工具栏中的新位置，从而达到重新安排工具栏上按钮的目的。在对话框内单击要使用的按钮图标，将其拖动放置到不同的工具栏中，就达到了将按钮从一个工具栏移到另一个工具栏中的目的。若要删除工具栏中的按钮，只需单击要删除的按钮，并将其从工具栏拖动放回绘图区域即可。更改结束后，单击“确定”按钮。

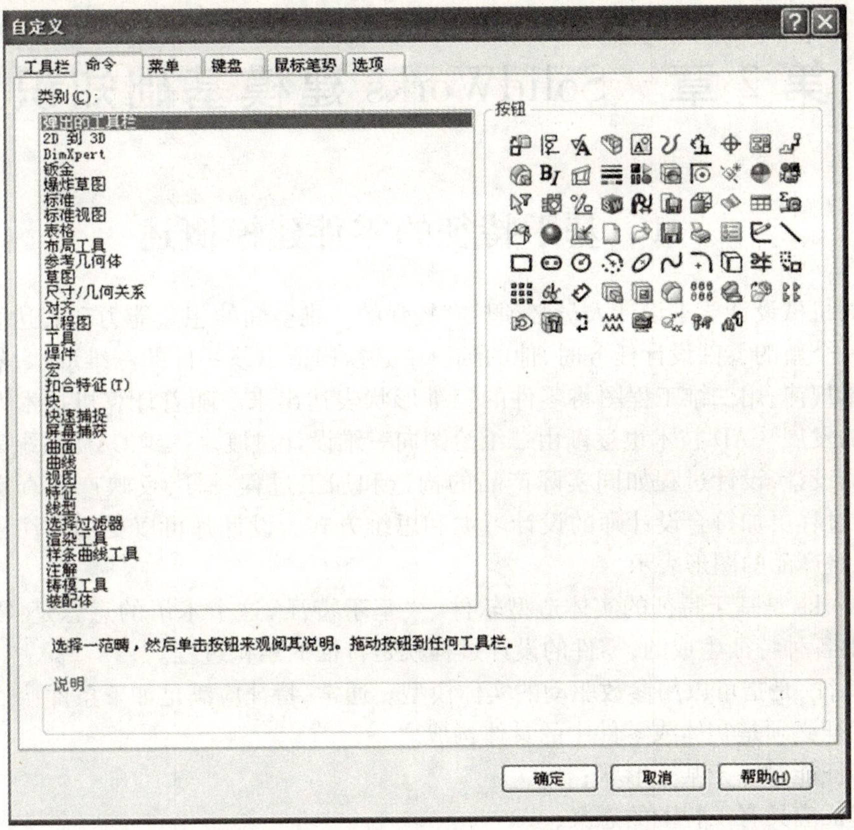

图 1－25 "自定义"对话框中的"命令"选项卡

第 2 章　SolidWorks 建模基础知识

2.1　基于特征的零件建模概述

传统的机械设计要求设计人员必须具有较强的三维空间的想象能力和表达能力。当设计师接到一个新的零件设计任务时，他的脑海中必须构造出该零件的三维形状，然后按照三视图的投影规律，用二维工程图将零件的三维形状表达出来。随着计算机技术尤其是计算机图形学的发展，CAD 技术也逐渐由二维绘图向三维设计过渡。三维 CAD 系统采用三维模型进行产品设计，设计过程如同实际产品的构造和加工过程一样，反映产品真实的几何形状，使设计过程更加符合设计师的设计习惯和思维方式。设计师可以更加专注于产品设计本身，而不是产品的图形表示。

SolidWorks 是基于特征的实体造型软件。“基于特征”这个术语的意思是：零件的模型的构造是由各种特征生成的，零件的设计过程就是特征的累积过程。

所谓特征，是指可以用参数驱动的实体模型。通常，特征应满足如下条件：

(1)特征必须是实体或零件中的具体构成之一；

(2)特征能对应于某一形状；

(3)特征应具有工程上的意义；

(4)特征的性质是可以预料的。

改变特征相关的形状与位置的定义，可以改变与模型相关的那些形位关系。对于某个特征，既可以将其与某个已有零件相联结，也可以把它从某个已有的零件中删除，还可以与其他特征组合形成任何复杂的机械零件。从特征的角度看，任何形体都可以看成是由一些简单的特征组成的，所以可以把它们叫作组合体。

组合体按其组成方式可以分为特征叠加、特征切割和特征相交 3 种基本形式。

在零件建模前，一般应进行特征分析，搞清楚零件是由哪几个特征组成的，明确各个特征的形状，它们之间的相对位置和表面连接关系；然后按照特征的主次关系，按一定的顺序进行建模。

一个复杂的零件，可能是由许多个简单特征经过相互之间的叠加、切割或相交组合而成的。零件建模时，特征的生成顺序很重要。不同的建模过程虽然可以构造出同样的实体零件，但其造型过程及实体的造型结构直接影响到实体模型的稳定性、可修改性、可理解性及实体模型的应用。通常，实体零件越复杂，其稳定性、可靠性、可修改性、可理解性就越差。因此，在技术要求允许的情况下，应尽量简化实体零件的特征结构。

SolidWorks 按创建顺序将构成零件的特征分为基本特征和构造特征两类。最先建立的那个特征就是基本特征，它通常是零件最重要的特征。在建立好基本特征后，才能创建其他各种特征，基本特征之外的这些特征统称为构造特征。另外，按照特征生成方法的不同，又可将零件的特征分为草绘特征和复杂特征。草绘特征是指在特征的创建过程中，设计者必须通过草绘截面才能生成的特征。创建草绘特征是零件建模过程中的主要工作。复杂特征是利用已有的特征和系统内部定义好的一些参数定义的特征，如阵列特征和镜像特征。

2.2 SolidWorks 机械设计思想

SolidWorks 是基于 Windows 系统开发的机械设计自动化软件，机械设计工程师通过使用它可将自己的设计表达为三维模型，可以对零件和装配体进行反复修改，可以对装配体进行模拟仿真，从而快速、准确、直观、形象地表达设计思想。在三维模型满足设计要求后，再通过二维工程图系统模块，将零件图与装配图用二维图纸的形式提供给生产部门。

SolidWorks 在三维设计软件中是比较容易掌握的，这与软件的设计思想有关。

2.2.1 三维设计的基本概念

2.2.1.1 实体造型

实体造型是在计算机内部以实体描述客观事物，提供实体完整的几何信息和拓扑信息，从而构造出实体完整的几何模型。

传统的工程设计方法是设计人员依据制图标准，在图纸上利用不同的投影图来表达一个三维产品的设计模型，即把三维实体用二维图的形式反映到图纸上。对于一个复杂的零件，特别是带有不规则曲面的零件，用几张、几十张，甚至上百张图纸来描述是很困难的，工作量很大，图纸上布满了各种线条、尺寸、符号和标记等。而工艺、生产部门的人员拿到设计图纸后，需要认真仔细地阅读理解图纸所表达的含义，在脑海中想象出设计模型的每一个细节，把二维图重新构造成三维实体，这项工作非常艰苦，而且容易出错。而利用实体造型软件进行产品设计时，设计人员可在计算机上直接进行产品的三维设计，在屏幕上看到的产品三维模型上直接进行修改。当产品在计算机中建立模型后，工程师就可以在计算机上很方便地进行后续环节的设计和制造工作，如模具的设计、运动模拟、干涉检查和数控加工等。产品零件的形状越复杂，更改越频繁，三维设计软件的优越性越突出，它大大缩短了产品的设计周期，减少了出错率，为集成并行地实现产品整个生产环节的自动控制奠定了技术基础。

2.2.1.2 参数化

参数化是指用一组参数来约束设计对象的尺寸关系，参数与设计对象的控制尺寸有着显式对应关系，当设计对象修改时，通过参数求解，可实现相关尺寸的驱动。

传统的 CAD 绘图技术是用固定的尺寸值来定义几何元素，输入的每一条线都有确定的位置，若要修改某一部分，只有删除原来的图元，重新绘制。而新产品的开发设计需要多次反复修改，进行零件形状和尺寸的综合协调和优化。即便是对于定型了的产品，有时也需要形成系列，以便为客户提供不同的产品型号。参数化的设计可使设计人员很方便地实现产品尺寸的修改和再生，而且相关尺寸的驱动由系统自动完成，使设计者更好地将注意力集中于产品的创新，大大提高了设计人员的工作效率。

2.2.1.3 特征

特征是三维设计软件的专业术语，它兼有形状和功能两种属性，包括特定几何形状、拓扑关系、典型功能、绘图表示方法、制造技术和公差要求。特征是产品设计和制造中最关注的对象，是产品局部信息的集合。基于特征的设计是把特征作为产品设计的基本单元，并将机械产品描述为特征的有机集合。

SolidWorks 大量采用了机械设计上常用的名称，如切除、圆角、拔模等。设计的过程就是特征添加的过程，产生特征的顺序完全根据设计者的设计意图来决定。可以随意地勾画草图，随时对特征做合理的、不违反几何顺序的调整、插入、删除、重新定义等修改，并且设计过程与产品的生产过程相似，符合工程技术人员的习惯，给工程设计者提供了极大的方便。

2.2.2 设计过程

2.2.2.1 SolidWorks 与传统 CAD 设计过程不同

传统 CAD 的设计过程是由二维到三维，如图 2－1 所示，设计人员首先设计出图纸，加工人员根据图纸还原实际零件。而 SolidWorks 的设计过程是设计人员直接设计出三维实体零件，然后根据需要生成相关的工程图，如图 2－2 所示。

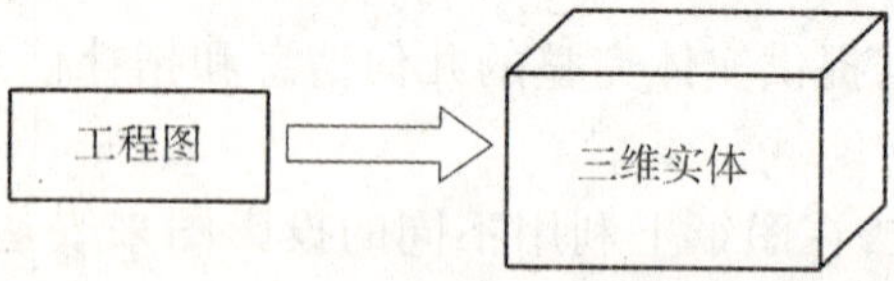

图 2－1 传统 CAD 设计过程

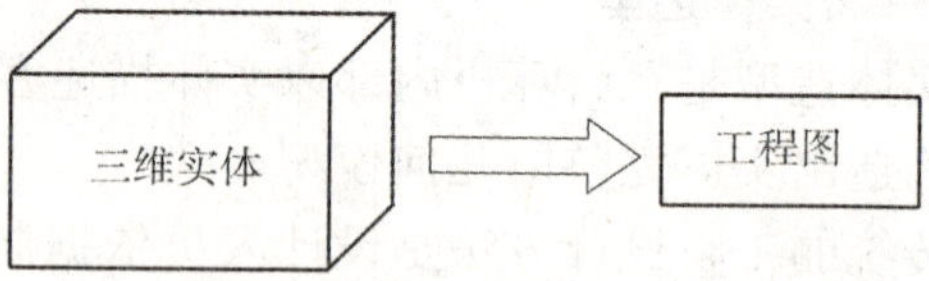

图 2－2 SolidWorks 设计过程

2.2.2.2 SolidWorks 自上而下的设计过程

在 SolidWorks 系统中，零件、装配体和工程图都属于对象，采用自上而下的设计方法来创建对象，其设计过程如图 2－3 所示。

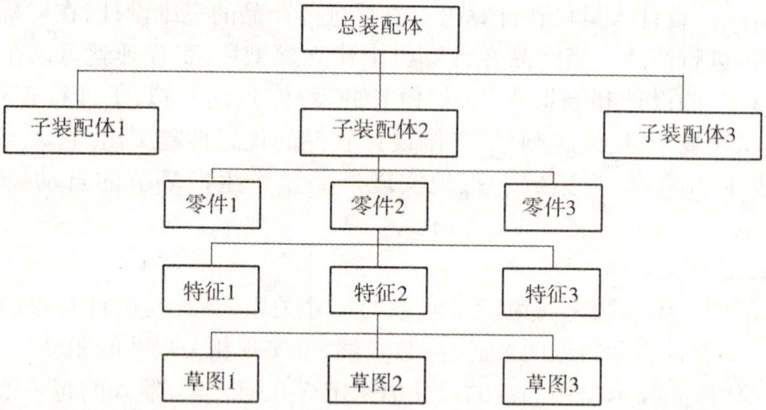

图 2－3 自上而下的设计过程

2.2.3 设计方法

2.2.3.1 SolidWorks 零件生成方法

零件是 SolidWorks 系统中最主要的对象。在 SolidWorks 系统中，零件设计是核心，特征设计是关键，草图设计是基础。草图指的是二维轮廓或截面图，对草图进行拉伸、切除、旋转、抽壳、圆角、放样、扫描等操作后即生成特征。

图 2－4 所示是由草图生成拉伸、抽壳和圆角特征，其生成过程如下：

(1) 草绘二维图(矩形)。

(2)经拉伸生成拉伸特征。

(3)以此为基体,继续添加抽壳特征和圆角特征,从而完成零件特征的生成。

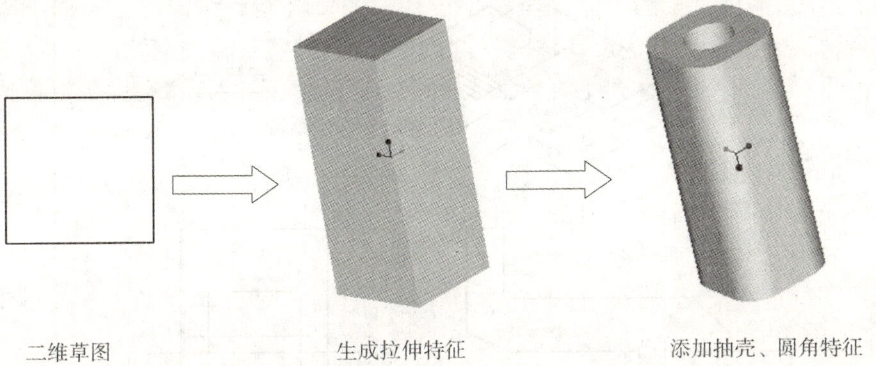

图 2-4　在 SolidWorks 中生成零件

2.2.3.2　SolidWorks 装配体生成方法

在 SolidWorks 系统中,装配体是若干零件的组合。用户先设计好所需零件,然后根据配合关系和约束条件将零件组装在一起,生成装配体。

如图 2-5 是一个简单的装配体,由轴和套筒 2 个零件组成,设计、装配过程如下:

(1)设计出轴和套筒 2 个零件。

(2)新建一个装配体文件。

(3)将 2 个零件分别拖到新建的装配体文件中。

(4)使轴的底面和套筒的底面重合、轴的外圆面与套筒的内圆面重合,从而完成 2 个零件的约束装配工作。

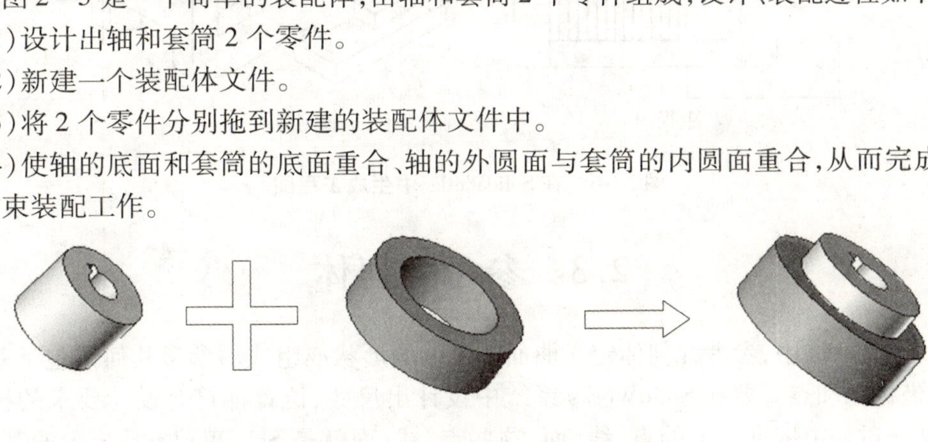

图 2-5　在 SolidWorks 中生成装配体

2.2.3.3　SolidWorks 工程图生成方法

在 SolidWorks 系统中,工程图用来记录和描述设计结果,是工程设计中的主要档案文件。用户设计好零件和装配体后,按照图纸的表达需求,通过 SolidWorks 中的命令,生成各种视图、剖面图、轴测图等,然后添加尺寸说明,最终得到符合制图标准的工程图。图中显示了一个零件的多个视图,它们是由实体零件自动生成的,无需进行二维图的设计和绘制,直接由三维图生成,体现了实体造型的优越性。此外,当对零件或装配体进行了修改后,对应的工程图文件也会作相应的修改,体现了参数化设计的强大功能。

图 2-6 所示是线夹零件的工程图,其生成过程如下:

(1)设计出线夹零件。

(2)新建一个工程图文件。

(3)在工程图文件中打开线夹零件。

(4)采用多个视图的方式,选择前视图、上视图、左视图和轴测图,还可继续进行尺寸和文字处理,如标注尺寸、添加公司名称等,从而完成一个符合制图标准的工程图。

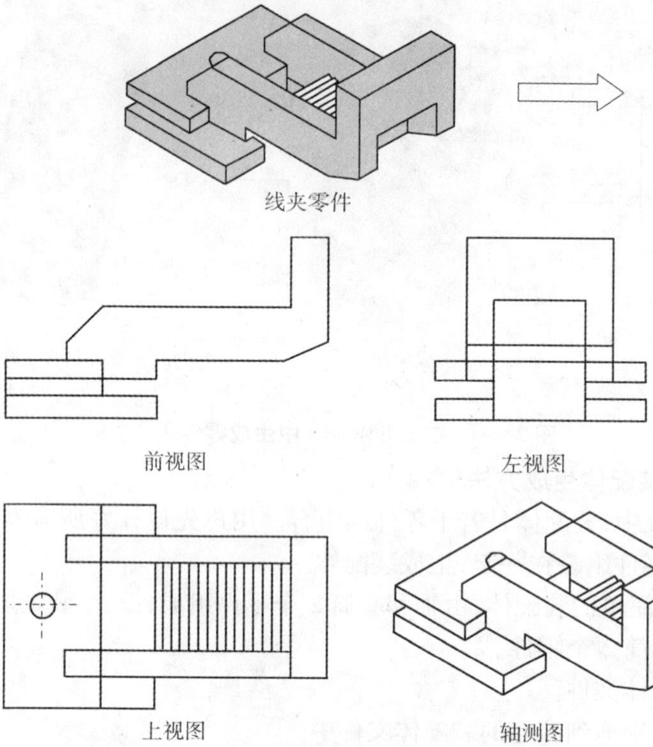

图 2-6　在 SolidWorks 中生成工程图

2.3　参考几何体

在 SolidWorks 中,参考几何体定义曲面或实体的形状或组成。参考几何体包括基准面、基准轴、坐标系和点。要在 SolidWorks 系统中设计出尺寸、位置都符合设计要求的模型,则必须在操作过程中依据一定的点、线、面,这些点、线、面就是 SolidWorks 系统中的基准。由于空间概念的引入需要合理有效地确定大量的基准,所以基准是建模过程中不可或缺的、必需的特征。可以说,正确、合理地建立基准是快速、准确建模的关键。

2.3.1　基准面

基准面是用于草绘曲线、创建特征的参照平面,具有平面的属性。即它没有边界,没有质量属性。SolidWorks 向用户提供了 3 个基准面:前视基准面、右视基准面和上视基准面,如图 2-7 所示。

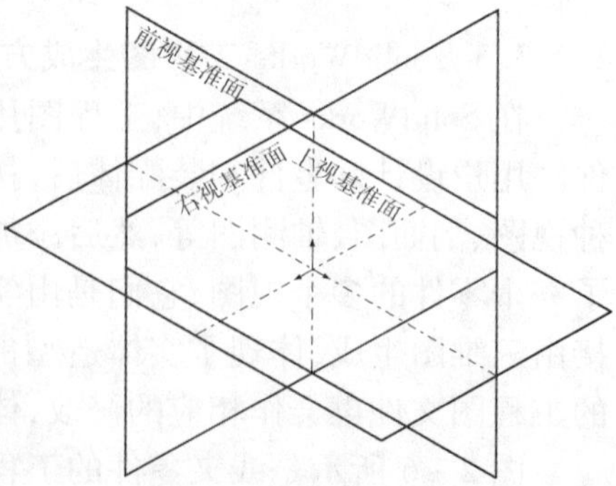

图 2-7　默认基准面

2.3.1.1　基准面的显示

一般情况下，系统提供的3个基准面为隐藏状态。要想显示基准面，在右键菜单中单击“显示”按钮即可，如图2-8所示。

2.3.1.2　基准面的建立

使用基准面可以绘制草图，生成模型的剖视图。除系统提供的默认基准面外，还可以在零件或装配体文件中生成基准面，图2-9所示为以零件表面为参考来创建新基准面。

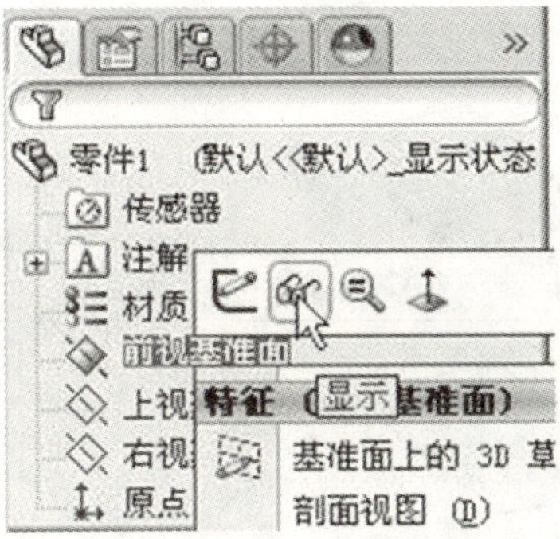

图2-8　显示基准面

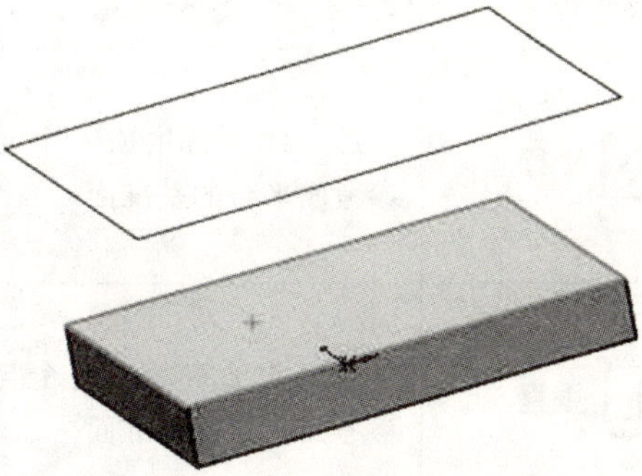

图2-9　新建基准面

要生成基准面可进行如下操作：

（1）在“特征”工具栏的“参考几何体”下拉菜单中选择“基准面”按钮 基准面，或选择菜单栏“插入”—“插入参考几何体”—“基准面”命令，此时出现“基准面”属性框，如图2-10所示。

（2）当“第一参考”选项区选择的是一平面时，将会显示如图2-11所示的平面约束选项；当“第一参考”选项区选择的是实体圆弧表面时，将会显示如图2-12所示的圆弧约束选项。

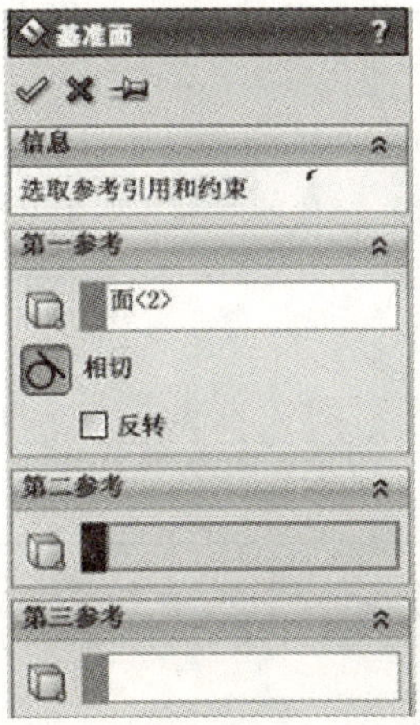

图2-10　“基准面”属性框

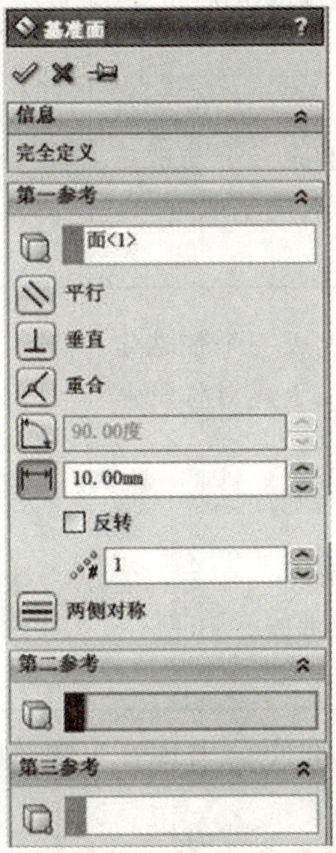

图2-11　参考基准为“平面”

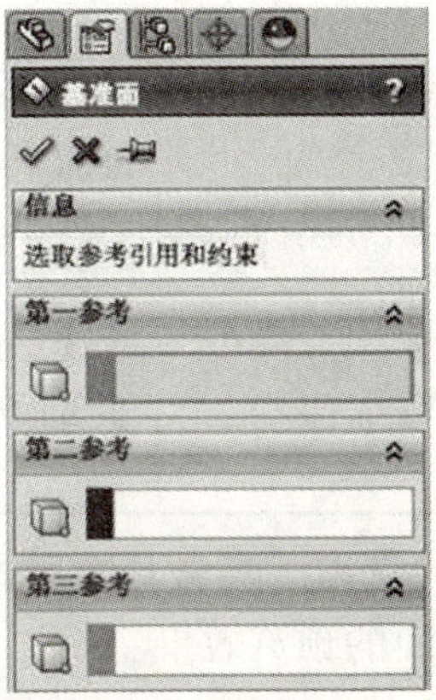

图2-12　参考基准为“圆弧”

选项中各约束选项的含义如表 2－1 所示。

表 2－1 基准面约束选项的含义

图标	说明	图解
面<1>	创建基准面的第一参考为"面"	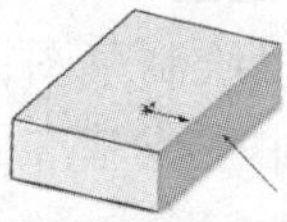 第一参考
平行	选定此项将生成一个与选定参考面平行的基准面	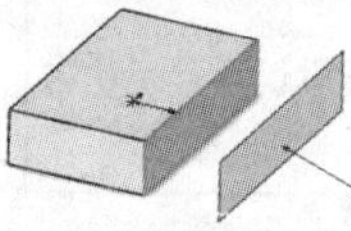 与选定参考面平行
垂直	选定此项将生成一个与选定参考面垂直的基准面	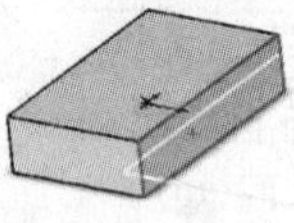 与选定参考面垂直
重合	选定此项将生成一个与选定参考面重合的基准面	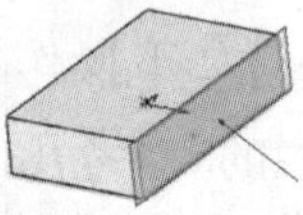 与选定参考面重合
60.00度	选定此项将生成一个与选定参考面成一定角度的基准面	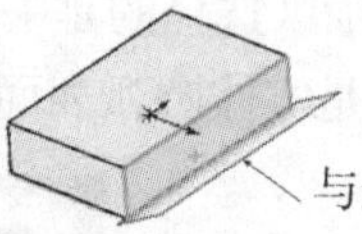 与选定参考面成一定角度
10.00mm	选定此项将生成一个与选定参考面有一定距离的基准面	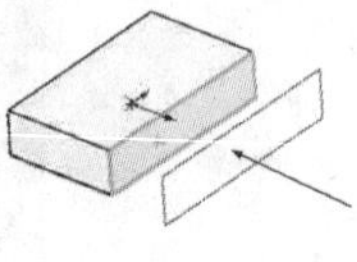 与选定参考面平行
两侧对称	选定此项将生成一个使选定的两个参考面关于其对称的基准面	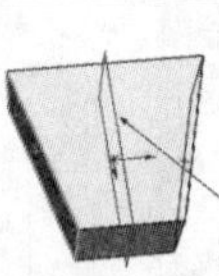 在两个参考面中间
相切	选定此项将生成一个与选定参考面相切的基准面	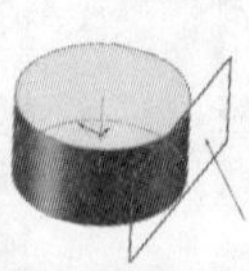 与选定参考面相切

(3)选取了参考基准后，参考基准便会出现在右侧的参考实体栏中，在绘图区域上出现基准面的预览效果。

(4)单击"确定"按钮，新建的基准面就会出现在设计树中。

在"基准面"属性框中勾选"反转"复选框，可在相反的位置生成基准面。"第二参考"选项区、“第三参考”选项区与“第一参考”选项区中包含的选项一样，具体情况取决于用户的选择，可根据需要设置两个或三个参考来生成所需的基准面。参考对象除平面、曲面外，还可以是线、顶点等，参考对象不同，显示的约束选项也会有所不同。

2.3.2 基准轴

2.3.2.1 基准轴的显示

通常在创建几何体或阵列特征时会使用基准轴。当用户创建旋转特征或孔特征后，程序会自动在其中心隐含生成临时轴，通过菜单栏执行“视图”—“临时轴”命令可即时显示或隐藏临时轴。

2.3.2.2 基准轴的建立

有时仅仅使用临时轴还不能满足建模的需要，用户可以创建基准轴。要生成基准轴可进行如下操作：

(1)在“特征”工具栏的“参考几何体”下拉菜单中选择“基准轴”命令，会出现“基准轴”属性框，如图 2－13 所示。

(2)在“选择”选项区中选择想生成的基准轴的类型及项目来生成基准轴。

基准轴约束选项的含义如表 2－2 所示。

表 2－2 基准轴约束选项的含义

图标	说明	图解
直线/边线/轴(O)	选择一草图直线、实体边线或临时轴来创建基准轴	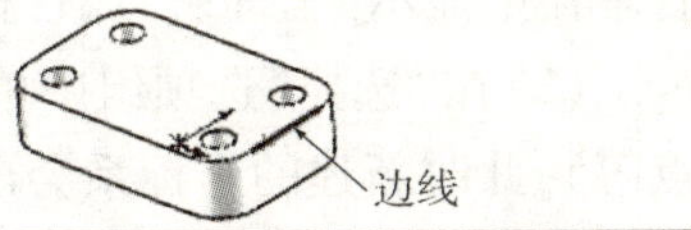
两平面(T)	选择两个参考面，将两个面的交线作为基准轴	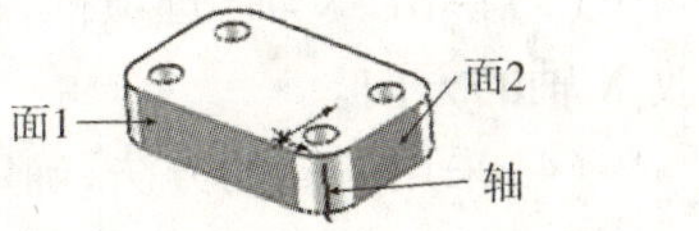
两点/顶点(W)	选择两个点(可以是实体的顶点、中点或任意点)，将两个点之间的连线作为基准轴	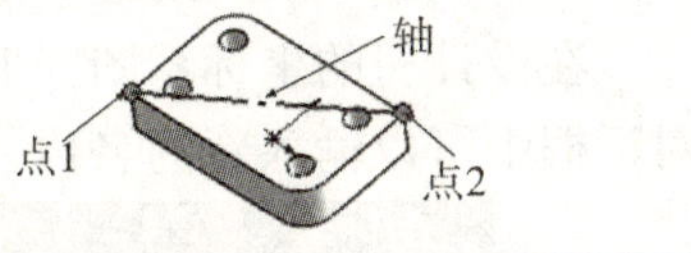
圆柱/圆锥面(C)	选择一圆柱面或圆锥面，将该面的旋转中心线作为基准轴	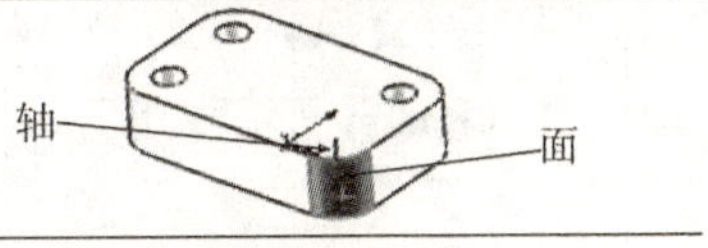
点和面/基准面(P)	选择一点和一个面，将从这一个点到平面的垂线作为基准轴	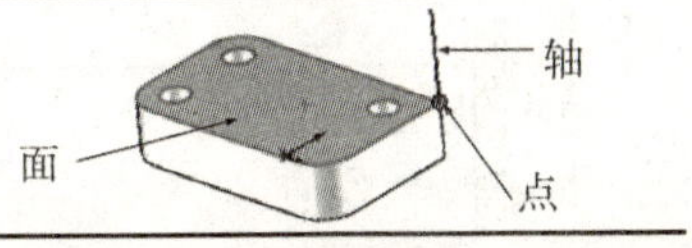

(3)选取对象后，对象会出现在图标右侧的参考实体栏中，在绘图区域中会出现基准轴的预览效果。

(4)单击“确定”按钮，新建的基准轴就会出现在设计树中。

在“基准轴”属性框的“参考实体”激活框中，若用户选择的参考对象错误，可执行右键菜单“删除”命令将其删除，重新选择，如图 2－14 所示。

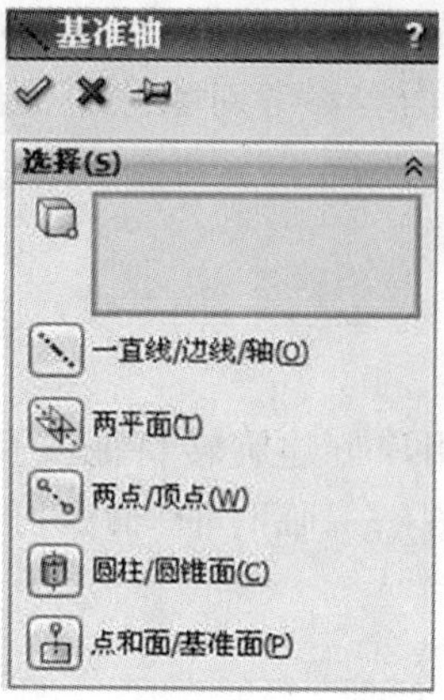

图 2－13 “基准轴”属性框

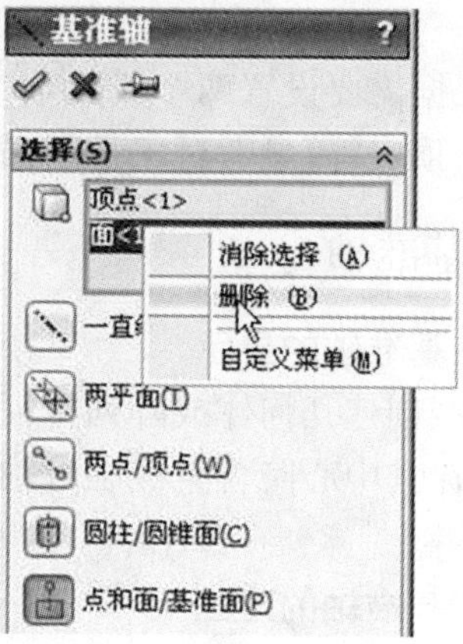

图 2－14 删除基准

2.3.3 坐标系

在 SolidWorks 中，坐标系用于确定模型在视图中的位置，以及定义实体的坐标参数，系统默认生成一个绝对坐标系。此外，也可以建立相对坐标系。

要生成坐标系可进行如下操作：

(1)在“特征”工具栏的“参考几何体”下拉菜单中选择“坐标系”命令，在设计树的属性管理器中显示“坐标系”属性框，如图 2－15 所示。默认情况下，坐标系是建立在原点的。

(2)在“选择”选项组中单击右侧的原点栏，在绘图区域中选择一个点(顶点或边线中点等)，此时新建的坐标系会出现在绘图区域，选择的点就为新建坐标系的原点。

(3)单击“X 轴”选项框，在绘图区域选择一条直线作为新建坐标系的 X 轴，单击可更改 X 轴的方向。

(4)采用同样的方法，确定另外两个轴的方向。

(5)单击“确定”按钮，新建的基准系就会出现在设计树中。

在设计树的坐标系图标上单击右键并选择菜单中的“属性”命令，在弹出的“特征属性”对话框中可以输入新的名称，以更好地说明它的用途，如图 2－16 所示。

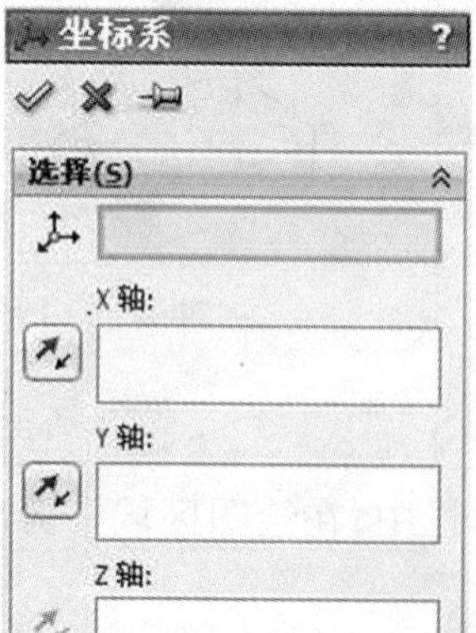

图 2－15 “坐标系”属性框

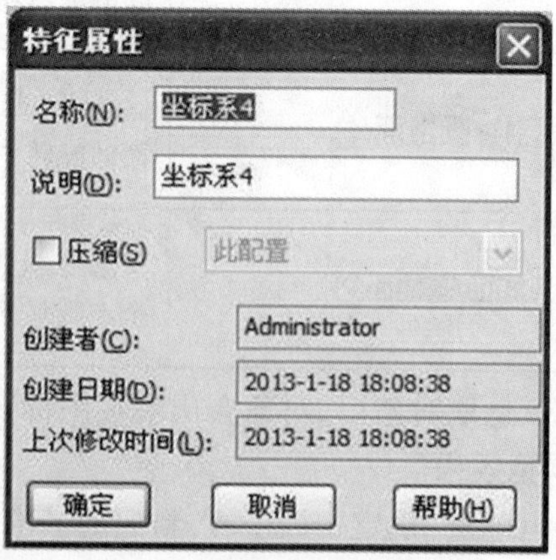

图 2－16 “特征属性”对话框

2.4 鼠标和快捷键

2.4.1 鼠标

(1)鼠标左键。

用于选择菜单项目、绘图区域中的实体及特征管理器设计树中的对象。

(2)鼠标右键。

用于显示当前项目的关联菜单。关联菜单提供了一种快捷高效的工作方式,不需要将鼠标指针移到主菜单或工具栏上选取命令,就可以实现相关功能。

(3)鼠标中键。

用于旋转、平移和缩放零件或装配体,以及在工程图中做平移操作。

(4)Ctrl + 鼠标中键拖动。

用于平移所有类型的文件。在激活的工程图中,不需要按 Ctrl 键。

(5)鼠标中键拖动。

用于旋转零件或装配体。

(6)Shift + 鼠标中键拖动。

用于缩放所有类型的文件。

(7)滚动鼠标中键。

用于放大或缩小模型。

2.4.2 快捷键

SolidWorks 中每个菜单项都有快捷键,使用快捷键操作可大大提高工作效率。常用的默认快捷键的功能见表 2-3。

表 2-3 SolidWorks 常用默认快捷键的功能

<table>
<tr><th colspan="3">功能</th><th>组合键</th></tr>
<tr><td rowspan="8">模型视图</td><td rowspan="3">放置模型</td><td>水平旋转或竖直旋转</td><td>方向键</td></tr>
<tr><td>水平旋转 90°或竖直旋转 90°</td><td>Shift + 方向键</td></tr>
<tr><td>顺时针或逆时针旋转</td><td>Alt + 左或右方向键</td></tr>
<tr><td rowspan="5">平移模型</td><td>平移</td><td>Ctrl + 方向键</td></tr>
<tr><td>放大</td><td>Shift + Z</td></tr>
<tr><td>缩小</td><td>Z</td></tr>
<tr><td>整屏显示全图</td><td>F</td></tr>
<tr><td>上一视图</td><td>Ctrl + Shift + Z</td></tr>
</table>

续表 2－3

功能		组合键
视图定向	视图定向菜单	空格键
	前视	Ctrl＋1
	后视	Ctrl＋2
	左视	Ctrl＋3
	右视	Ctrl＋4
	上视	Ctrl＋5
	下视	Ctrl＋6
	等轴测	Ctrl＋7
选择过滤器	过滤边线	E
	过滤顶点	V
	过滤面	X
	切换选择“过滤”工具栏	F5
	切换选择过滤器	F6
文件菜单项目	新建文件	Ctrl＋N
	打开文件	Ctrl＋O
	从 Web 文件夹打开文件	Ctrl＋W
	保存文件	Ctrl＋S
	打印文件	Ctrl＋P
其他快捷键	在属性管理器或对话框中访问在线帮助	F1
	在特征管理器中重新命名一个项目（对大部分项目适用）	F2
	重建模型	Ctrl＋B
	重建模型及重建其所有特征	Ctrl＋Q
	重绘屏幕	Ctrl＋R
	在打开的 SolidWorks 文件之间切换	Ctrl＋Tab
	直线到圆弧/圆弧到直线（草图绘制模式）	A
	撤销	Ctrl＋Z
	剪切	Ctrl＋X
	复制	Ctrl＋C
	粘贴	Ctrl＋V
	删除	Delete
	下一窗口	Ctrl＋F6
	关闭窗口	Ctrl＋F4

第 3 章　草图绘制

3.1　草图绘制基础知识

草图是 3D 模型的基础，可在任何默认基准面（前视基准面、上视基准面及右视基准面）或生成的基准面上生成草图。图 3－1 所示为草图绘制界面。本节介绍常用的实体绘制命令和几种常用的草图绘制工具。

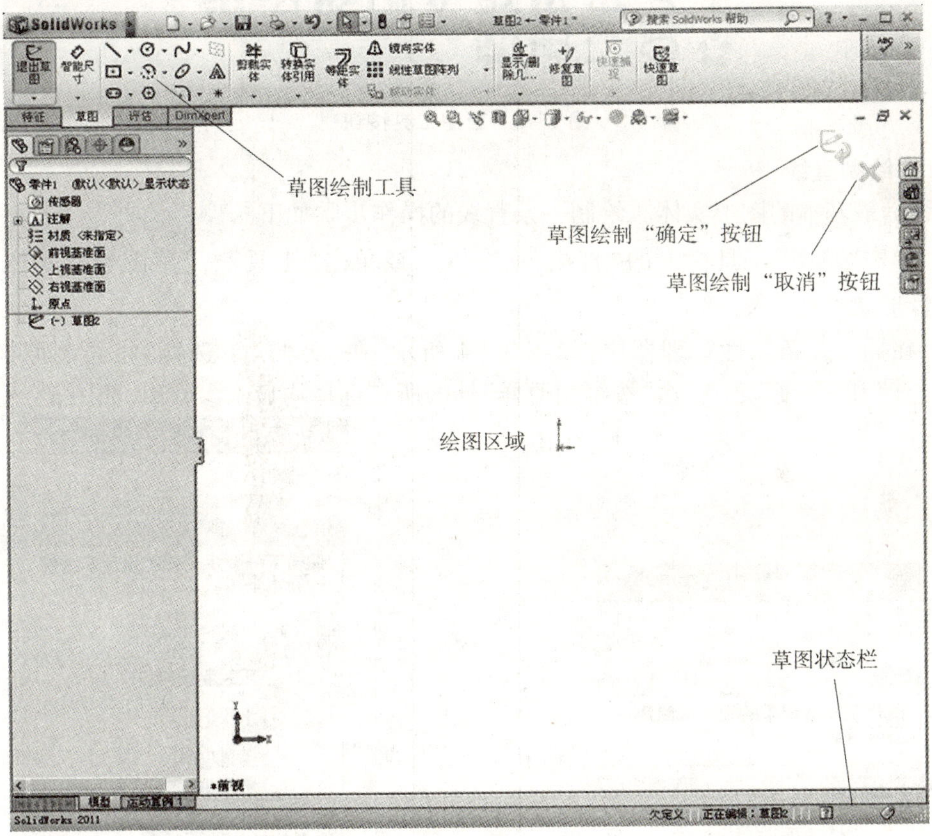

图 3－1　草图绘制界面

3.1.1　草图实体绘制

SolidWorks 提供了直线、圆、矩形、样条曲线等草图实体绘图工具，可以方便地绘制简单的草图图形。“草图”工具栏并不一定包括所有的草图实体绘制工具按钮，可以根据自己的需要进行工具栏设置，见第 1 章 1.4 中相关内容。“草图”工具栏和所有草图工具按钮如图 3－2、图 3－3 所示。

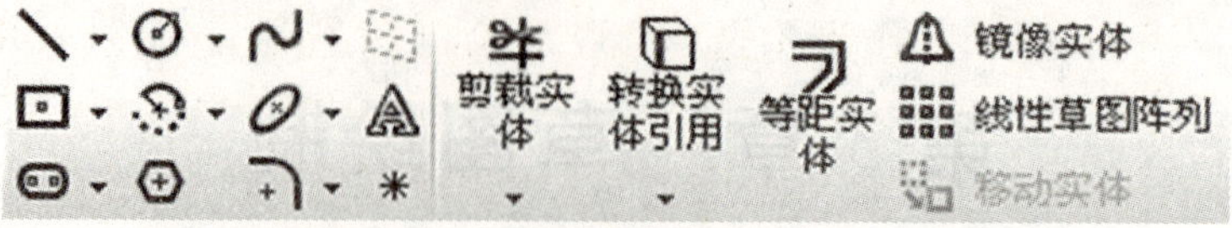

图 3－2 “草图”工具栏

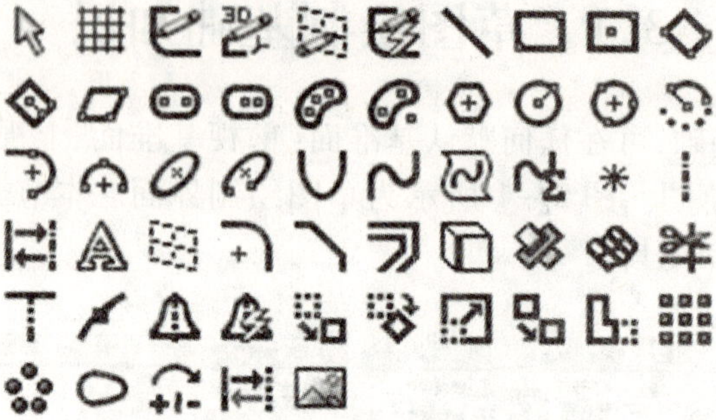

图 3－3 草图工具按钮

3.1.1.1 绘制直线

直线是最基本的图形实体。绘制一条直线的操作步骤如下：

(1)单击“草图”工具栏上的“直线”命令，或单击“工具”—“草图绘制实体”—“直线”，指针形状将变为。

(2)在插入线条属性管理器中，如图 3－4 所示，在“方向”下选择“按绘制原样”、“水平”、“竖直”和“角度”之一，除“按绘制原样”外的所有选择均显示参数组，如图 3－5 所示。

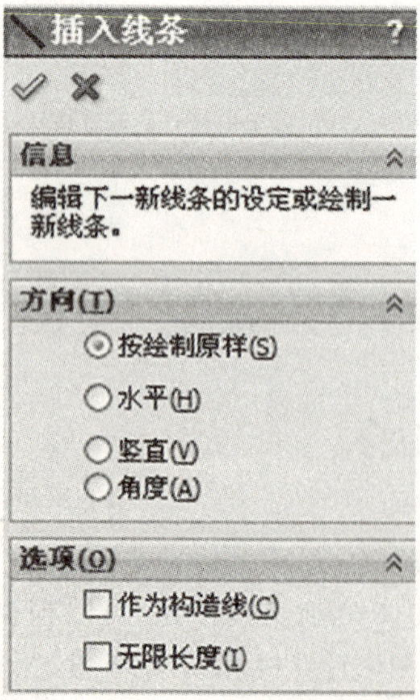

图 3－4 插入线条属性管理器

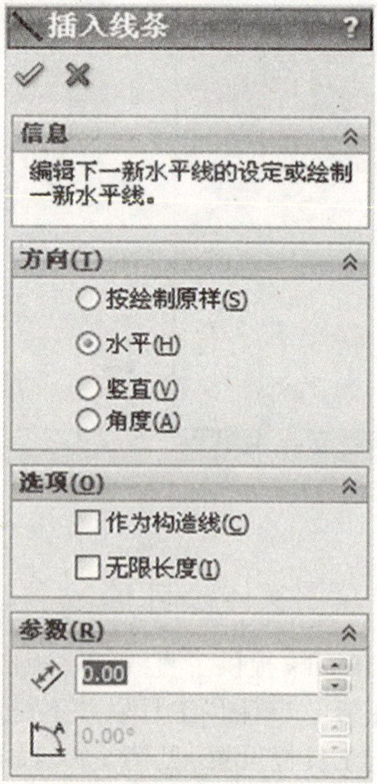

图 3－5 参数设置

在“选项”下可以选择：“作为构造线”用来绘制构造线；“无限长度”用来绘制无限长度直线；“添加尺寸（仅限角度方向）”用来显示长度和角度值。在“参数”下，根据直线方向可进行以下操作：水平或竖直时，为长度设定一数值，选择添加尺寸来显示长度值；角度时，为长度设定一数值，为角度设定一数值，选择添加尺寸来显示长度和角度值。

（3）在绘图区域中单击并绘制直线。

（4）采用下列方法之一完成直线：将指针拖动到直线的端点然后放开；释放指针，移动指针到直线的端点，然后再次单击。

3.1.1.2　**绘制矩形**

绘制矩形的操作步骤如下：

（1）单击“草图”工具栏上的“矩形”命令，或单击“工具”—“草图绘制实体”—“矩形”，指针形状变为。

（2）单击绘图区域以放置矩形的第一个角点，拖动鼠标，当矩形的大小和形状适当时，释放鼠标。在拖动时，矩形的尺寸会动态地显示，如图3－6所示。

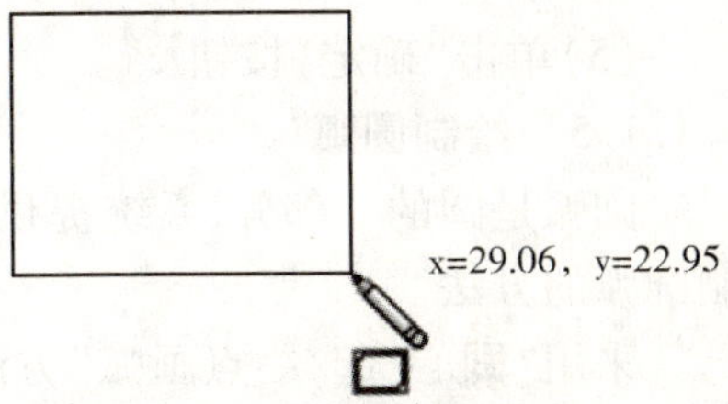

图3－6　动态显示图形尺寸

（3）单击“确定”按钮。

3.1.1.3　**绘制多边形**

该工具可用于生成边的数量在3～40的等边多边形。

生成多边形的操作步骤如下：

（1）单击“草图”工具栏上的“多边形”命令，或单击“工具”—“草图绘制实体”—“多边形”，指针形状变为。

（2）根据需要在多边形属性管理器中设定属性，如图3－7所示。

图3－7　多边形属性管理器

（3）单击绘图区域以定位多边形中心，然后移动光标至适当位置，单击生成多边形。

（4）单击“确定”按钮。

在打开的草图中，通过拖动修改多边形：

（1）通过拖动多边形的某一条边来改变多边形的大小。

（2）通过拖动多边形的顶点或中心点来移动多边形。

3.1.1.4　**绘制圆**

圆是草图实体绘制中经常使用的图形实体。绘制圆的默认方式是指定圆心和半径。可使用“圆”命令绘制一基于中心的圆，或可使用“周边圆”工具绘制一基于周边的圆（多用于和其他图形相切的情况下）。

绘制基于中心的圆的操作步骤如下：

（1）单击“草图”工具栏上的“圆”命令，或单击“工具”—“草图绘制实体”—“圆”，指针变为。

（2）单击绘图区域以放置圆心。

（3）移动光标至适当位置，单击。

（4）单击“确定”按钮。

绘制基于周边的圆的操作步骤如下：

（1）单击“草图”工具栏上的“圆”命令，或单击“工具”—“草图绘制实体”—“周边圆”，指针变为。

（2）单击绘图区域以放置周边。

（3）移动光标单击圆上第二点。

（4）单击来设定圆。

（5）单击“确定”按钮。

3.1.1.5　绘制圆弧

圆弧是圆的一部分，系统提供了“圆心/起/终点画弧”、“切线弧”和“三点圆弧”3 种绘制圆弧的方法。

采用“圆心/起/终点画弧”方法绘制圆弧的操作步骤如下：

（1）单击“草图”工具栏上的“圆心/起/终点画弧”命令，或单击“工具”—“草图绘制实体”—“圆心/起/终点画弧”，指针变为。

（2）单击绘图区域，放置圆弧的圆心。

（3）释放并移动鼠标，以设置半径和角度，单击绘图区域以放置起点。

（4）释放、移动鼠标和单击绘图区域以设置终点。

（5）单击“确定”按钮。

采用“切线弧”方法绘制圆弧的操作步骤如下：

（1）单击“草图”工具栏上的下拉列表中的“切线弧”命令，或单击“工具”—“草图绘制实体”—“切线弧”，指针变为。

（2）在直线、圆弧、椭圆或样条曲线的终点上单击。

（3）移动光标绘制所需形状，然后释放鼠标。

（4）单击“确定”按钮。

3.1.1.6　绘制椭圆

椭圆是由一个中心点和两个轴来定义的，椭圆的形状、大小和位置由椭圆中心、椭圆长轴和椭圆短轴决定。椭圆长轴和椭圆短轴决定了椭圆的大小和方向，椭圆中心决定了椭圆的位置。

绘制椭圆的操作步骤如下：

（1）单击“草图”工具栏上的“椭圆”命令，或单击“工具”—“草图绘制实体”—“椭圆”，指针变为。

（2）单击绘图区域来放置椭圆中心。

（3）移动光标，单击以设定椭圆的长轴。

（4）移动光标，单击以设定椭圆的短轴。

(5)单击“确定”按钮✔。

3.1.1.7 绘制样条曲线

样条曲线是由一组点定义的光滑曲线,样条曲线用于精确地表示曲线的形状和尺寸。样条曲线的点可少至两个点。

绘制样条曲线的操作步骤如下：

(1)单击“草图”工具栏上“的样条曲线”命令∼,或单击“工具”—“草图绘制实体”—“样条曲线”,指针变为✎。

(2)单击以放置第一个点并将第一个线段拖出。

(3)单击下一个点并将第二个线段拖出。

(4)重复将每个线段绘出,然后在样条曲线完成时双击。

(5)单击“确定”按钮✔。

3.1.1.8 绘制文字

该工具可用于在任何连续曲线或边线组(包括零件面上由直线、圆弧或样条曲线组成的圆或轮廓)上绘制文字,并且拉伸或剪切文字。

绘制文字的操作步骤如下：

(1)单击“草图”工具栏上的“文字”命令A,或单击“工具”—“草图绘制实体”—“文字”。

(2)在属性管理器中,在“文字”下输入要显示的文字。输入时,文字将出现在绘图区域中。

(3)根据需要在文字属性管理器中设定属性。

(4)单击“确定”按钮✔。

3.1.1.9 绘制点

该工具可用于将点插入到草图和工程图中。

绘制点的操作步骤如下:

(1)单击“草图”工具栏上的“点”命令*,或单击“工具”—“草图绘制实体”—“点”,指针形状变为✎。

(2)在绘图区域中单击以放置点,点工具保持激活,这样可继续插入点。

3.1.2 草图绘制工具

通过草图绘制工具绘制基本的草图实体后,可以利用草图绘制工具进一步对基本草图实体进行编辑。

3.1.2.1 绘制圆角

绘制圆角的操作步骤如下：

(1)在打开的草图中,单击“草图”工具栏上的“圆角”命令◝,或单击“工具”—“草图工具”—“圆角”。

(2)在圆角属性管理器中设定属性。

(3)选择要圆角的草图实体。

(4)如有必要,拖动预览以调整圆角大小。

(5)单击“确定”按钮。

3.1.2.2 绘制倒角

绘制倒角的操作步骤如下：

(1)在打开的草图中，单击“草图”工具栏上的下拉列表中的“倒角”命令，或单击“工具”—“草图工具”—“倒角”。

(2)在倒角属性管理器中设定属性。

(3)选择要倒角的草图实体。

(4)单击“确定”按钮。

3.1.2.3 绘制等距实体

绘制等距实体在建模过程中经常采用，可以使绘图效率明显得到提高。在 SolidWorks 中提供了按特定的距离绘制一个或多个草图实体、所选模型边线或模型面。

绘制等距实体的操作步骤如下：

(1)在打开的草图中，选择一个或多个草图实体、一个模型面或一条模型边线。

(2)单击“草图”工具栏上的“等距实体”命令，或单击“工具”—“草图工具”—“等距实体”。

(3)在属性管理器中根据需要设定等距参数。

(4)单击“确定”按钮，或在绘图区域中单击。

3.1.2.4 转换实体引用

转换实体引用可通过投影一模型边线、环、面、曲线、外部草图轮廓线、一组边线或一组草图曲线到草图基准面上以在草图中生成一条或多条曲线。

转换实体引用的操作步骤如下：

(1)在打开的草图中，单击一模型边线、环、面、曲线、外部草图轮廓线、一组边线或一组曲线。

(2)单击“草图”工具栏上的“转换实体引用”命令，或单击“工具”—“草图工具”—“转换实体引用”。

(3)单击“确定”按钮。

3.1.2.5 剪裁草图实体

根据想剪裁的实体选择剪裁类型。剪裁选项的类型有强劲剪裁、边角、在内剪除、在外剪除和剪裁到最近端。其中，强劲剪裁应用比较多，下面重点介绍强劲剪裁。

以“强劲剪裁”选项剪裁的操作步骤如下：

(1)在草图中，单击“草图”工具栏上的“剪裁实体”命令 剪裁实体，或单击“工具”—“草图工具”—“剪裁”。

(2)在属性管理器中的“选项”下选择“强劲剪裁”命令。

(3)单击位于第一个实体旁边的图形区域，然后拖动穿越要剪裁的草图实体。指针在穿过并剪裁草图实体时变成，一尾迹沿剪裁路径生成。继续按住指针并拖动穿越想剪裁的每个草图实体。

(4)单击要剪裁的实体。

(5)在完成剪裁草图时释放指针，单击“确定”按钮。

3.1.2.6 构造几何线

该工具可用于将草图上或工程图中的草图实体转换为构造几何线。构造几何线仅用来协助生成最终会被包含在零件中的草图实体及几何体。当草图被用来生成特征时，构造几何线会被忽略。构造几何线与中心线的线型相同。

将草图实体转换为构造几何线的操作步骤如下：

(1)在草图中选择一个或多个草图实体。

(2)在属性管理器中选择“作为构造线”，或单击“工具”—“草图工具”—“构造几何线”。

3.1.2.7 镜像草图实体

镜像实体绘图工具可以方便地绘制对称的图形。当生成镜像实体时，SolidWorks 软件会在每一对相应的草图点（镜像直线的端点、圆弧的圆心等）之间应用一对称关系。如果更改被镜像的实体，则其镜像图像也会随之更改。

镜像实体包括以下特点：

(1)只包括新的实体，或包括原有及镜像的实体。

(2)镜像某些或所有草图实体。

(3)可关于任何类型直线来镜像，不仅仅是构造性直线。

镜像草图实体的操作步骤如下：

(1)在草图中，单击“草图”工具栏上的“镜像实体”命令，或单击“工具”—“草图工具”—“镜像”。

(2)在属性管理器中，为“要镜向的实体”选择草图实体。消除□复制(C)的选择，来添加所选实体的镜向复制件，并移除原有草图实体；或选择☑复制(C)，以包括镜向复制件和原有草图实体。为镜向点选择边线或直线。

(3)单击“确定”按钮。

还有移动、复制、旋转和按比例缩放、阵列等草图绘制工具，这里不再赘述。

3.2 草图标注尺寸

通过草图实体绘制和编辑后，草图已经具备所需的形状，进一步的工作就是定量地确定各个草图实体尺寸和相互的尺寸关系。SolidWorks 软件具有尺寸驱动功能，根据指定尺寸和几何关系来智能地改变尺寸和形状，使用智能尺寸工具和其他标注尺寸工具给草图实体标注尺寸。

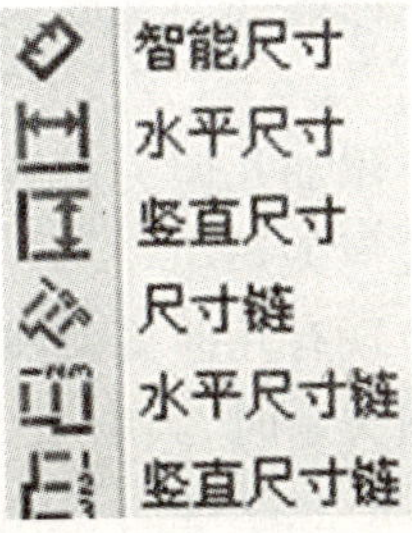

图 3-8 标注尺寸命令

草图标注尺寸使草图满足设计者的要求并让草图固定。SolidWorks 软件中标注尺寸共有 6 种命令，“草图”工具栏上的 智能尺寸 工具下拉菜单中就包含了这 6 种标注尺寸命令类型，如图 3-8所示。菜单中的“工具”—“标注尺寸”下也有这 6 种标注尺寸命令,可进行尺寸标注。一般情况下,单击 智能尺寸 命令,选择需标注尺寸的对象,就可以标注出需要的尺寸。

3.3 草图几何关系

3.3.1 草图几何关系概述

草图的约束分为尺寸约束和几何约束。尺寸约束是指控制草图大小的参数驱动尺寸,当尺寸约束改动时,草图也随之更改。几何约束用来控制草图中几何图形元素的定位方向及几何图形元素之间的相互关系。

草图按设计意图标注尺寸和添加几何关系后,草图实体的自由度被限制。当草图的约束度等于草图的自由度时,草图中的所有草图实体被完全限制在当前的位置上,这种情况称为完全定义。当约束度小于自由度时,草图实体还可以在某个方向上移动或旋转,这种情况称为欠定义。当约束度大于自由度时,这种情况称为过定义。

草图可能处于以下5种状态中的任何一种。草图的状态显示于 SolidWorks 窗口底端的状态栏上。

(1)完全定义。草图中所有的直线和曲线及其位置,均由尺寸或几何关系或两者说明。颜色为黑色。

(2)过定义。有些尺寸或几何关系或两者处于冲突中或多余。颜色为红色。

(3)欠定义。草图中的一些尺寸或几何关系未定义,可以随意改变。可以拖动端点、直线或曲线,直到草图实体改变形状。颜色为蓝色。

(4)无法找到解。草图未解出。显示导致草图不能解出的几何体、几何关系和尺寸。颜色为粉红色。

(5)发现无效的解。草图虽解出但会导致无效的几何体,如零长度线段、零半径圆弧或自相交叉的样条曲线。颜色为黄色。

草图几何关系为草图实体之间或草图实体与基准面、基准轴、边线或顶点之间的几何约束。可以自动或手动添加几何关系。在 SolidWorks 中,2D 或 3D 草图里草图实体和模型几何体之间的几何关系是设计意图中的一种重要创建手段。

3.3.2 草图几何关系添加

添加几何关系可以在草图实体之间或在草图实体与基准面、基准轴、边线、顶点之间生成几何关系。

现有几何关系和添加几何关系部分将在所有草图绘制实体属性管理器中出现。当生成几何关系时,其中至少必须有一个项目是草图实体,其他项目可以是草图实体或边线、面、顶点、原点、基准面、基准轴,或其他草图的曲线投影到草图基准面上形成的直线或圆弧。

可以用下列方法添加几何关系:

(1)在绘制时,允许 SolidWorks 应用程序自动添加几何关系。自动添加几何关系依赖于推理、指针显示,或草图捕捉和快速捕捉。

(2)在绘制完毕后，使用“添加几何关系”命令，手工添加几何关系，或使用“显示/删除几何关系”命令，编辑现有几何关系。

用户可通过以下方式来执行添加几何关系命令：

(1)单击草图工具栏

下拉列表中的“添加几何关系”命令。

(2)单击“尺寸/几何关系”工具栏上的“添加几何关系”命令。

(3)单击菜单栏中“工具”—“几何关系”—“添加”。

(4)右键单击绘图区域空白处，在弹出的对话框中选择“添加几何关系”。

具体草图几何关系的应用，在以后的学习中介绍。

3.4　草图绘制原则

(1)进行建模之前，要考虑清楚建模思路，兼顾零部件工艺结构，寻找简单、合适的建模方法。

(2)根据建立特征的不同以及特征间的相互关系，确定草图的绘图平面和基本形状。

(3)零件的第一幅草图应该以原点定位，以确定特征在空间的位置。

(4)每一幅草图应尽量简单，不要包含复杂的嵌套，这样有利于草图的管理和特征的修改。

(5)要非常清楚草图平面的位置，一般情况下可使用“正视于”命令，使草图平面和屏幕平行。

(6)复杂的草图轮廓一般应用于二维草图到三维模型的转化操作，在正规的建模过程中最好不要复杂的草图。

(7)尽管 SolidWorks 不要求使用完全定义的草图，但在绘制草图的过程中最好使用完全定义的草图。合理标注尺寸以及添加几何关系，反映了设计者的思维方式以及机械设计的能力。

(8)任何草图在绘制时只需要绘制大概形状以及位置关系，再利用几何关系和尺寸标注来确定几何体的大小和位置，这样有利于提高工作效率。

(9)绘制实体的时候要注意 SolidWorks 的系统反馈和推理线，可以在绘制的过程中确定实体间的关系。在特定的反馈状态下，系统会自动添加草图元素间的几何关系。

(10)首先确定草图各元素间的几何关系，其次是位置关系和定位尺寸，最后标注草图的形状尺寸。

(11)中心线(构造线)不参与特征的生成，只起到辅助作用。因此，在必要的时候可以使用构造线定位或标注尺寸。

(12)小尺寸几何体应使用夸张画法，标注完尺寸后改成正确的尺寸。

需要说明的是，所有的这些绘图原则是在使用软件的过程中逐步建立并积累起来的，并非必须。草图服务于零件的各个特征，如何合理快速地建立零件的特征，与绘制草图的过程有很大的关系。

第4章　简单零件建模

4.1　键的建模

键的创建方法较为简单，首先绘制键零件的草图轮廓，然后通过拉伸工具即可完成。图4－1所示是键的创建过程。

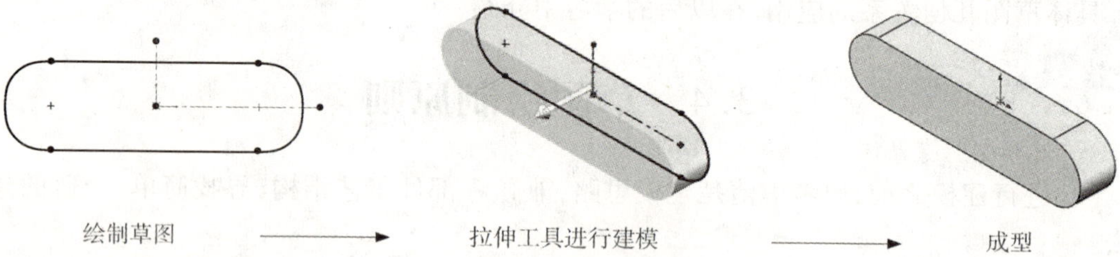

图4－1　键的创建过程

本节将用此方法，在SolidWorks中创建齿轮轴上键与大齿轮上键。

4.1.1　齿轮轴上键

齿轮轴上键的尺寸如图4－2所示。

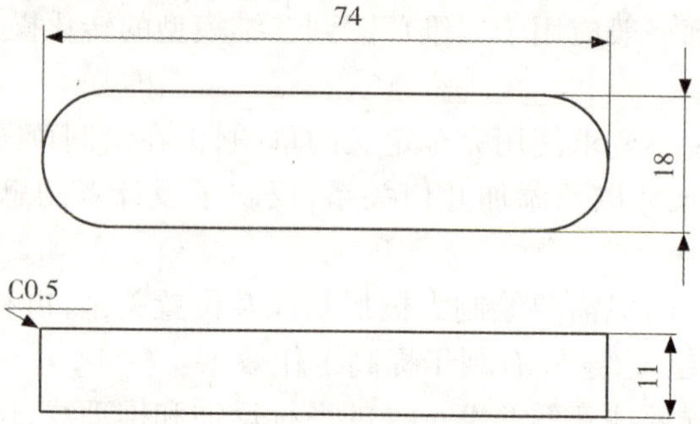

图4－2　齿轮轴上键的尺寸

创建步骤如下：

（1）双击SolidWorks2011软件启动图标，单击如图4－3所示“新建”命令图标，选择如图4－4所示“零件模板”图标，单击“确定”，进入零件建模环境。

图4－3　“新建”命令图标

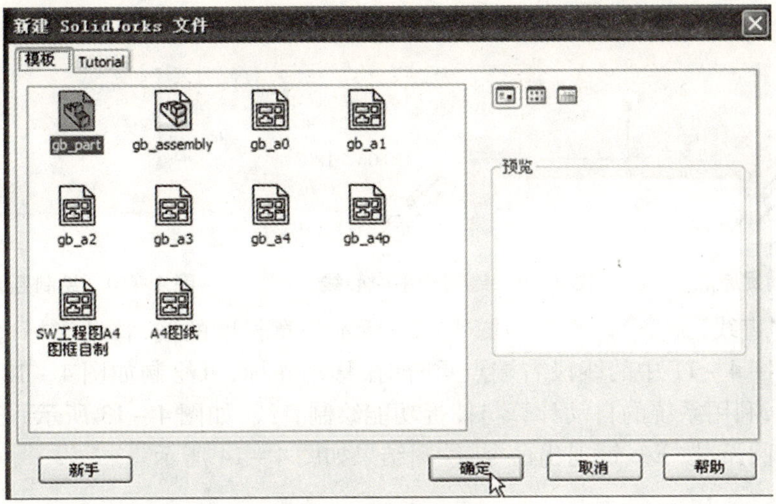

图 4－4　零件模板选择

(2)在特征树中选择 前视基准面 作为草图平面，单击如图 4－5 所示的“视图定向”工具栏中的“正视于”，使绘图平面转为正视方向。

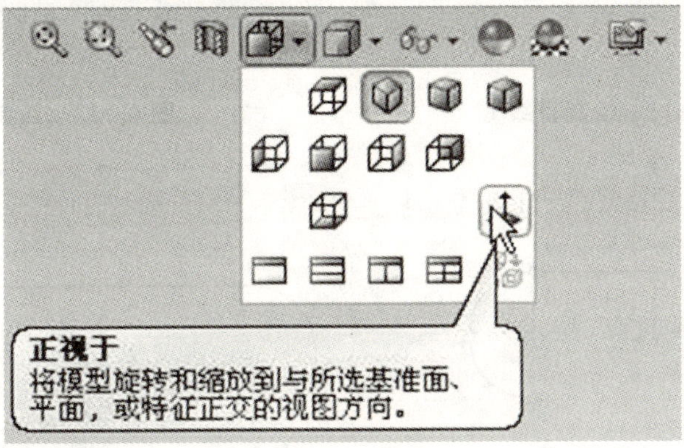

图 4－5　“视图定向”工具栏

(3)单击如图 4－6 所示的“草图”工具栏，单击 草图绘制 ，单击如图 4－7 所示“直线”命令下的“中心线”命令。

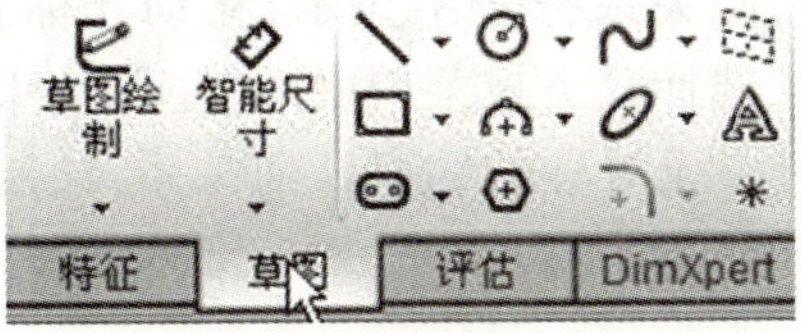

图 4－6　“草图”工具栏

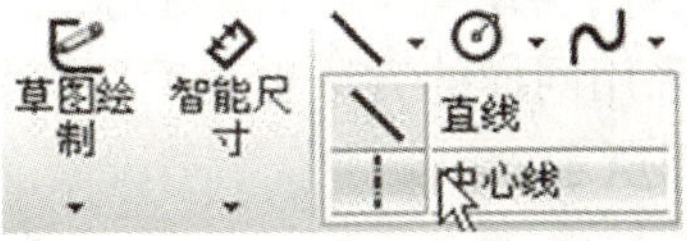

图 4－7　“中心线”命令

当光标捕捉到坐标原点时单击，如图 4－8 所示，向右移动光标，如图 4－9 所示，注意光标下的水平符号 ━ ，单击，绘制任意长度的中心线，双击鼠标左键或按 Esc 键完成水平中心线的绘制。采用同样的方法绘制竖直中心线，绘图结果如图 4－10 所示。

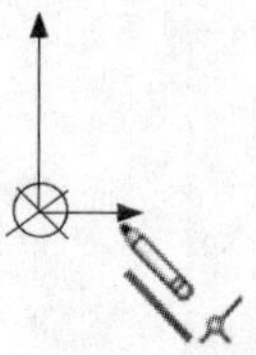

图 4－8　捕捉原点

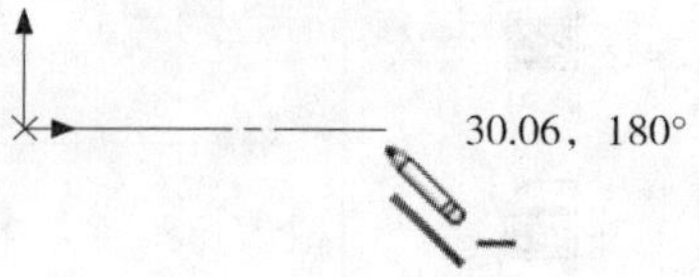

图 4－9　绘制水平中心线

图 4－10　绘制竖直中心线

（4）单击“直线”命令，绘制如图 4－11 所示任意长度的线，移动光标，然后后退。当光标后退至与图 4－11 中的线段右端点重合时，移动光标，可绘制如图 4－12 所示的圆弧。向左移动光标，利用系统的自动计算与捕捉功能绘制直线，如图 4－13 所示。采用同样的方法绘制左边的圆弧，按 Esc 键退出命令，绘图结果如图 4－14 所示。

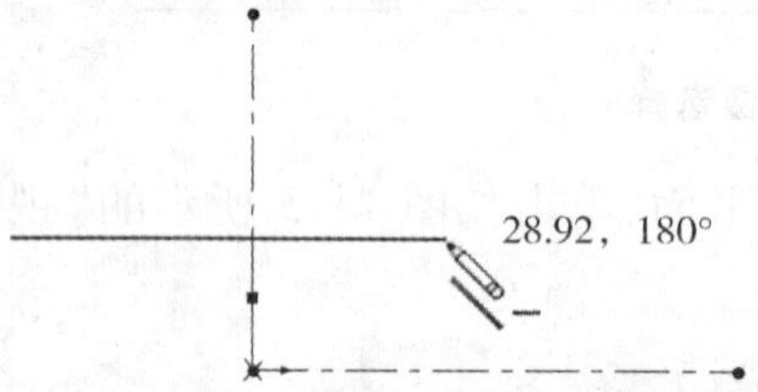

图 4－11　绘制直线 1

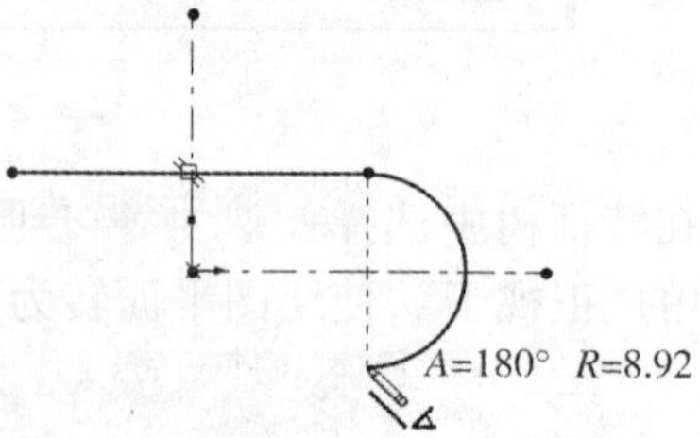

图 4－12　绘制圆弧

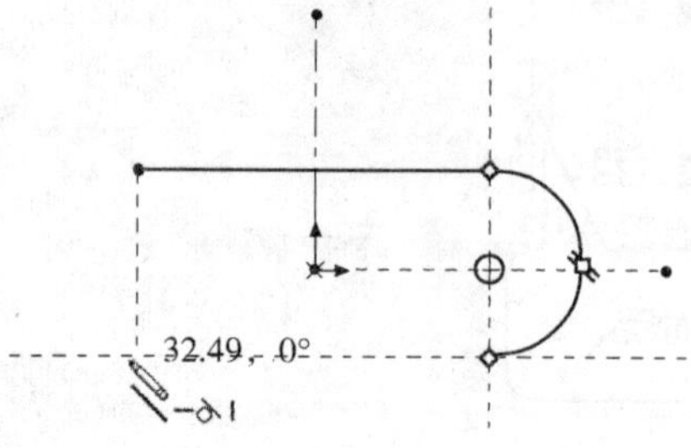

图 4－13　绘制直线 2

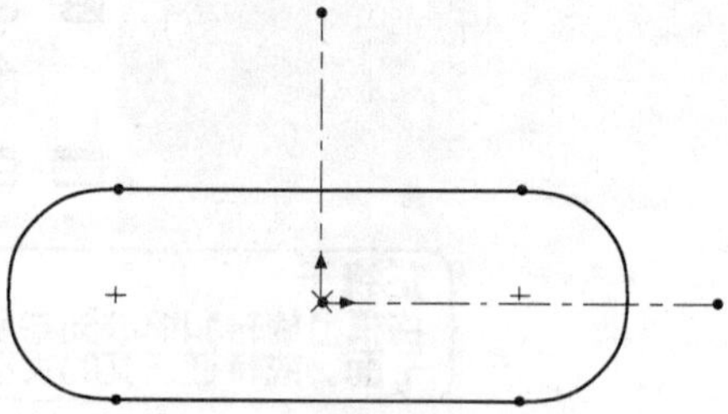

图 4－14　键的二维草图

（5）按住 Ctrl 键不放，连续选择两条水平实线与水平中心线，绘图窗口左边会弹出添加约束几何关系的“属性”对话框，单击 对称(S)，则两条水平实线会关于中心线对称，并且在图形中会增加对称约束几何关系符号（若约束几何关系符号不显示，移动光标到 SolidWorks 图标，出现菜单栏，移动光标到“视图”工具栏，选择其下拉菜单中的“草图约束几何关系”）。采用同样的方法也为两圆弧添加关于竖直中心线对称的约束几何关系，绘制图形如图 4－15 所示。

（6）单击“草图”工具栏上的 智能尺寸，分别单击两条水平线，弹出“修改”对话框，在对话框中输入 18.00mm，如图 4－16 所示，单击“确定”按钮。按住 Shift 键不放，单击两圆弧，可标出两圆弧的最远距离，在“修改”对话框中输入 74.00mm，单击“确定”按钮，绘制图形如图 4－17 所示。至此，绘制的键轮廓线全变为黑色，表示轮廓线完全约束。

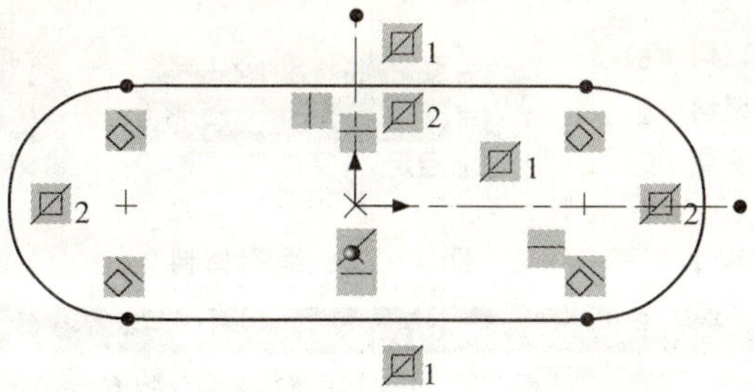

图 4－15　添加约束几何关系后的草图

图 4－16　“修改”对话框

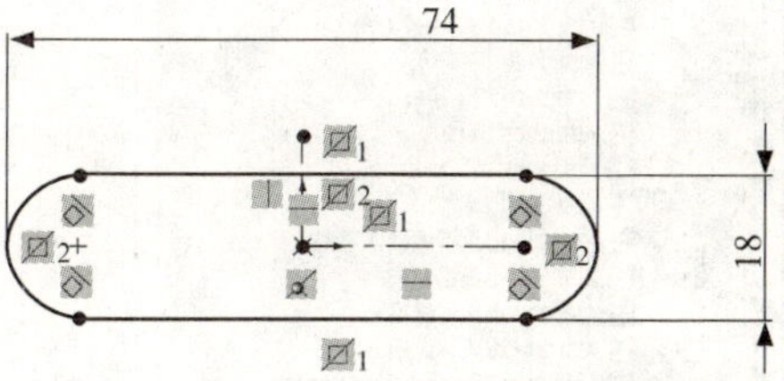

图 4－17　标注尺寸后的二维图形

（7）单击“特征”工具栏的拉伸凸台/基体，如图 4－18 所示，弹出“凸台－拉伸”对话框，在“深度”后的框中输入 11，单击“确定”按钮，完成键的主体结构，如图 4－19 所示。

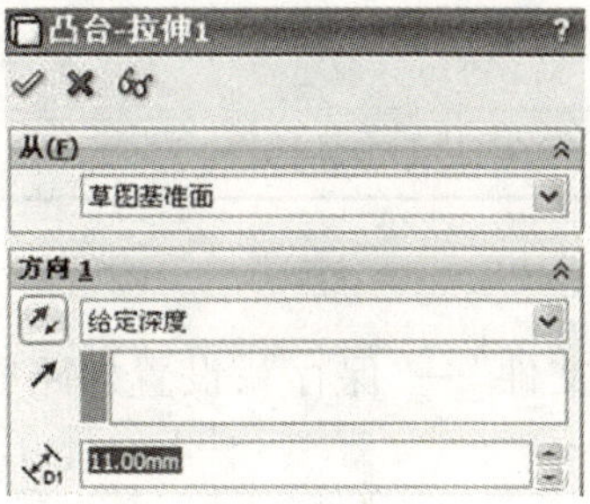

图 4－18　“拉伸”工具

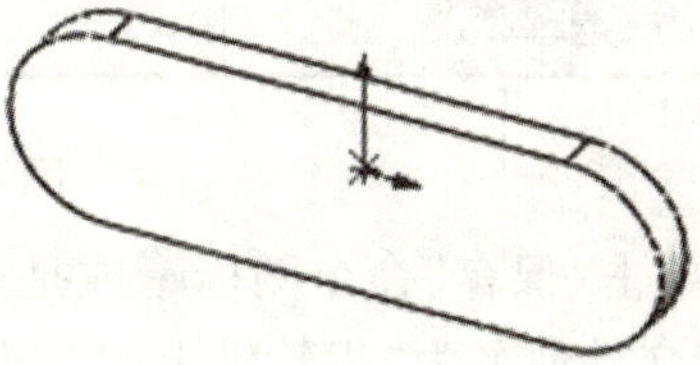

图 4－19　键的主体结构

（8）倒角。单击“特征”工具栏的圆角的下拉箭头，单击倒角，在倒角项目下的“距离”后的框中输入值 0.5，单击键上的棱，系统会自动选中和它相切的棱，单击另一个面上的棱（若不方便选择，按鼠标中键旋转模型），被选中的棱被加深，“边线”框中也会出现选中的棱，单击“确定”按钮，完成倒角命令。单击图 4－5 中“视图定向”工具栏中的“等轴测”按钮，结果如图 4－20所示，完成齿轮轴上键的建模。

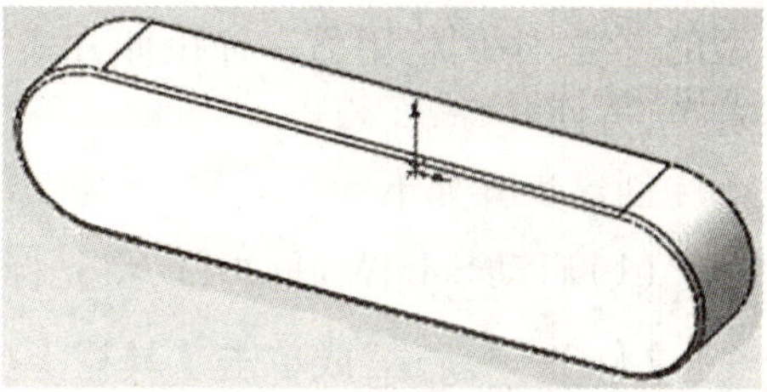

图 4－20　齿轮轴上键

（9）定义零件的材料属性。右键单击特征树中的材质，选择“编辑材料”，弹出“材料”对话框，单击“SolidWorks materials”前的“＋”号，选择“钢”选项下的“普通碳钢”，单击“应用”，如图 4－21 ~ 图 4－24 所示。

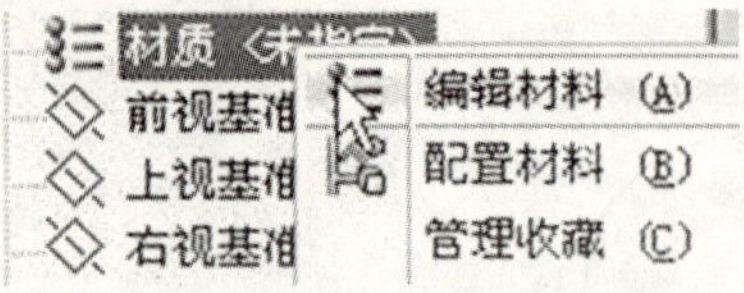

图 4－21　编辑材料 1

图 4－22　编辑材料 2

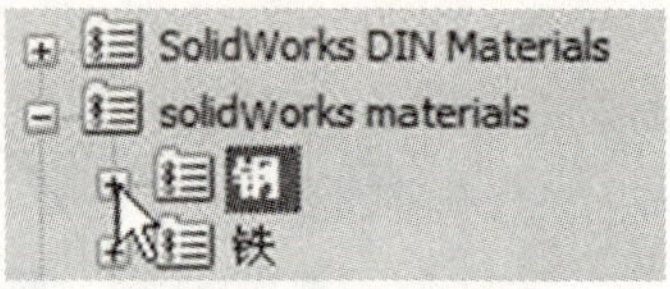

图 4－23　编辑材料 3

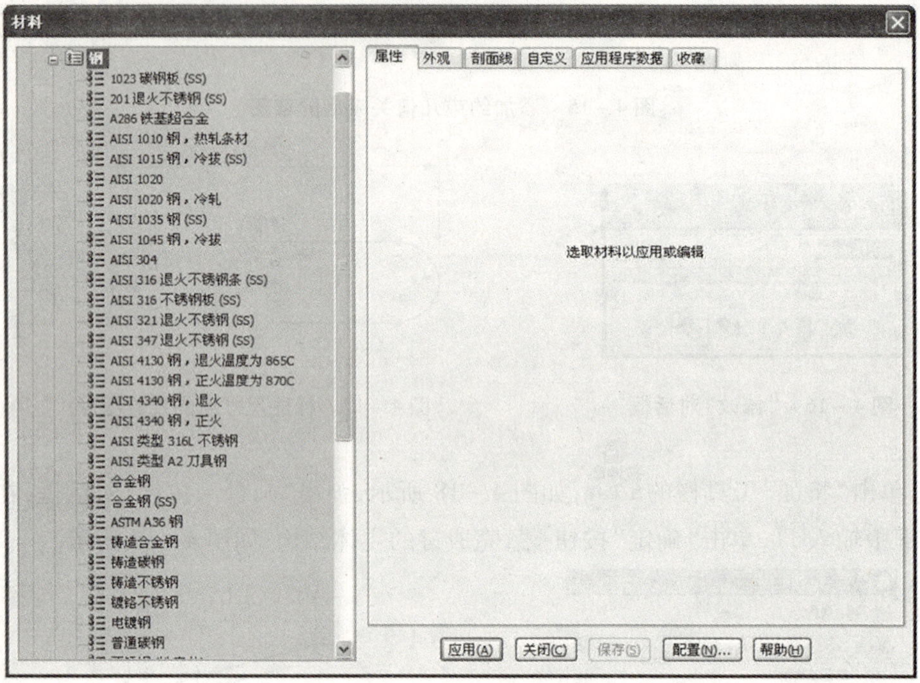

图 4－24　编辑材料 4

(10)单击“保存”命令图标或是选择菜单命令“文件”—“保存”，设置好路径，将文件保存，并将文件命名为“齿轮轴上键. sldprt”。

4.1.2　大齿轮上键

大齿轮上键与齿轮轴上键的创建方法类似。为了进一步说明通过拉伸工具创建实体模型的方法，本例将用另一种拉伸方式——“两侧对称”拉伸来生成大齿轮上键，并给模型实体着色，方便装配。

创建步骤如下：

(1)启动 SolidWorks2011，将光标移到 SolidWorks2011 图标 SolidWorks 上，选择菜单命令“文件”—“新建”或单击工具栏上的按钮，单击“零件模板”图标，单击“确定”，进入零件建模环境。

(2)在打开的特征树中选择 前视基准面 作为草图平面，单击“视图定向”工具栏中的“正视于”按钮，使绘图平面转为正视方向。利用草图绘制工具绘制如图 4－25 所示的二维草图，并标注尺寸(具体操作步骤参照本章 4.1.1 节的内容)。

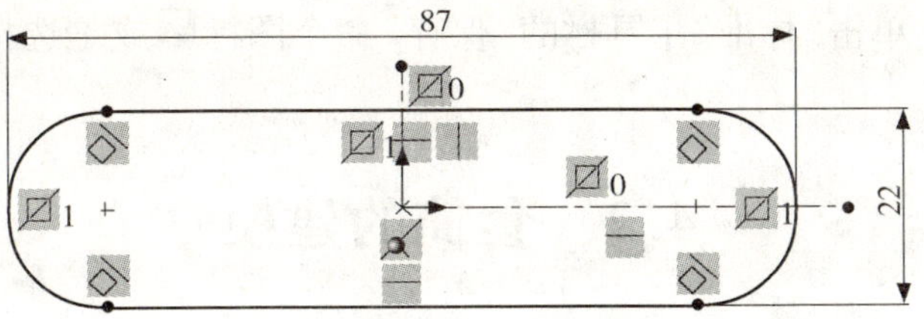

图 4－25　键的二维草图

(3)单击“特征”工具栏的拉伸凸台/基体，弹出“凸台－拉伸”对话框，在“方向 1”下，选择“两侧对称”，在“深度”后的框中输入 14.00mm，如图 4－26 所示，创建的模型关于草图平面前视基准面对称，单击“确定”按钮，完成键的主体结构。

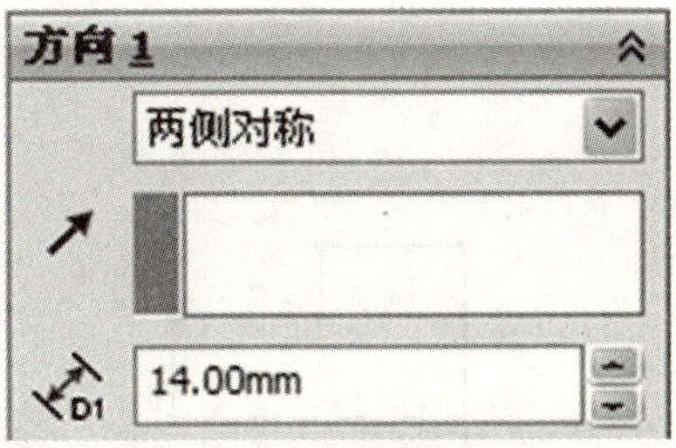

图 4－26　拉伸参数

(4)倒角。单击“特征”工具栏的圆角的下拉箭头，单击倒角，在倒角项目下的“距离”后的框中输入值 0.6，单击键上的两个平面，两平面上的棱均被选中，单击“确定”按钮，完成倒角命令。单击“视图定向”工具栏中的“等轴测”按钮，结果如图 4－27 所示，完成大齿轮轴上键的建模。

(5)修改模型的颜色。单击“保存”命令图标或是选择菜单命令“文件”—“保存”，设置好路径，将文件保存，并将文件命名为“大齿轮上键. sldprt”。选中模型中的文件名，单击绘图窗口中的“编辑外观”按钮，如图 4－28 所示，弹出“颜色”对话框，选择需要的颜色，如图 4－29 所示，单击“确定”按钮，模型颜色被修改。

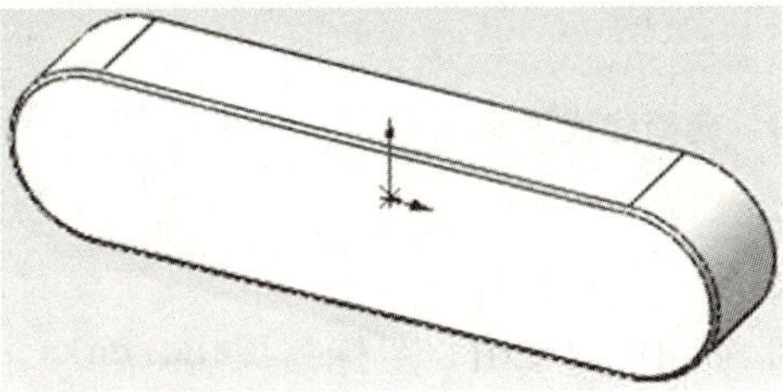

图4–27　大齿轮轴上键

图 4－28　“编辑外观”按钮

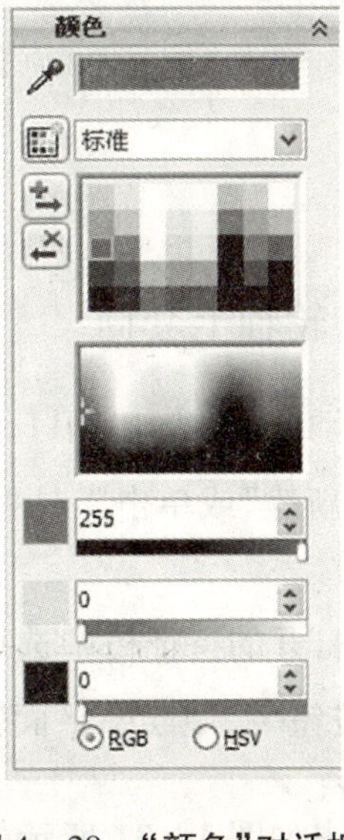

图 4－29　“颜色”对话框

(6)通过特征树中的材质编辑器，编辑模型的材料为“普通碳钢”，若模型颜色失去，再编辑一次模型颜色。单击“标准”工具栏的“保存”命令图标或是选择菜单命令“文件”—“保存”，将模型保存。

4.2 套筒的建模

套筒用于轴上零件的轴向定位，根据轴部件结构不同，套筒有不同的结构。在 SolidWorks2011 建模中，套筒的建模主要是通过旋转或拉伸生成模型的。图 4－30 所示是套筒的建模思路。

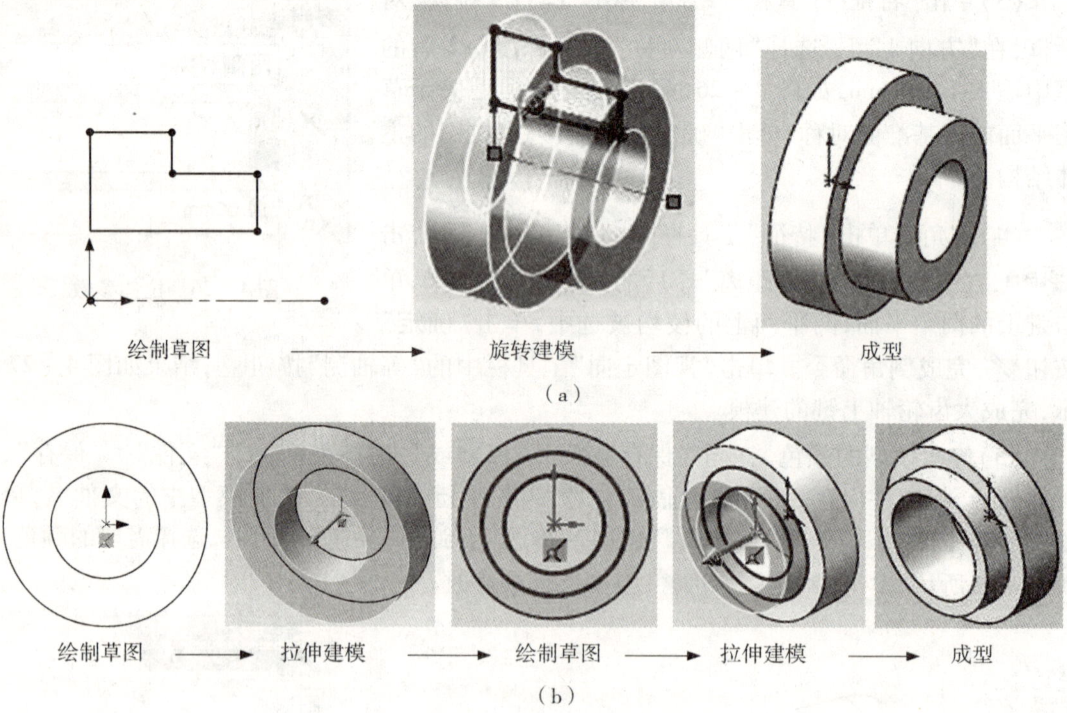

图 4－30 套筒建模思路

4.2.1 齿轮轴上套筒

（1）启动 SolidWorks2011，将光标移到 SolidWorks2011 图标 SolidWorks 上，选择菜单“文件”—“新建”或单击工具栏上的按钮，单击“零件模板”按钮，单击“确定”，进入零件建模环境。

（2）在打开的特征树中选择 前视基准面 作为草图平面，单击“视图定向”工具栏中的“正视于”按钮，使绘图平面转为正视方向。

（3）单击如图 4－31 所示的“草图”工具栏，单击“草图绘制”命令 草图绘制，单击“圆”命令，如图 4－32 所示。

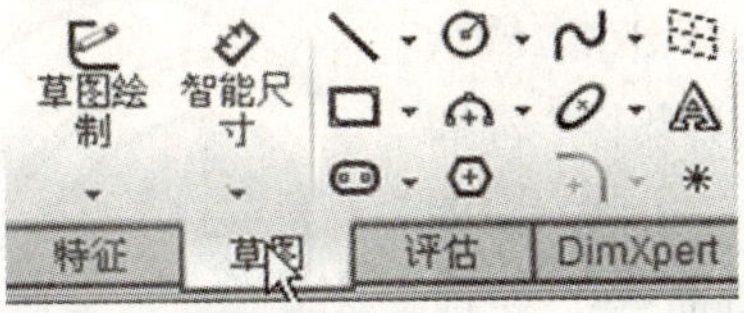

图 4 – 31 “草图”工具栏

图 4 – 32 “圆”命令

当光标捕捉到坐标原点时单击，如图 4 – 33 所示，移动光标，绘制任意半径的圆，如图 4 – 34 所示。采用同样的方法再绘制一个同心圆，如图 4 – 35 所示。

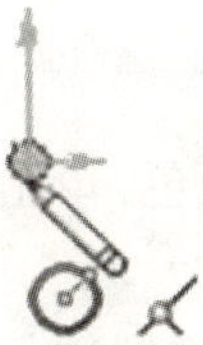

图 4 – 33 捕捉原点

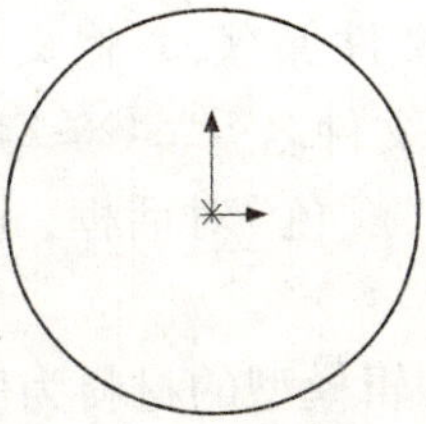

图 4 – 34 绘制圆

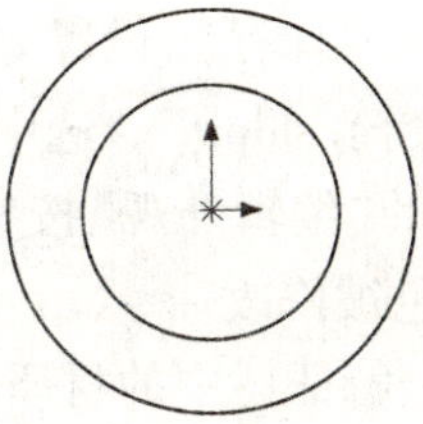

图 4 – 35 绘制同心圆

(4)单击“草图”中的智能尺寸，光标变成尺寸标注状态，单击圆，并把直径修改为 80，如图 4 – 36所示，单击“确定”按钮。采用同样的方法把另一圆的直径修改为 60，结果如图 4 – 37所示。

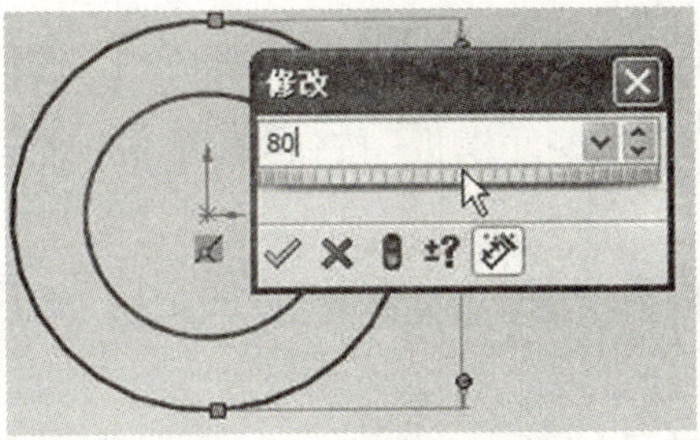

图 4 – 36 修改尺寸

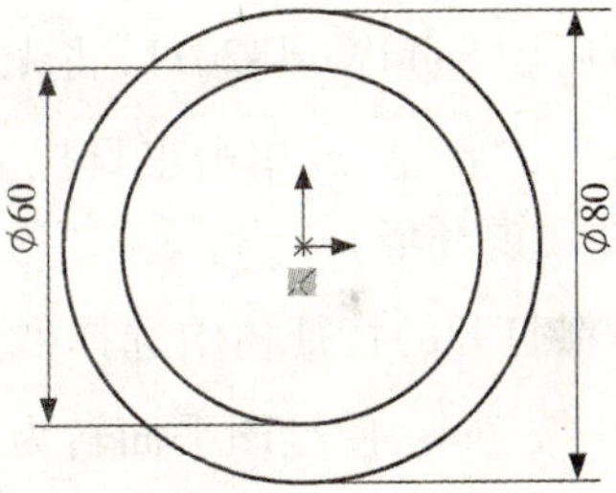

图 4 – 37 标注尺寸

(5)单击“特征”工具栏的拉伸凸台/基体，弹出“凸台 – 拉伸”对话框，在“深度”后的框中输入 23.00mm，在“方向 1”下选择“两侧对称”，如图 4 – 38 所示，单击“确定”按钮，完成套筒的主体结构，如图 4 – 39 所示。

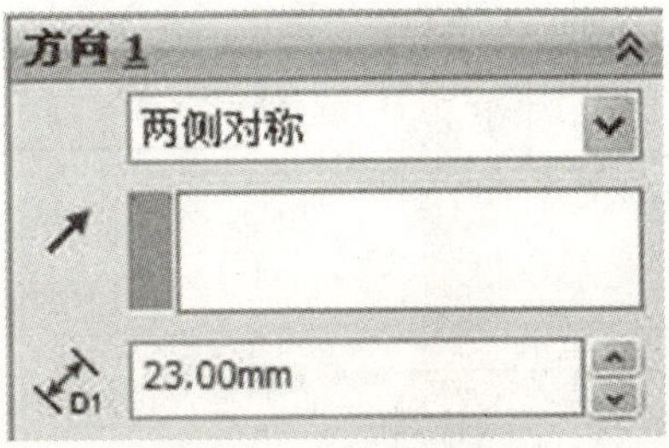

图 4 – 38 拉伸参数

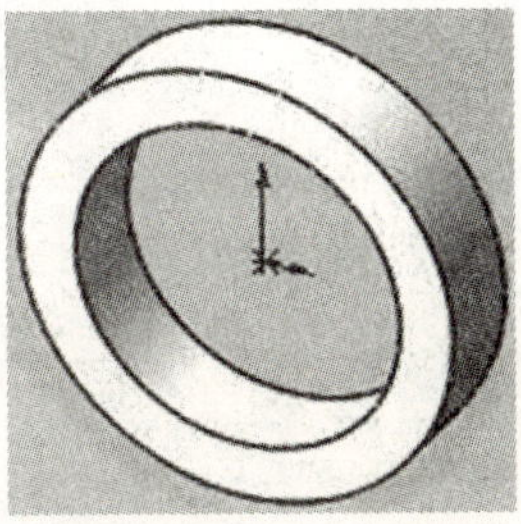

图 4 – 39 套筒的主体结构

(6)倒角。单击“特征”工具栏的圆角的下拉箭头，单击倒角，在“距离”后的框中输入1，单击套筒上需倒直角的4条棱(若捕捉不到，可按鼠标中键旋转模型)，被选中的棱被加深，“边线”框中也会出现选中的棱，单击“确定”按钮，完成倒角命令。完成齿轮轴上套筒的建模，单击“视图定向”工具栏中的“等轴测”按钮，结果如图4-40所示。

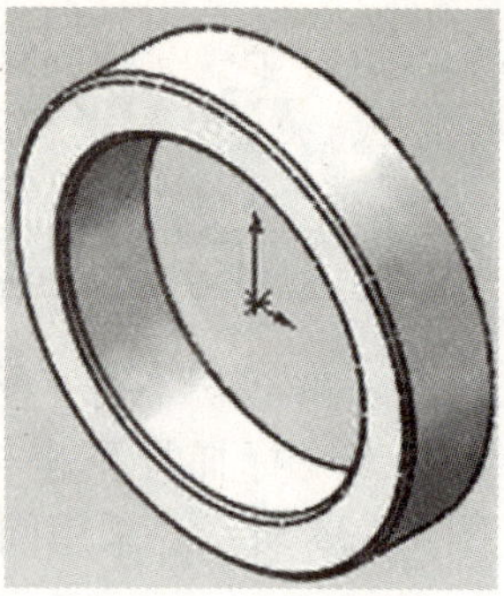

图4-40　齿轮轴上套筒

(7)修改模型的颜色。单击“保存”命令图标或是选择菜单命令“文件”—“保存”，设置好路径，将文件保存，并将文件命名为“齿轮轴上套筒.sldprt”。选中模型中的文件名齿轮轴上套筒，单击绘图窗口中的“编辑外观”按钮，弹出“颜色”对话框，选择需要的颜色，单击“确定”按钮，模型颜色被修改。

(8)通过特征树中的材质编辑器，编辑模型的材料为所需材料，若模型颜色失去，再编辑一次模型颜色。单击“标准”工具栏的“保存”命令图标或是选择菜单命令“文件”—“保存”，将模型保存。

4.2.2　低速轴上套筒

齿轮轴上套筒是通过拉伸的方法建模的，低速轴上套筒是通过旋转的方法来建模的，熟悉同类零件不同的建模方法。

(1)启动SolidWorks2011，将光标移到SolidWorks2011图标SolidWorks上，选择菜单命令“文件”—“新建”或单击工具栏上的按钮，单击“零件模板”按钮，单击“确定”按钮，进入零件建模环境。

(2)在打开的特征树中选择前视基准面作为草图平面，单击“视图定向”工具栏中的“正视于”按钮，使绘图平面转为正视方向。

(3)绘制草图。单击“草图”工具栏上的的下拉箭头，单击中心线，绘制一条过原点的水平线，如图4-41所示。单击“草图”工具栏上的，再利用系统自身的约束几何关系自动捕捉功能，如图4-42所示，绘制出如图4-43所示图形(若不显示约束几何关系，单击菜单命令“视图”—“草图约束几何关系”)。

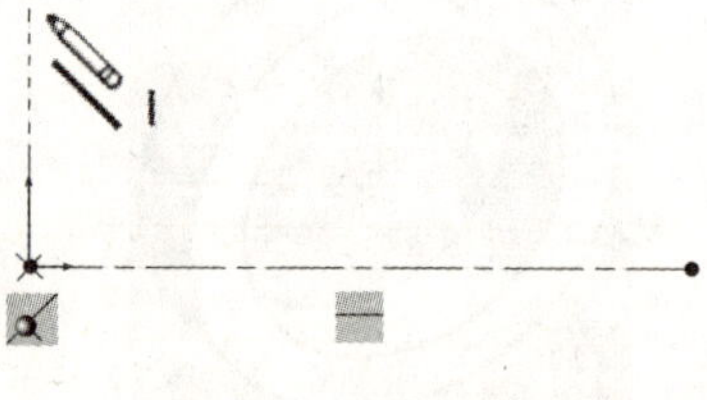

图4-41　绘制中心线

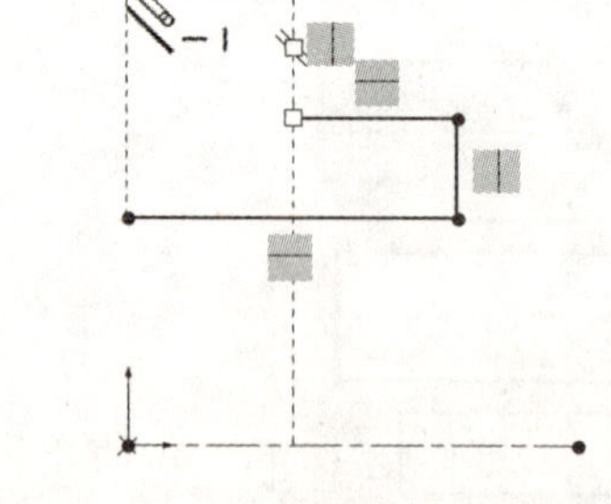

图4-42　约束几何关系自动捕捉

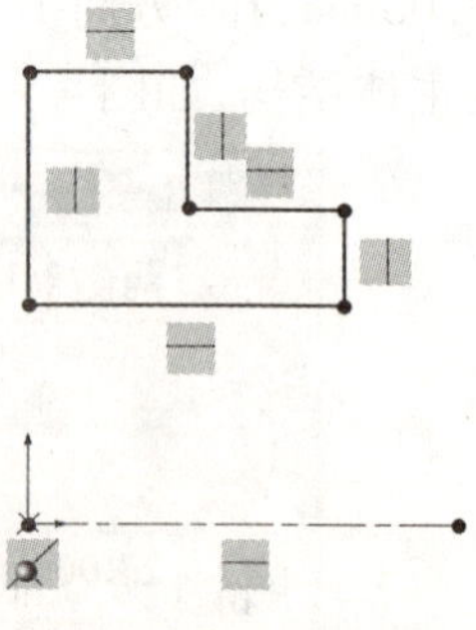

图4-43　二维草图

(4)给草图添加约束。按 Ctrl 键不放，单击竖直直线和原点，如图 4－44 所示，会弹出“属性”对话框，在“添加几何关系”中单击按钮 重合(D)，如图 4－45 所示，单击“确定”按钮 。单击“草图”工具栏上的 智能尺寸，标注出相关的尺寸并修改，结果如图 4－46 所示。

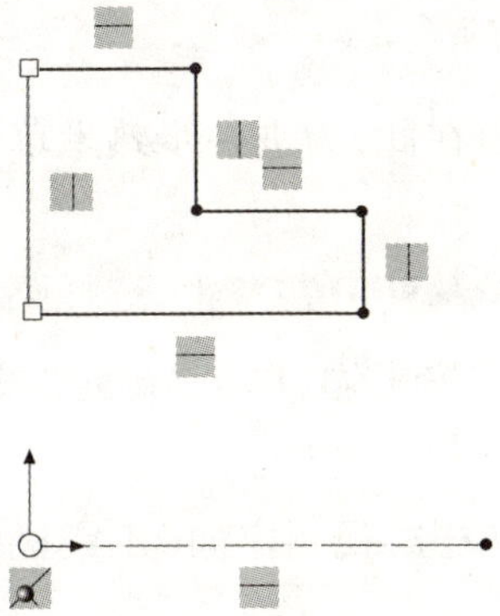

图 4－44 连续选择对象

图 4－45 添加几何关系

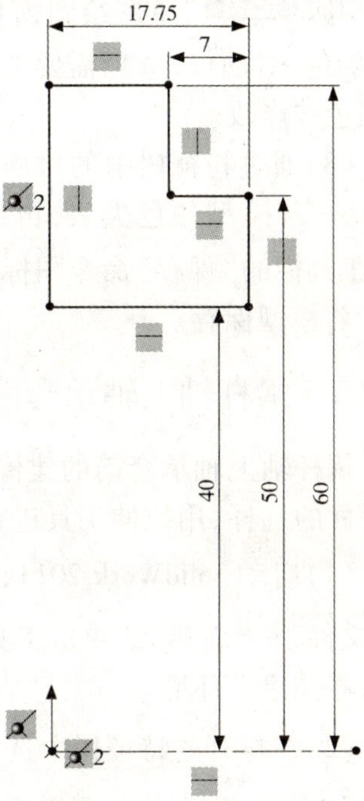

图 4－46 标注图形尺寸

(5)旋转成模型。单击“特征”工具栏上的 旋转凸台/基体，弹出“旋转”对话框，采用默认的旋转角度 360.00 度及默认的旋转轴线——中心线，如图 4－47 所示，单击“确定”按钮 ，完成套筒的主体结构，如图 4－48 所示。

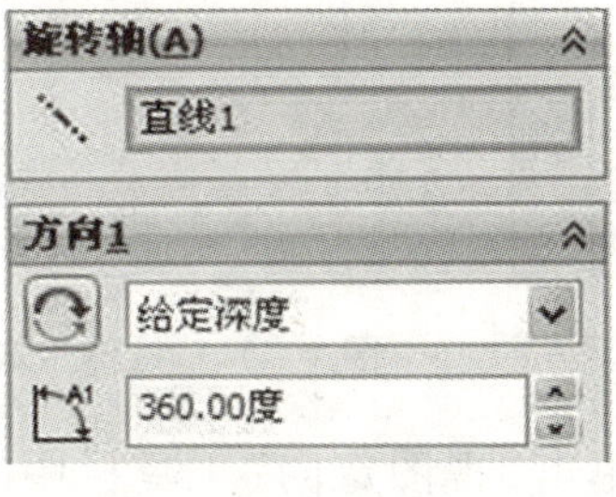

图 4－47 旋转参数

图 4－48 套筒的主体结构

(6)倒角。单击“特征”工具栏的 圆角 的下拉箭头，单击 倒角，在“距离” 后的框中输入 1，单击套筒上需倒直角的 4 条棱(若捕捉不到，可按鼠标中键旋转模型)，被选中的棱被加深，“边线” 框中也会出现选中的棱，单击“确定”按钮 ，完成倒角命令。完成低速轴上套筒的建模，单击"视图定向"工具栏中的"等轴测"按钮，结果如图4－49所示。

（7）修改模型的颜色。单击"保存"命令图标或是选择菜单命令"文件"—"保存"，设置好路径，将文件保存，并将文件命名为"低速轴上套筒.sldprt"。选中模型中的文件名 低速轴上套筒，单击绘图窗口中的"编辑外观"按钮，弹出"颜色"对话框，选择需要的颜色，单击"确定"按钮，模型颜色被修改。

（8）通过特征树中的材质编辑器，编辑模型的材料为所需材料，若模型颜色失去，再编辑一次模型颜色。单击"标准"工具栏的"保存"命令图标或是选择菜单"文件"—"保存"，将模型保存。

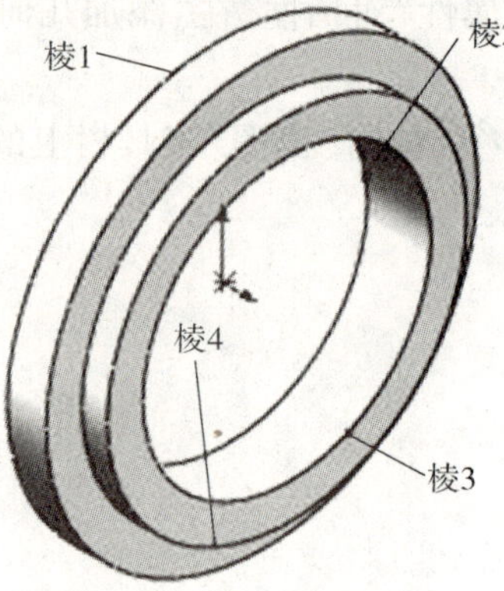

图4－49　低速轴上套筒

4.2.3　蜗杆轴上轴承套筒

蜗杆轴上轴承套筒的建模可用拉伸工具，也可用旋转工具。在此，为进一步熟悉草图绘制平面的选择，用拉伸工具进行蜗杆轴上轴承套筒的建模。

（1）启动SolidWorks2011，将光标移到SolidWorks2011图标 SolidWorks 上，选择菜单命令"文件"—"新建"或单击工具栏上的按钮，单击"零件模板"按钮，单击"确定"按钮，进入零件建模环境。

（2）在打开的特征树中选择 前视基准面 作为草图平面，单击"视图定向"工具栏中的"正视于"按钮，使绘图平面转为正视方向。

（3）单击"草图"工具栏上的，以原点为圆心绘制圆，修改直径为156，如图4－50所示。单击"特征"工具栏上的 拉伸凸台/基体，在"深度"中输入9，如图4－51所示，单击"确定"按钮，完成拉伸特征，如图4－52所示。

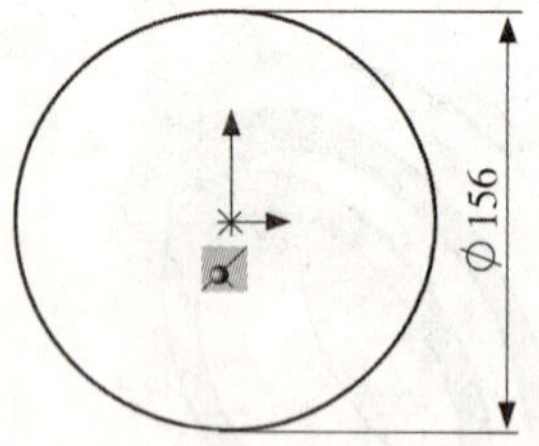

图4－50　绘制圆

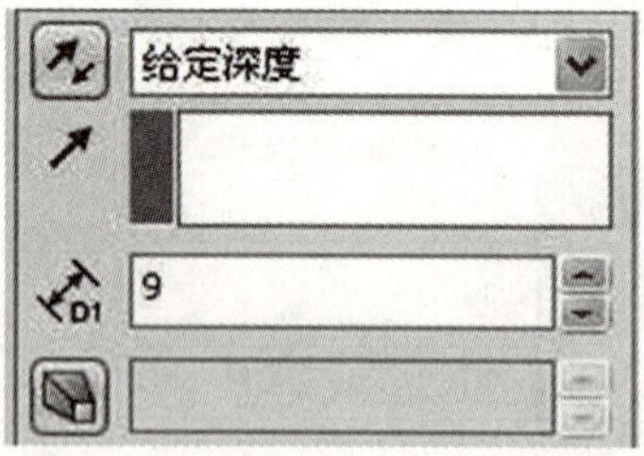

图4－51　拉伸参数

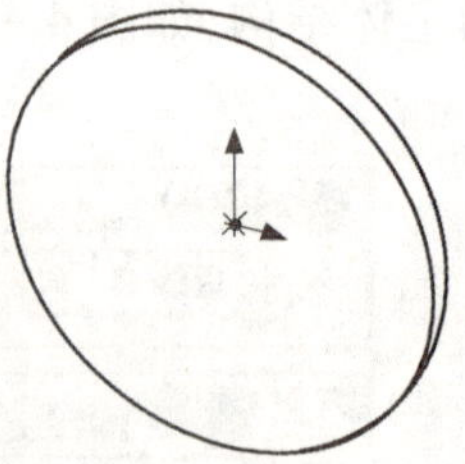
图4－52　拉伸生成实体

（4）单击上一步中建立的实体表面作为草图平面，单击"视图定向"工具栏中的"正视于"按钮，使绘图平面转为正视方向，如图4－53所示。单击"草图"工具栏上的 草图绘制，绘图区域右上角会出现如图4－54所示图标，表示进入草图绘制状态。单击"草图"工具栏上的"圆"命令，捕捉到面的圆心时单击，绘制同心圆，并修改直径为110，如图4－55所示。

单击“特征”工具栏上的拉伸凸台/基体，按鼠标中键，观察拉伸方向，若方向不正确，单击给定深度中箭头换向，在“深度”中输入 56.00mm，如图 4 – 56 所示，单击“确定”按钮，完成拉伸特征。单击“视图定向”工具栏中的“等轴测”按钮，如图 4 – 57 所示，结果如图 4 – 58 所示。

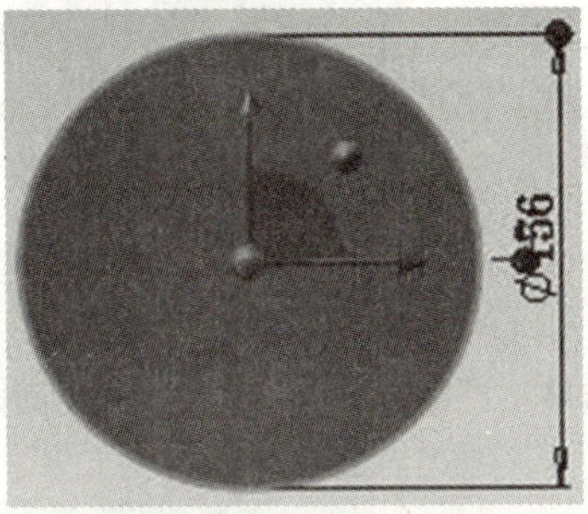

图 4 – 53　草图绘制平面

图 4 – 54　草图绘制状态标志

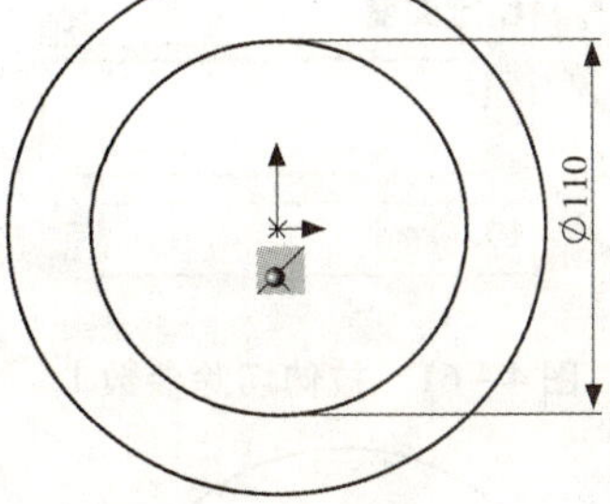

图 4 – 55　标注尺寸

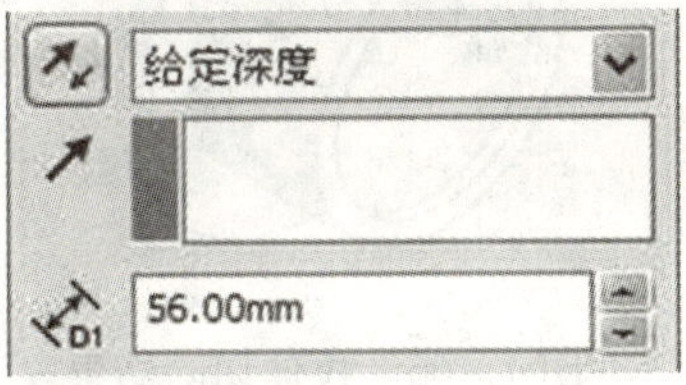

图 4 – 56　拉伸参数

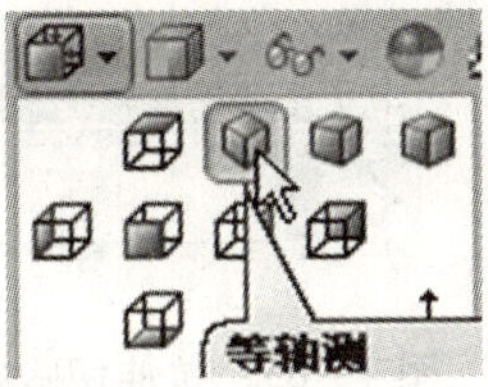

图 4 – 57　等轴测图标

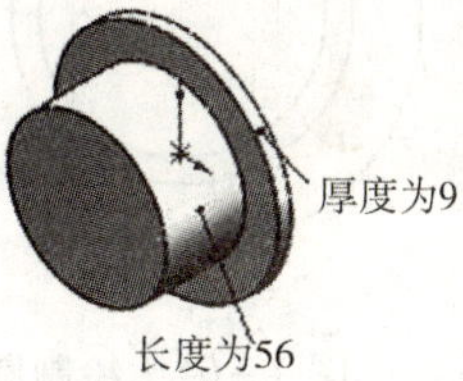

图 4 – 58　生成实体

（5）建立孔特征 1。按鼠标中键，旋转模型，单击如图 4 – 59 所示的面，单击“视图定向”工具栏中的“正视于”按钮，使绘图平面转为正视方向。单击“草图”工具栏上的“圆”命令，捕捉到面的圆心时单击，绘制同心圆，并修改直径为 110，如图 4 – 60 所示。单击“特征”工具栏上的拉伸切除，按鼠标中键，观察切除方向，若方向不正确，单击给定深度中箭头换向，在“深度”中输入 60.00mm，如图 4 – 61 所示，单击“确定”按钮，完成切除特征。单击“视图定向”工具栏中的“等轴测”按钮，结果如图 4 – 62 所示。

图 4 – 59　草图绘制平面

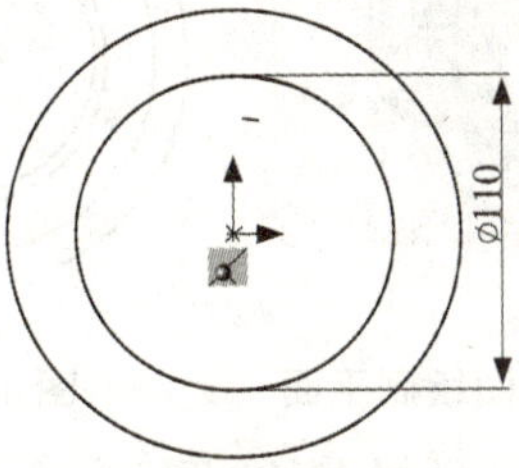

图 4 – 60　绘制圆

（6）建立孔特征 2。按鼠标中键，旋转模型，单击如图 4 – 63 所示的面，单击“视图定向”中的“正视于”按钮，使绘图平面转为正视方向。单击“草图”工具栏上的“圆”命令，捕捉到面的圆心时单击，绘制同心圆，并修改直径为 92，如图 4 – 64 所示。单击“特征”工具栏上的拉伸切除，按鼠标中键，观察切除方向，在“方向 1”下选择“完全贯穿”，如图 4－65 所示，单击“确定”按钮，完成切除特征。单击“视图定向”工具栏中的“等轴测”按钮，结果如图 4－66所示。

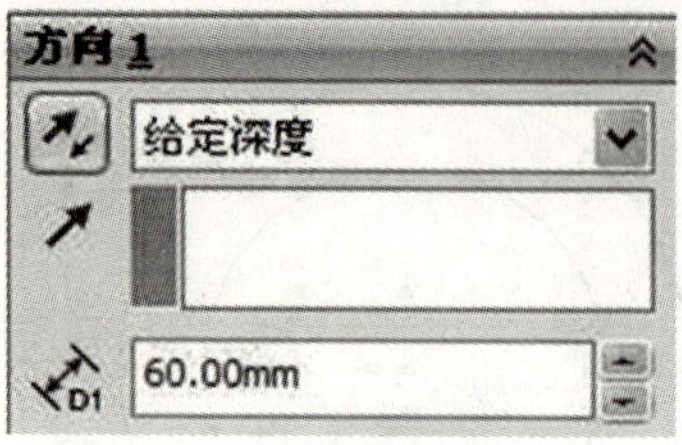

图 4－61　拉伸切除参数 1

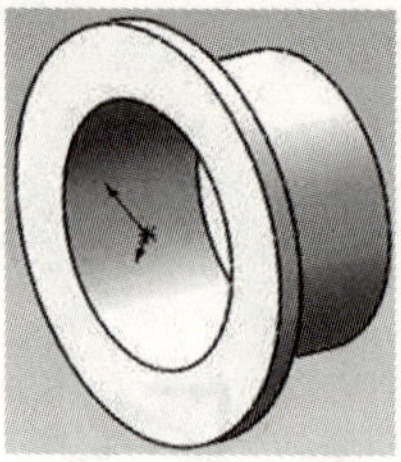
图 4－62　拉伸切除结果

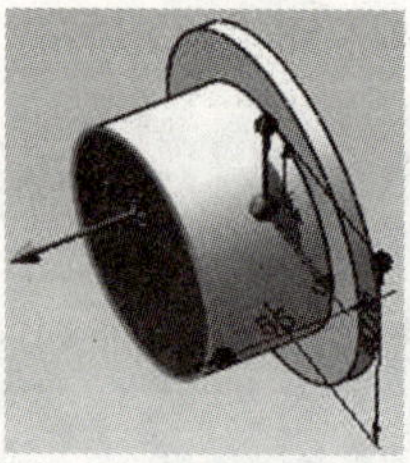
图 4－63　草图绘制平面

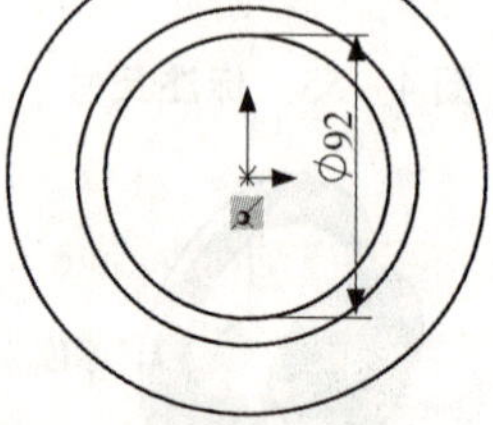

图 4－64　绘制圆

图 4－65　拉伸切除参数 2

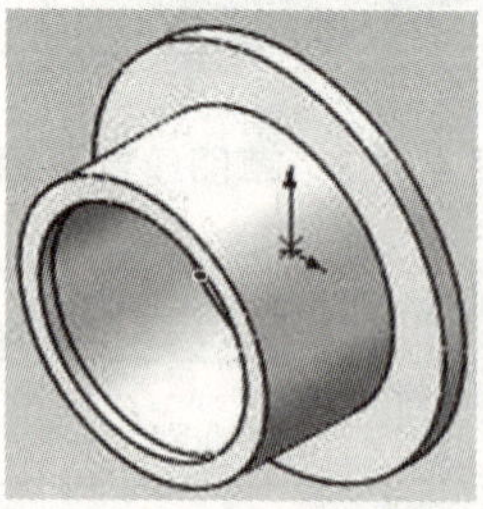
图 4－66　拉伸切除结果

（7）拉伸切除建立连接孔。按鼠标中键，旋转模型，单击如图 4－67 所示的面，单击“视图定向”工具栏中的“正视于”按钮，使绘图平面转为正视方向。单击“草图”工具栏上的“圆”命令，捕捉到面的圆心时单击，绘制同心圆，并修改直径为 134，如图 4－68 所示。单击此圆，在窗口左边的“属性”对话框中的“选项”栏中选择“作为构造线”，如图 4－69 所示，单击“确定”按钮，此圆线型更改为点画线，如图 4－70所示。

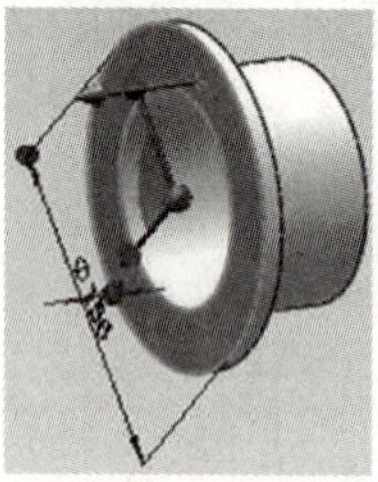
图 4－67　草图绘制平面

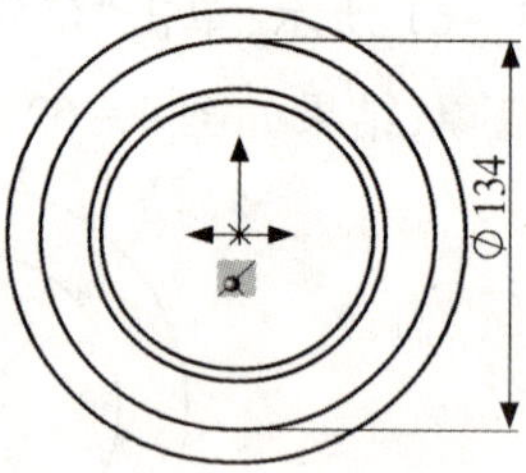

图 4－68　绘制圆

图 4－69　设置构造线 1

单击“草图”工具栏上的“圆”命令，捕捉到圆的象限点，如图 4－71 所示，单击，绘制圆，并修改直径为 10.50，如图 4－72所示。单击“特征”工具栏上的拉伸切除，按鼠标中键，观察切除方向，在“方向 1”下选择“完全贯穿”，如图 4－73 所示，单击“确定”按钮，完成切除特征。单击“视图定向”工具栏中的“等轴测”按钮，结果如图 4－74 所示。

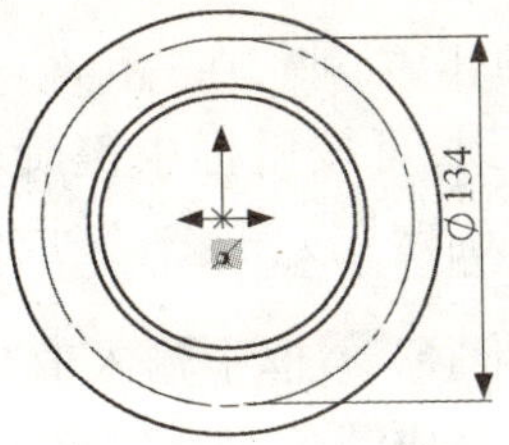

图 4－70　设置构造线结果

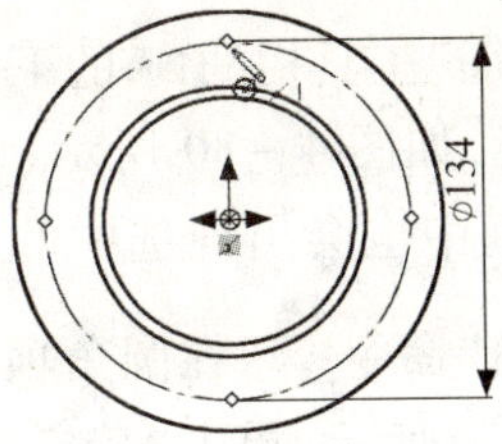

图 4－71　捕捉象限点

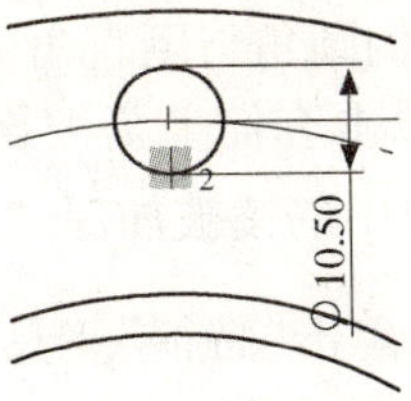

图 4－72　绘制圆

图 4－73　拉伸切除参数 3

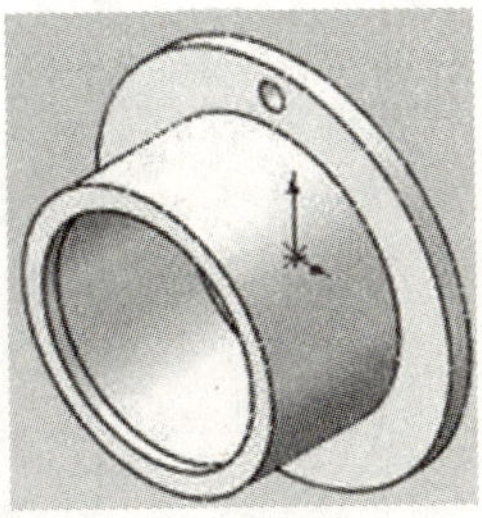

图 4－74　生成孔

（8）阵列圆孔。在特征树中单击选中上一步所建立的“切除－拉伸”特征，如图 4－75 所示，单击“特征”工具栏上 线性阵列 的下拉箭头中的 圆周阵列，如图 4－76 所示。将光标移到 SolidWorks2011 图标 SolidWorks 上，选择菜单命令“视图”—“临时轴”，模型中轴线会显示出来，如图 4－77 所示。单击此轴线，在轴线输入框中会有“基准轴 <1 >”，选择“等间距”，在“角度”中输入“360.00 度”，在“实例数”中输入“8”，如图 4－78 所示，单击“确定”按钮 ✔，完成孔特征的阵列，如图 4－79 所示。

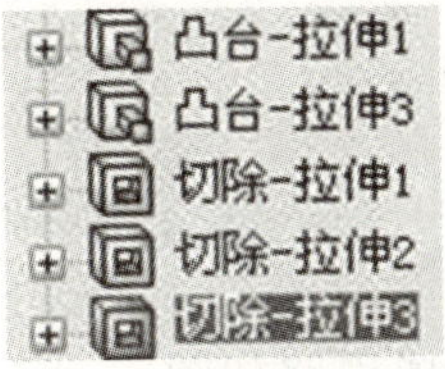

图 4－75　选择阵列特征

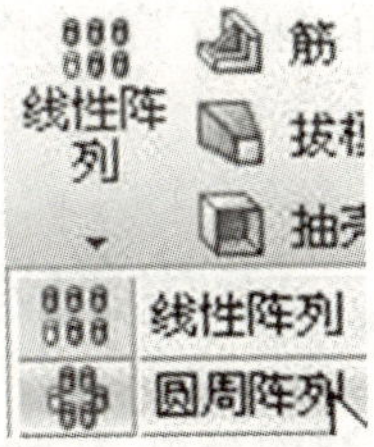

图 4－76　圆周阵列

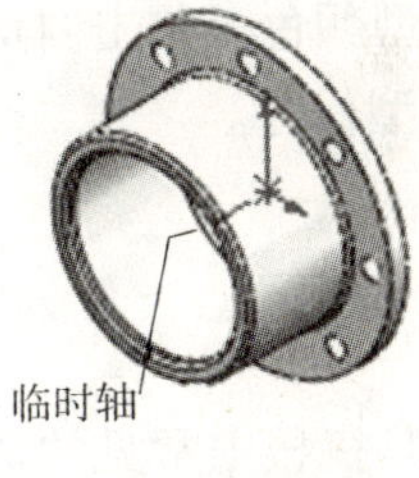

图 4－77　临时轴

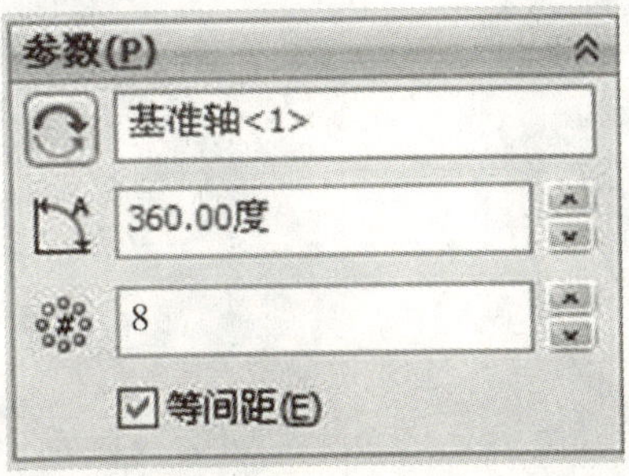

图 4－78　旋转参数

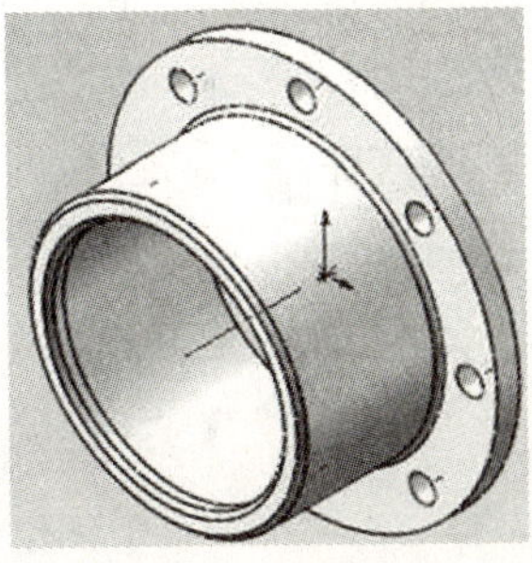

图 4－79　阵列孔

(9)倒圆角与倒直角。单击“特征”工具栏的圆角的下拉箭头，单击倒角，在“距离”中输入2，单击套筒上需要倒直角的棱，如图4－80所示（若捕捉不到，可按鼠标中键旋转模型），被选中的棱被加深，“边线”框中也会出现选中的棱，单击“确定”按钮，完成倒直角命令。单击“特征”工具栏的“圆角”命令圆角，在圆角项目下的“半径”框中输入值2，单击套筒上需要倒圆角的棱，如图4－80所示，单击“确定”按钮，完成圆角命令。单击“视图定向”工具栏中的“等轴测”按钮，结果如图4－81所示。

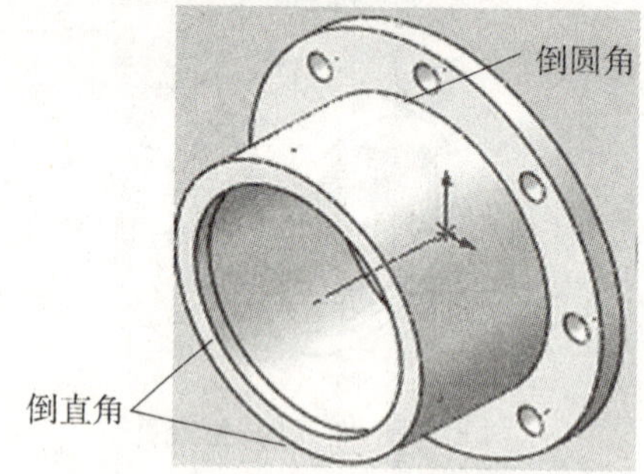

图4－80　棱选择

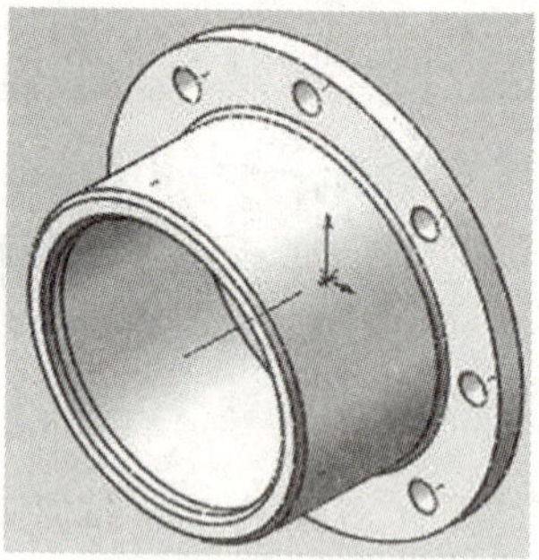

图4－81　蜗杆轴上轴承套筒

(10)修改模型的颜色。单击“保存”命令图标或是选择菜单命令“文件”—“保存”，设置好路径，将文件保存，并将文件命名为“蜗杆轴上轴承套筒.sldprt”。选中模型中的文件名蜗杆轴上轴承套筒，单击绘图窗口中的“编辑外观”按钮，弹出“颜色”对话框，选择需要的颜色，单击“确定”按钮，模型颜色被修改。

(11)通过特征树中的材质编辑器，编辑模型的材料为所需材料，若模型颜色失去，再编辑一次模型颜色。单击“标准”工具栏的“保存”命令图标或是选择菜单命令“文件”—“保存”，将模型保存。

4.3　法兰的建模

法兰是机械中常见的机械零件，其结构简单，较为典型的建模思路如图4－82所示。

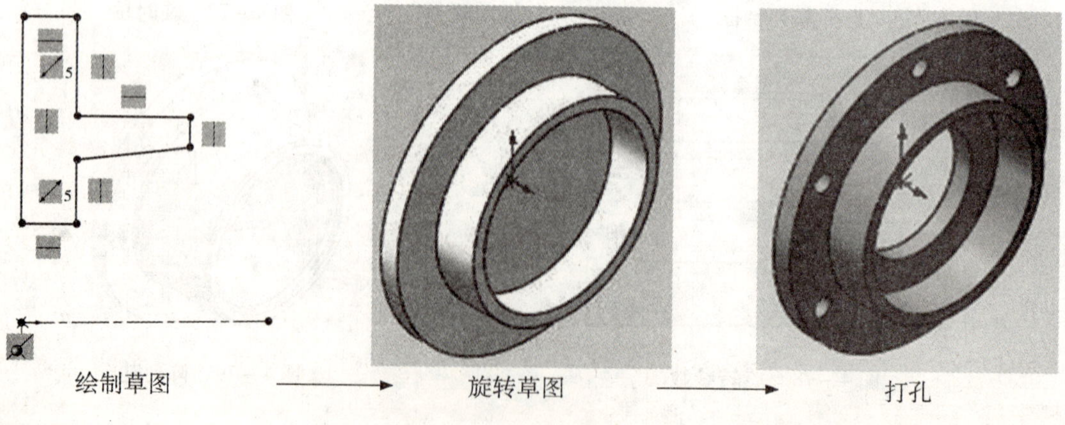

图4－82　法兰的建模思路

4.3.1 低速轴上法兰1

(1)启动 SolidWorks2011,将光标移到 SolidWorks2011 图标 SolidWorks 上,选择菜单命令"文件"—"新建"或单击工具栏上的按钮,单击"零件模板"按钮,单击"确定"按钮,进入零件建模环境。

(2)在打开的特征树中选择 前视基准面 作为草图平面,单击"视图定向"工具栏中的"正视于"按钮,使绘图平面转为正视方向。

(3)绘制草图。分别单击"草图"工具栏上的 中心线和,绘制如图4-83所示的图形(注意要绘制水平点画线,作旋转轴),并标注尺寸。

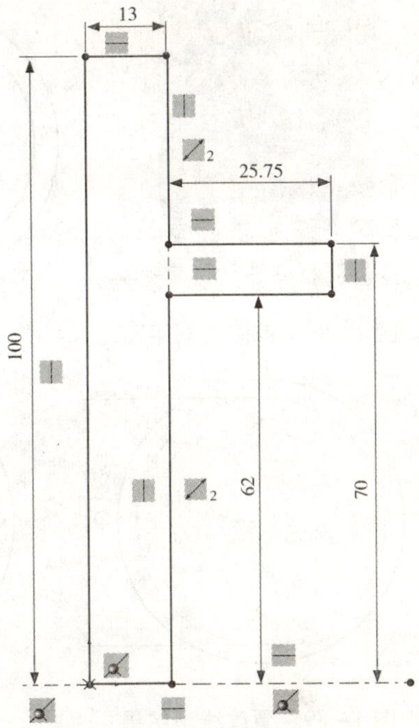

图4-83 法兰二维草图

(4)旋转成模型。单击"特征"工具栏上的 旋转凸台/基体,弹出"旋转"对话框,采用默认的旋转角度360.00度及默认的旋转轴线——"直线"(图中所绘的点画线),如图4-84所示。单击"确定"按钮,完成法兰的主体结构,如图4-85所示。

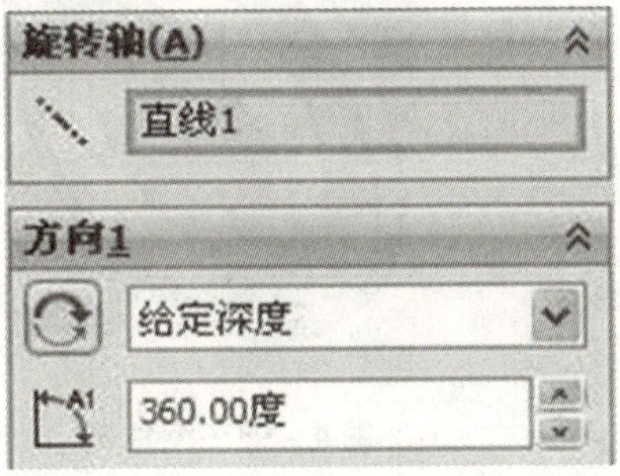

图4-84 旋转参数

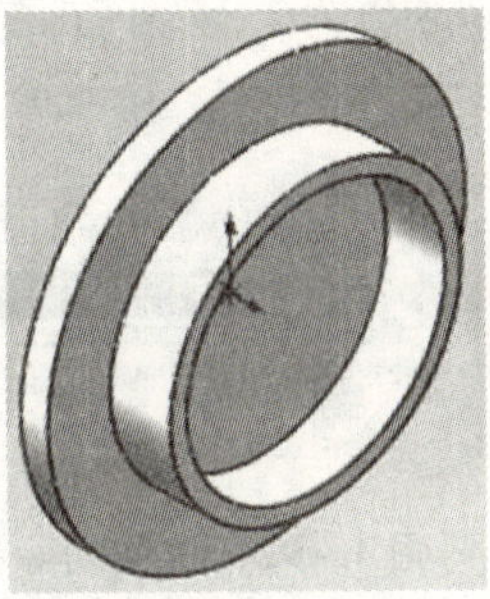
图4-85 法兰的主体结构

(5)拉伸切除建立连接孔。按鼠标中键,旋转模型,单击如图4-86所示的面,单击"视图定向"工具栏中的"正视于"按钮,使绘图平面转为正视方向。单击"草图"工具栏上的"圆"命令,捕捉到面的圆心,单击,绘制同心圆,并修改直径为172,如图4-87所示。单击此圆,在窗口左边的"属性"对话框中的"选项"栏中选择"作为构造线",如图4-88所示,单击"确定"按钮,此圆线型更改为点画线,如图4-89所示。单击"草图"工具栏上的"圆"命令,捕捉到圆的象限点,如图4-90所示,单击,绘制圆,并修改直径为13,如图4-91所示。单击"特征"工具栏上的 拉伸切除,按鼠标中键,观察切除方向,在"方向1"下选择"完全贯穿",如图4-92所示,单击"确定"按钮,完成切除特征。单击"视图定向"工具栏中的"等轴测"按钮,结果如图4-93所示。

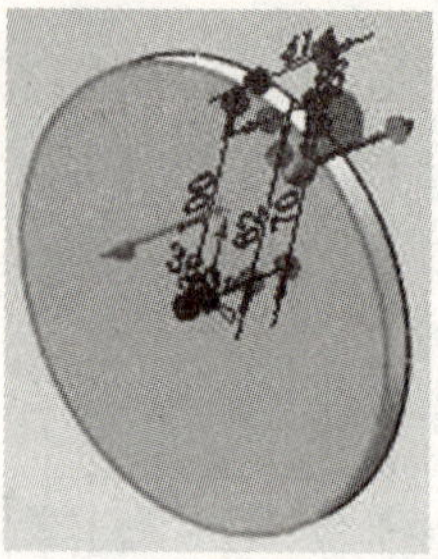

图 4－86　草图绘制平面

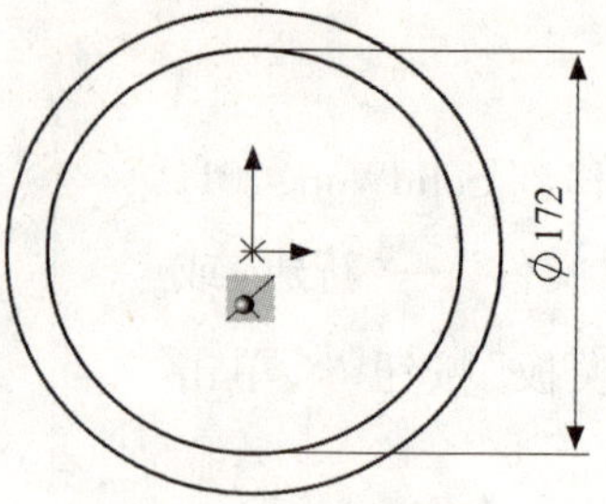

图 4－87　绘制圆

图 4－88　更改线型

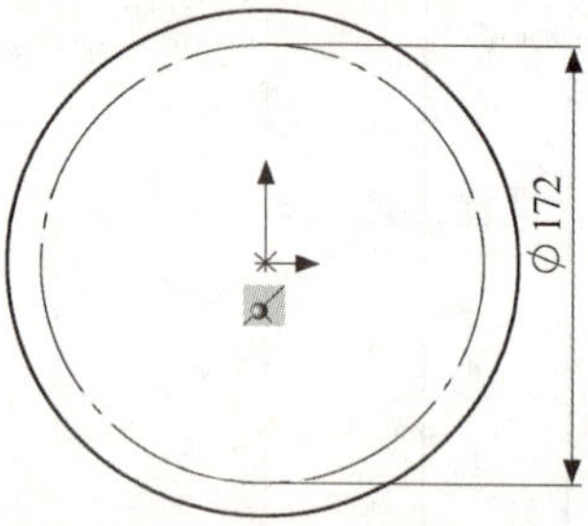

图 4－89　更改线型结果

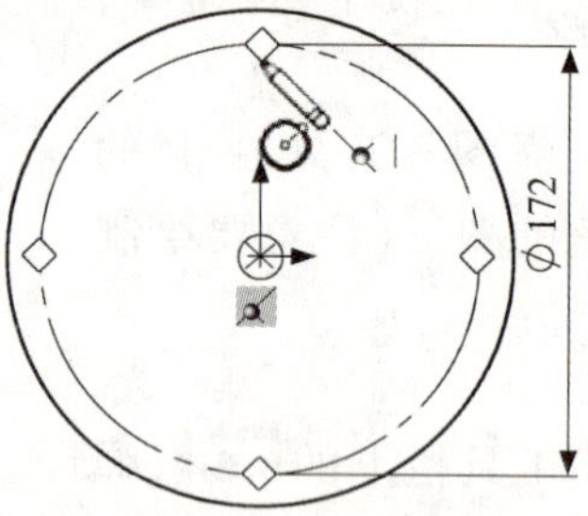

图 4－90　捕捉象限点

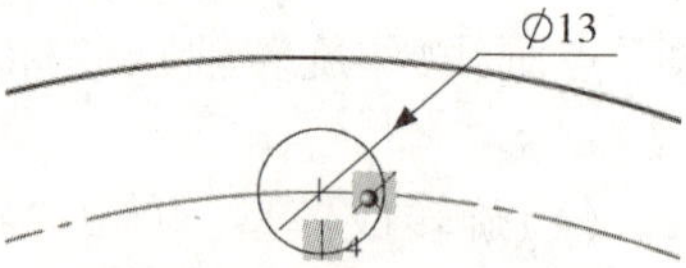

图 4－91　绘制圆

图 4－92　拉伸切除参数

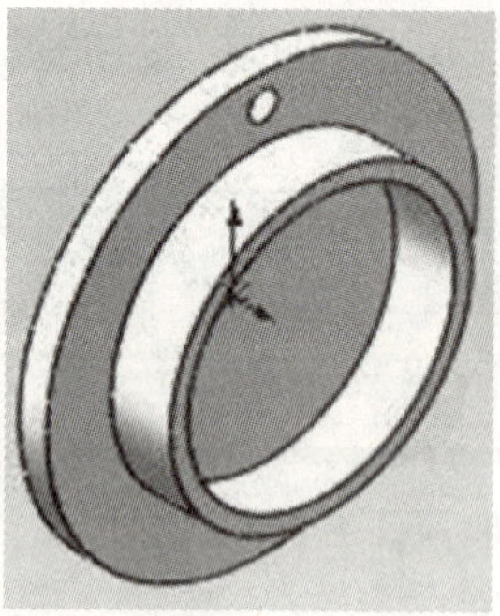

图 4－93　生成孔

(6)阵列圆孔。在特征树中单击选中上一步所建立的“切除－拉伸”特征，如图 4－94 所示，单击“特征”工具栏上的 线性阵列 下拉箭头中的 圆周阵列，如图 4－95 所示，将光标移到 SolidWorks2011 图标 SolidWorks 上，选择菜单命令“视图”—“临时轴”，如图 4－96 所示，模型中轴线会显示出来，单击此轴线，在“轴线”输入框中会有“基准轴 <1>”，选择“等间距”，在“角度”中输入“360.00 度”，在“实例数”中输入“6”，如图 4－97 所示，单击“确定”按钮，完成孔特征的阵列，如图 4－98 所示。

(7)拔模特征的建立。为方便装配，有时需把法兰的内表面做成倾斜的，在 SolidWorks2011 中通过拔模特征可以实现。单击“特征”工具栏上的 拔模，在“拔模”对话框中设置如图 4－99、图 4－100 所示的参数。拔模方向为材料减少的方向，若方向不正确，单击变换拔模方向。拔模后拔模面与中性面有了夹角，结果如图 4－101 所示。

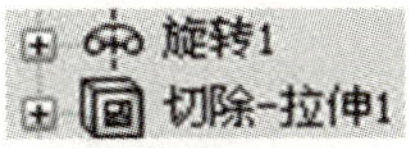

图 4－94　特征选择

图 4－95　阵列

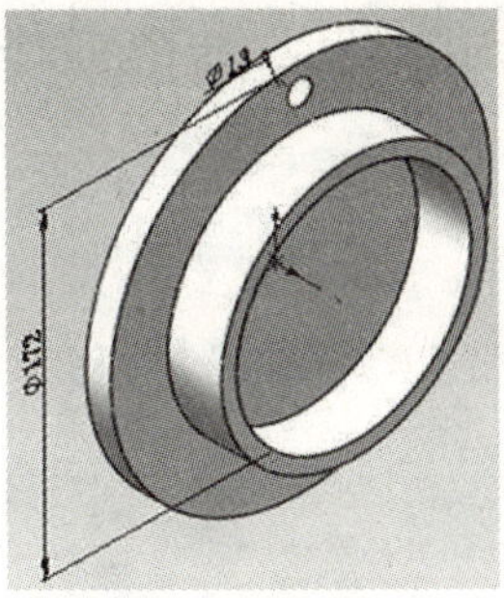

图 4－96　临时轴

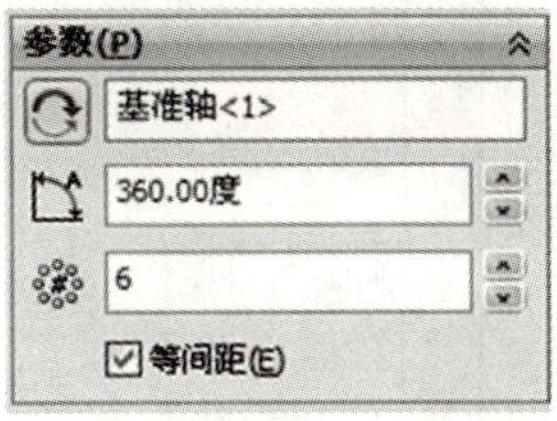

图 4－97　阵列参数

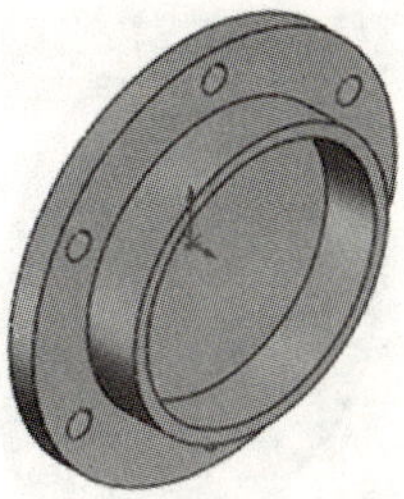

图 4－98　阵列结果

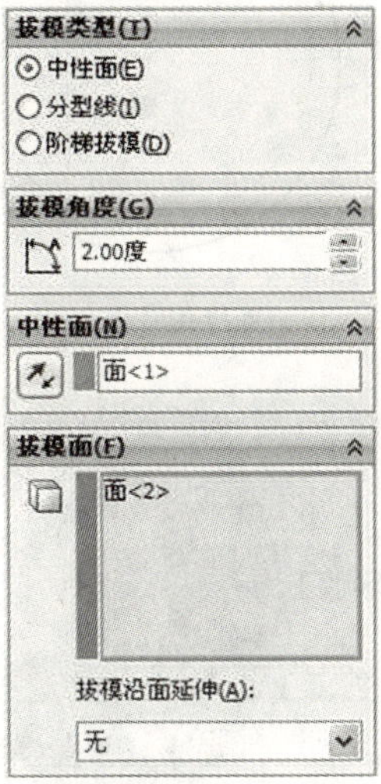

图 4－99　拔模参数

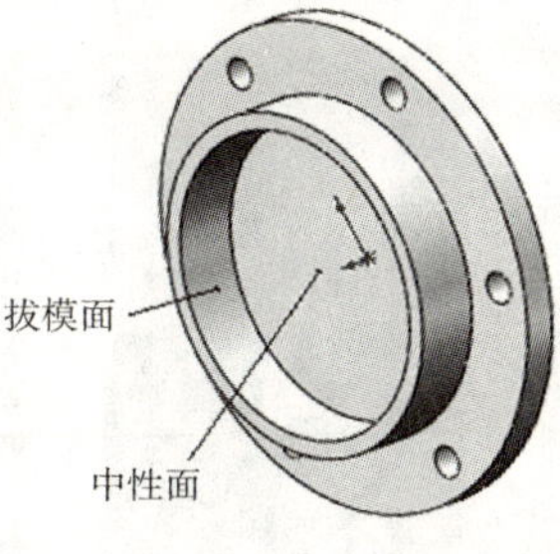

图 4－100　参数选择

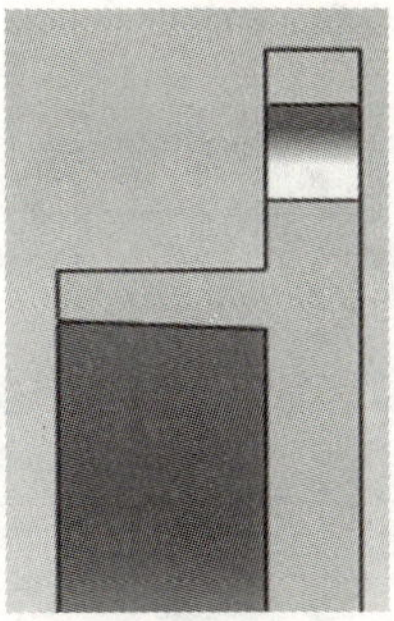

图 4－101　拔模结果

(8)修改模型的颜色。单击“保存”命令图标或是选择菜单命令“文件”—“保存”，设置好路径，将文件保存，并将文件命名为“低速轴上法兰 1. sldprt”。选中模型中的文件名 低速轴上法兰1，单击绘图窗口中的“编辑外观”按钮，弹出“颜色”对话框，选择需要的颜色，单击“确定”按钮，模型颜色被修改。

(9)通过特征树中的材质编辑器，编辑模型的材料为所需材料，若模型颜色失去，再编辑一次模型颜色。单击“标准”工具栏的“保存”命令图标或是选择菜单命令“文件”—“保存”，将模型保存。

4.3.2　低速轴上法兰 2

(1)启动 SolidWorks2011，将光标移到 SolidWorks2011 图标 SolidWorks 上，选择菜单命令“文件”—“新建”或单击工具栏上的按钮，单击“零件模板”按钮，单击“确定”按钮，进入零件建模环境。

(2)在打开的特征树中选择 前视基准面 作为草图平面，单击“视图定向”工具栏中的“正视于”按钮，使绘图平面转为正视方向。

(3)低速轴上法兰 2 的建模方法与低速轴上法兰 1 的建模方法类似，不再赘述，建模思路如图 4 - 102 所示(注意要绘制水平点画线,作旋转轴)。

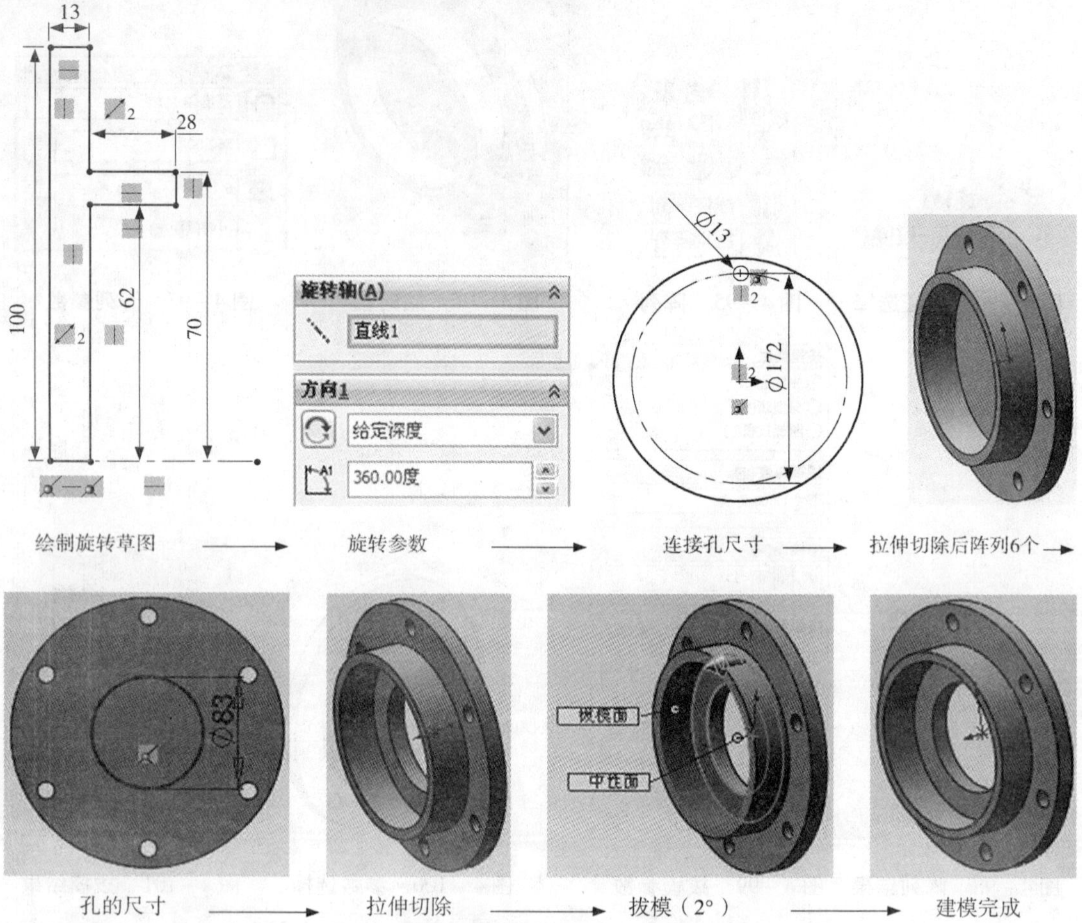

图 4 - 102　低速轴上法兰 2 的建模思路

(4)修改模型的颜色。单击"保存"命令图标或是选择菜单命令"文件"—"保存",设置好路径,将文件保存,并将文件命名为"低速轴上法兰 2. sldprt"。选中模型中的文件名 低速轴上法兰2 ,单击绘图窗口中的"编辑外观"按钮,弹出"颜色"对话框,选择需要的颜色,单击"确定"按钮,模型颜色被修改。

(5)通过特征树中的材质编辑器,编辑模型的材料为所需材料,若模型颜色失去,再编辑一次模型颜色。单击"标准"工具栏的"保存"命令图标或是选择菜单命令"文件"—"保存",将模型保存。

4.3.3　蜗轮轴上法兰

(1)启动 SolidWorks2011,将光标移到 SolidWorks2011 图标 SolidWorks 上,选择菜单命令"文件"—"新建"或单击工具栏上的按钮,单击"零件模板"按钮,单击"确定"按钮,进入零件建模环境。

(2)在打开的特征树中选择 前视基准面 作为草图平面,单击"视图定向"工具栏中的

"正视于"按钮，使绘图平面转为正视方向。

(3)蜗轮轴上法兰的建模方法与低速轴上法兰1的建模方法类似，不再赘述，建模思路如图4－103所示(注意草图中要画水平点画线，作旋转轴)。

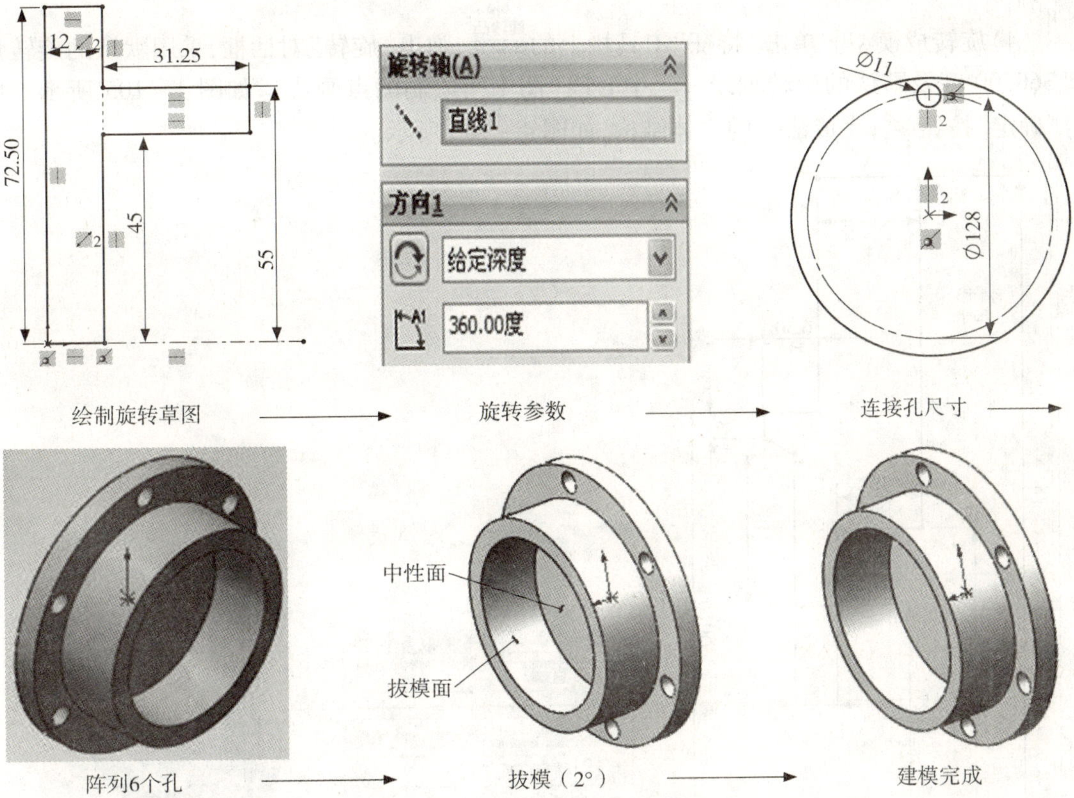

图4－103　蜗轮轴上法兰的建模思路

(4)修改模型的颜色。单击"保存"命令图标或是选择菜单命令"文件"—"保存"，设置好路径，将文件保存，并将文件命名为"蜗轮轴上法兰. sldprt"。选中模型中的文件名 蜗轮轴上法兰，单击绘图窗口中的"编辑外观"按钮，弹出"颜色"对话框，选择需要的颜色，单击"确定"按钮，模型颜色被修改。

(5)通过特征树中的材质编辑器，编辑模型的材料为所需材料，若模型颜色失去，再编辑一次模型颜色。单击"标准"工具栏的"保存"命令图标或是选择菜单命令"文件"—"保存"，将模型保存。

4.3.4　蜗杆轴上法兰

(1)启动SolidWorks2011，将光标移到SolidWorks2011图标 SolidWorks 上，选择菜单命令"文件"—"新建"或单击工具栏上的按钮，单击"零件模板"按钮，单击"确定"按钮，进入零件建模环境。

(2)在打开的特征树中选择 前视基准面 作为草图平面，单击"视图定向"工具栏中的

“正视于”按钮，使绘图平面转为正视方向。

(3)绘制草图。分别单击“草图”工具栏上的中心线和，绘制如图 4－104 所示的图形(注意要绘制水平点画线，作旋转轴)，并标注尺寸。

(4)旋转成模型。单击“特征”工具栏上的旋转凸台/基体，弹出“旋转”对话框，采用默认的旋转角度 360.00 度及默认的旋转轴线——中心线(图中所绘制的点画线)，如图 4－105 所示。单击“确定”按钮，完成法兰的主体结构，如图 4－106 所示。

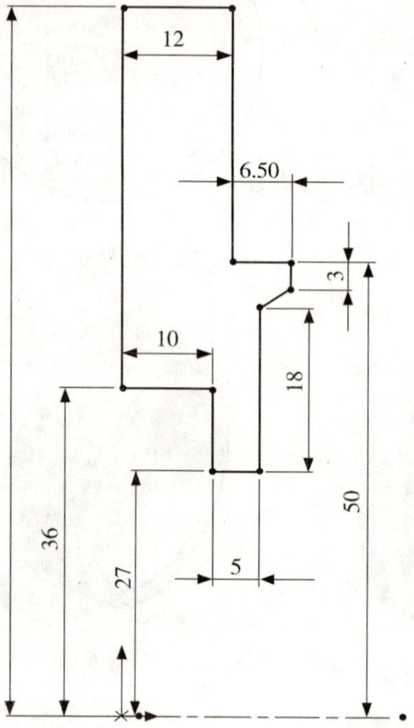

图 4－104　蜗杆轴上法兰二维草图

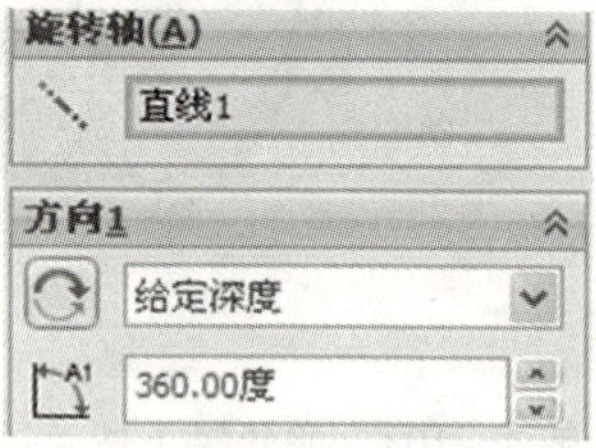

图 4－105　旋转参数

图 4－106　法兰的主体结构

(5)建立孔特征。将光标移到 SolidWorks2011 图标 SolidWorks 上，选择菜单命令“插入”—“特征”—“孔”—“简单直孔”，系统弹出**为孔中心选择平面上的一位置。**，按鼠标中键旋转模型，单击法兰上打孔的表面上的一点，如图 4－107 所示，设置孔参数(其中深度尺寸应大于 12，否则打不透)，如图 4－108 所示，单击“确定”按钮，完成法兰的主体结构，如图 4－109所示。

(6)固定孔的位置。单击孔特征前的加号，展开孔特征的草图，右键单击孔的草图，单击“编辑草图”命令，如图 4－110 所示，系统进入草图编辑状态。单击“视图定向”工具栏中的“正视于”按钮，使绘图平面转为正视方向。单击“草图”工具栏上的中心线，绘制一条通过原点的竖直中心线和一个圆心在原点的圆，如图 4－111 所示。按 Ctrl 键，连续选择直径为 134 的圆、竖直线及直径为 10.50 的圆的圆心，会弹出“添加约束几何关系”对话框，单击交叉点(I)，使得直径为 10.50 的圆的圆心在直径为 134 的圆和竖直线的交点处，如图 4－112所示。单击“确定”按钮，关闭对话框，单击“完成草图”命令，草图修改完成。

图 4－107　孔位置选择

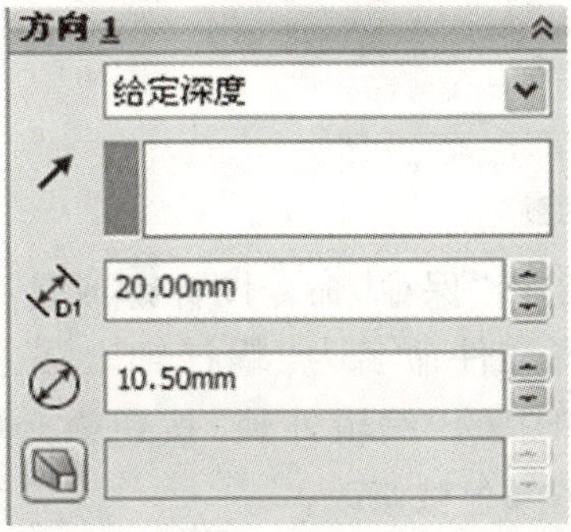

图 4－108　孔参数设置

图 4－109　打孔结果

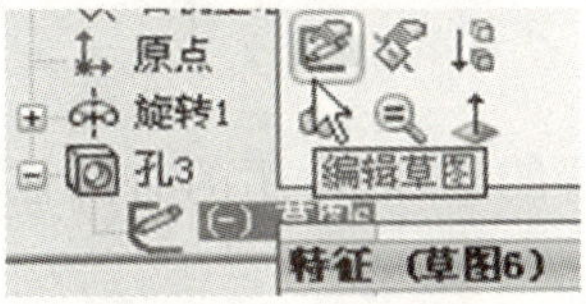

图 4－110　编辑草图

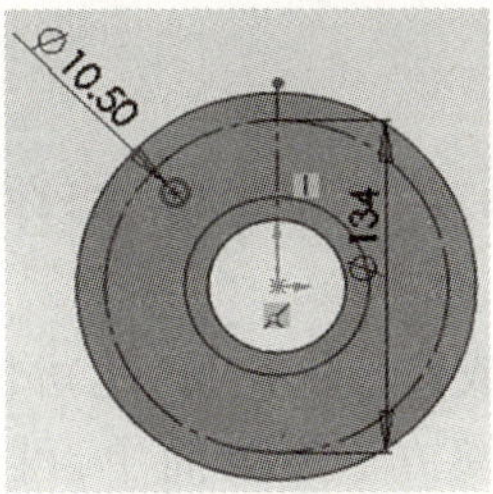

图 4－111　绘制圆

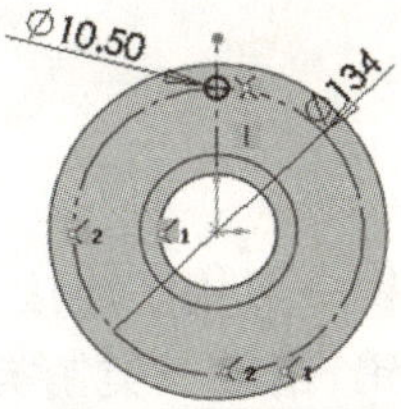

图 4－112　添加约束几何关系

（7）在特征树中单击选中上一步所建立的孔特征，如图 4－113 所示，单击“特征”工具栏上的 线性阵列 下拉箭头中的 圆周阵列，如图 4－114 所示，将光标移到 SolidWorks2011 图标 SolidWorks 上，选择菜单命令“视图”—“临时轴”，如图 4－115 所示，模型中轴线会显示出来，单击此轴线，在“轴线”输入框中会有“基准轴 <1 >”，选择“等间距”，在“角度”中输入“360.00 度”，在“实例数”中输入“8”，如图 4－116 所示。单击“确定”按钮，完成孔特征的阵列，如图 4－117 所示。

图 4－113　孔特征选择

图 4－114　阵列

图 4－115　临时轴

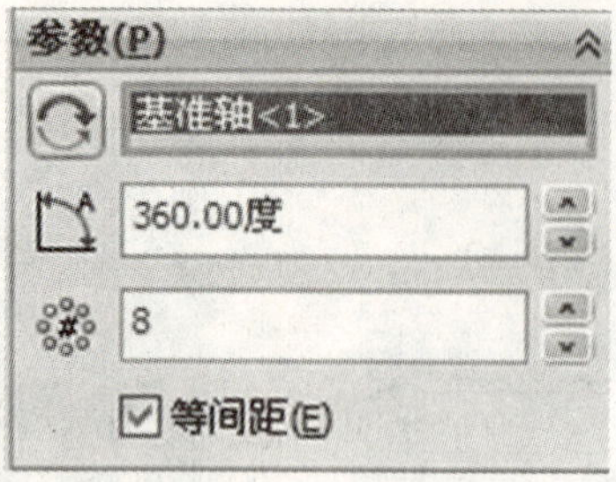

图 4-116　阵列参数

图 4-117　阵列结果

（8）修改模型的颜色。单击“保存”命令图标或是选择菜单命令“文件”—“保存”，设置好路径，将文件保存，并将文件命名为“蜗杆轴上法兰. sldprt”。选中模型中的文件名 蜗杆轴上法兰，单击绘图窗口中的“编辑外观”按钮，弹出“颜色”对话框，选择需要的颜色，单击“确定”按钮，模型颜色被修改。

（9）通过特征树中的材质编辑器，编辑模型的材料为所需材料，若模型颜色失去，再编辑一次模型颜色。单击“标准”工具栏的“保存”命令图标或是选择菜单命令“文件”—“保存”，将模型保存。

4.4　圆锥销的建模

销一般用于连接、锁定零件或作装配定位，也可作为安全装置的零件，常用的有圆柱销、圆锥销、销轴三类销类零件。建模方法较为简单，可通过旋转二维草图建模，也可通过拉伸二维草图建模。本节中讲解圆锥销的建模方法。

（1）启动 SolidWorks2011，将光标移到 SolidWorks2011 图标 SolidWorks 上，选择菜单命令“文件”—“新建”或单击工具栏上的按钮，单击“零件模板”按钮，单击“确定”按钮，进入零件建模环境。

（2）在打开的特征树中选择 上视基准面 作为草图平面，单击“视图定向”工具栏中的“正视于”按钮，使绘图平面转为正视方向。

（3）草图绘制。分别单击“草图”工具栏上的 中心线 和，绘制如图 4-118 所示的图形，绘制完线条后（注意要绘制竖直点画线，作旋转轴），单击 智能尺寸，对图形进行约束，单击长 6.50 的线并修改其尺寸，单击上下两条水平线，标注并修改尺寸为 40，单击夹角为 88°的两条线，可标注角度并修改到 88°。

图 4-118　圆锥销二维草图

(4)旋转成模型。单击“特征”工具栏上的旋转凸台/基体，弹出“旋转”对话框，采用默认的旋转角度 360.00 度及默认的旋转轴线——中心线(图中所绘的点画线)，如图 4－119 所示。单击“确定”按钮，完成圆锥销的主体结构，如图 4－120 所示。

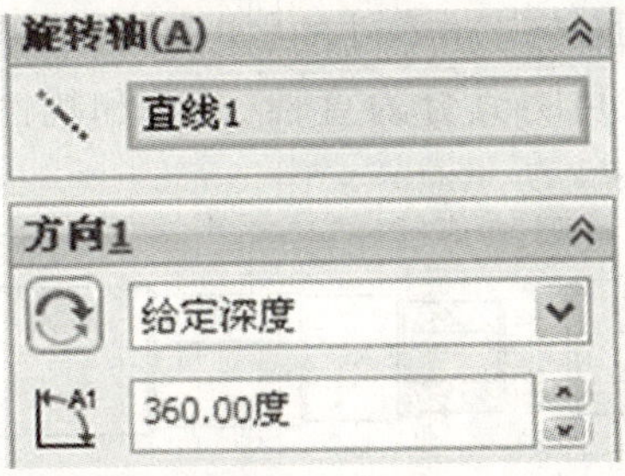

图 4－119　旋转参数

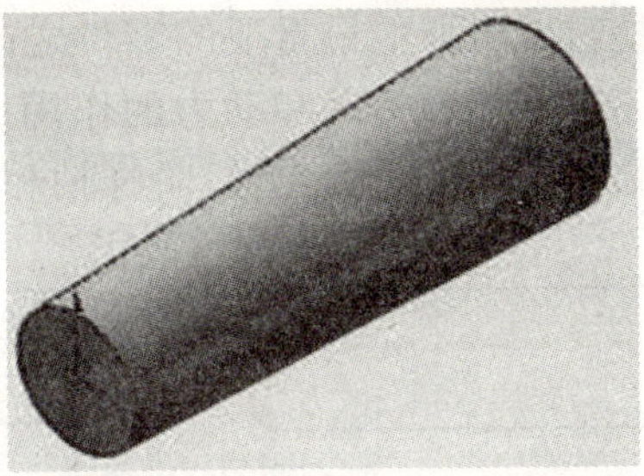

图 4－120　圆锥销的主体结构

(5)倒直角。单击“特征”工具栏的圆角的下拉箭头，单击倒角，在“距离”后的框中输入 1，单击圆锥销上需要倒直角的棱，如图 4－121 所示(若捕捉不到，可按鼠标中键旋转模型)，被选中的棱被加深，“边线”框中也会出现选中的棱，单击“确定”按钮，完成倒直角命令。单击“视图定向”工具栏中的“等轴测”按钮，结果如图 4－122 所示。

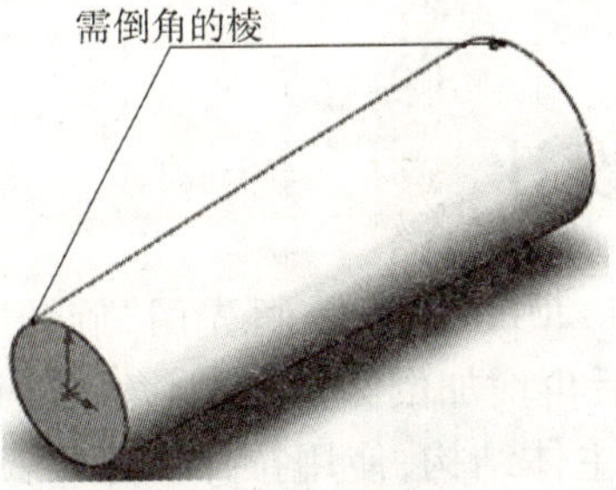

图 4－121　倒角棱选择

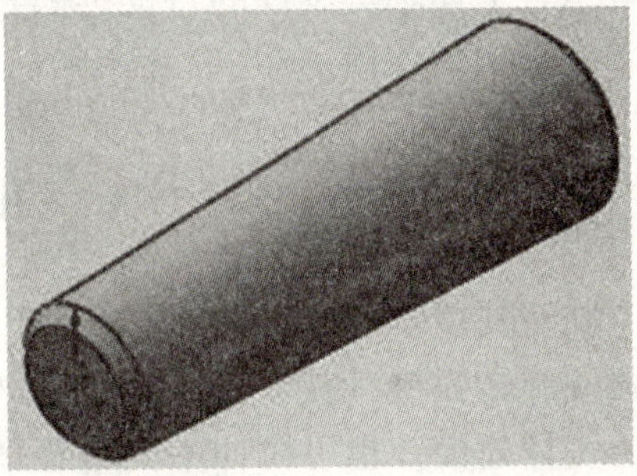

图 4－122　倒角结果

(6)修改模型的颜色。单击“保存”命令图标或是选择菜单命令“文件”—“保存”，设置好路径，将文件保存，并将文件命名为“圆锥销. sldprt”。选中模型中的文件名圆锥销，单击绘图窗口中的“编辑外观”按钮，弹出“颜色”对话框，选择需要的颜色，单击“确定”按钮，模型颜色被修改。

(7)通过特征树中的材质编辑器，编辑模型的材料为所需材料，若模型颜色失去，再编辑一次模型颜色。单击“标准”工具栏的“保存”命令图标或是选择菜单命令“文件”—“保存”，将模型保存。

对于锥销，也可先建立一个圆柱，然后通过拔模工具拔模，将圆柱面作成圆锥面。

第5章 轴

轴是组成机器的最重要的零件之一，是用来支撑回转运动零件的，如齿轮、带轮等。大多数轴还起着传递运动和动力的作用。按照轴线形状可将其分为直轴、曲轴和扰性轴。直轴按其结构不同可分为光轴、阶梯轴和空心轴，如图5－1所示。

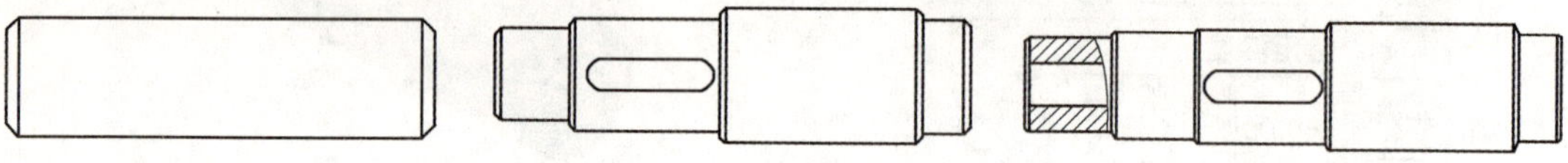

（a）光轴　（b）阶梯轴　（c）空心轴

图5－1　轴的分类

从图5－1中可看出，不同结构形式的轴有着共同点，如都是由相同或不同直径的圆柱体连接而成的，图5－1中这几个轴中的圆柱体还同轴线。由于装配的需要，轴上一般有键槽、倒角等特征。这些特点都是进行实体建模的基础。

本章结合上述轴类零件的特征，综合运用SolidWorks中的实体建模工具来完成减速器中轴类零件的实体建模。

5.1　低速轴的设计

低速轴及其建模思路如图5－2所示。在SolidWorks2011建模中，可先用“旋转”命令将这六段圆柱旋转成型，使用拉伸切除工具生成键槽，然后再增加倒圆角、倒直角等辅助特征，完成轴的实体建模。也可拉伸不同直径的轴生成轴的主体结构，使用拉伸切除工具生成键槽，然后再增加倒圆角、倒直角等辅助特征，完成轴的实体建模。下面我们通过这两种方法，分别完成低速轴的建模，同时熟悉SolidWorks2011建模工具。

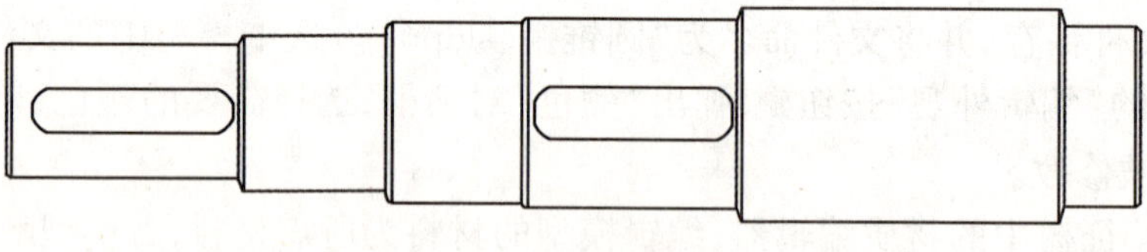

（a）低速轴

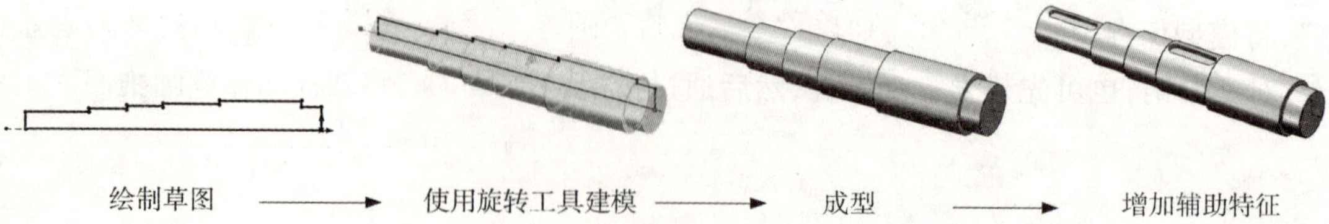

（b）低速轴建模思路1

图5－2　低速轴的建模思路

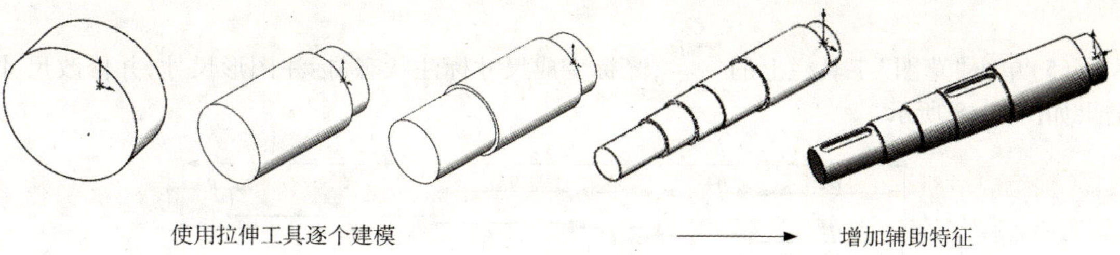

（c）低速轴建模思路2

续图 5－2

5.1.1 用旋转的方法

（1）启动 SolidWorks2011，将光标移到 SolidWorks2011 图标 SolidWorks 上，选择菜单命令“文件”—“新建”或单击工具栏上的按钮，单击“零件模板”按钮，单击“确定”按钮，进入零件建模环境。

（2）在打开的特征树中选择 前视基准面 作为草图平面，单击“视图定向”工具栏中的“正视于”按钮，使绘图平面转为正视方向。

（3）单击如图 5－3 所示“草图”工具栏，单击 草图绘制，单击“草图”工具栏上的“直线”命令下拉箭头，单击“中心线”命令，如图 5－4 所示，当光标捕捉到坐标原点时，如图 5－5 所示，单击，向左移动光标，绘制一条点画线，如图 5－6 所示。

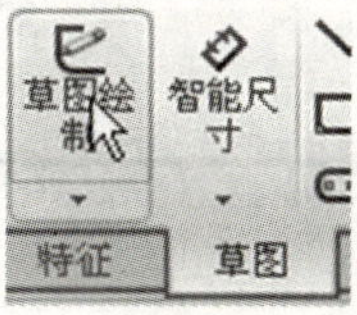

图 5－3 “草图”工具栏

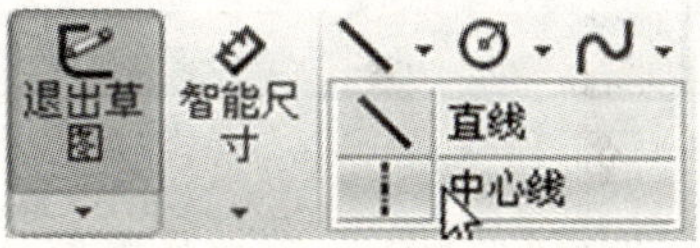

图 5－4 “中心线”命令

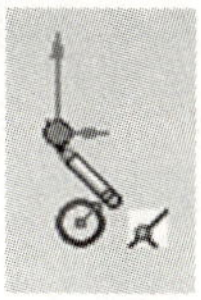

图 5－5 捕捉原点

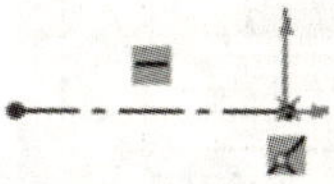

图 5－6 绘制点画线

（4）单击图 5－4 中的“直线”命令，绘制如图 5－7 所示的直线。由于线条没有标注尺寸，均为欠约束，线条颜色均为蓝色。

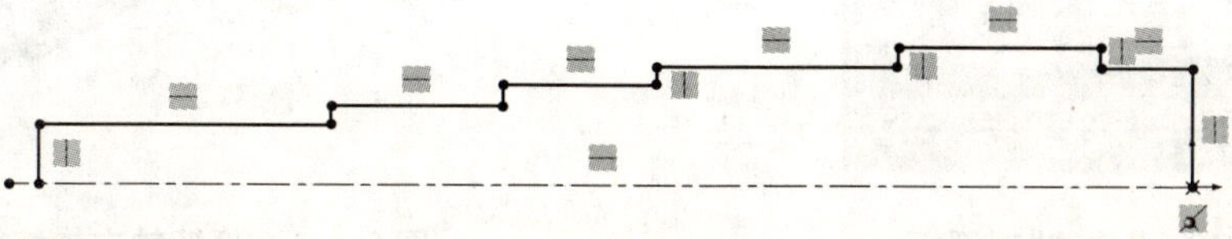

图 5－7 绘制直线

(5)单击“草图”工具栏上的智能尺寸，光标变成尺寸标注状态，标注图形尺寸，并修改尺寸，结果如图5－8所示。

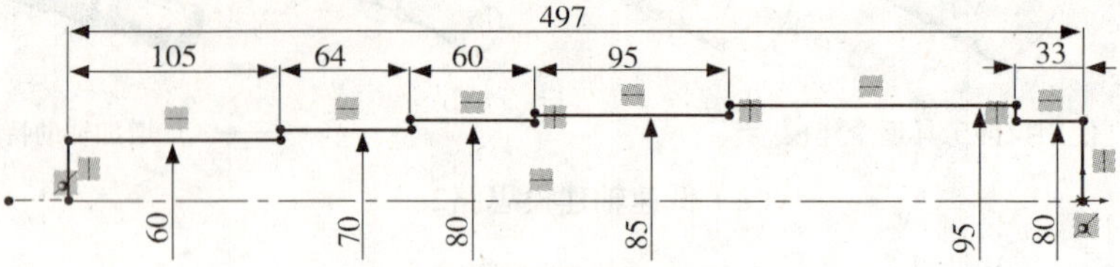

图5－8　轴的二维草图

在这些图中标注直径时，分别单击线条和中心线，然后移动光标到中心线的另一侧就可标注出直径的尺寸。若点画线过长或过短，可选中点画线未固定的端点（此图中为左端点），拖动鼠标来调整。标注完成后，由于实线线条被完全约束，线条颜色均为黑色。

(6)单击“特征”工具栏的旋转凸台/基体，会弹出如图5－9所示对话框，单击“是”按钮，弹出如图5－10所示的对话框。其中，右边的选框中是旋转轴，由于二维图形中只绘制了一条点画线，系统自动选择了此线，若二维图形中有两条或两条以上的点画线，则需要注意此旋转轴选择是否正确，必要时要重新选择。角度默认值为360.00度，单击“确定”按钮，完成低速轴主体结构。单击“视图定向”工具栏中的“等轴测”按钮，结果如图5－11所示。

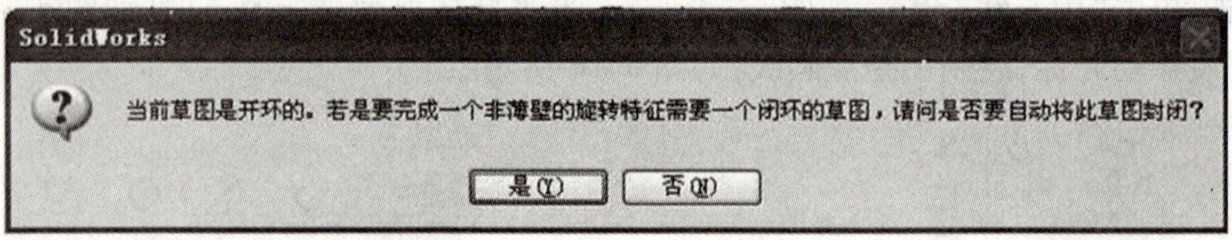

图5－9　草图验证对话框

图5－10　“旋转”对话框

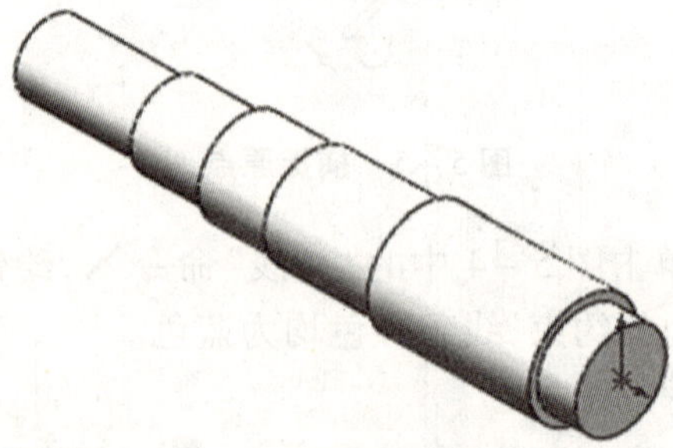

图5－11　低速轴主体结构

（7）基准面建立。单击“特征”工具栏上参考几何体下的“基准面”命令基准面，将特征树展开，如图 5 - 12 所示，单击“上视基准面”，作为建立基准面的第一参考，单击平行，新建立的基准面与上视基准面平行；单击直径为 85 的圆柱面，作为建立基准面的第二参考，系统会自动添加上相切约束几何关系，新建立的基准面与此圆柱面相切，如图 5 - 13 所示。至此，可预览建立的如图 5 - 14 所示的基准面。若方向不满足要求，可单击“反转”，单击“确定”按钮，特征树中会出现刚建立的新基准面基准面1。

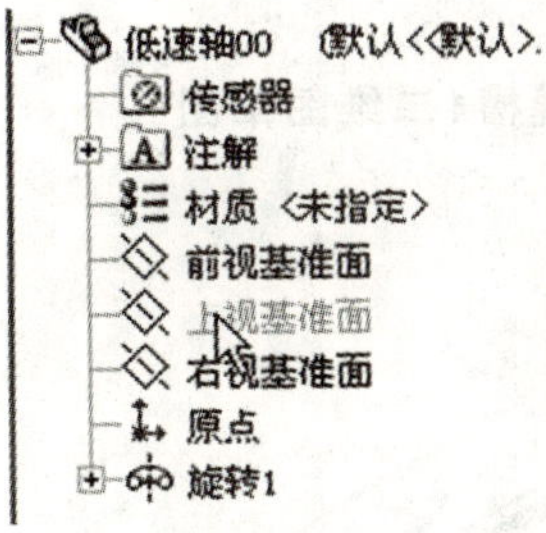

图 5 - 12　特征树

图 5 - 13　新建“基准面”对话框

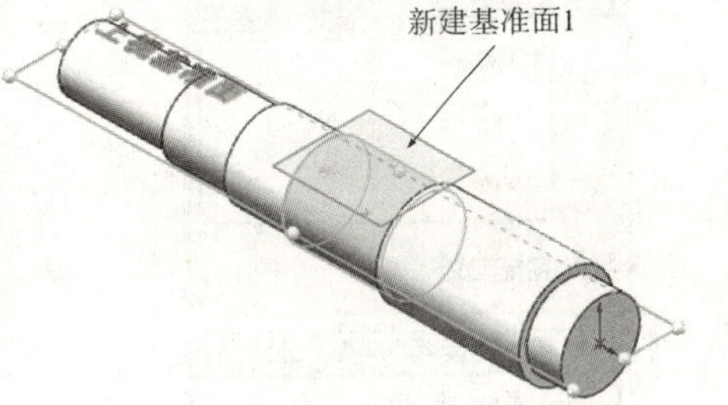

图 5 - 14　预览新建基准面

（8）键槽 1 二维草图绘制。单击基准面1，单击“视图定向”工具栏中的“正视于”按钮，使绘图平面转为正视方向。单击草图绘制，单击“草图”工具栏上的“直线”命令下拉箭头，单击中心线，捕捉到原点，单击，绘制点画线，如图 5 - 15 中的水平点画线。单击“直线”命令，绘制直线，如图 5 - 15 所示，此时移开光标，再将光标放在线的左端点，吸附后，再移动光标，可绘制如图 5 - 16 所示的圆弧，接着绘制直线。采用同样的方法，绘制右端圆弧。

单击“草图”中的智能尺寸命令，光标变成尺寸标注状态，标注大小为 22 的尺寸；单击大小为 15 的尺寸的左边线（实体棱）和左端圆弧，标注大小为 15 的尺寸；按键盘上的 Shift 键，同时连续单击两端圆弧，标注大小为 87 的尺寸。按住键盘上的 Ctrl 键，同时连续单击大小为

22 的尺寸的上下边线和点画线，如图 5－17 所示，在“属性”窗口中添加对称(S)约束，使得键槽处于轴的正中间。完成的二维草图如图 5－18 所示。

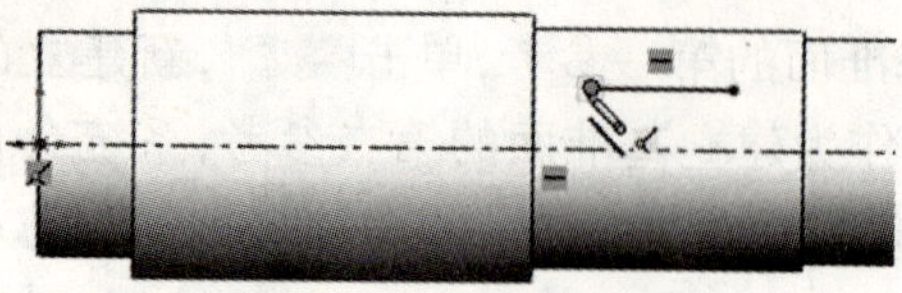

图 5－15　绘制直线

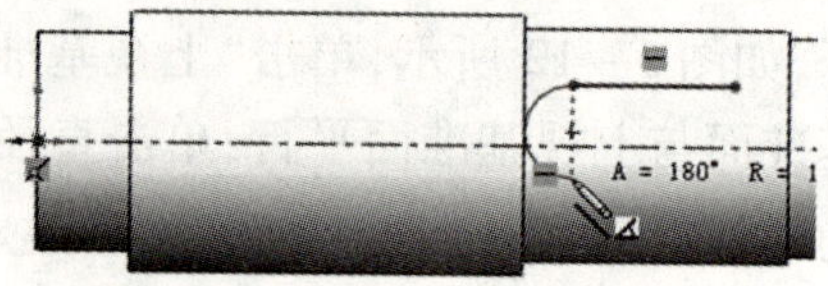

图 5－16　绘制圆弧

（9）键槽 1 实体特征的创建。查机械相关手册得，轴径为 $\phi85$ 的轴上键槽的深度为 9。单击“特征”工具栏上的拉伸切除，按鼠标中键，观察切除方向，若方向不正确，单击给定深度中的箭头换向，给定切除深度 9，单击“确定”按钮，完成切除特征。单击“视图定向”工具栏中的“等轴测”按钮，结果如图 5－19 所示。选中基准面 1，单击右键，选择“隐藏”命令，将其隐藏。

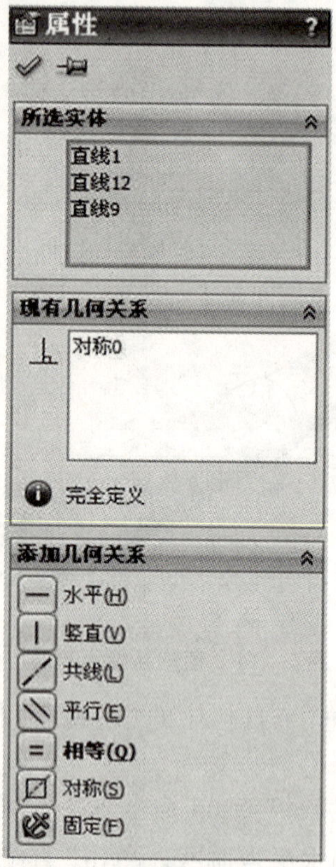

图 5－17　添加约束几何关系

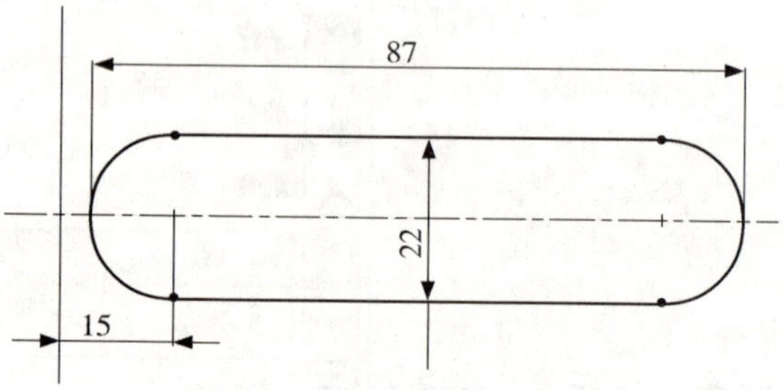

图5-18　键槽1二维图草图

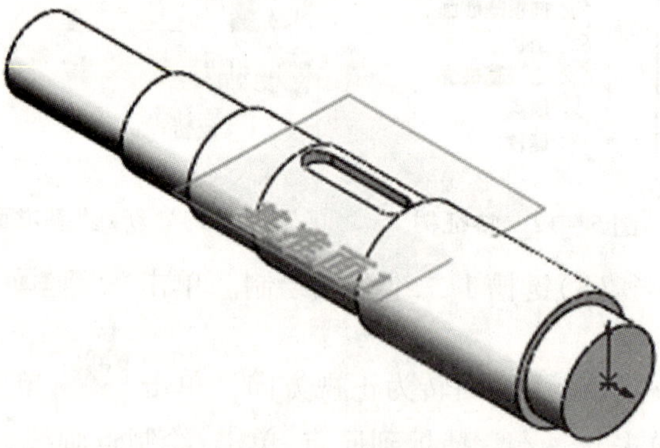

图 5－19　键槽 1

（10）基准面建立。单击“特征”工具栏上参考几何体下的“基准面”命令基准面，将特征树展开，如图 5－20 所示，单击“上视基准面”，作为建立基准面的第一参考，单击平行，新建立的基准面与上视基准面平行；单击直径为 60 的圆柱面，作为建立基准面的第二参考，系统会

自动添加上 相切 约束几何关系，新建立的基准面与此圆柱面相切，如图 5－21 所示。至此，可预览建立的如图 5－22 所示的基准面。若方向不满足要求，可单击“反转”，单击“确定”按钮，特征树中会出现刚建立的新基准面 基准面2。

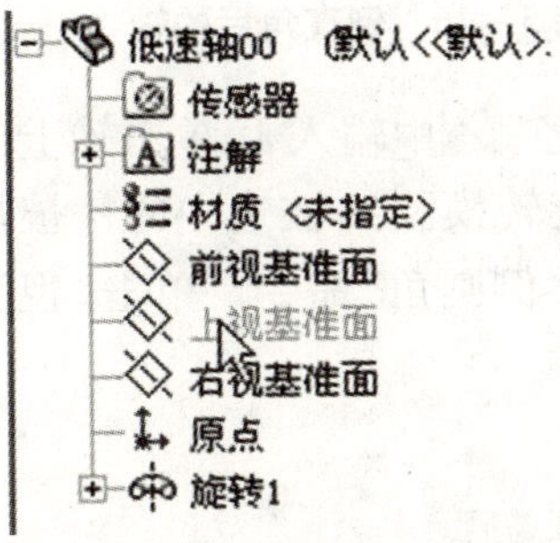

图 5－20　特征树

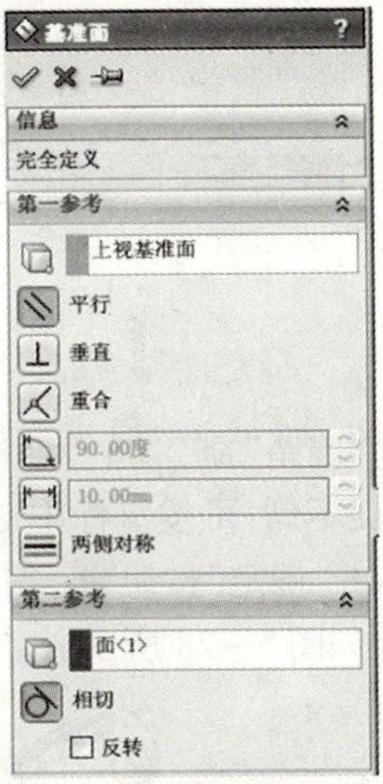

图 5－21　新建“基准面”对话框

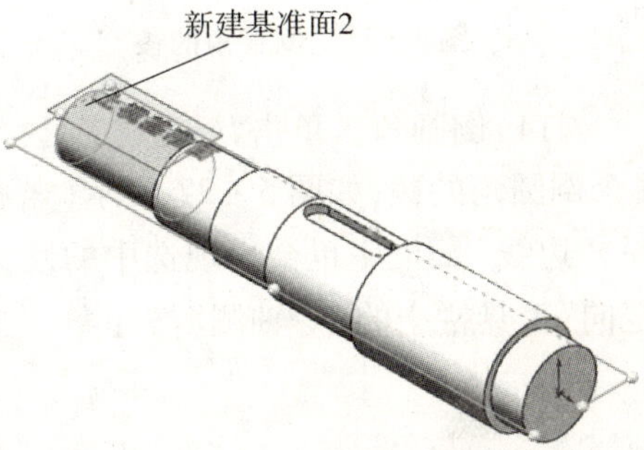

图 5－22　预览新建基准面

(11)键槽 2 二维草图绘制。单击 基准面2，单击“视图定向”工具栏中的“正视于”按钮，使绘图平面转为正视方向。同绘制键槽 1 的二维草图一样，完成键槽 2 的二维草图，如图 5－23 所示。

(12)键槽 2 实体特征的创建。查机械相关手册得，轴径为 $\phi 60$ 的轴上键槽的深度为 7。单击“特征”工具栏上的 拉伸切除，按鼠标中键，观察切除方向，若方向不正确，单击 给定深度 中的箭头换向，给定切除深度 7，单击“确定”按钮，完成切除特征。单击“视图定向”工具栏中的“等轴测”按钮，结果如图 5－24 所示。选中基准面 2，单击右键，选择“隐藏”命令，将其隐藏。

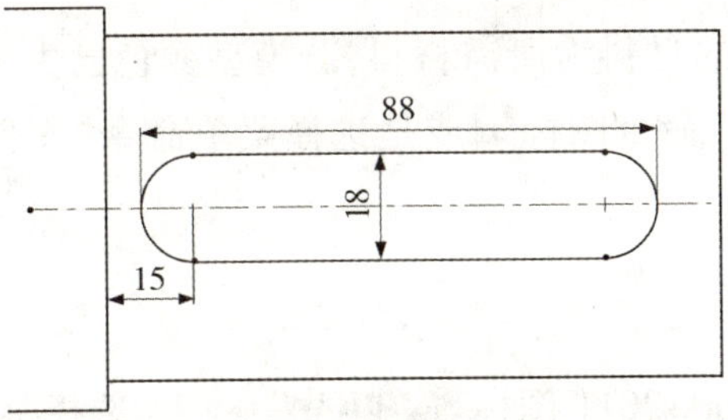

图 5－23　键槽 2 的二维草图

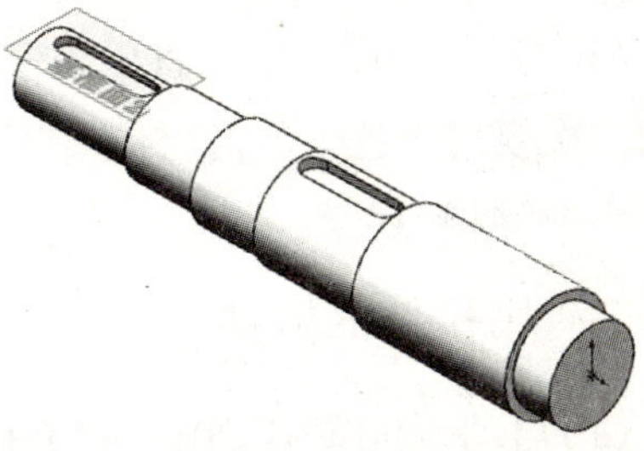

图 5－24　键槽 2

(13)倒直角。单击“特征”工具栏的“圆角”命令的下拉箭头，单击 倒角，在“距离” 后的框中输入 1，单击轴上的 7 个倒直角的棱，如图 5－25 所示(若捕捉不到，可按鼠标中键旋转模型)，被选中的棱被加深，“边线” 框中也会出现选中的棱，单击“确定”按钮，完成“倒角”命令。单击“视图定向”工具栏中的“等轴测”按钮,结果如图 5-26 所示。

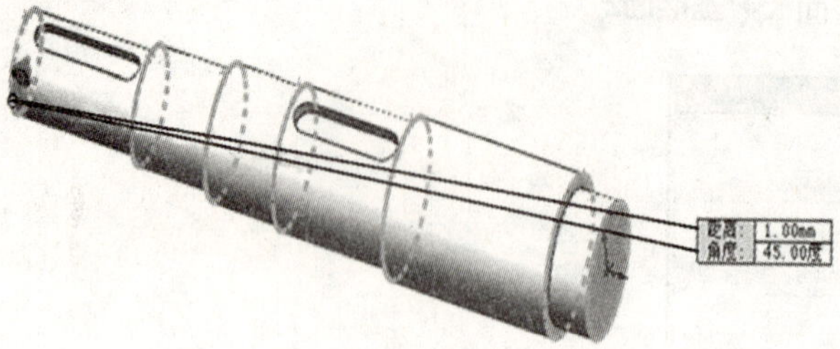

图 5-25　倒直角的棱

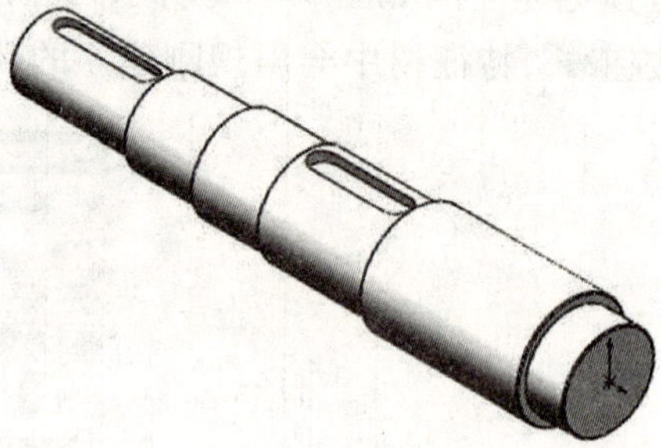

图 5-26　倒直角后的轴

(14)倒圆角。单击“特征”工具栏的“圆角”命令,在“半径”中输入 1,单击轴上的 5 个倒圆角的棱,如图 5-27 所示(若捕捉不到,可按鼠标中键旋转模型),被选中的棱被加深,“边线”框中也会出现选中的棱,单击“确定”按钮,完成“倒圆角”命令。单击“视图定向”工具栏中的“等轴测”按钮,结果如图 5-28 所示。

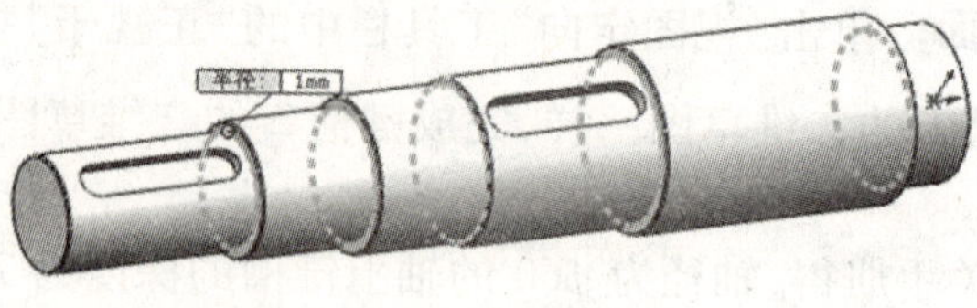

图 5-27　倒圆角的棱

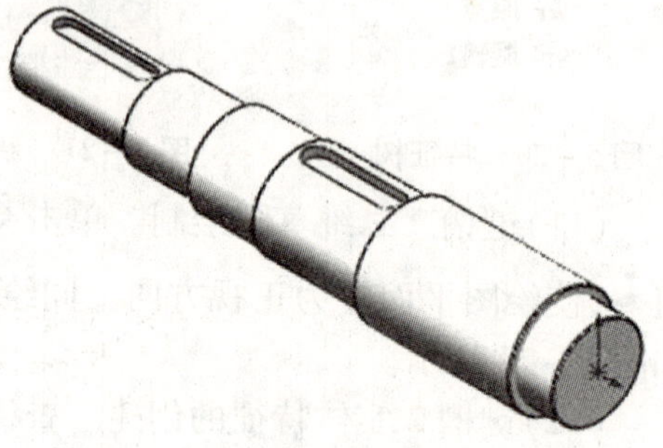

图 5-28　倒圆角后的轴

(15)修改模型的颜色。单击“保存”命令图标或是选择菜单命令“文件”—“保存”,设置好路径,将文件保存,并将文件命名为“低速轴. sldprt”。选中模型中的文件名 低速轴,单击绘图窗口中的“编辑外观”按钮,弹出“颜色”对话框,选择需要的颜色,单击“确定”按钮,模型颜色被修改。

(16)通过特征树中的材质编辑器,编辑模型的材料为所需材料,若模型颜色已失去,再编辑一次模型颜色。单击“标准”工具栏的“保存”命令图标或是选择菜单命令“文件”—“保存”,将模型保存。

5.1.2　用拉伸的方法

(1)启动 SolidWorks2011,将光标移到 SolidWorks2011 图标 SolidWorks 上,选择菜单命令“文件”—“新建”或单击工具栏上的按钮,单击“零件模板”按钮,单击“确定”按钮,进入零件建模环境。

(2)在打开的特征树中选择 前视基准面 作为草图平面,单击“视图定向”工具栏中的“正视于”按钮,使绘图平面转为正视方向。

(3)单击如图5－29所示“草图”工具栏，单击，单击“草图”工具栏上的“圆”命令，如图5－30所示。

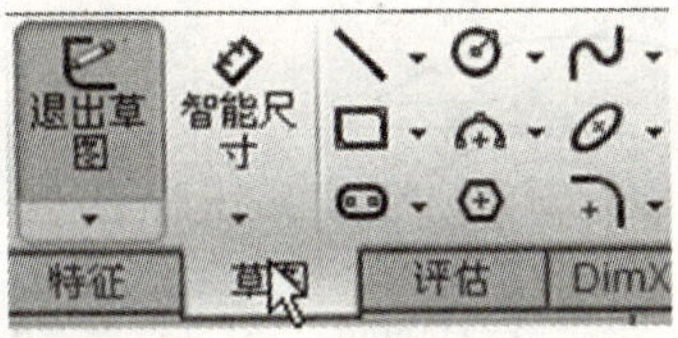

图5－29 “草图”工具栏

图5－30 “圆”命令

当光标捕捉到坐标原点时，如图5－31所示，单击，移动光标，绘制任意半径的圆，如图5－32所示。

(4)单击“草图”工具栏中的，光标变成尺寸标注状态，单击圆，并把直径修改为80.00mm，如图5－33所示，单击“确定”按钮。

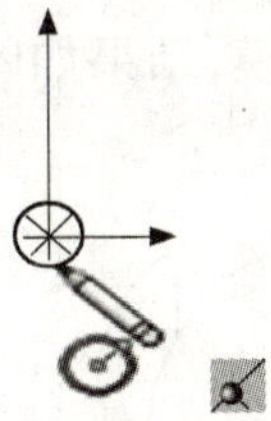

图5－31 捕捉原点

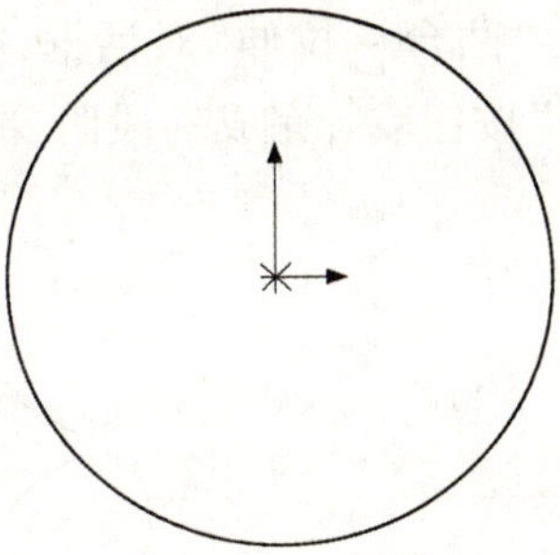

图5－32 绘制圆

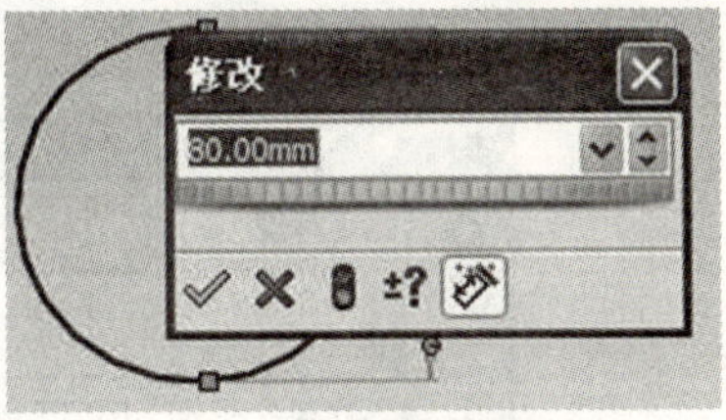

图5－33 标注圆直径

(5)单击“特征”工具栏的，弹出“凸台－拉伸”对话框，在“深度”后的框中输入33.00mm，如图5－34所示，单击“确定”按钮，完成一段阶梯轴的建模，结果如图5－35所示。

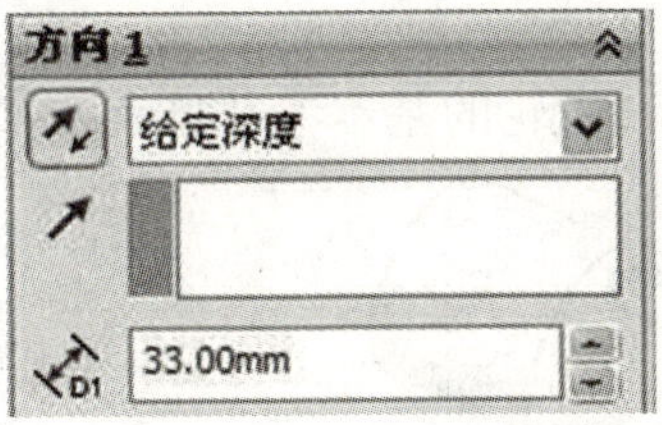

图5－34 拉伸参数

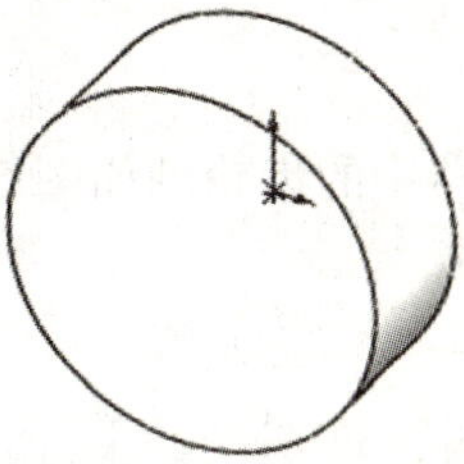

图5－35 一段阶梯轴

(6)单击上一步绘制的圆柱体的表面，单击“视图定向”工具栏中的“正视于”按钮，使绘图平面转为正视方向。单击“草图”工具栏，单击，单击“草图”工具栏上的“圆”命令。当光标捕捉到坐标原点时，单击，移动光标，绘制任意半径的圆，如图5－36所示。

(7)单击“草图”工具栏中的智能尺寸，光标变成尺寸标注状态，单击圆，并把直径修改为95.00mm，如图5－37所示，单击“确定”按钮。

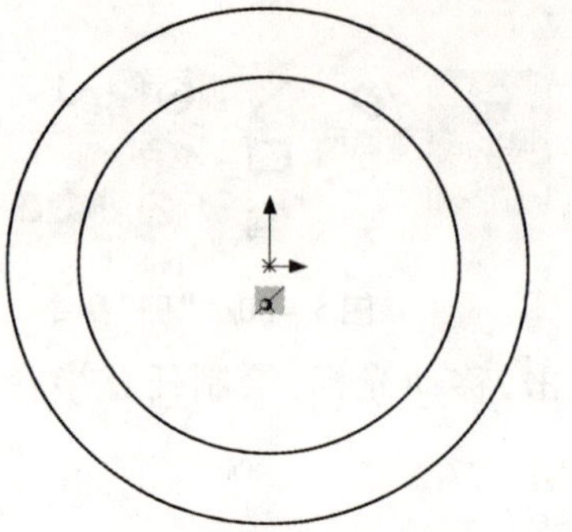

图5－36　绘制圆

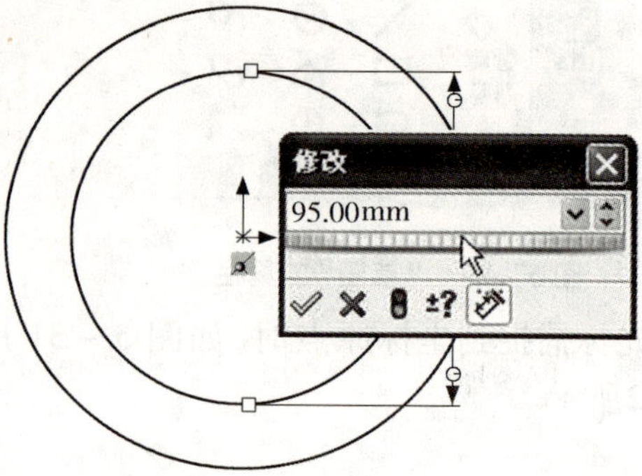

图5－37　标注圆直径

(8)单击“特征”工具栏的拉伸凸台/基体，弹出“凸台－拉伸”对话框，在“深度”后的框中输入140.00mm，如图5－38所示，单击“确定”按钮，完成一段阶梯轴的建模，结果如图5－39所示。

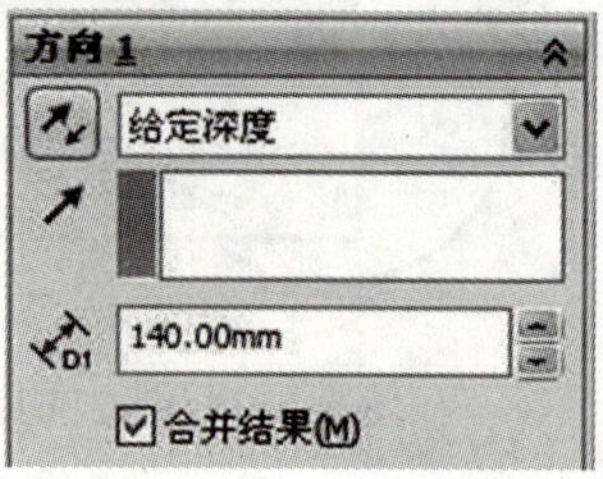

图5－38　拉伸参数

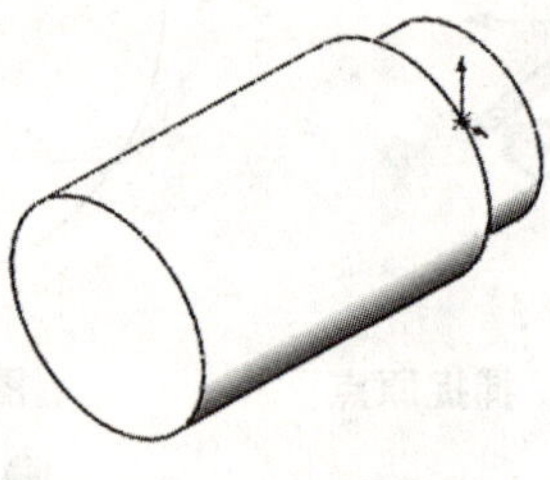

图5－39　一段阶梯轴

采用同样方法画出其余阶梯轴，添加上键槽和倒角等轴的结构，此处不再赘述。

5.2　齿轮轴的设计

减速器中的齿轮轴如图5－40所示，齿轮的齿为斜齿，齿轮的基本参数见表5－1。

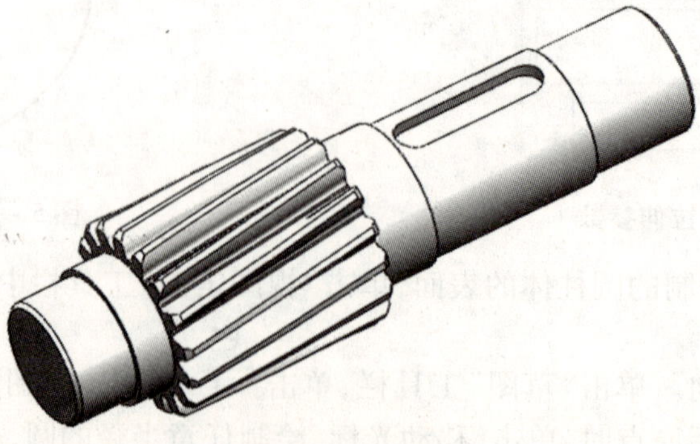

图5－40　齿轮轴

表 5－1　齿轮的基本参数

参数名称	齿轮轴上齿轮	大齿轮
法向模数	5	5
齿数	17	82
螺旋角	8°7′(左旋)	8°7′(右旋)
齿顶圆直径	95.86	424.15
分度圆直径	85.86	414.14
齿根圆直径	73.06	401.65
端面齿厚	建模过程中不需要	11.65
基圆直径	建模过程中不需要	389.17
中心距	250	250

此模型中，难点在于齿轮部分的生成。可先用 SolidWorks2011 系统本身的 Toolbox 插件生成齿轮，把相应的阶梯轴通过拉伸的方式生成，拉伸切除生成键槽，倒角，完成齿轮轴的建模，建模思路如图 5－41 所示。

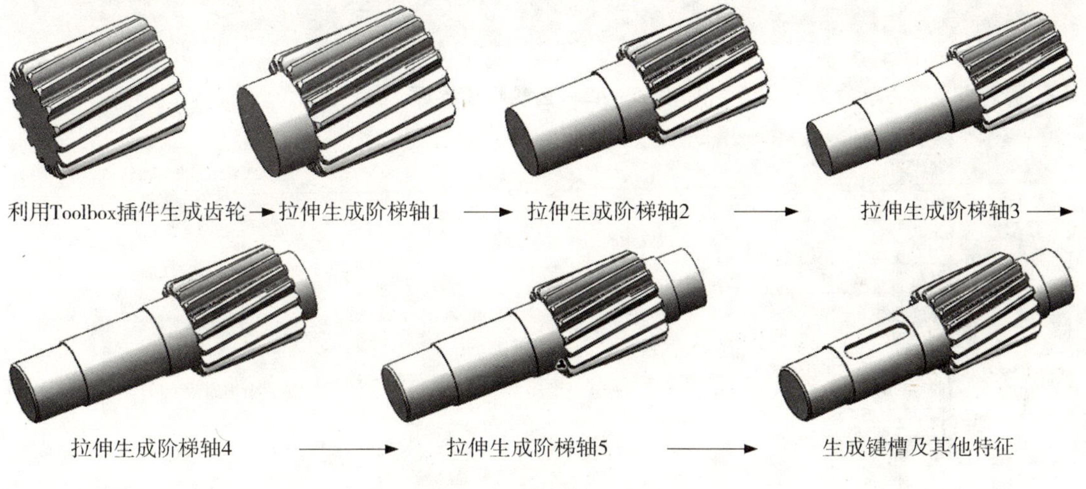

图 5－41　齿轮轴建模思路

具体建模过程如下：

(1)启动 SolidWorks2011，单击“设计库”图标，展开 Toolbox — GB — 动力传动，单击齿轮，右键单击螺旋齿轮，单击 生成零件...，会出现如图 5－42 所示界面。若特征树区域没出现，可单击图 5－42 中光标处的箭头显示。螺旋齿轮的参数如图 5－43 所示，单击“确定”按钮，完成齿轮建模，如图 5－44 所示。

(2)消除齿轮中的孔。图 5－44 中的齿轮模型有一直径为 10 的孔，此孔需消除。单击齿轮的端面，单击“视图定向”工具栏中的“正视于”按钮，使绘图平面转为正视方向。单击 草图绘制，单击“草图”工具栏上的“圆”命令，绘制一个比孔大的圆，如图 5－45 所示。单击

"特征"工具栏上的拉伸凸台/基体，弹出"凸台－拉伸"对话框，"方向 1"下设置为成形到下一面，单击齿轮另一个端面为停止面，单击"确定"按钮，消除了孔后的齿轮如图 5－46 所示。

图 5－42　齿轮建模界面

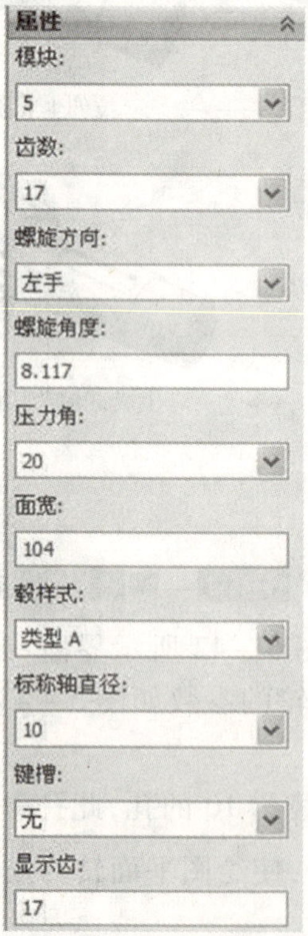

图 5－43　齿轮参数

图 5－44　齿轮

图 5－45　二维草图

图 5－46　消除了孔后的齿轮

(3)拉伸阶梯轴。单击齿轮的端面，单击“视图定向”工具栏中的“正视于”按钮，使绘图平面转为正视方向。单击草图绘制，单击“草图”工具栏上的“圆”命令，绘制一个圆，标注尺寸，如图 5－47 所示。单击“特征”工具栏上的拉伸凸台/基体，弹出“凸台－拉伸”对话框，在“深度”后的框中输入 25，单击“确定”按钮，完成一段阶梯轴的建模，如图 5－48 所示。采用同样的方法再拉伸出如图 5－49 所示阶梯轴。

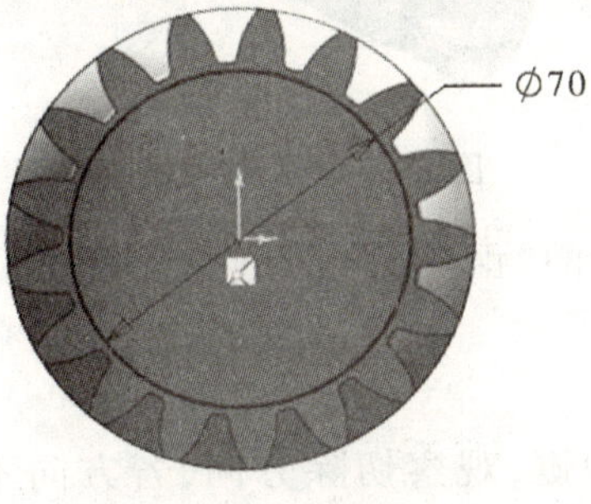

图 5－47　二维草图

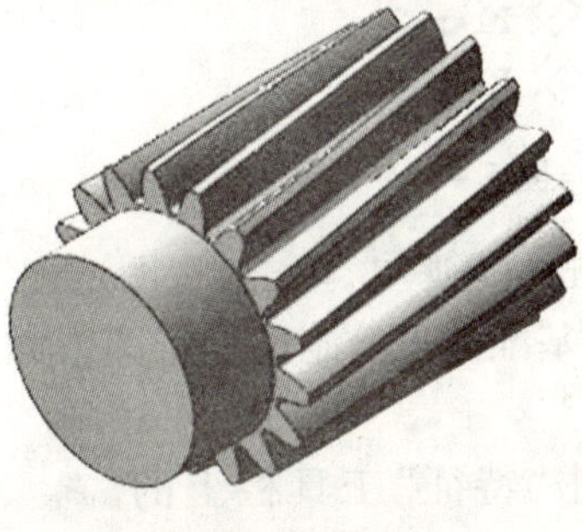

图 5－48　生成阶梯轴

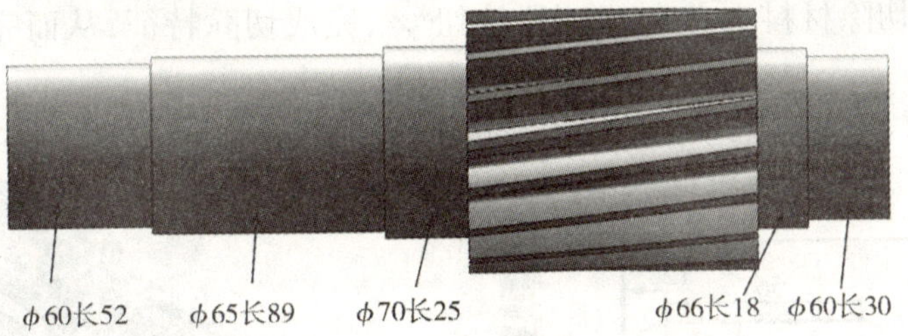

图 5－49　阶梯轴尺寸

(4)倒直角与倒圆角。单击“特征”工具栏的圆角命令的下拉箭头，单击倒角或圆角，绘制如图 5－50所示倒角。

(5)查机械相关手册得，轴径为 ϕ65 的轴上键槽的深度为 7。单击“特征”工具栏上的参考几何体下的基准面，把特征树展开，单击“Plane1”，如图 5－51 所示，作为建立基准面的第一参考，在偏移距离中输入“65/2－7”，回车，可预览建立的如图 5－52 所示的基准面。若方向不满足要求，可单击“反转”，单击“确定”按钮，特征树中会出现刚建立的新基准面 基准面1，此基准面与槽底面重合。

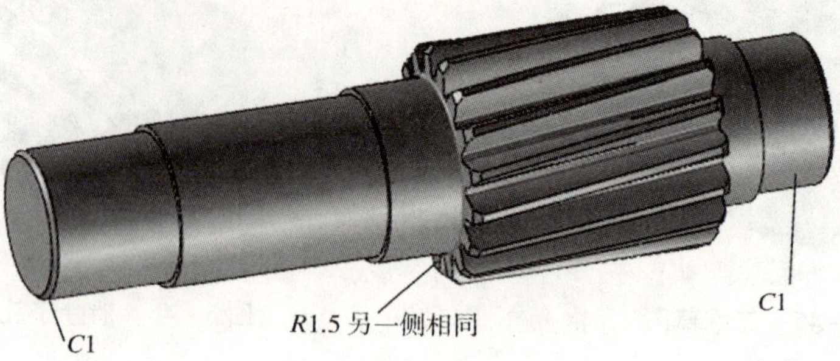

图 5－50　倒角尺寸

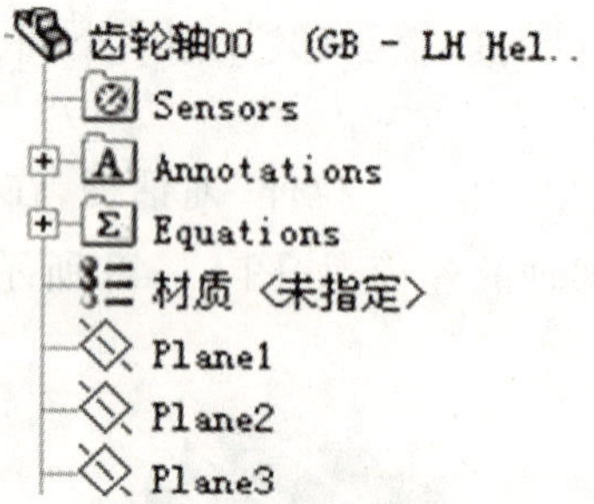

图 5－51　特征树

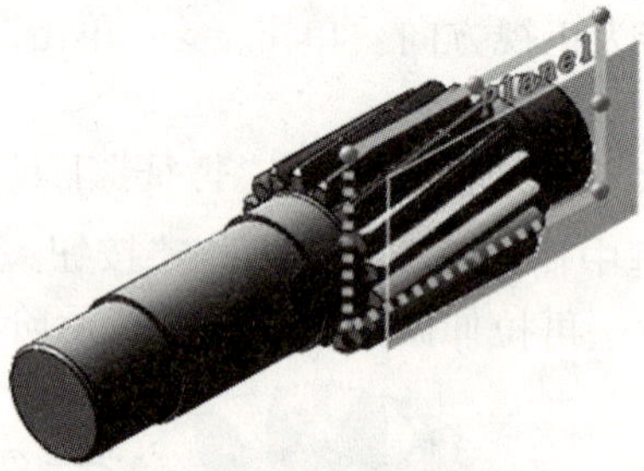

图 5－52　新建立的基准面

(6)单击 基准面1，单击“视图定向”工具栏中的“正视于”按钮，使绘图平面转为正视方向。在此基准面上绘制的二维图形如图 5－53 所示。

(7)单击“特征”工具栏上的 拉伸切除，按鼠标中键，观察切除方向，若方向不正确，单击 给定深度 中的箭头换向，把“方向”下换为完全贯穿 完全贯穿（表示在箭头所指方向上，完全切除材料），单击“确定”按钮，完成切除特征，从而完成齿轮轴的建模，如图 5－54 所示。

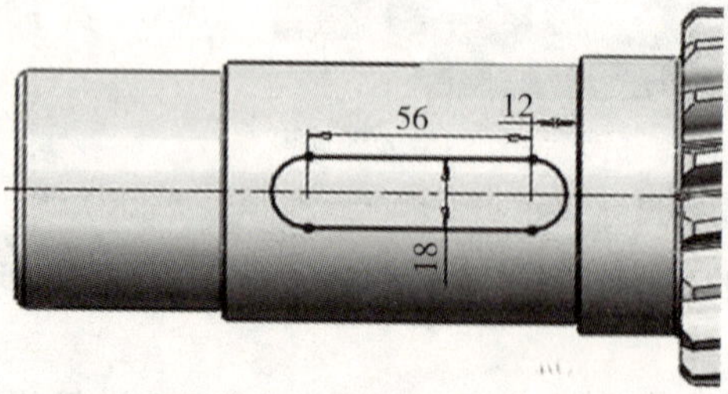

图 5－53　键槽二维草图

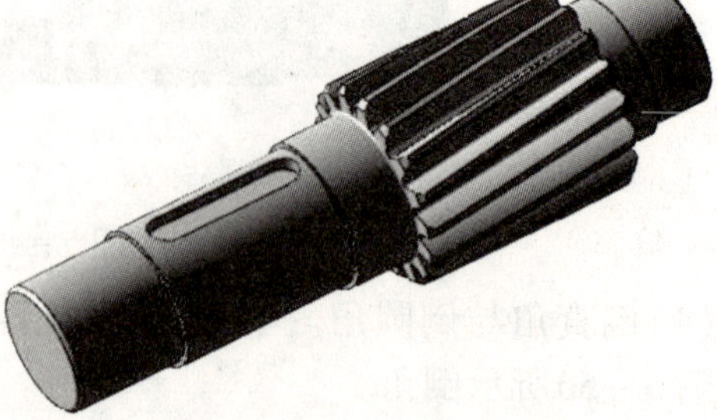

图 5－54　生成键槽

(8)修改模型的颜色。单击“保存”命令图标或是选择菜单命令“文件”—“保存”，设置好路径，将文件保存，并将文件命名为“齿轮轴. sldprt”。选中模型中的文件名 齿轮轴，单击绘图窗口中的“编辑外观”按钮，弹出“颜色”对话框，选择需要的颜色，单击“确定”按钮,模型颜色被修改。

(9)通过特征树中的材质编辑器,编辑模型的材料为所需材料,若模型颜色已失去,再编辑一次模型颜色。单击“标准”工具栏的“保存”命令图标或是选择菜单命令“文件”—“保存”,将模型保存。

5.3 蜗杆轴的设计

在工程应用中,阿基米德圆柱类型的蜗杆应用较为广泛,因此可利用 SolidWorks2011,建立阿基米德圆柱蜗杆,其三维结构如图 5-55 所示。

5.3.1 蜗杆尺寸分析

对于蜗杆零件,从切削原理分析,其与螺纹基本相似。蜗杆的整个螺旋齿是由一梯形轴剖面围绕蜗杆轴线作螺旋运动所形成的,各轴剖面内的齿廓相同,为等腰梯形,如图 5-56 所示。蜗杆的基本参数见表 5-2。

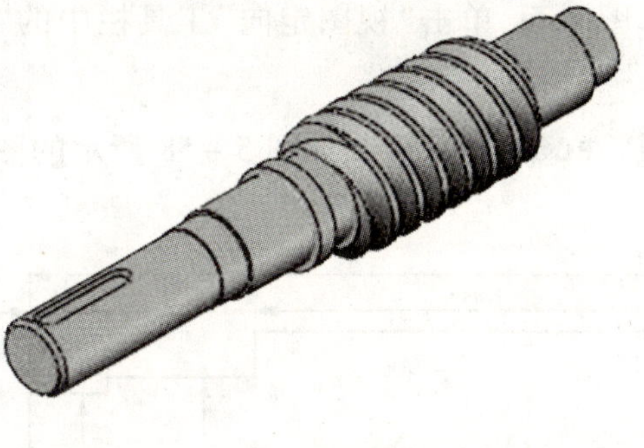

图 5-55 蜗杆三维结构

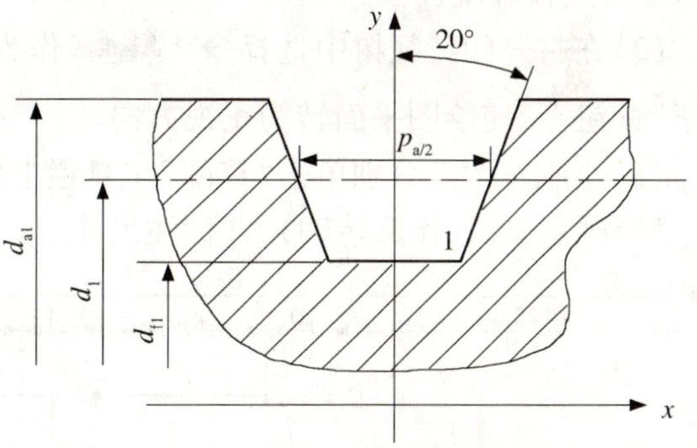

图 5-56 蜗杆齿廓

表 5-2 蜗杆的基本参数

名称	代号	计算公式	数值
模数	m		6
蜗杆头数	z_1		2
蜗杆直径系数	q		12
蜗杆分度圆直径	d_1	$d_1 = mq$	72
蜗杆齿顶圆直径	d_{a1}	$d_{a1} = d_1 + 2h_{a1} = d_1 + 2h_a^* m$	84
蜗杆齿根圆直径	d_{f1}	$d_{f1} = d_1 - 2h_{f1} = d_1 - 2(h_a^* + c^*)m$	57.6
蜗杆轴向齿距	p_a	$p_a = \pi m$	6π
蜗杆齿根高	h_{f1}	$h_{f1} = (h_a^* + c^*)m$	7.2

注:齿顶高系数 $h_a^* = 1$;顶隙系数 $c^* = 0.2$。

由图 5-56 和表 5-2 可得图中点 1 的坐标为

$$x_1 = p_a/4 - h_f \tan 20° = 2.09, y_1 = d_{f1}/2 = 28.8$$

5.3.2　蜗杆建模

蜗杆建模思路如图 5－57 所示。

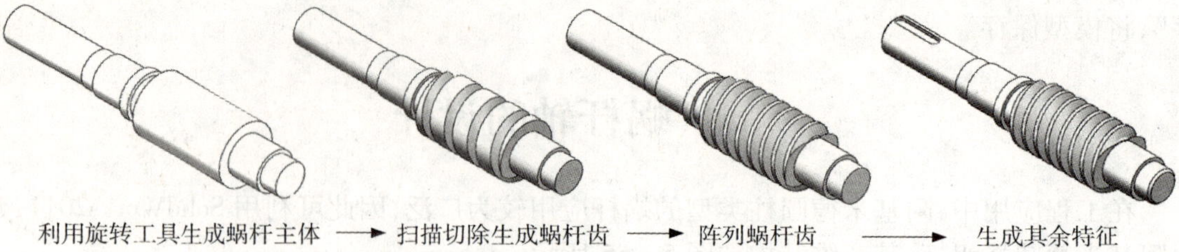

图 5－57　蜗杆建模过程

具体建模过程如下：

(1)启动 SolidWorks2011，将光标移到 SolidWorks2011 图标 SolidWorks 上，选择菜单命令“文件”—“新建”或单击工具栏上的按钮，单击“零件模板”按钮，单击“确定”按钮，进入零件建模环境。

(2)在打开的特征树中选择上视基准面作为草图平面，单击“视图定向”工具栏中的“正视于”按钮，使绘图平面转为正视方向。

(3)绘制草图。分别单击“草图”工具栏上的中心线和＼，绘制如图 5－58 所示的图形(注意要画点画线，作旋转轴)，并标注尺寸。

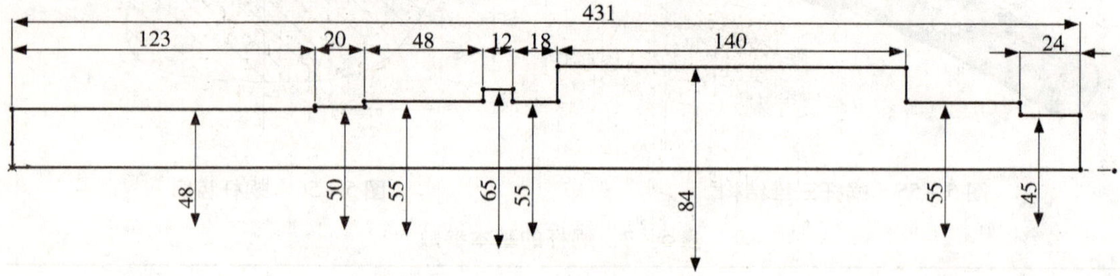

图 5－58　蜗杆尺寸标注

(4)旋转成模型。单击“特征”工具栏上的旋转凸台/基体，弹出“旋转”对话框，采用默认的旋转角度 360.00 度及默认的旋转轴线——中心线，如图 5－59 所示，单击“确定”按钮，完成蜗杆轴的主体结构，结果如图 5－60 所示。

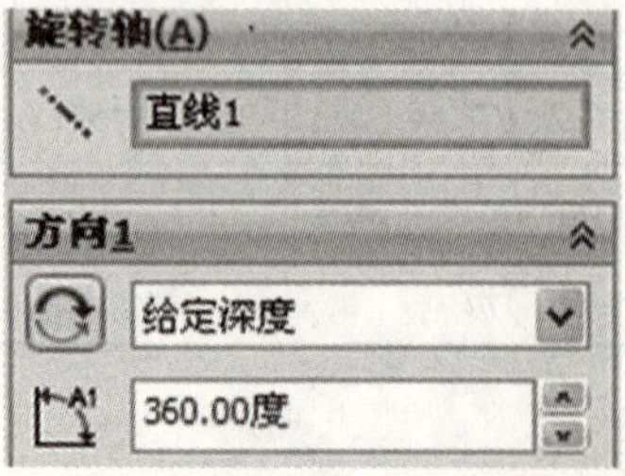

图 5－59　旋转实体参数

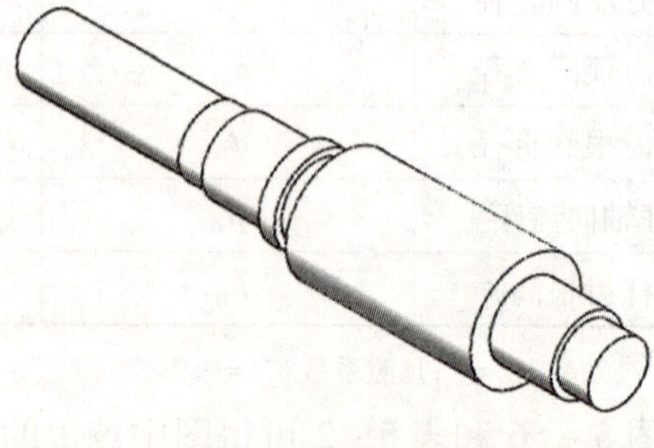

图 5－60　蜗杆轴的主体结构

(5)建立扫描切除特征的二维图形。选择 上视基准面 作为草图平面，单击"视图定向"工具栏中的"正视于"按钮，使绘图平面转为正视方向。分别单击"草图"工具栏上的 中心线 和 命令，绘制如图 5-61 所示的二维草图，即中间有一含中心线的梯形，标注如图 5-62所示的尺寸。当标注大小为 28.80 的尺寸时，单击"视图"—"临时轴"，显示出临时轴，单击它作为尺寸界限，按住 Ctrl 键不放，选中梯形的两斜边和中心线，添加上对称约束，单击"视图"—"草图约束几何关系"，显示或隐藏草图约束几何关系。

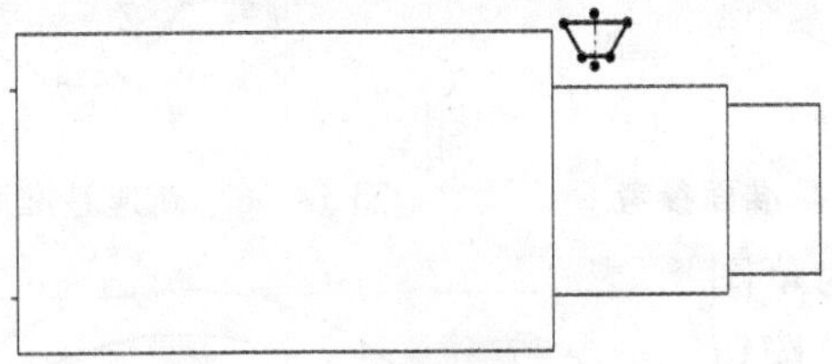

图 5-61 扫描切除截面

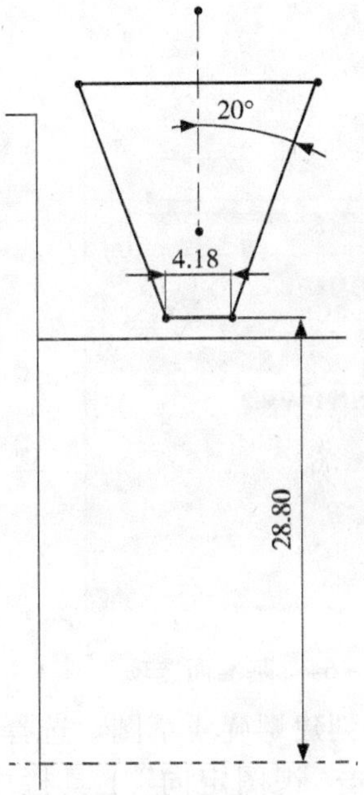

图 5-62 扫描切除截面尺寸

标注完尺寸后，图形显示为蓝色，表示欠约束。为了使建模更稳定一些，再标注中心线到棱的距离，如图 5-63 所示（梯形上边的线一定要高于实体的棱，否则选中线条拖动）。单击草图右上角的，完成草图的绘制。

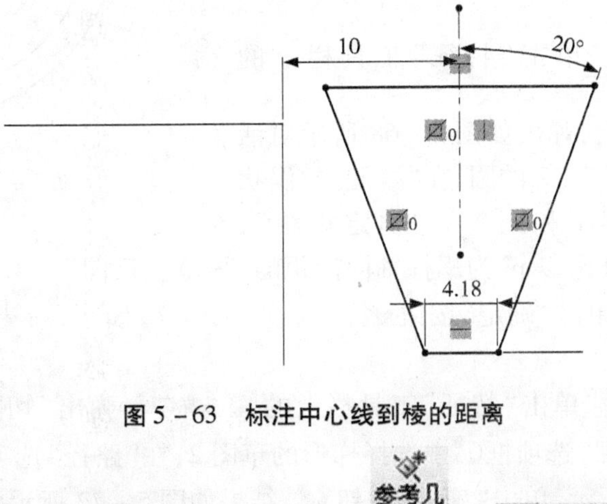

图 5-63 标注中心线到棱的距离

(6)创建新基准面。单击"特征"工具栏上的" 参考几何体 "— 基准面，弹出基准面"属性"对话框，如图 5－64 所示。在“第一参考”选项框中选择实体的端面，如图 5－65所示，再单击平行，建立的基准面与第一参考是平行的关系。在“第二参考”选项框中选择二维图形中心线，如图 5－65 所示，建立的基准面通过此中心线，建立的新基准面如图 5－66 所示（可拖动基准面的圆点，改变基准面显示的大小）。

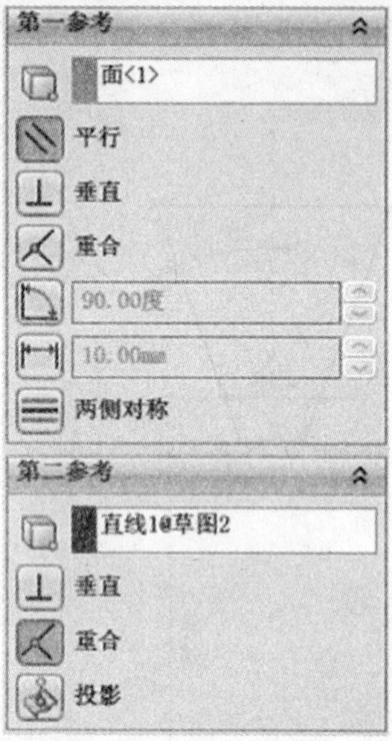

图 5－64　基准面选项

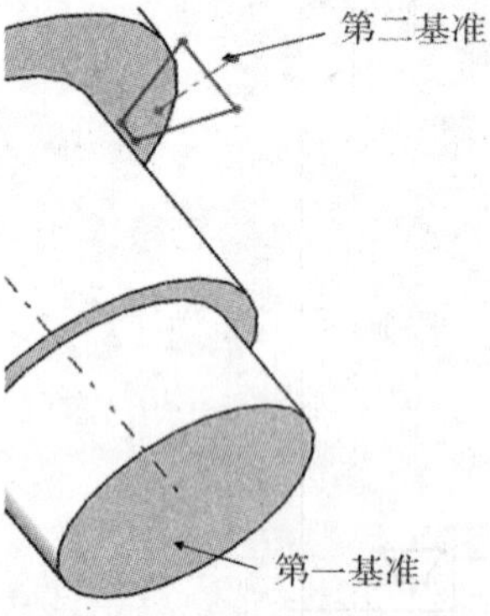

图 5－65　基准面参考

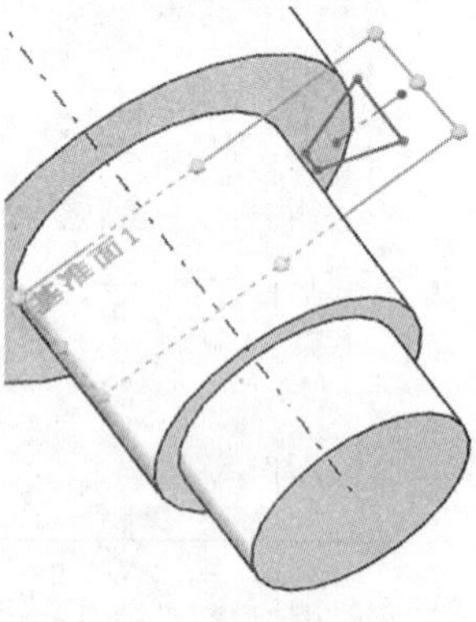

图 5－66　新建基准面

（7）创建螺旋线草图。选择基准面 1 作为草图平面，单击“视图定向”工具栏中的“正视于”按钮，使绘图平面转为正视方向。单击“草图”工具栏上的“圆”命令，绘制一个圆心在原点的圆，标注如图 5－67 所示的尺寸。单击草图右上角的，完成草图的绘制。右键单击特征树中的“基准面 1”，单击，隐藏基准面 1。

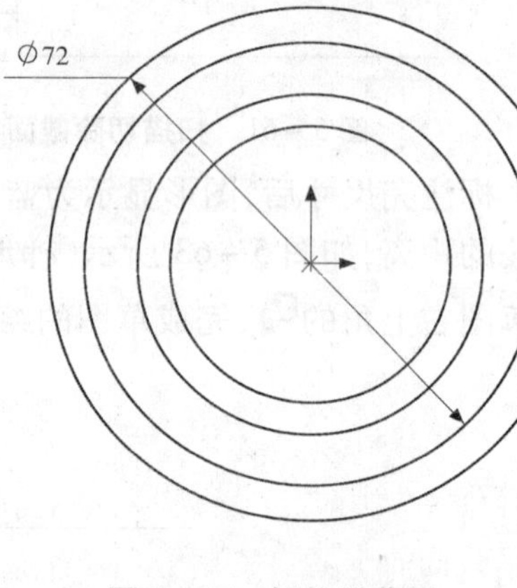

图 5－67　螺旋线草图

（8）生成螺旋线。单击“特征”工具栏上的“曲线”—螺旋线/涡状线，弹出如图 5－68 所示对话框。在绘图区单击直径为 72 的圆，在“螺旋线/涡状线”对话框中选择“螺距和圈数”、“恒定螺距”、“12 * pi”（pi 表示 π，12 乘以 pi 为蜗杆轴向齿距的两倍）、“反向”、“4.3”、“0.00 度”、“顺时针”，如图 5－69 所示，单击“确定”按钮，结果如图 5－70 所示，新建的螺旋线就会出现在特征树中。

（9）蜗杆齿的建模。单击“特征”工具栏上的扫描切除，弹出“切除－扫描”对话框，如图 5－71所示。在“轮廓”选项框中选择梯形的草图 2，在“路径”选项框中选择螺旋线/涡状线 4，如图 5－71 所示，单击“确定”按钮，结果如图 5－72 所示，新建的螺旋线就会出现在特征树中。

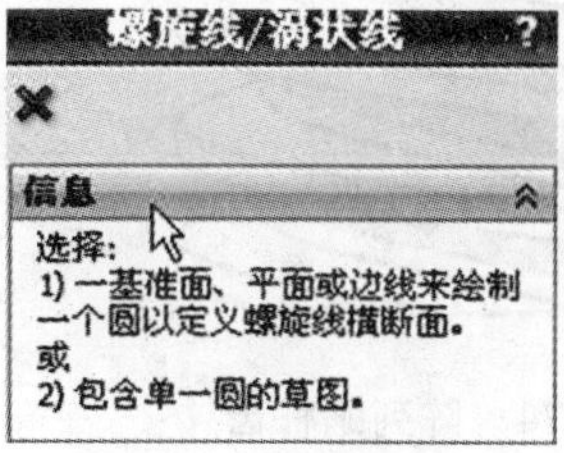

图 5－68　建模提示信息

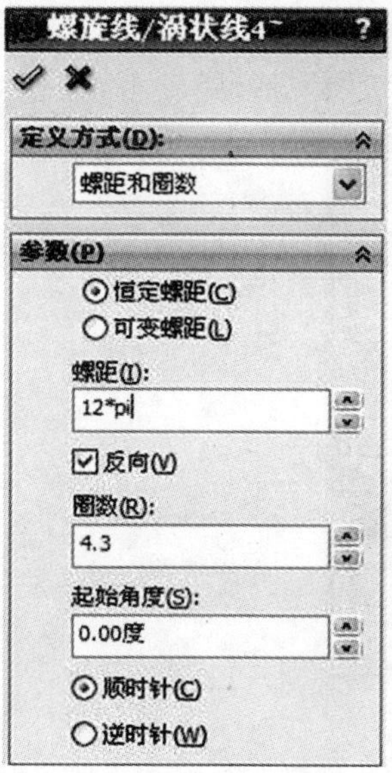

图 5－69　参数设置

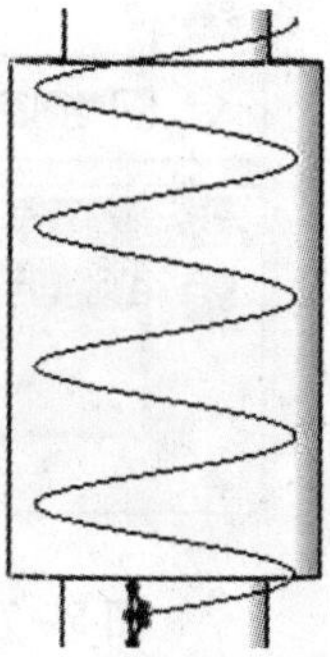

图 5－70　螺旋线

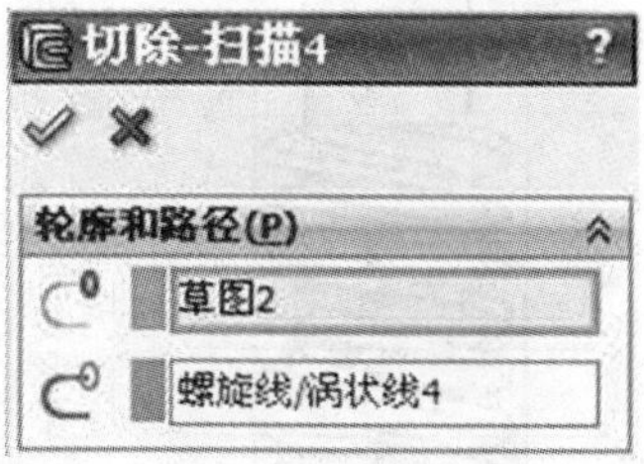

图 5－71　参数设置

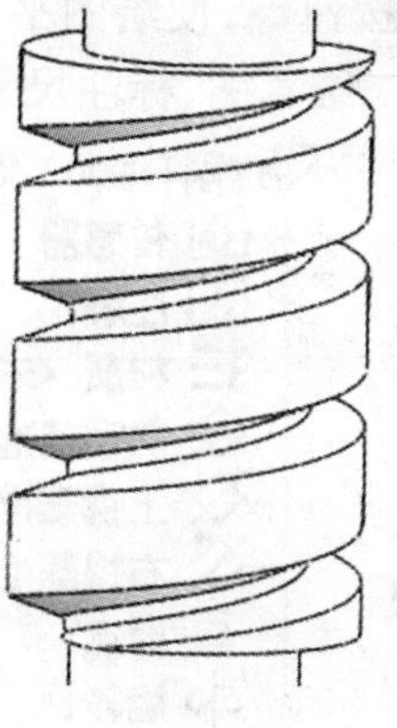

图 5－72　蜗杆齿建模

(10)阵列为 2 的蜗杆。单击“特征”工具栏上 线性阵列 的下拉列表中的 圆周阵列,弹出“圆周阵列”对话框,在选项框中选择回转体的轴线(若没有临时轴,单击“视图”—“临时轴”,显示临时轴),在“实例数”中输入 2,选择“等间距” 等间距(E),将特征树展开,单击选择“切除－扫描”特征,输入到“要阵列的特征”选项框中,如图 5－73 所示。单击“确定”按钮,完成蜗杆齿的阵列,结果如图 5－74 所示。

(11)键槽二维草图基准面的建立。查机械相关手册得,轴径为 ϕ48 的轴上键槽的深度为 5.5。单击“特征”工具栏上的参考几何体 下的“基准面”命令 基准面,把特征树展开,如图 5－75 所示,单击“上视基准面”,作为建立基准面的第一参考,在偏移距离中输入“48/2－5.5”,回车,可预览建立的基准面,如图 5－76 所示。若方向不满足要求,可单击“反转”,单击“确定”按钮,特征树中会出现刚建立的新基准面 基准面2。

图 5-73　参数设置

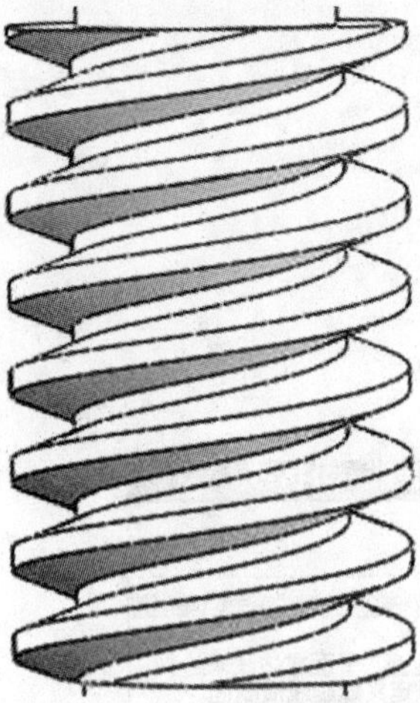

图 5-74　阵列蜗杆齿

（12）键槽二维草图的绘制。选择 基准面2 作为草图平面，单击“视图定向”工具栏中的“正视于”按钮，使绘图平面转为正视方向。用“直线”和“中心线”命令绘制如图 5-77 所示的键槽二维草图，标注尺寸并添加对称约束。

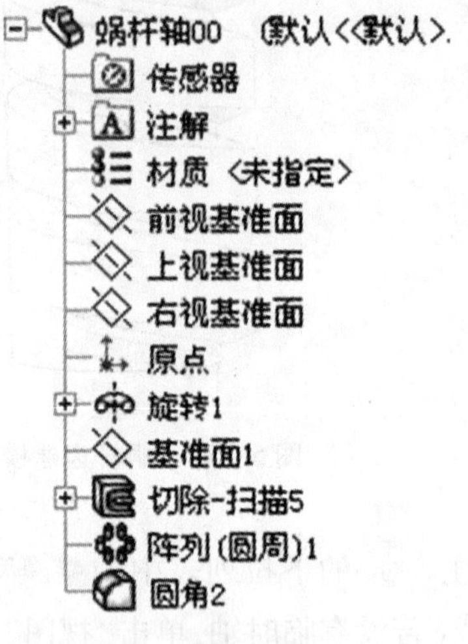

图 5-75　展开特征树

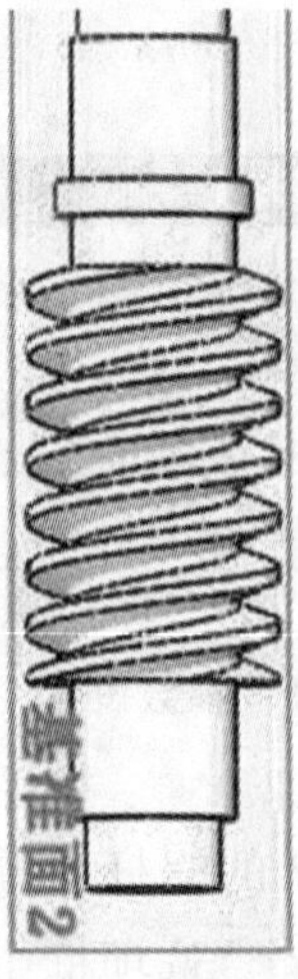

图 5-76　基准面

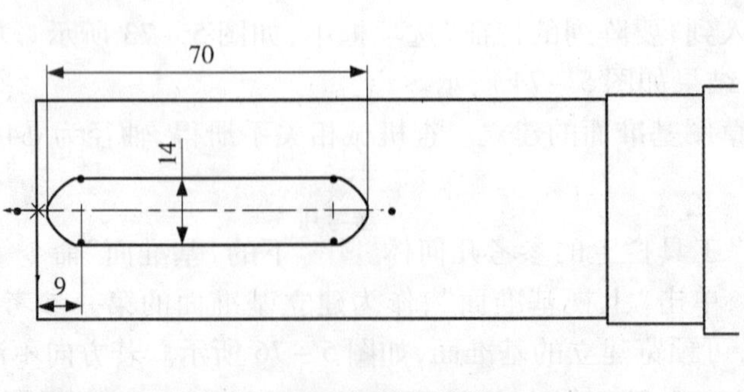

图 5-77　键槽二维草图

(13)拉伸切除生成键槽。单击“特征”工具栏上的拉伸切除，选择“完全贯穿”，单击“确定”按钮，按鼠标中键，观察切除方向，若方向不正确，单击换向，完成切除特征。右键单击特征树中的“基准面 2”，单击，隐藏基准面 2。单击“视图定向”工具栏中的“等轴测”按钮，结果如图 5－78 所示。

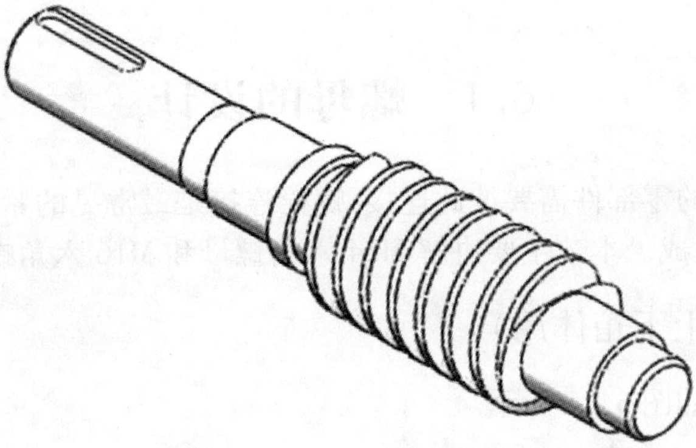

图 5－78　生成键槽

(14)倒角。单击“特征”工具栏的圆角，输入 1.80mm，单击蜗杆齿的根部，如图 5－79所示，单击“确定”按钮，完成“倒圆角”命令。单击倒角，在“倒角”选项下的“距离”后的框中输入值 1，单击轴的两端面的棱，单击“确定”按钮，完成“倒直角”命令，蜗杆轴建模完成。蜗杆轴轴测图如图 5－80 所示。

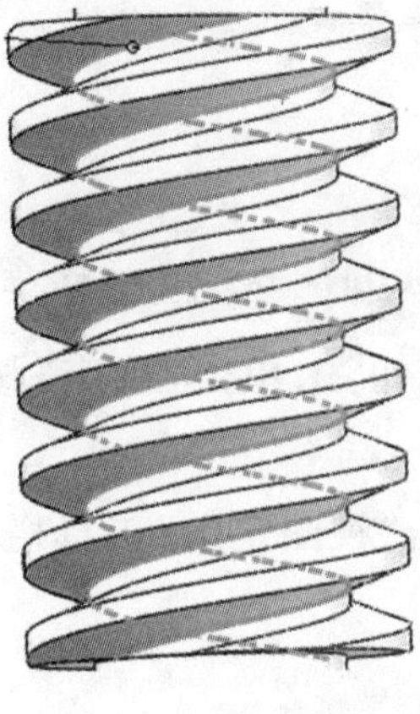

图 5－79　倒圆角的棱

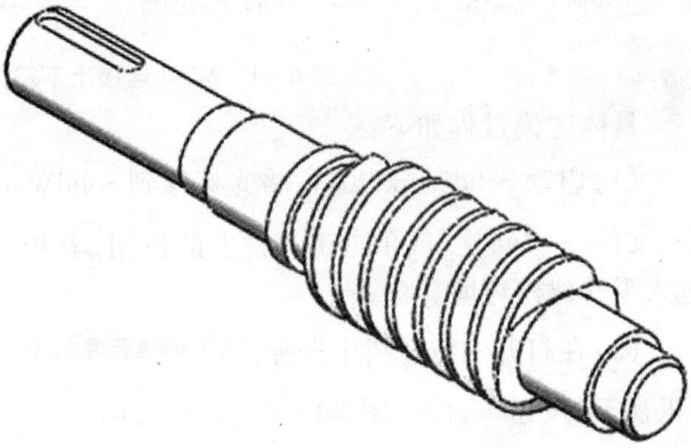

图 5－80　蜗杆轴轴测图

(15)修改模型的颜色。单击“保存”命令图标或是选择菜单命令“文件”—“保存”，设置好路径，将文件保存，并将文件命名为“蜗杆轴. sldprt”。选中模型中的文件名蜗杆轴，单击绘图窗口中的“编辑外观”按钮，弹出“颜色”对话框，选择需要的颜色，单击“确定”按钮，模型颜色被修改。

(16)通过特征树中的材质编辑器，编辑模型的材料为所需材料，若模型颜色已失去，再编辑一次模型颜色。单击“标准”工具栏的“保存”命令图标或是选择菜单命令“文件”—“保存”，将模型保存。

第 6 章　螺母、螺栓、螺钉、挡圈及其他零件的设计

6.1　螺母的设计

在机械中相当多的零部件需要彼此连接，螺栓连接是最常见的紧固方式之一，主要由螺母、螺杆和被连接件组成。本节主要讲解 M24 六角螺母和 M16 六角螺母制作的不同方法。

6.1.1　M24(连接上下箱体用)

M24 的建模思路如图 6 - 1 所示。

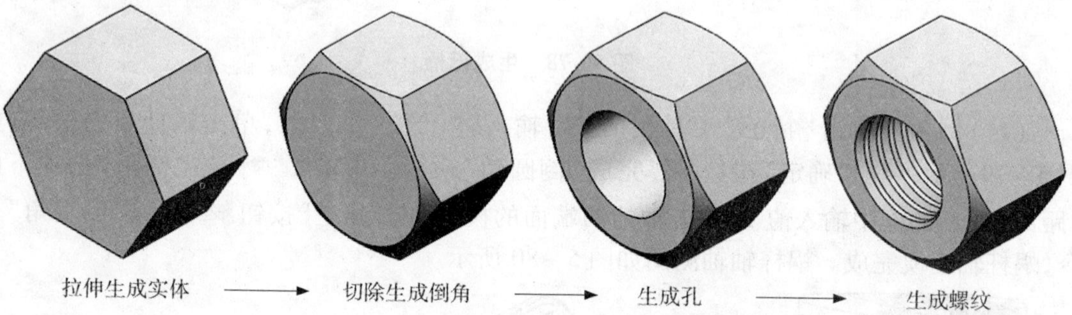

图 6 - 1　M24(连接上下箱体用)的建模思路

具体建模过程如下：

(1)启动 SolidWorks2011，将光标移到 SolidWorks2011 图标 SolidWorks 上，选择菜单命令“文件”—“新建”或单击工具栏上的按钮，单击“零件模板”按钮，单击“确定”按钮，进入零件建模环境。

(2)在打开的特征树中选择 前视基准面 作为草图平面，单击“视图定向”工具栏中的“正视于”按钮，使绘图平面转为正视方向。

(3)单击“草图”工具栏，单击 草图绘制，单击“草图”工具栏上的“多边形”命令，此时出现“多边形”对话框，如图 6 - 2 所示，在“边数”中取默认值 6。当光标捕捉到坐标原点时单击，水平向右移动光标，在如图 6 - 3 所示位置时单击，绘制一个六边形，按 Esc 键退出命令。

(4)单击六边形中最上面一条棱，在“线条属性”设置中单击 水平(H)，添加水平约束几何关系。单击“草图”工具栏上的 智能尺寸，将圆直径改为 36，六边形被完全约束，结果如图 6 - 4 所示。

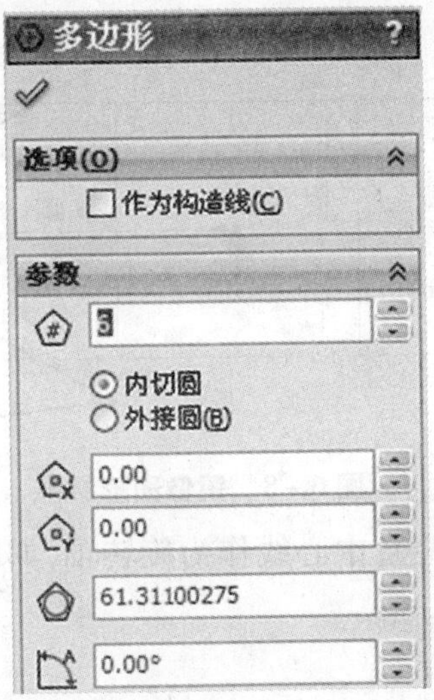

图6-2 “多边形”对话框

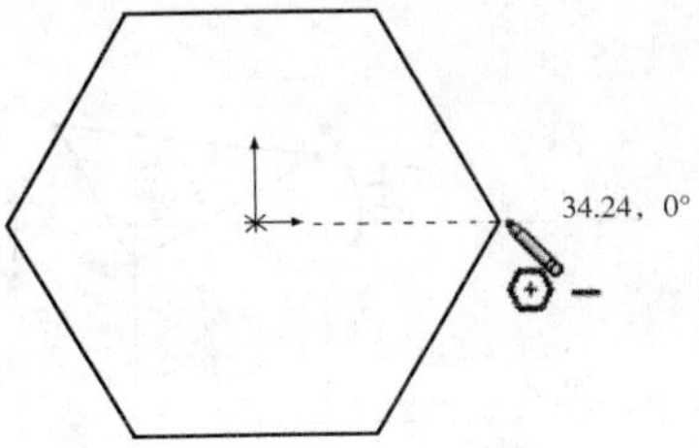

图6-3 绘制六边形

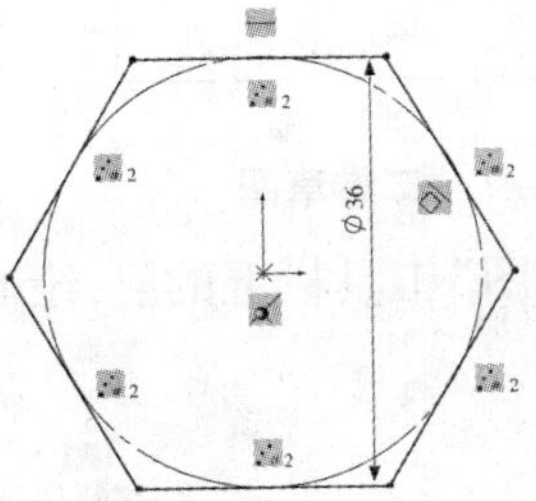

图6-4 固定的六边形

(5)单击“特征”工具栏的拉伸凸台/基体，弹出“凸台-拉伸”对话框，在“方向1”下选择“两侧对称”，在“深度”后的框中输入22.00mm，如图6-5所示，单击“确定”按钮，完成螺母的主体结构，结果如图6-6所示。

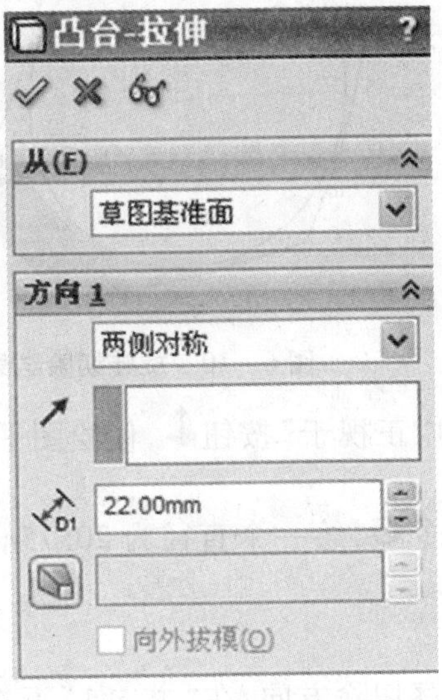

图6-5 参数设置

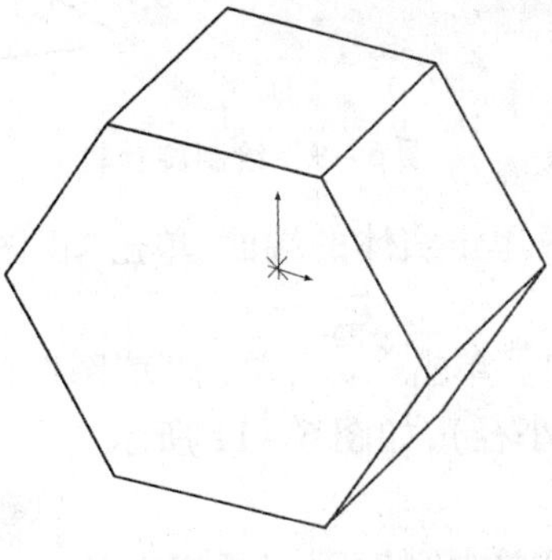

图6-6 螺母的主体结构

(6)单击上视基准面，单击“视图定向”工具栏中的“正视于”按钮，使绘图平面转为正视方向。单击“草图”工具栏上的和，绘制如图6-7所示的图形并标注尺寸。其中，水平中心线通过原点，三角形的一个顶点在实体棱上。

(7)按住Ctrl键连续选择三条直线和中心线，单击“草图”工具栏中的镜像实体，将三条直线关于中心线对称复制，如图6-8所示。

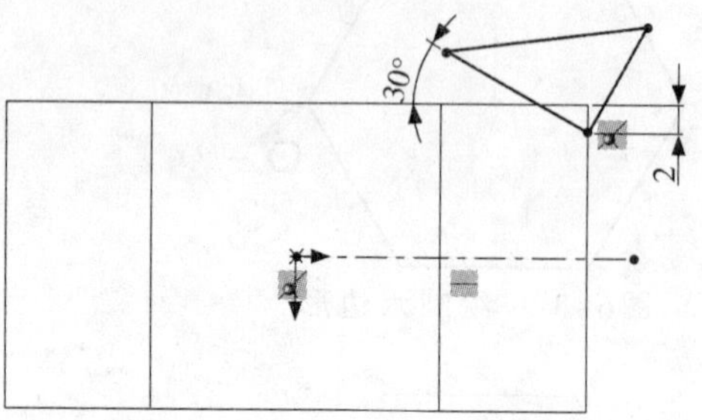

图 6－7　二维草图

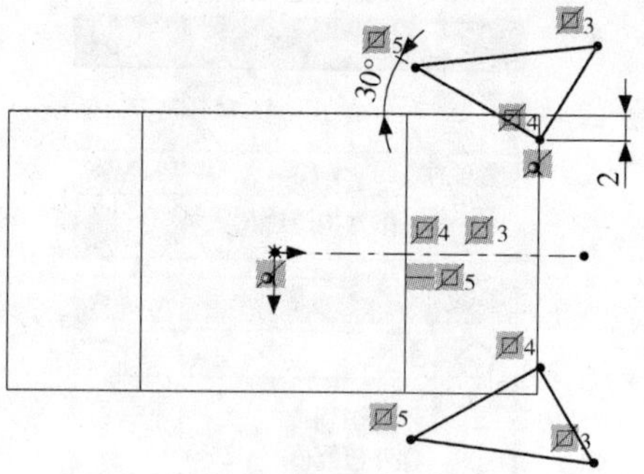

图 6－8　镜像图形结果

(8)单击“草图”工具栏上的 ，绘制一条通过原点的竖直中心线作为旋转轴，如图 6－9 所示。

(9)单击“特征”工具栏的旋转切除，弹出“切除－旋转”对话框，在“旋转轴”选项框 中，选择竖直中心线，单击“确定”按钮 ，完成建模，如图 6－10 所示。

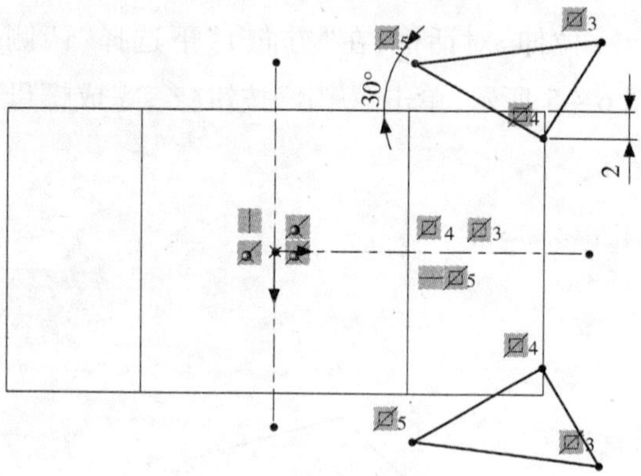

图 6－9　绘制旋转轴

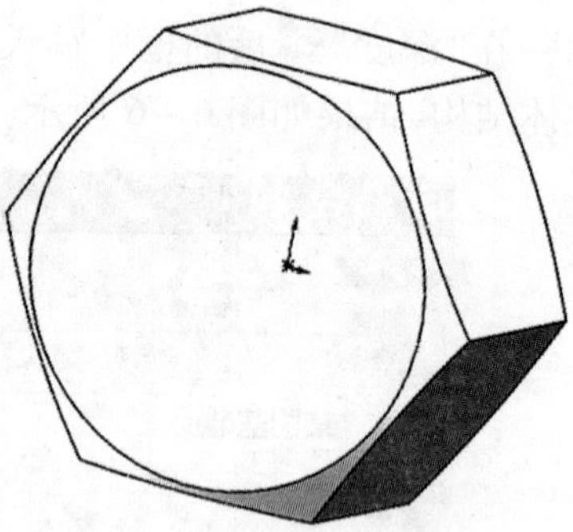

图 6－10　旋转切除结果

(10)单击实体的端面，单击“视图定向”工具栏中的“正视于”按钮 ，使绘图平面转为正视方向。单击草图绘制，单击“草图”工具栏上的“圆”命令 ，绘一个直径为 20.75mm 的圆(内螺纹小径)，如图 6－11 所示。

(11)单击“特征”工具栏上的拉伸切除，按鼠标中键，观察切除方向，在“方向 1”下选择“完全贯穿”，单击“确定”按钮 ，完成切除特征。单击“视图定向”工具栏中的“等轴测”按钮 ，结果如图 6－12 所示。

(12)单击 上视基准面，单击“视图定向”工具栏中的“正视于”按钮 ，使绘图平面转为正视方向，单击草图绘制。选择显示样式下的“隐藏线可见”命令，如图 6－13 所示，看不见的棱会以虚线形式显示出来。用 和 命令绘制如图 6－14 所示的二维草图，其中中心线通过圆心，三角形的两个顶点要在虚线左端，或刚好在虚线上。

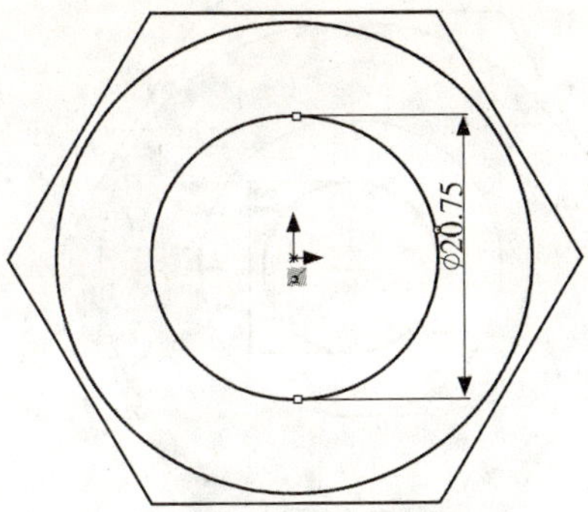

图 6－11　二维草图

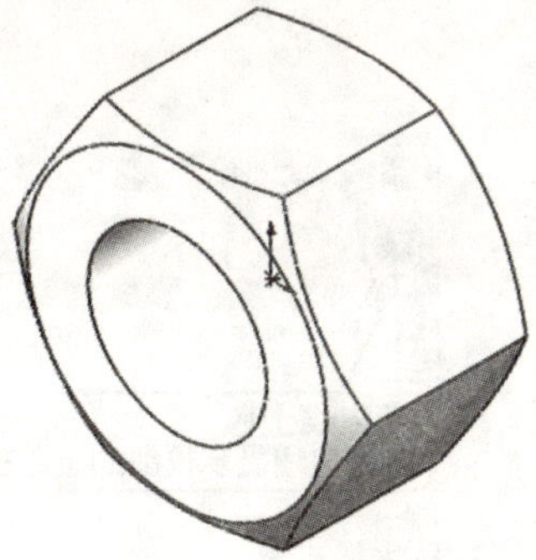

图 6－12　切除生成孔

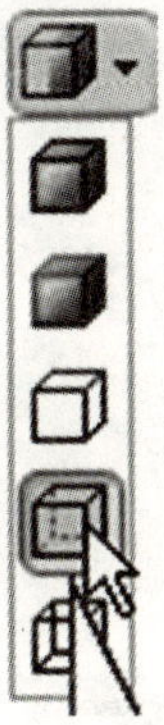

图 6－13　隐藏线可见

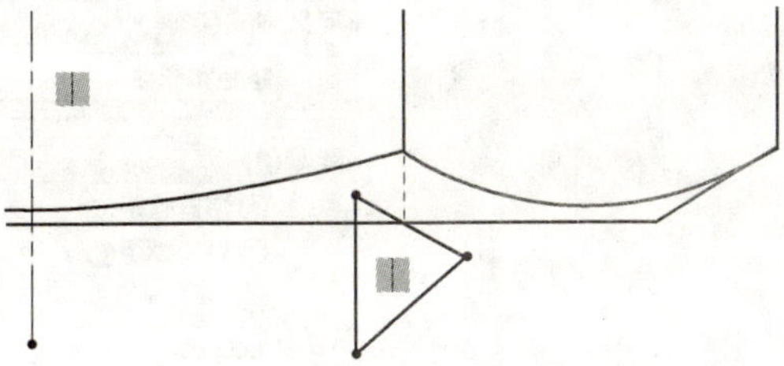

图 6－14　二维草图

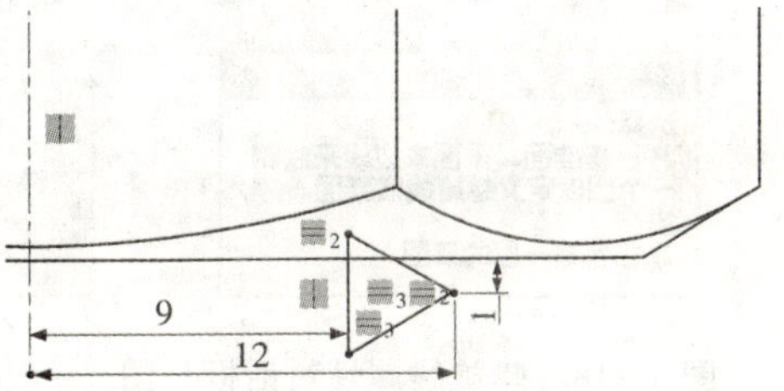

图 6－15　二维图形尺寸

（13）按住 Ctrl 键连续选择三角形的三条边，在“添加约束几何关系”选项框中选择相等(Q)。单击草图绘制，标注三角形的尺寸如图 6－15 所示，其中距离值 12 为内螺纹大径的一半，如图 6－15 所示，单击草图右上角图标，完成草图的绘制。

（14）单击显示样式下的“带边线上色”命令，如图 6－16 所示，改变模型的显示方式。单击实体模型的端面，单击“视图定向”工具栏中的“正视于”按钮，使绘图平面转为正视方向，单击草图绘制，用“圆”命令绘制直径为 12 mm 的圆，如图 6－17 所示，单击草图右上角图标，完成草图的绘制。

（15）单击“特征”工具栏上的图标曲线—螺旋线/涡状线，弹出如图 6－18 所示对话框，在绘图区单击直径为 12.00 mm 的圆，在弹出的“螺旋线/涡状线”对话框中选择“螺距和圈数”、“恒定螺距”、“3.00mm”、“8”、“反向”、“0.00 度”、“顺时针”（螺旋线需右旋），如图 6－19 所示，单击“确定”按钮，结果如图 6－20 所示。新建的螺旋线就会出现在特征树中。

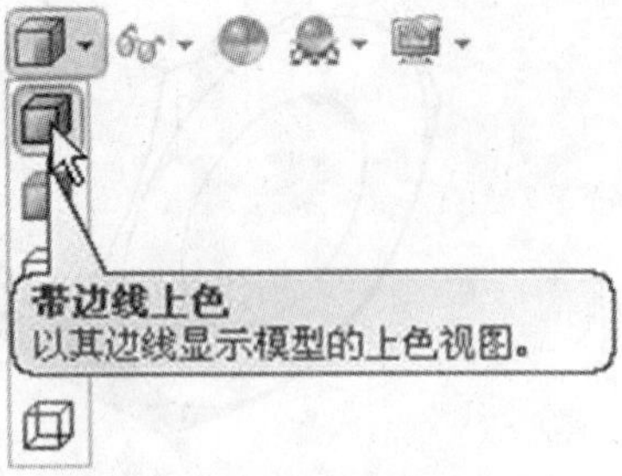

图 6－16　带边线上色

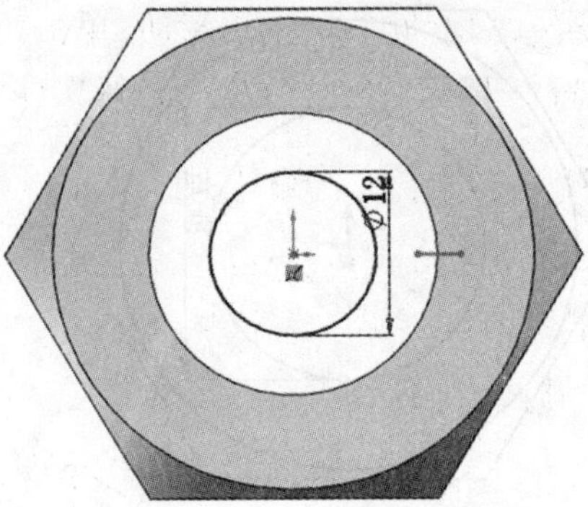

图 6－17　二维草图

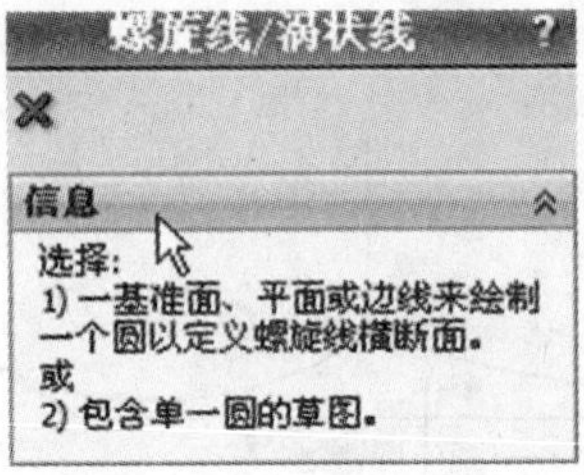

图 6－18　螺旋线属性对话框

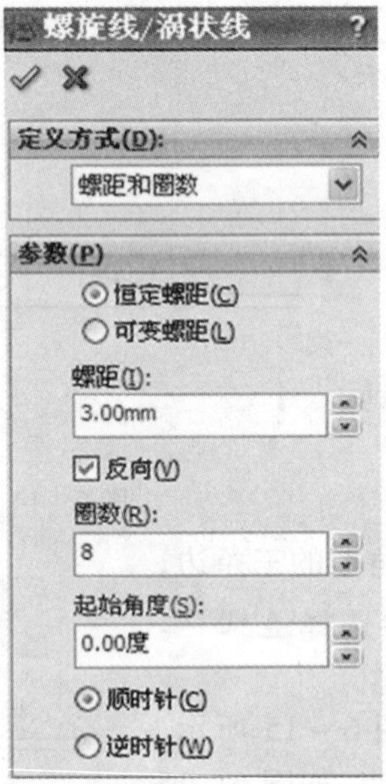

图 6－19　“螺旋线/涡状线”对话框

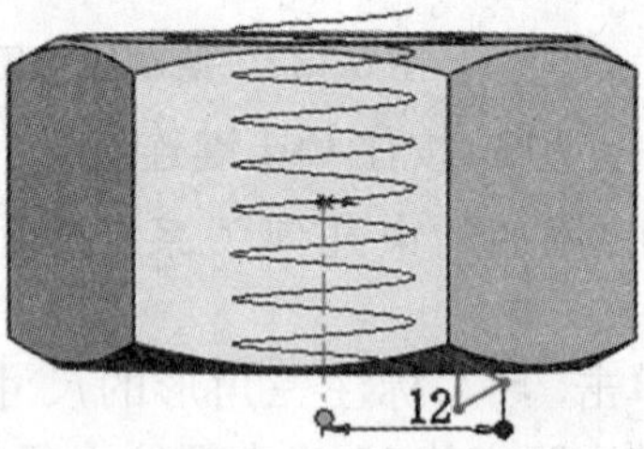

图 6－20　螺旋线

(16)单击“特征”工具栏上的 扫描切除，弹出“切除－扫描”对话框。在“轮廓”选项框中选择三角形的二维草图，在“路径”选项框中选择螺旋线涡状线 2，如图 6－21 所示，单击“确定”按钮，结果如图 6－22 所示。

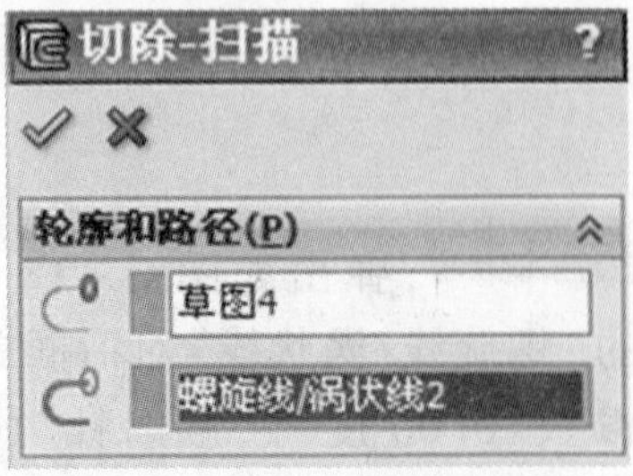

图 6－21　切除参数设置

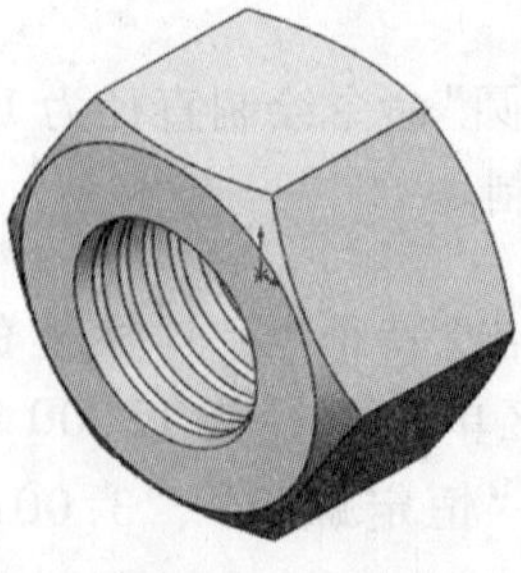

图 6－22　螺纹槽

(17)修改模型的颜色,编辑材质,单击“保存”命令图标或是选择菜单命令“文件”—“保存”,设置好路径,将文件保存,并将文件命名为“M24(连接上下箱体用).sldprt”。

6.1.2 M16(连接上下箱体用)

此零件的建模思路与M24(连接上下箱体用)的建模前半部分基本一样,螺纹生成部分用另一种方法来表示,如图6-23所示。

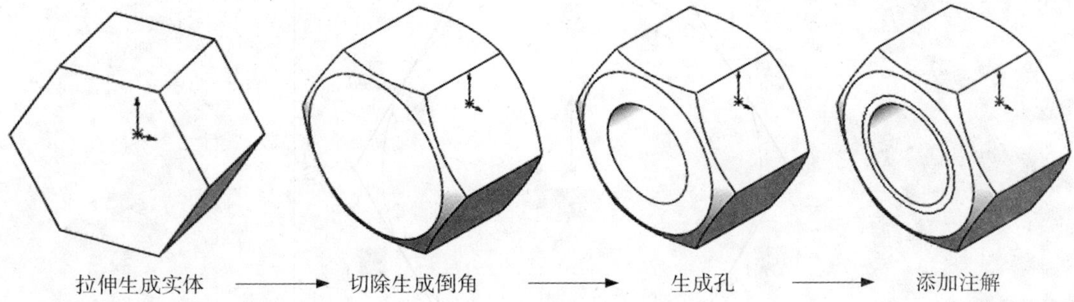

图6-23 M16(连接上下箱体用)的建模思路

具体建模过程如下:

(1)启动SolidWorks2011,将光标移到SolidWorks2011图标 SolidWorks 上,选择菜单命令“文件”—“新建”或单击工具栏上的按钮,单击“零件模板”按钮,单击“确定”按钮,进入零件建模环境。

(2)在打开的特征树中选择 前视基准面 作为草图平面,单击“视图定向”工具栏中的“正视于”按钮,使绘图平面转为正视方向。

(3)单击“草图”工具栏,单击 草图绘制,单击“草图”工具栏上的“多边形”命令,此时出现“多边形”对话框,如图6-24所示,在“边数”中取默认值6。当光标捕捉到坐标原点时单击,水平向右移动光标至如图6-25所示位置时单击,绘制一个六边形,按Esc键退出命令。

图6-24 “多边形”对话框

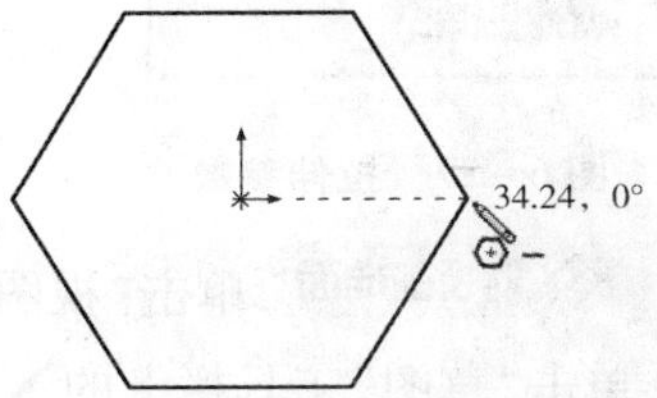

图6-25 绘制六边形

（4）单击六边形中最上面一条棱，在“线条属性”设置中单击 水平(H)，添加水平约束几何关系。单击“草图”工具栏上的 智能尺寸，将圆直径改为 36.00mm，六边形被完全约束，结果如图 6－26所示。

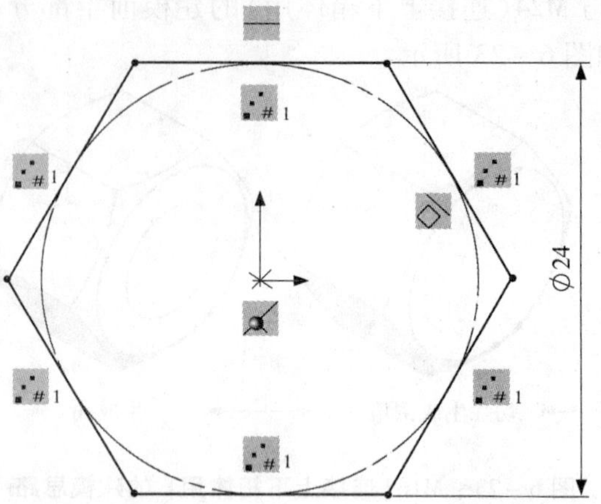

图 6－26　固定的六边形

（5）单击“特征”工具栏的 拉伸凸台/基体，弹出“凸台－拉伸”对话框，在“方向 1”下选择“给定深度”，在“深度”D1 后的框中输入 15.80mm，如图 6－27 所示，单击“确定”按钮，完成螺母的主体结构，结果如图 6－28 所示。

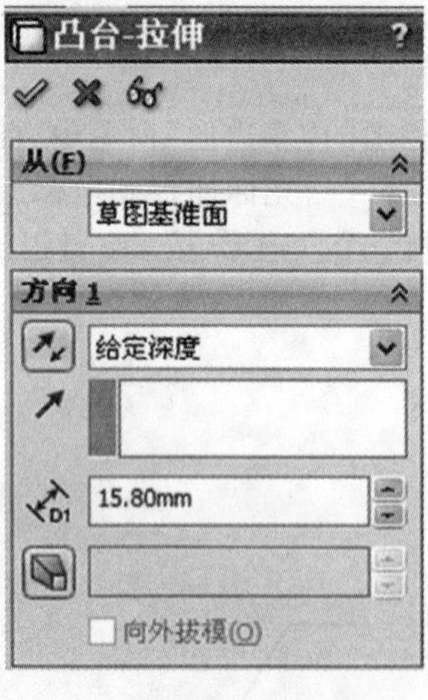

图 6－27　拉伸参数

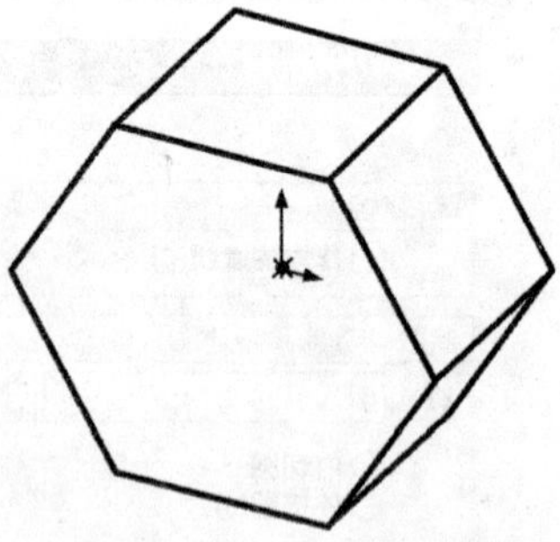

图 6－28　螺母的主体结构

（6）单击 前视基准面，单击“视图定向”工具栏中的“正视于”按钮，使绘图平面转为正视方向。单击“草图”工具栏上的 和 ，绘制如图 6－29 所示的图形并标注尺寸。其中，竖直中心线通过原点，三角形的一个顶点在实体棱上。

（7）按住 Ctrl 键连续选择实体最上端的棱、最下端的棱和水平中心线，如图 6－30 所示，单击“添加约束几何关系”下的对称(S)，单击“确定”按钮，使得水平中心线在实体的中间，如图 6－31 所示。

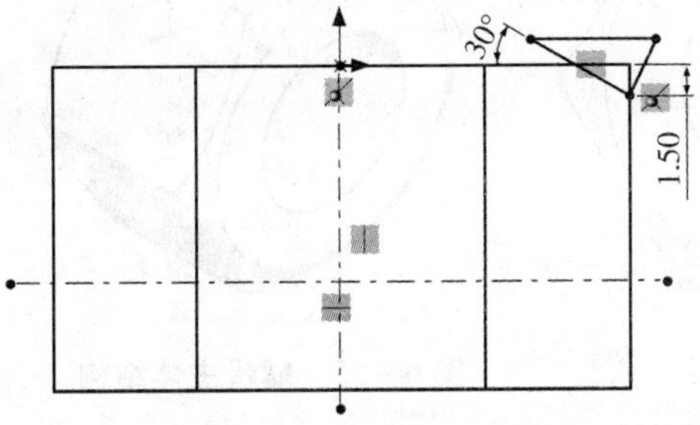

图 6－29　二维草图

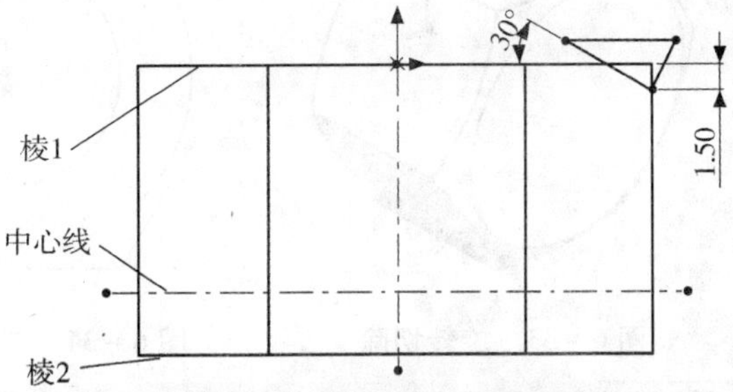

图 6－30　镜像对象选择

(8)按住 Ctrl 键连续选择三角形的三条直线和水平中心线，单击“草图”工具栏中的镜像实体，将三条直线关于中心线对称复制，结果如图 6－32 所示。

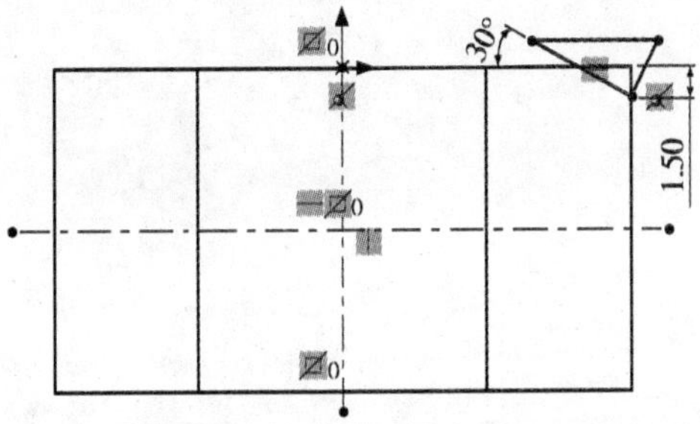

图 6－31　镜像结果

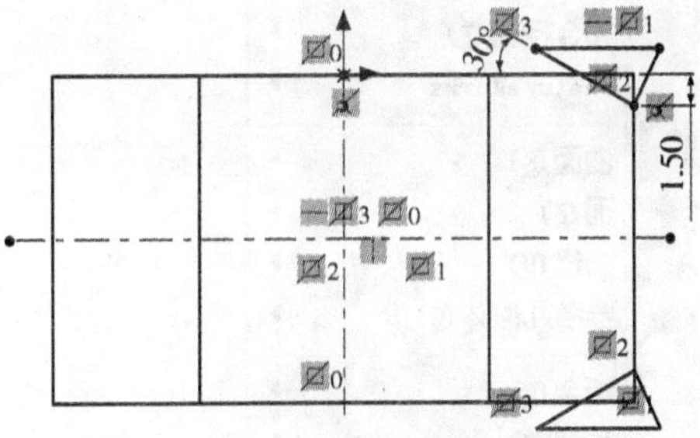

图 6－32　镜像复制结果

(9)单击“特征”工具栏的旋转切除，弹出“切除－旋转”对话框，在“旋转轴”选项框中选择竖直中心线，单击“确定”按钮，完成建模，如图 6－33 所示。

(10)单击实体的端面，单击“视图定向”工具栏中的“正视于”按钮，使绘图平面转为正视方向。单击草图绘制，单击“草图”工具栏上的“圆”命令，绘一个直径是 13.84mm 的圆(内螺纹小径)，如图 6－34 所示。

(11)单击“特征”工具栏上的拉伸切除，按鼠标中键，观察切除方向，在“方向 1”下选择“完全贯穿”，单击“确定”按钮，完成切除特征。单击“视图定向”工具栏中的“等轴测”按钮，结果如图 6－35 所示。

(12)单击“插入”—“注解”—“装饰螺纹线”，如图 6－36 所示，弹出“装饰螺纹线”对话框，如图 6－37 所示，在“圆形边线”选项框中选择孔的棱，如图 6－37、图 6－38 所示，在“次要直径”中输入 16.00mm，单击“确定”按钮，结果如图 6－39 所示。若没有显示螺纹的图形，右键单击特征树中的注解，把“显示注解”选上，如图 6－40 所示。

(13)修改模型的颜色，编辑材质，单击“保存”命令图标或是选择菜单命令“文件”—“保存”，设置好路径，将文件保存，并将文件命名为“M16(连接上下箱体用).sldprt”。

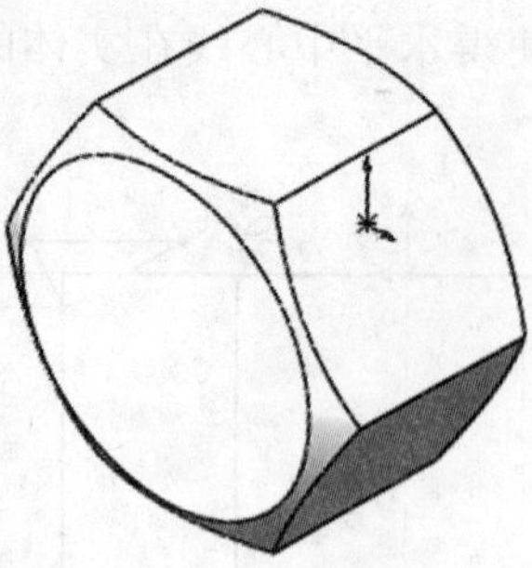

图 6－33　旋转切除

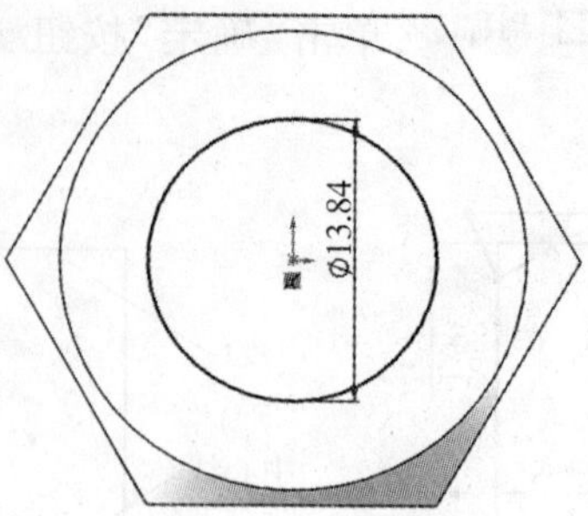

图 6－34　二维草图

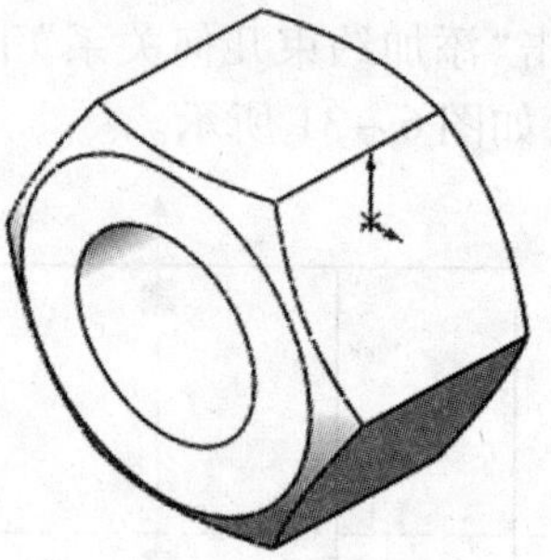

图 6－35　螺母主体结构

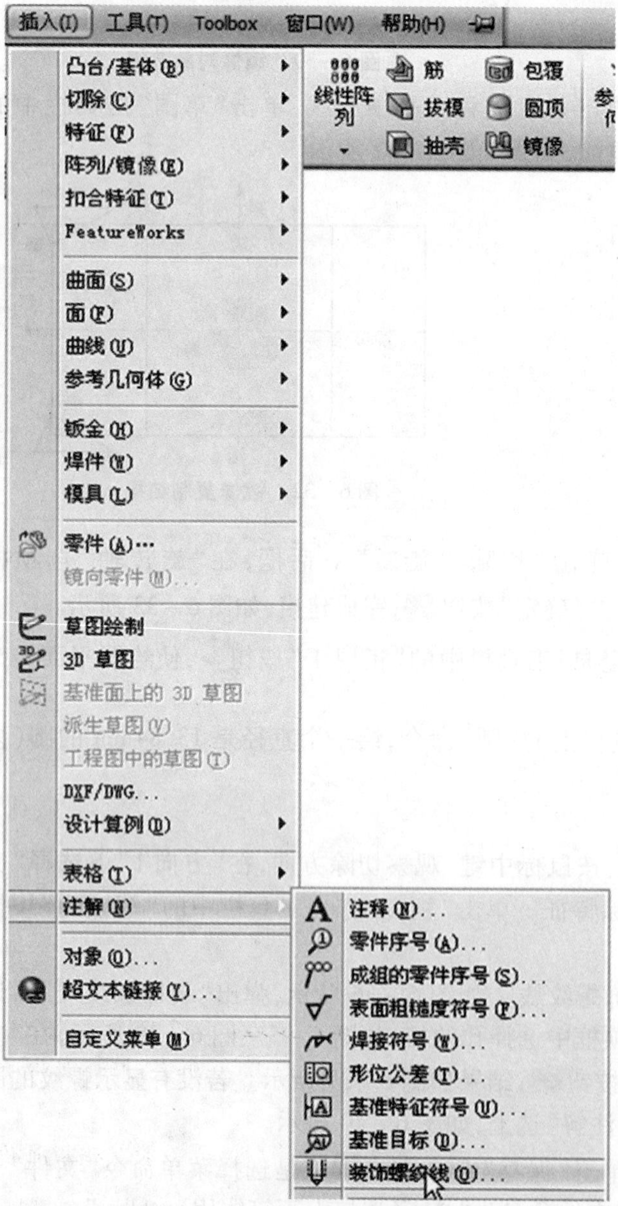

图 6－36　插入装饰螺纹线

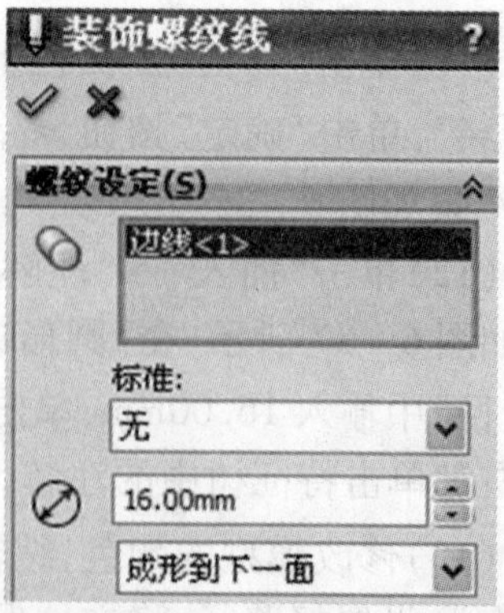

图 6－37　“装饰螺纹线”对话框

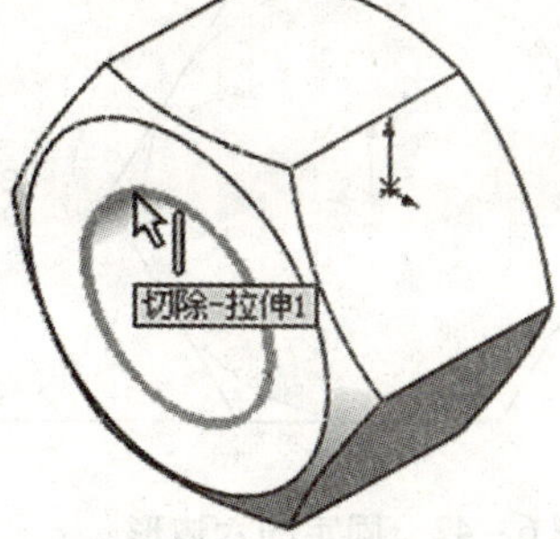

图 6-38　选择棱

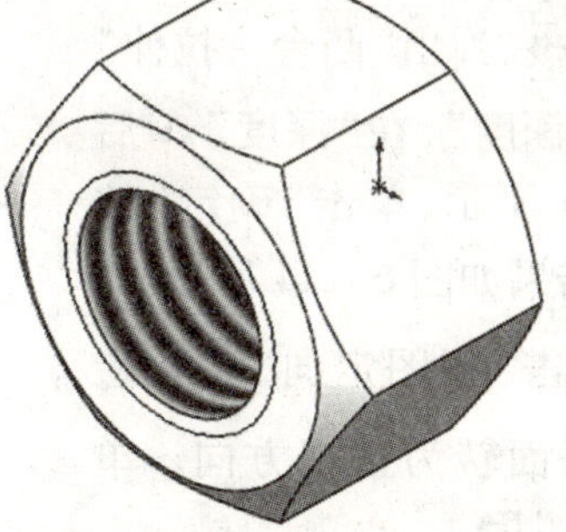

图 6-39　装饰螺纹线效果

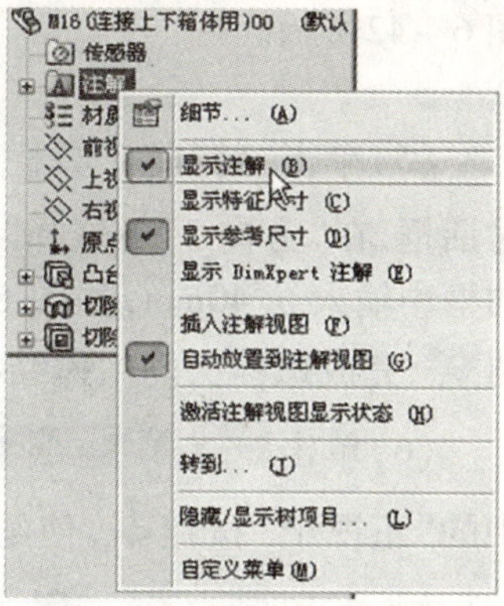

图 6-40　显示注解

6.2　螺栓的设计

螺栓由螺栓头和螺杆组成，本节主要讲解减速器中用到的不同螺栓的实体建模。

6.2.1　M10-30 螺栓

此螺栓为粗牙全螺纹六角头螺栓，建模思路如图 6-41 所示。

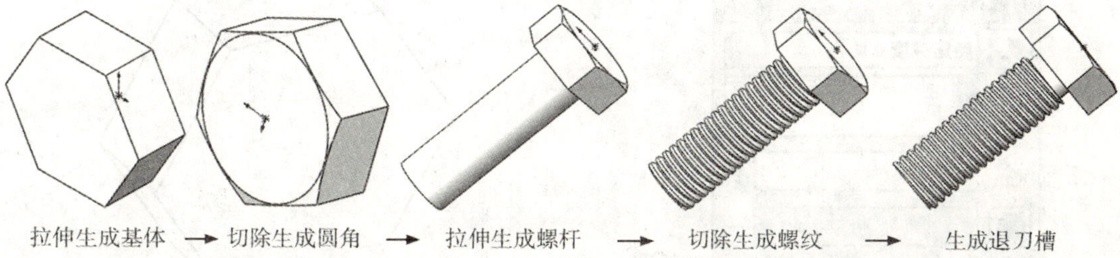

图 6-41　螺栓的建模思路

具体建模过程如下：

（1）启动 SolidWorks2011，将光标移到 SolidWorks2011 图标 SolidWorks 上，选择菜单命令“文件”—“新建”或单击工具栏上的按钮，单击“零件模板”按钮，单击“确定”按钮，进入零件建模环境。

（2）在打开的特征树中选择 前视基准面 作为草图平面，单击“视图定向”工具栏中的“正视于”按钮，使绘图平面转为正视方向。

（3）单击“草图”工具栏，单击 草图绘制，单击“草图”工具栏上的“多边形”命令。此时出现“多边形”属性对话框，在“边数”中取默认值 6，当光标捕捉到坐标原点时单击，水平向右移动光标，单击，绘制一个六边形，按 Esc 键退出命令。

（4）单击六边形中最上面一条棱，在“线条属性”设置中单击 水平(H)，添加水平约束几何关系。单击“草图”工具栏上的 智能尺寸，将圆直径改为 16.00mm，六边形被完全约束，结果如

图 6－42所示。

(5)单击“特征”工具栏的拉伸凸台/基体，弹出“凸台－拉伸”对话框，在“方向 1”下选择“给定深度”，在“深度”后的框中输入 6.40mm，如图 6－43 所示，单击“确定”按钮，完成螺栓头的主体结构，结果如图 6－44 所示。

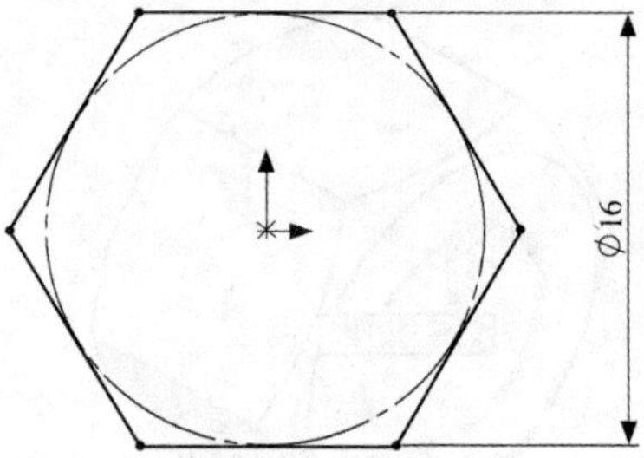

图 6－42　固定的六边形

(6)单击 前视基准面，单击“视图定向”工具栏中的“正视于”按钮，使绘图平面转为正视方向。单击“草图”工具栏，单击草图绘制，单击转换实体引用，弹出“转换实体引用”对话框，如图 6－45所示，选择如图 6－46 所示的两个棱，单击“确定”按钮，可转化成草图上实体，如图 6－47所示。

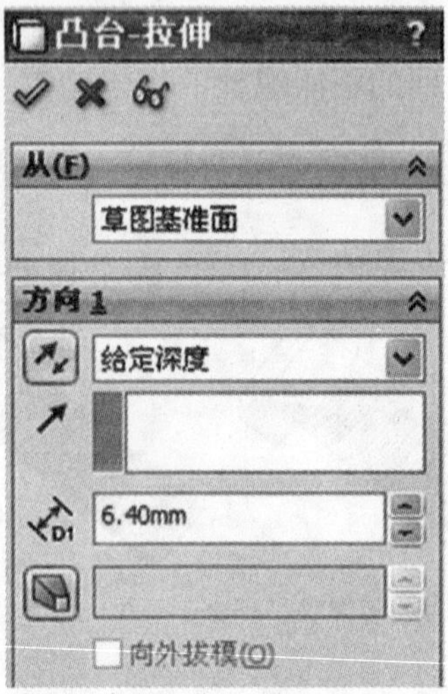

图 6－43　拉伸参数

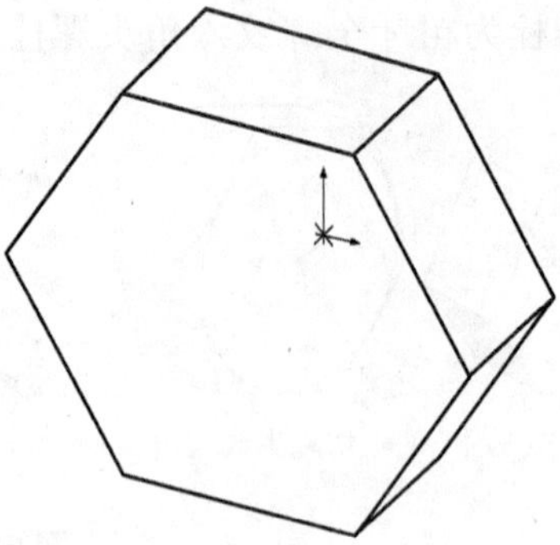

图 6－44　螺栓头的主体结构

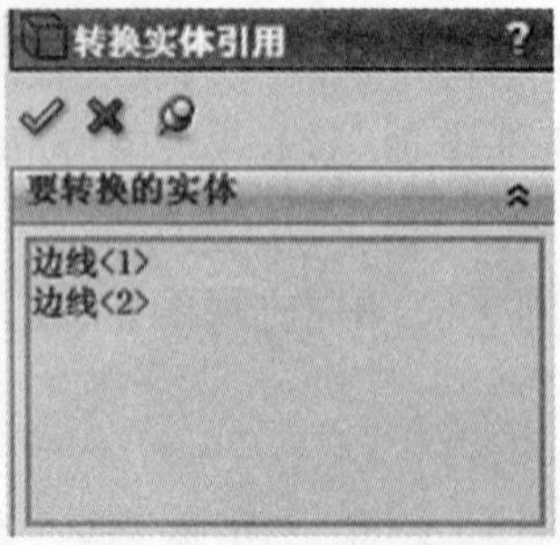

图 6－45　“转换实体引用”对话框

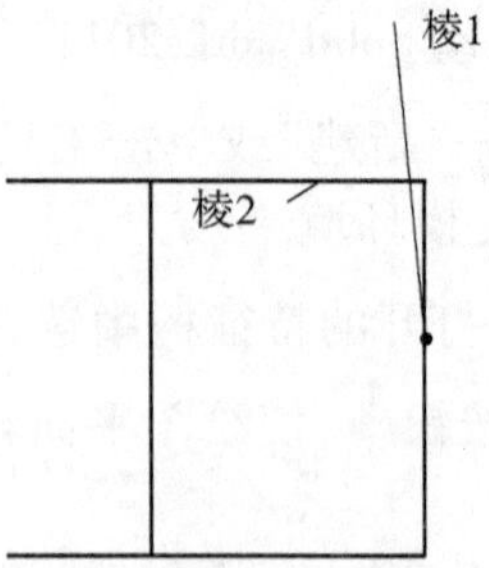

图 6－46　选择棱

(7)用“直线”命令和“中心线”命令 中心线 绘制如图 6－48 所示的图形，并标注尺寸，其中心线通过原点。

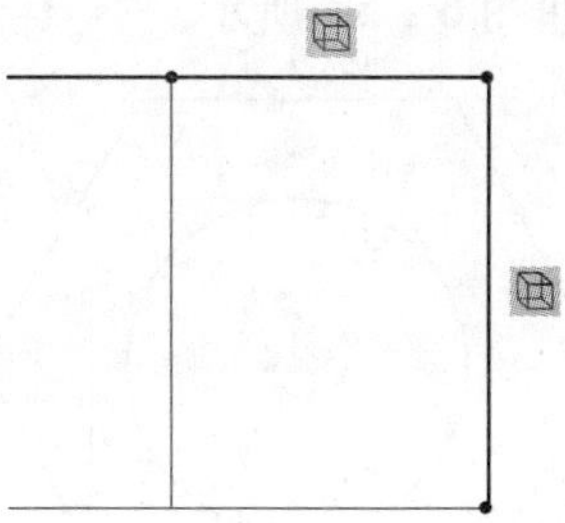

图 6－47　转化实体结果

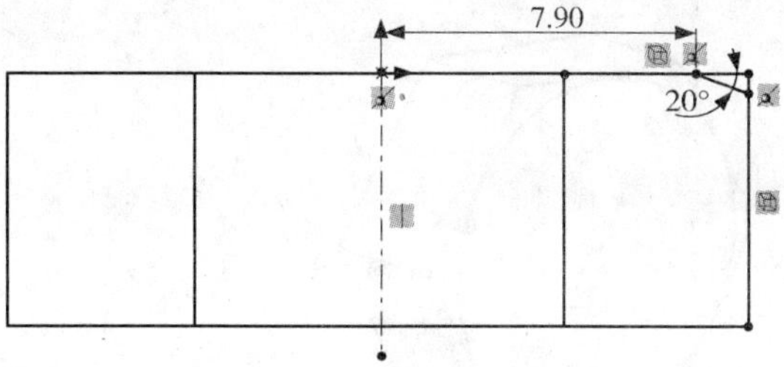

图 6－48　二维草图

（8）单击“草图”工具栏上的 剪裁实体，单击剪裁下的“剪裁到最近端”，如图 6－49 所示，光标会变成 形状，单击图中多余的线条，将其剪裁掉，剩下封闭的三角形（使得二维草图形成一个封闭的区域），如图 6－50 所示。

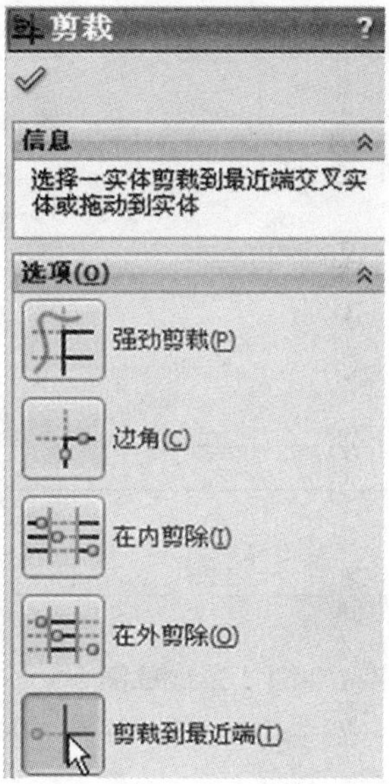

图 6－49　剪裁选项

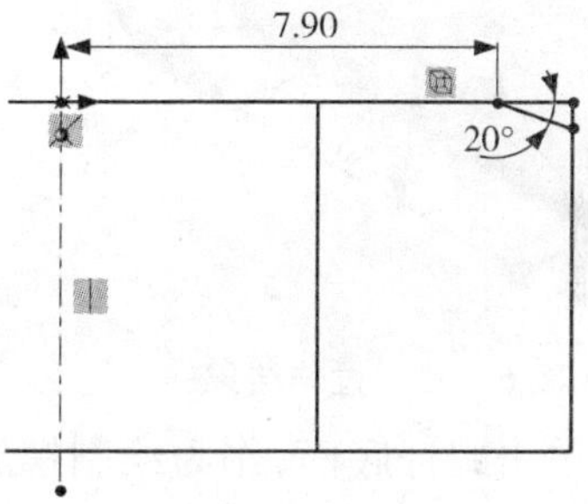

图 6－50　剪裁结果

（9）单击“特征”工具栏的 旋转切除 命令，弹出“切除－旋转”对话框，在旋转轴选项框 中选择竖直中心线，单击“确定”按钮，完成建模，结果如图 6－51 所示。

（10）单击实体的端面，单击“视图定向”工具栏中的“正视于”按钮，使绘图平面转为正视方向。单击“草图绘制”命令 草图绘制，单击“草图”工具栏上的“圆”命令，绘一个直径为 10.00mm 的圆（外螺纹大径），如图 6－52 所示。

（11）单击“特征”工具栏上的 拉伸凸台/基体，按鼠标中键，观察拉伸方向，若方向不正确，单击 给定深度 中的箭头换向，在“深度”中输入 30.00mm，单击“确定”按钮，完成拉伸特征。单击"视图定向"工具栏中的"等轴测"按钮,结果如图 6-53 所示。

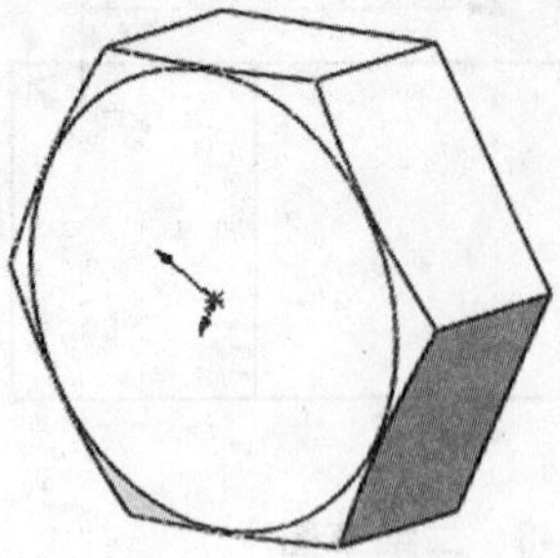

图 6-51　切除结果

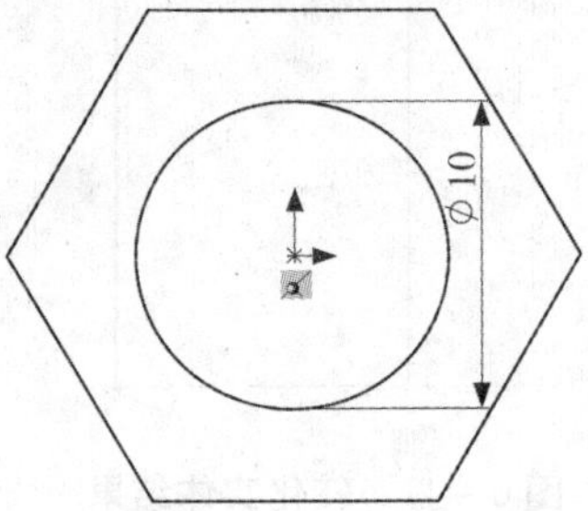

图 6-52　二维草图

(12)在打开的特征树中选择 上视基准面 作为草图平面,单击"视图定向"工具栏中的"正视于"按钮,使绘图平面转为正视方向。在螺杆下端绘制出如图 6-54 所示图形(点画线若不显示,单击"视图"—"临时轴"),其中三角形的一个顶点在实体的棱上,并标注尺寸,其中 4.19mm 为螺纹小径的一半。单击草图右上角图标,完成草图的绘制。

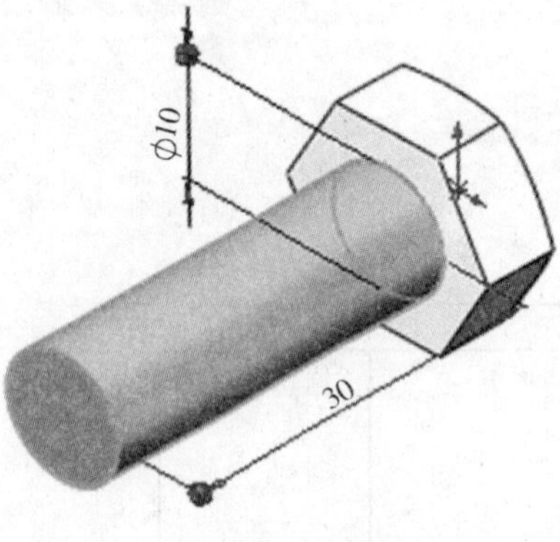

图 6-53　拉伸结果

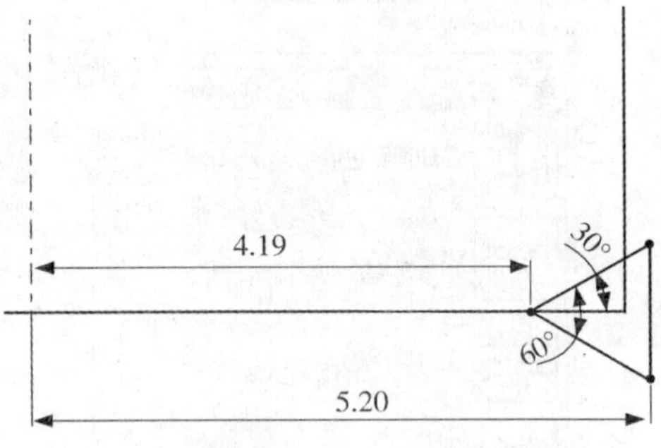

图 6-54　二维草图

(13)单击螺杆底面,作为绘制螺旋线草图的基准面,单击"视图定向"工具栏中的"正视于"按钮,使绘图平面转为正视方向。单击"草图"工具栏上的"圆"命令,绘制一直径为 6.50mm 的圆,如图 6-55 所示。

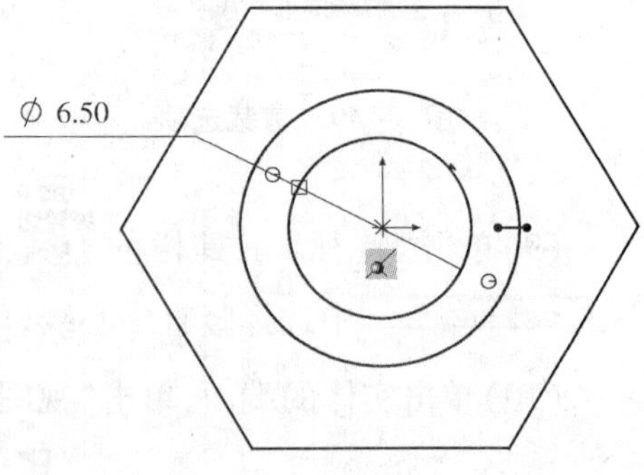

图 6-55　二维草图

(14)单击"特征"工具栏上的图标 曲线— 螺旋线/涡状线 ,弹出如图 6-56 所示对话框,单击选择图 6-55 中的圆,弹出"螺旋线/涡状线"对话框,输入如图 6-57 所示的数据,"高度和螺距"、"恒定螺距"、"30.00mm"、"1.50mm"、"☑反向(V)"、"135.00 度"、"顺时针",在输入过程中按鼠标中键旋转,看螺旋线方向是否正确。单击"确定"按钮,生成螺旋线,结果如图 6-58所示(右旋螺纹)。

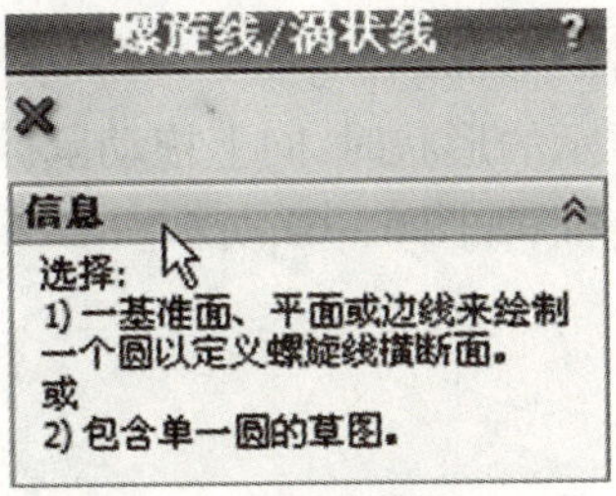

图 6－56　信息提示

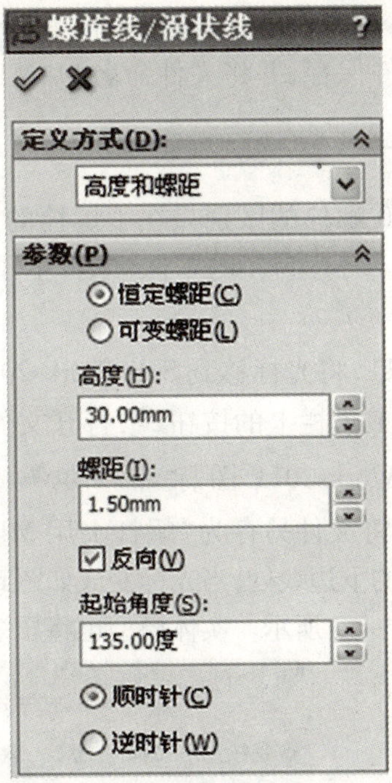

图 6－57　“螺旋线/涡状线”对话框

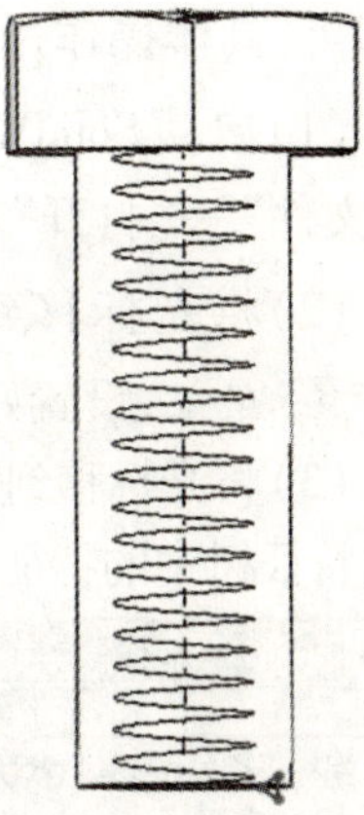

图 6－58　生成螺旋线

(15)单击“特征”工具栏上的扫描切除，弹出“切除－扫描”对话框。在“轮廓”选项框中选择图 6－54 中的二维草图，在“路径”选项框中选择图 6－58 中的螺旋线，单击“确定”按钮，新建的螺旋线就会出现在特征树中，结果如图 6－59 所示。

(16)在打开的特征树中选择右视基准面作为草图平面，单击“视图定向”工具栏中的“正视于”按钮，使绘图平面转为正视方向，单击命令绘制出如图 6－60 所示图形(点画线若不显示，单击“视图”—“临时轴”)，其中矩形的上边线与实体的棱重合。

(17)单击“特征”工具栏上的旋转切除，将临时轴作为旋转轴，按鼠标中键，观察切除方向，单击“确定”按钮，完成切除特征。单击“视图定向”工具栏中的“等轴测”按钮，结果如图 6－61 所示。

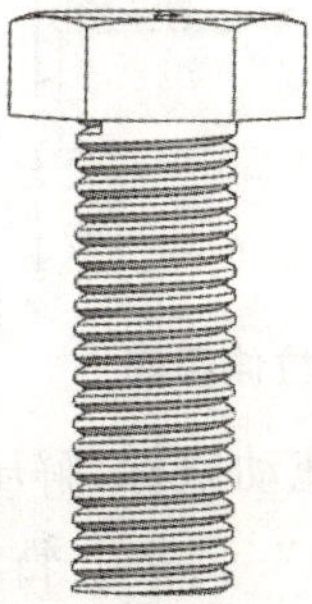

图 6－59　扫描切除生成螺纹

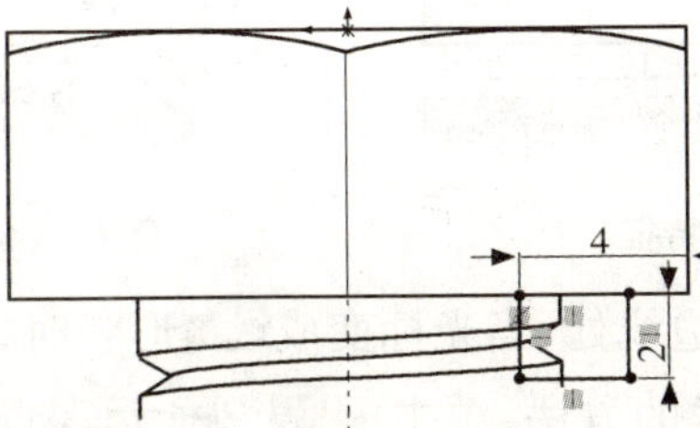

图 6－60　二维草图

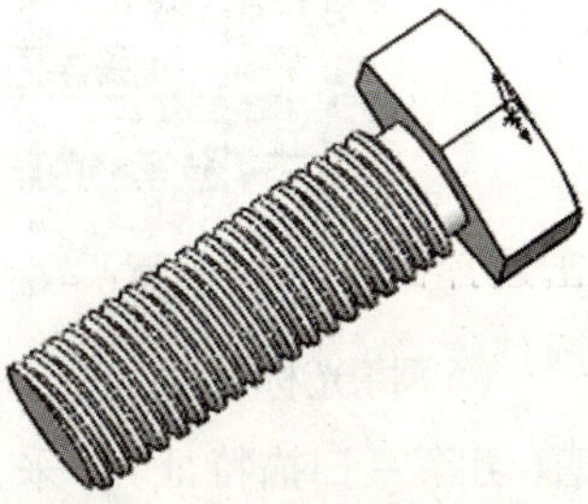

图 6－61　螺栓轴测图

(18)修改模型的颜色,编辑材质,单击“保存”命令图标或是选择菜单命令“文件”—“保存”,设置好路径,将文件保存,并将文件命名为“M10－30 螺栓. sldprt”。

6.2.2　蜗杆上用 M10－45 螺栓

此螺栓与螺栓 M10－30 螺栓的区别只在于螺栓的长度和螺纹的长度不同,不必重新建模,将螺栓“M10－30. sldprt”另存为新的零件“蜗杆上用 M10－45. sldprt”,编辑特征,进行建模即可,具体操作过程如下:

(1)启动 SolidWorks2011,将光标移到 SolidWorks2011 图标 SolidWorks 上,选择菜单命令“文件”—“打开”或单击工具栏上的按钮,打开文件“M10－30 螺栓. sldprt”。

(2)将光标移到 SolidWorks2011 图标 SolidWorks 上,选择菜单命令“文件”—图标 另存为(A)...,设置好路径,将文件另存为“蜗杆上用 M10－45 螺栓. sldprt”。

(3)将光标移到特征树的下边线处,当光标变成如图 6－62 所示的形状时,向上拖动鼠标,可压缩特征树中的特征,如图 6－63 所示。实体模型也将压缩建模特征,如图 6－64 所示。

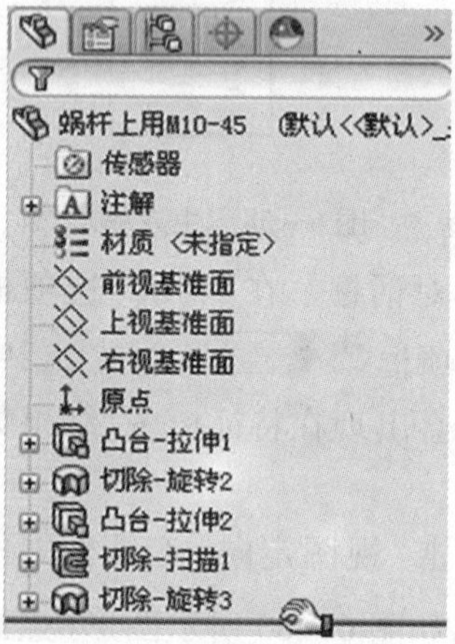

图 6－62　压缩建模特征 1

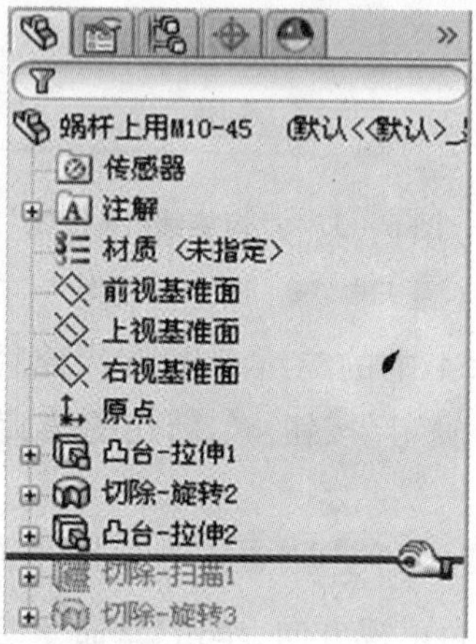

图 6－63　压缩建模特征 2

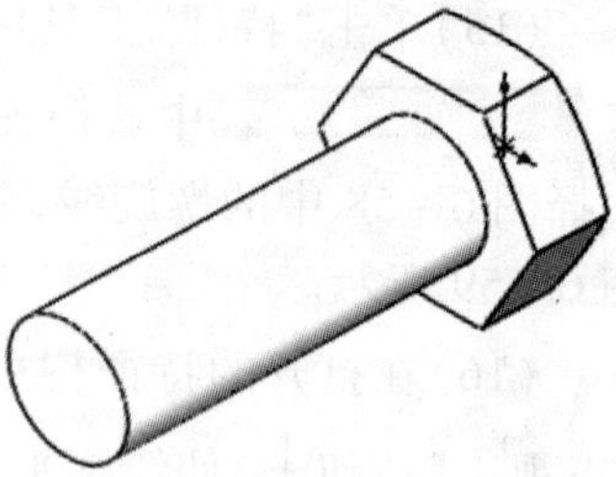

图 6－64　压缩建模特征 3

(4)右键单击图 6－63 中的 凸台-拉伸2,单击编辑特征,如图 6－65 所示,将“深度”选项值改为 45.00mm,如图 6－66 所示,单击“确定”按钮,圆柱(螺杆)变长。

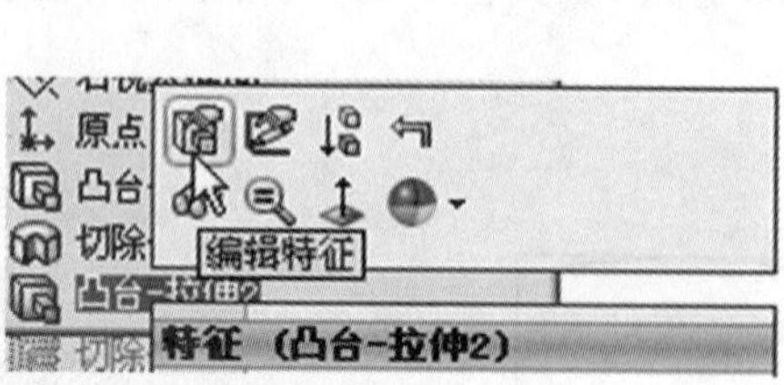

图 6－65　编辑特征

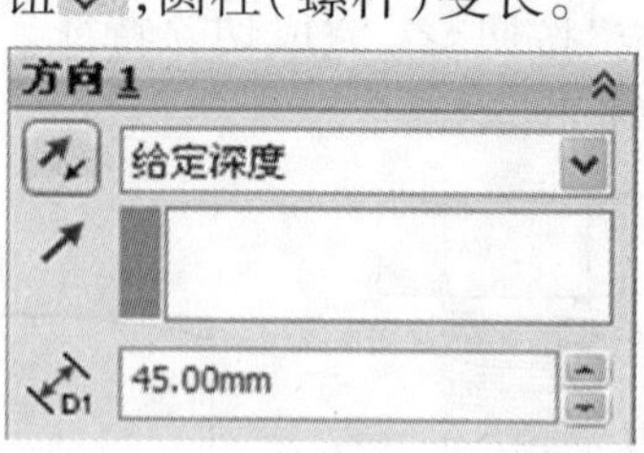

图 6－66　编辑拉伸深度

(5)将光标移到特征树的下边线处,当光标变成形状时,向下拖动鼠标,解压出螺纹槽(切除－扫描特征)。采用同样的方法,单击 切除-扫描1 前的“＋”号,展开特征,右键单击螺纹线,单击编辑特征,如图 6－67 所示,将螺纹线的长度改成 26.00mm,如图 6－68 所示,单击“确定”按钮,此螺栓上的螺纹长度就更改为 26.00mm。

图 6－67　编辑特征

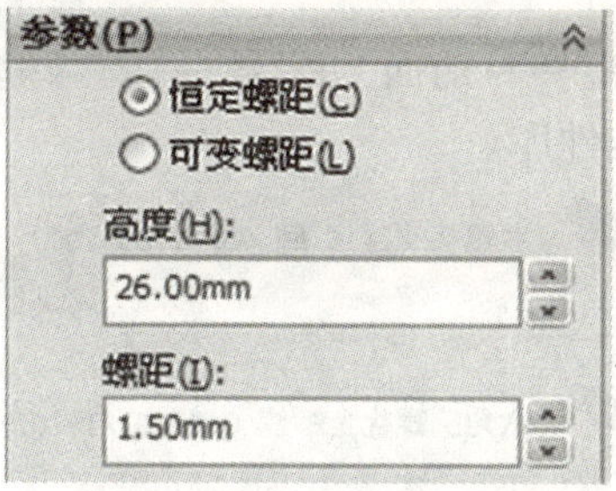

图 6－68　编辑拉伸深度

(6)将切除－旋转特征生成的退刀槽解压出来。此螺栓建模完成,结果如图 6－69 所示。

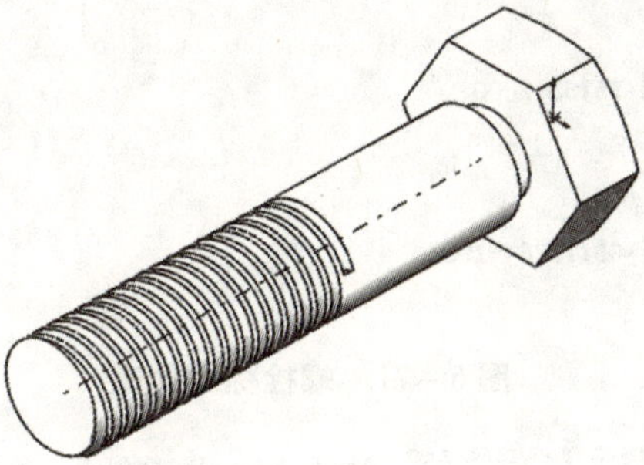

图 6－69　编辑完成的螺栓

(7)修改模型的颜色,编辑材质,单击“保存”命令图标或是选择菜单命令“文件”—“保存”,设置好路径,将文件保存,并将文件命名为“蜗杆上用 M10－45 螺栓. sldprt”。

6.2.3　M16－56 螺栓(连接上下箱体用)

利用 SolidWorks 的插件 Toolbox 快速生成螺栓,建模思路如图 6－70 所示。

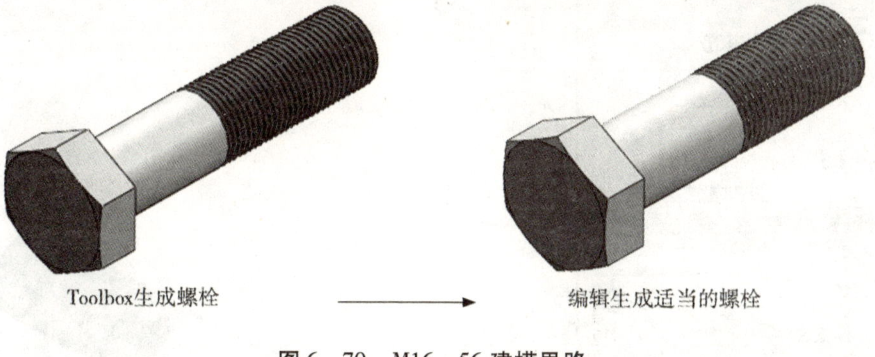

图 6－70　M16－56 建模思路

具体建模过程如下:

(1)启动 SolidWorks2011,将光标移到 SolidWorks2011 图标 SolidWorks 上,选择菜单命令“文件”—“新建”或单击工具栏上的按钮,单击“零件模板”按钮,单击“确定”按钮,进入零件建模环境。

(2)单击窗口右边设计库—Toolbox 前面“＋”号—GB 前面“＋”号—

螺栓和螺钉前面“+”号—六角头螺栓 六角头螺栓下方的“六角头螺栓”，会弹出如图 6-71 所示的螺栓标准件库。

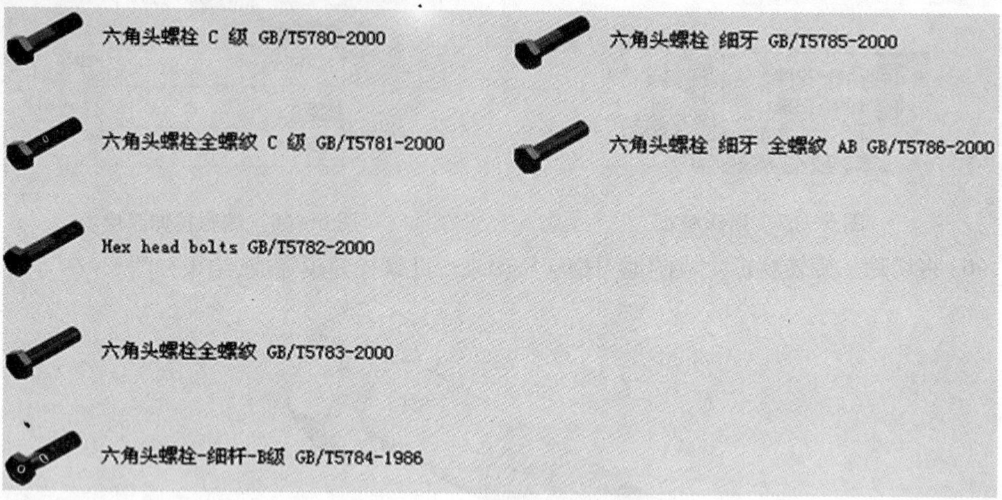

图 6-71 螺栓标准件库

(3)右键单击 六角头螺栓 C 级 GB/T5780-2000，单击“生成零件”，单击绘图窗口左边的“展开特征树”按钮，展开“六角头螺栓 C 级 GB/T 5780—2000”对话框，如图 6-72 所示，单击“确定”按钮，生成螺栓，结果如图 6-73 所示。

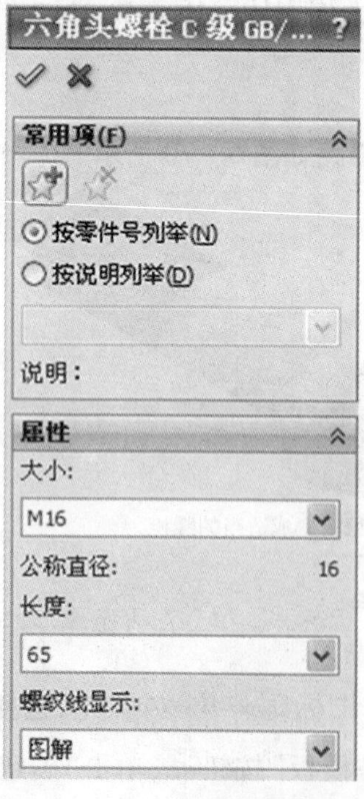

图 6-72 螺栓参数

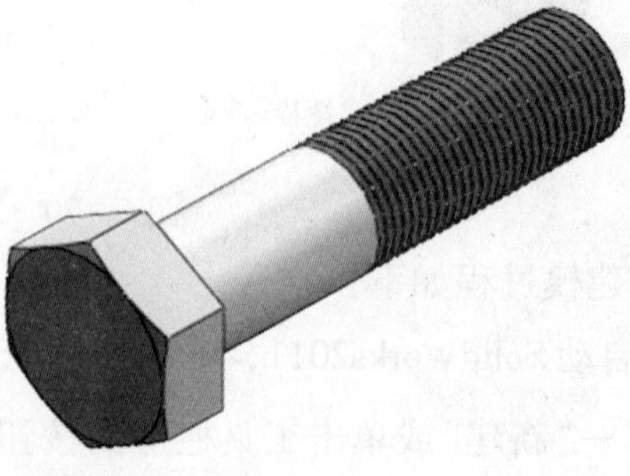

图 6-73 螺栓模型

(4)同上例，压缩特征树中的建模特征，如图 6-74 所示。一步步解压，观察生成螺栓柱的特征。右键单击 BaseBody，单击编辑特征，如图 6－75 所示，将拉伸的长度改为 56.00mm。解压缩，观察生成螺纹的特征，右键单击 LPattern10，单击“删除”，如图 6－76 所示，将阵列特征删除。单击线性阵列，将特征 Cut-Revolve10 沿螺栓轴线阵列，阵列的距离为 2.00 mm（螺纹中的螺距），阵列个数为 13（此螺栓螺纹长 26.00mm），如图 6－77 所示，单击“确定”按钮，生成螺栓。单击“视图定向”工具栏中的“等轴测”按钮，结果如图 6－78 所示。

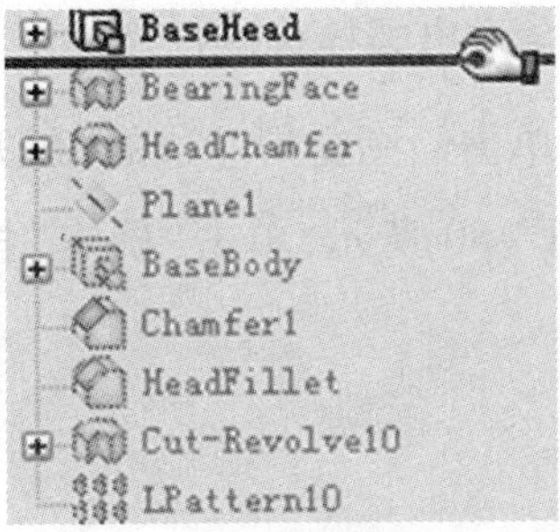

图 6－74 压缩特征

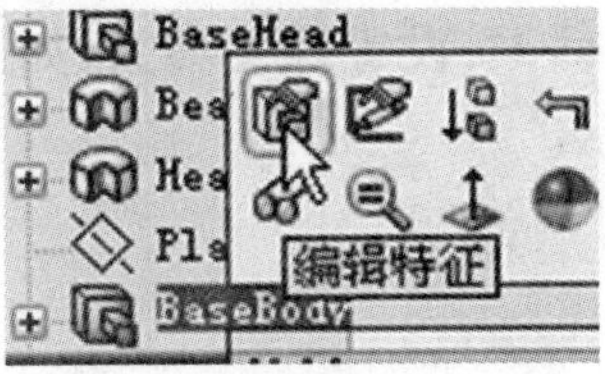

图 6－75 编辑拉伸特征

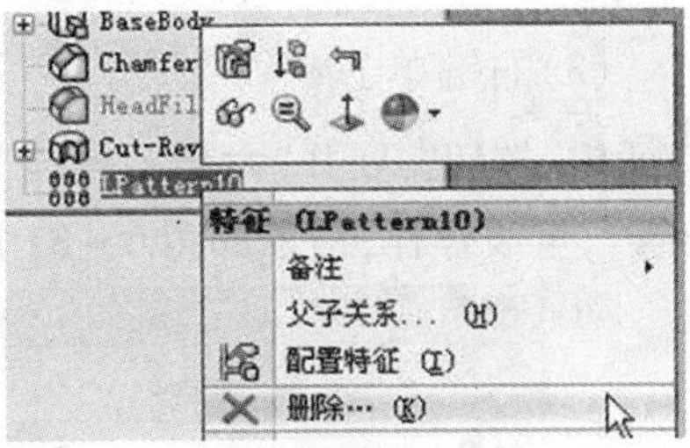

图 6－76 编辑阵列特征

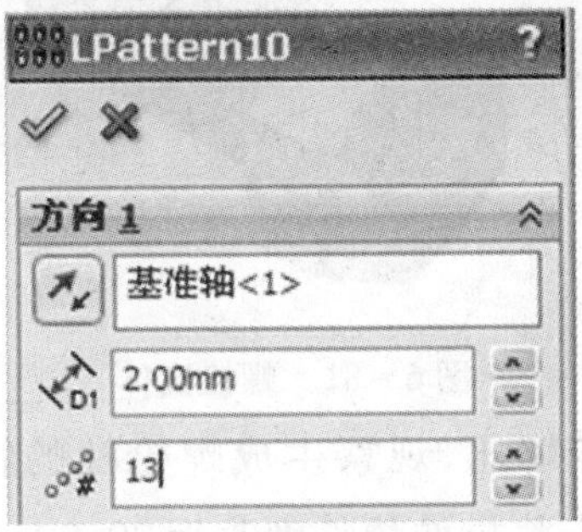

图 6－77 阵列参数

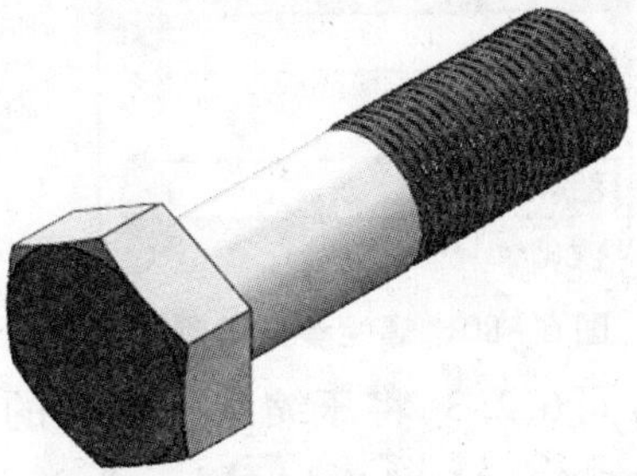

图 6－78 螺栓轴测图

（5）修改模型的颜色，编辑材质，单击“保存”命令图标或是选择菜单命令“文件”—“保存”，设置好路径，将文件保存，并将文件命名为“M16－56 螺栓（连接上下箱体用）.sldprt”。

6.2.4 油塞（M20－20）

此零件为全螺纹螺栓，利用 SolidWorks 的插件 Toolbox 快速生成螺栓，编辑后生成适当的零件，建模思路如图 6－79 所示。

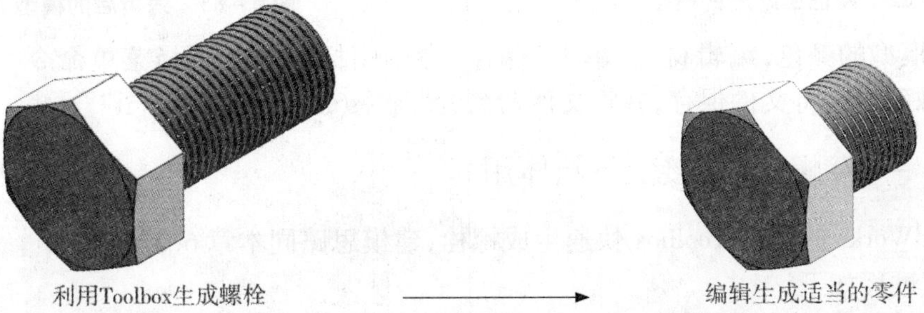

图 6－79 油塞（M20－20）的建模思路

具体建模过程如下：

(1)启动 SolidWorks2011，将光标移到 SolidWorks2011 图标 SolidWorks 上，选择菜单命令“文件”—“新建”或单击工具栏上的按钮，单击“零件模板”按钮，单击“确定”按钮，进入零件建模环境。

(2)单击窗口右边设计库—Toolbox 前面“+”号—GB 前面“+”号—螺栓和螺钉前面“+”号—六角头螺栓下方的“六角头螺栓”，会弹出螺栓标准件库。

(3)右键单击 六角头螺栓全螺纹 C 级 GB/T5781-2000，单击“生成零件”。单击绘图窗口左边的“展开特征树”按钮，展开“六角头螺栓”对话框，设置螺栓参数，如图 6-80 所示，单击“确定”按钮，生成螺栓，结果如图 6-81 所示。

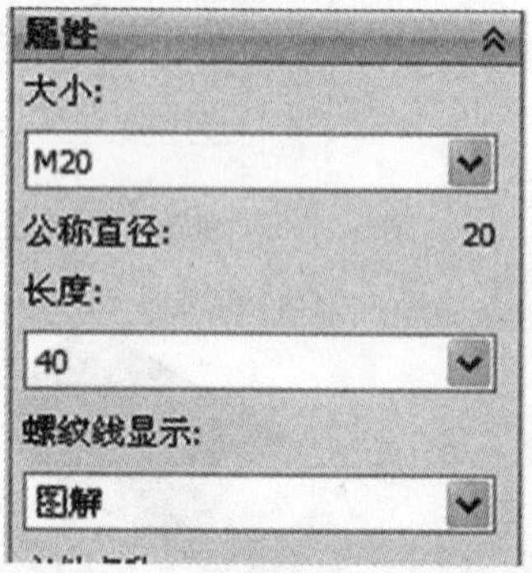

图 6-80 螺栓参数设置

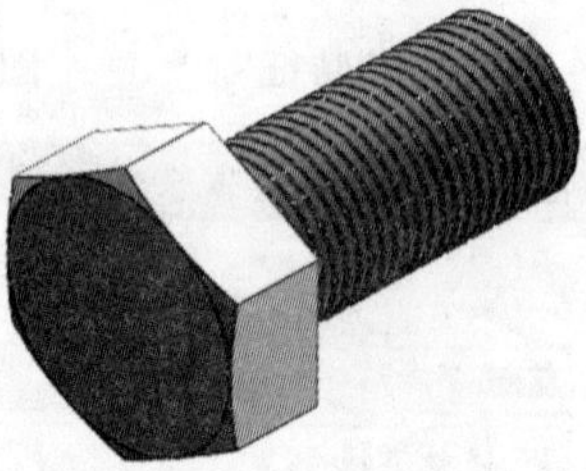

图 6-81 螺栓实体

(4)同 6.2.3，将压缩特征树中的建模特征一步步解压，观察生成螺栓柱的特征，如图 6-82所示。右键单击 BaseBody，单击编辑特征，将拉伸的长度改为 20.00mm，单击“视图定向”工具栏中的“等轴测”按钮，结果如图 6-83 所示。

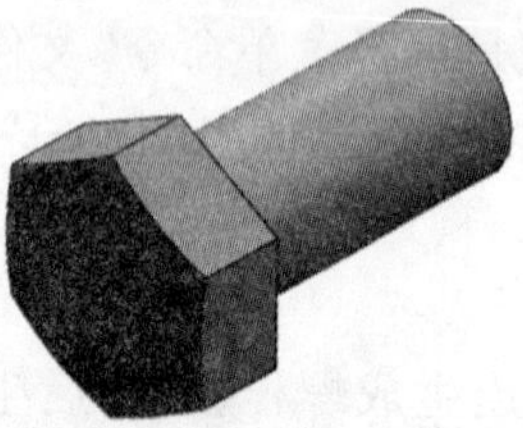

图 6-82 特征压缩后的模型

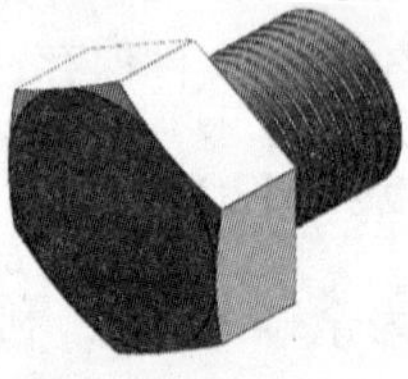

图 6-83 编辑后的模型

(5)修改模型的颜色，编辑材质，单击“保存”命令图标或是选择菜单命令“文件”—“保存”，设置好路径，将文件保存，并将文件命名为“油塞(M20-20).sldprt”。

6.2.5 M24-100 螺栓(连接上下箱体用)

利用 SolidWorks 的插件 Toolbox 快速生成螺栓，建模思路同本章 6.2.4 节。

具体建模过程如下：

(1)启动 SolidWorks2011，将光标移到 SolidWorks2011 图标 SolidWorks 上，选择菜单命

令“文件”—“新建”或单击工具栏上的按钮，单击“零件模板”按钮，单击“确定”按钮，进入零件建模环境。

(2) 单击窗口右边设计库—Toolbox 前面“+”号—GB 前面“+”号—螺栓和螺钉前面“+”号—六角头螺栓 六角头螺栓下方的“六角头螺栓”，会弹出螺栓标准件库。

(3) 右键单击六角头螺栓 C 级 GB/T5780-2000，单击“生成零件”，单击绘图窗口，此工具栏折叠。单击绘图窗口左边的“展开特征树”按钮，展开“六角头螺栓”对话框，设置相关参数，如图 6－84所示，单击“确定”按钮，生成螺栓，结果如图 6－85 所示。

(4) 同本章 6.2.3 节，将压缩特征树中的建模特征一步步解压，观察生成螺纹的特征。修改阵列的距离为 3.00mm(螺纹中的螺距)，阵列个数为 18(此螺栓螺纹长 54.00mm)，单击“确定”按钮，生成螺栓。单击“视图定向”工具栏中的“等轴测”按钮，结果如图 6－86 所示。

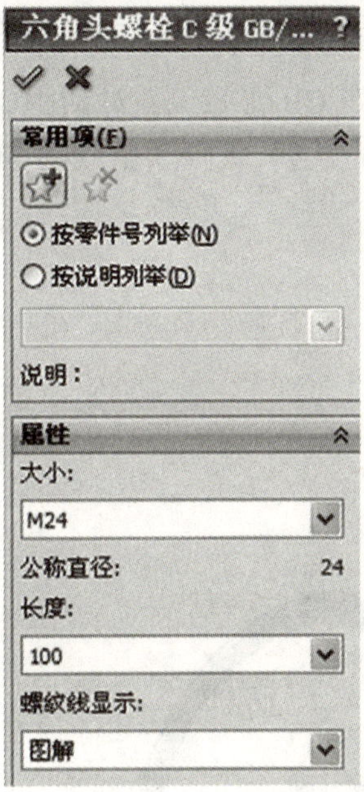

图 6－84　螺栓参数设置

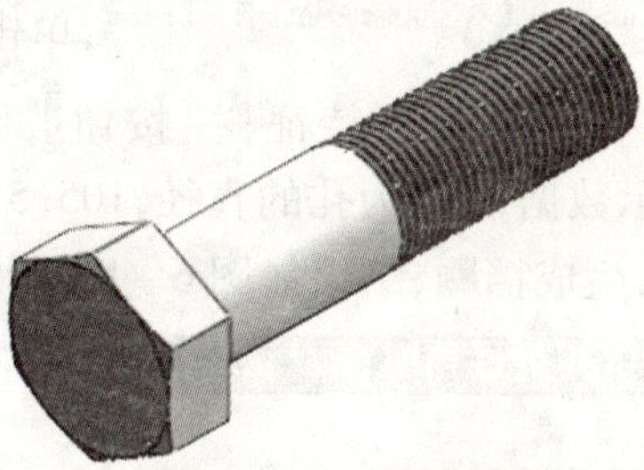

图6-85　螺栓实体

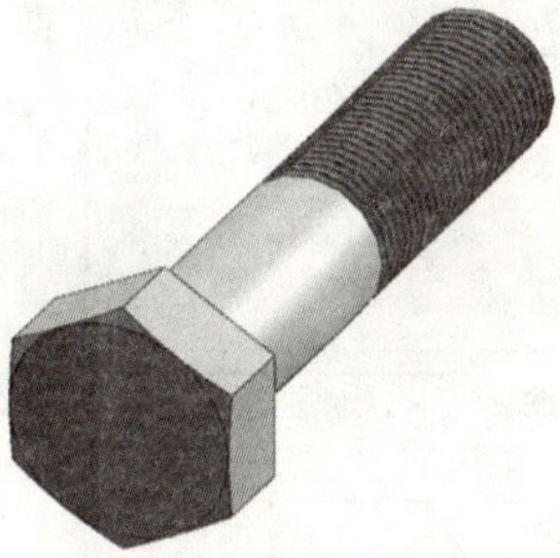

图 6－86　螺栓等轴测图

(5) 修改模型的颜色，编辑材质，单击“保存”命令图标或是选择菜单命令“文件”—“保存”，设置好路径，将文件保存，并将文件命名为“M24－100 螺栓(连接上下箱体用).sldprt”。

6.3　挡圈的设计

6.3.1　蜗杆轴上孔用弹性挡圈

挡圈为标准件，可利用 SolidWorks 的插件 Toolbox 快速生成，具体建模过程如下：

(1) 启动 SolidWorks2011，将光标移到 SolidWorks2011 图标 SolidWorks 上，选择菜单命令“文件”—“新建”或单击工具栏上的按钮，单击“零件模板”按钮，单击“确定”按钮，进入零件建模环境。

(2)单击窗口右边设计库 — Toolbox 前面“+”号— GB 前面“+”号— 垫圈和挡圈 前面“+”号— 挡圈,会弹出挡圈标准件库,如图 6-87 所示。

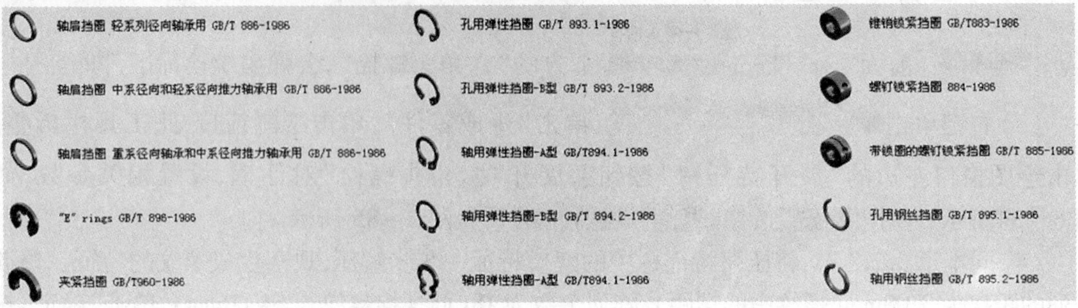

图 6-87 挡圈标准件库

(3)右键单击 孔用弹性挡圈 GB/T 893.1-1986,单击“生成零件”,单击绘图窗口,此工具栏折叠。单击绘图窗口左边的“展开特征树”按钮,展开“孔用弹性挡圈 GB/T 8...”对话框,输入如图 6-88所示数据,100 为孔的直径,105.5、93.9、2.5 为挡圈的数据,是自动生成的,单击“确定”按钮,生成挡圈,结果如图 6-89 所示。

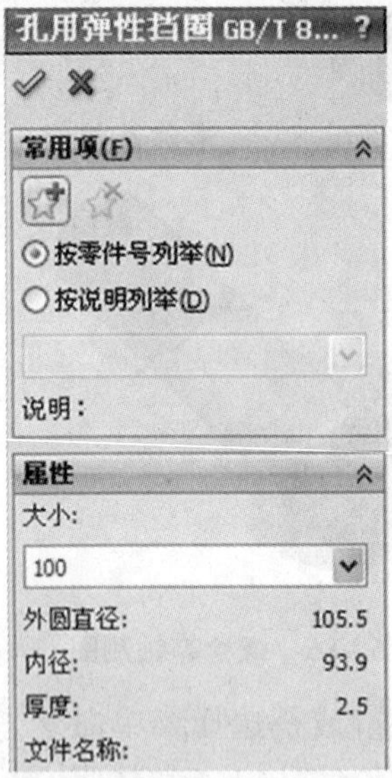

图 6-88 挡圈参数

图 6-89 挡圈实体

(4)修改模型的颜色,编辑材质,单击“保存”命令图标或是选择菜单命令“文件”—“保存”,设置好路径,将文件保存,并将文件命名为“蜗杆轴上孔用弹性挡圈.sldprt”。

6.4 其他零件的设计

6.4.1 M10 沉头螺钉(窥视孔用)

螺钉是机械设备中常用的零件,也是标准件,可利用 SolidWorks 的插件 Toolbox 快速生成，具体建模过程如下：

(1)启动 SolidWorks2011。

(2)单击窗口右边设计库—Toolbox 前面“+”号—GB 前面“+”号—螺栓和螺钉前面“+”号—凹头螺钉，会弹出螺钉标准件库，如图 6－90 所示。

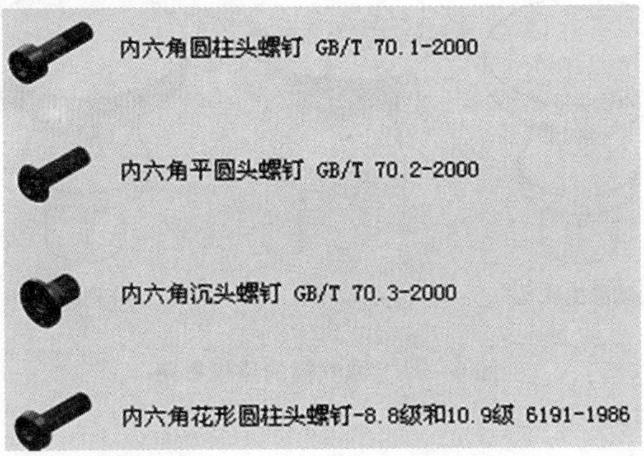

图 6－90　螺钉标准件库

(3)右键单击 内六角平圆头螺钉 GB/T 70.2-2000，单击“生成零件”，单击绘图窗口，此工具栏折叠。单击绘图窗口左边的“展开特征树”按钮，展开“内六角平圆头螺钉 GB...”对话框，输入如图 6－91 所示数据，单击“确定”按钮，生成螺钉，结果如图 6－92 所示。

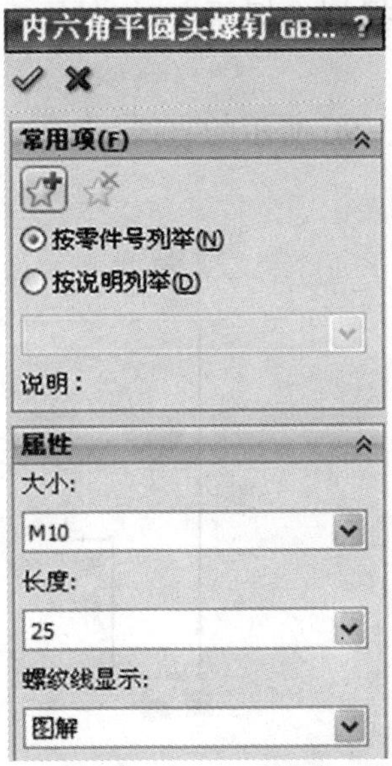

图 6－91　螺钉参数

图 6－92　螺钉实体

(4)修改模型的颜色，编辑材质，单击“保存”命令图标或是选择菜单命令“文件”—“保存”，设置好路径，将文件保存，并将文件命名为“M10 沉头螺钉(窥视孔用). sldprt”。

6.4.2 通气帽

通气帽主体结构是回转体，先旋转生成主体结构，再建立其余模型特征。建模思路如图 6－93所示。

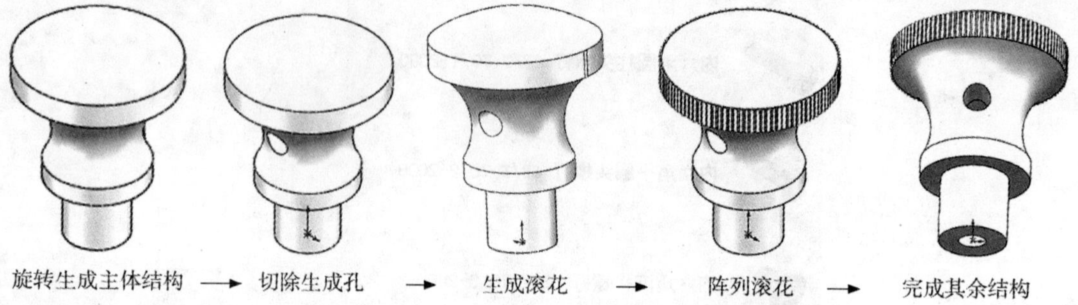

图 6－93　通气帽的建模思路

具体操作过程如下：

（1）启动 SolidWorks2011，将光标移到 SolidWorks2011 图标 SolidWorks 上，选择菜单命令“文件”—“新建”或单击工具栏上的按钮，单击“零件模板”按钮，单击“确定”按钮，进入零件建模环境。

（2）在打开的特征树中选择 前视基准面 作为草图平面，单击“视图定向”工具栏中的“正视于”按钮，使绘图平面转为正视方向。

（3）单击“草图”工具栏上的“中心线”命令，当光标捕捉到坐标原点时，如图 6－94 所示，单击，移动光标，绘制一条竖直中心线，如图 6－95 所示。

（4）单击“草图”工具栏上的“直线”命令，绘制如图 6－96 所示的直线。

图 6－94　捕捉原点

图 6－95　竖直中心线

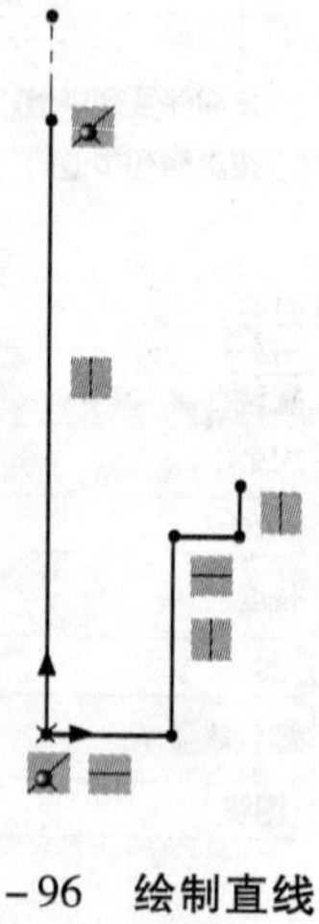

图 6－96　绘制直线

（5）单击“草图”工具栏上的“圆弧”命令下的 3 点圆弧，如图 6－97 所示，绘制如图 6－98所示的圆弧。

（6）单击“草图”工具栏上的“3 点圆弧”命令，先绘制圆弧左端点，绘图过程中要注意捕捉约束几何关系，圆弧的右端点和上个圆弧的上端点竖直对齐，如图 6－99 所示，绘制如

图 6 - 100所示的圆弧。用“直线”命令连接圆弧端点,结果如图 6 - 101所示。

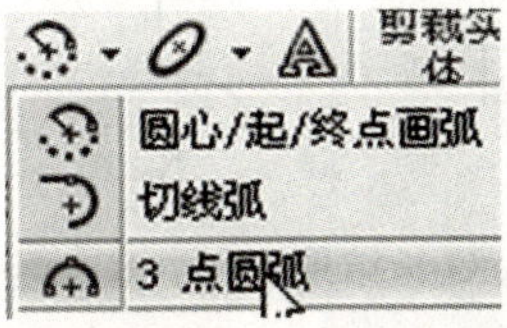

图 6 - 97　圆弧命令

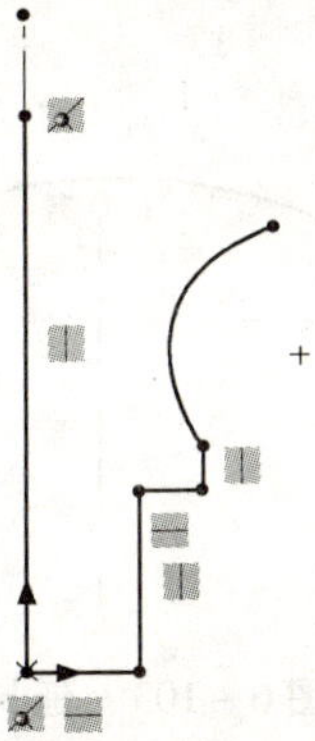

图 6 - 98　绘制圆弧

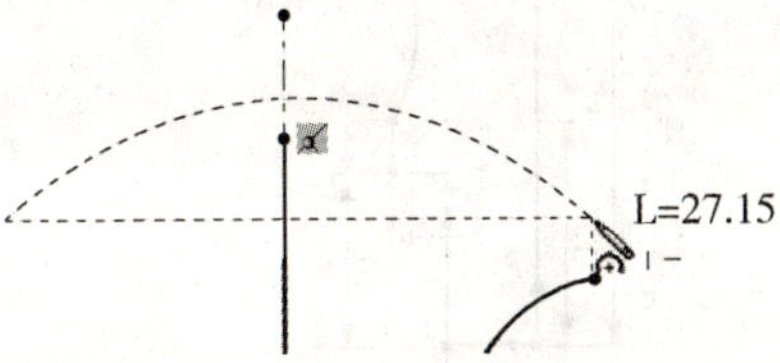

图 6 - 99　捕捉圆弧端点

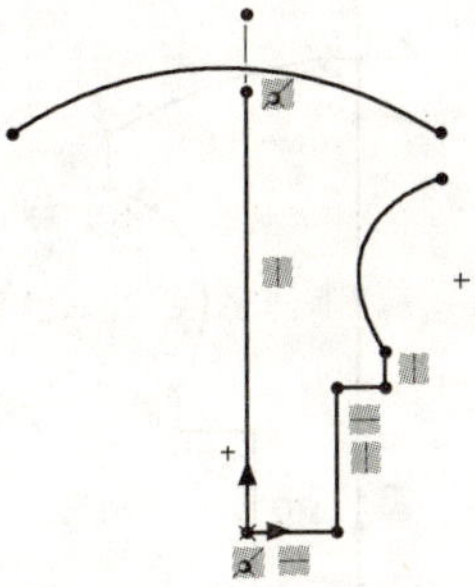

图 6 - 100　绘制圆弧

(7)按住 Ctrl 键不放,连续选择图 6 - 102 中的圆心和竖直中心线,添加图中的 重合(D) 约束几何关系,单击“确定”按钮。

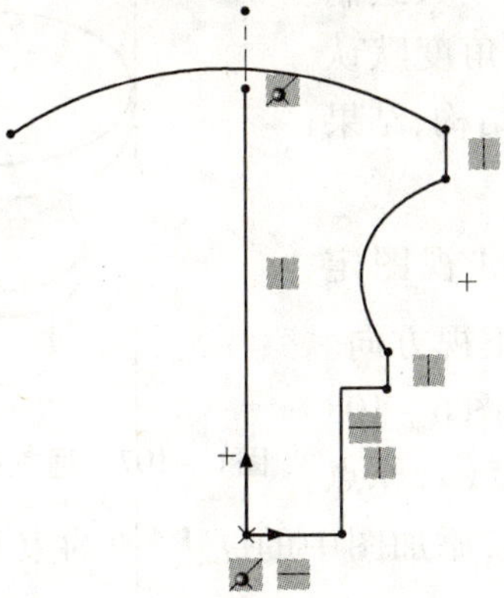

图 6 - 101　连接圆弧端点

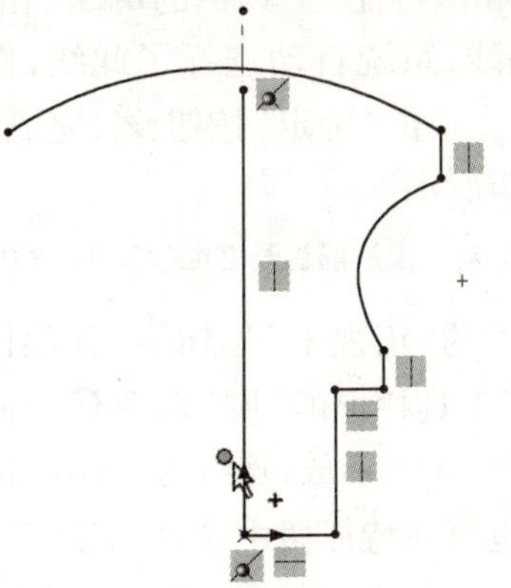

图 6 - 102　设置圆弧中心位置

(8)单击图 6 - 103 中的线端点,延长直线至如图 6 - 104 所示的位置。

(9)单击“草图”工具栏中的 剪裁实体 ,剪掉多余线条,结果如图 6 - 105 所示。

(10)单击“草图”工具栏上的 智能尺寸 ,标注如图 6 - 106 所示的尺寸(单击“视图”—“草图约束几何关系”,将草图约束几何关系隐藏),其中 13mm 为圆弧圆心到原点的距离,单击圆弧和原点即可标注。

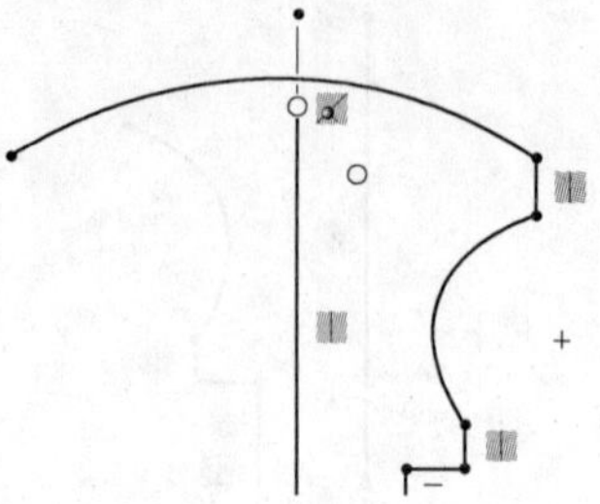

图 6 – 103　延长直线

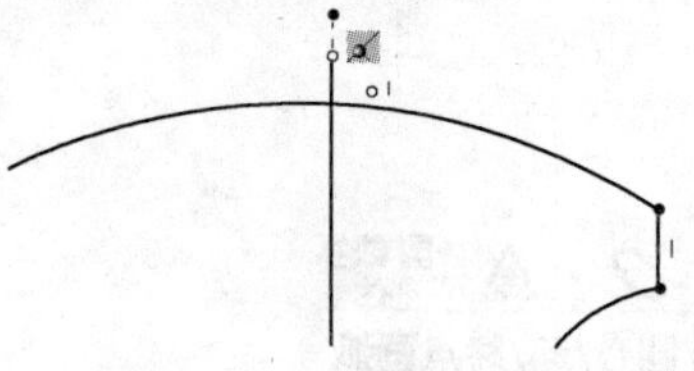

图 6 – 104　延长结果

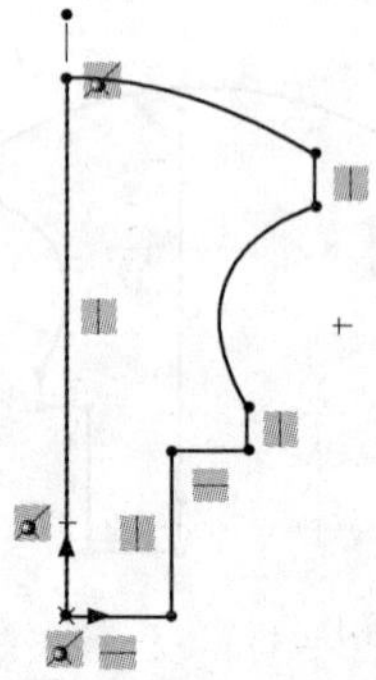

图 6 – 105　修剪结果

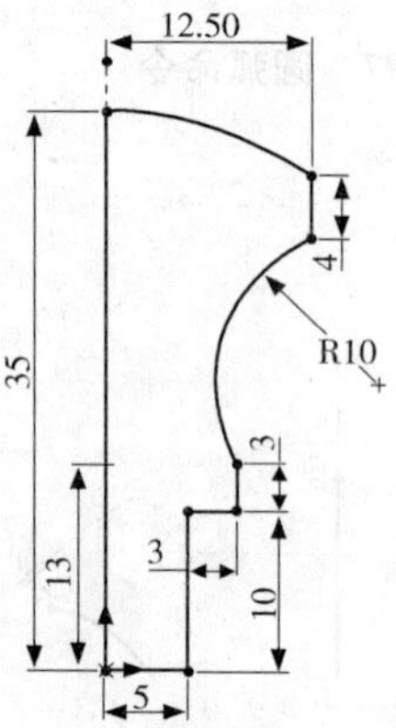

图 6 – 106　标注尺寸

(11)单击“特征”工具栏的旋转凸台/基体,由于二维图形中只绘制了一条点画线,系统自动选择了此线,作为旋转轴,角度默认值为 360 度。单击“确定”按钮,完成通气帽主体结构,结果如图 6 – 107 所示。

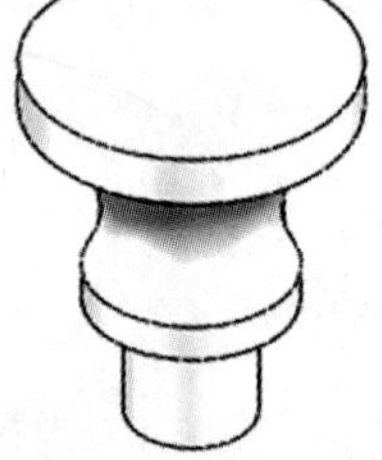

图 6 – 107　通气帽主体结构

(12)单击 前视基准面 作为草图平面,单击“视图定向”工具栏中的“正视于”按钮,使绘图平面转为正视方向。单击“草图”工具栏上的“圆”命令绘制圆,结果如图 6 – 108 所示。按住 Ctrl 键不放,连续选择图中的圆心和原点(若原点不好选择,也可在特征树中选择“原点”图标 原点),添加图中的 竖直(V) 约束几何关系,单击“确定”按钮。单击“草图”工具栏上的智能尺寸,标注尺寸,结果如图 6 – 109 所示。

(13)单击“特征”工具栏上的拉伸切除,按鼠标中键,观察切除方向,选择终止条件为两侧对称,在“深度”中输入 20.00mm,如图 6 – 110 所示,单击“确定”按钮,完成切除特征。单击“视图定向”工具栏中的“等轴测”按钮,结果如图 6 – 111 所示。

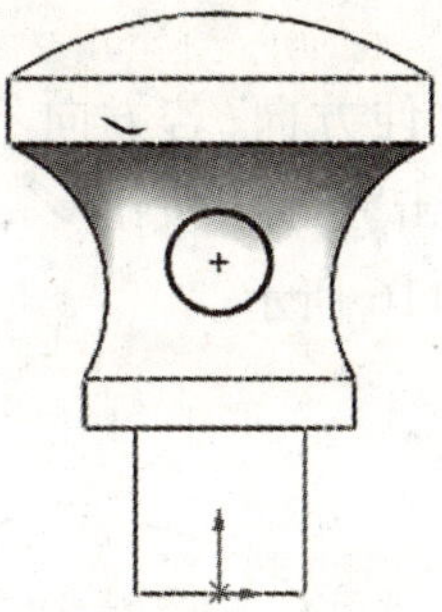

图 6－108　绘制圆

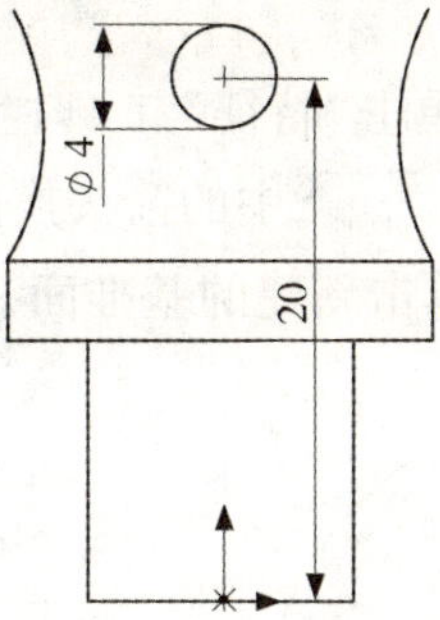

图 6－109　尺寸标注

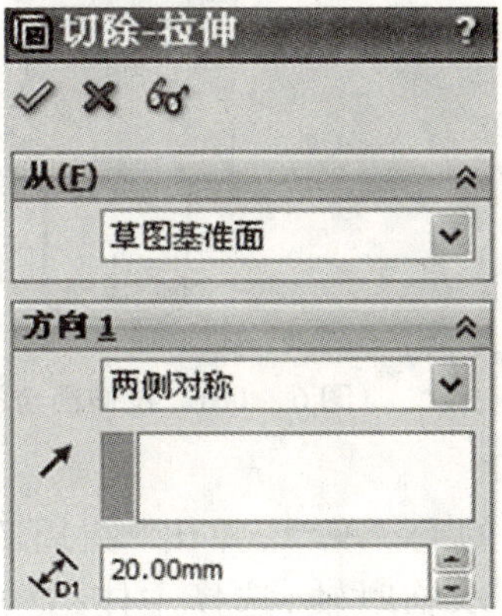

图 6－110　拉伸切除参数

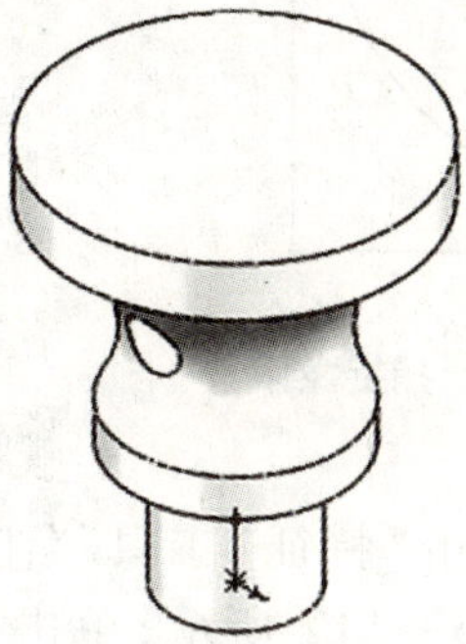

图 6－111　拉伸切除结果

(14)单击“特征”工具栏上的参考几何体下的基准面，把特征树展开，单击如图 6－112 所示的棱，作为建立基准面的第一参考，单击“确定”按钮，完成基准面的建立，结果如图 6－113所示。

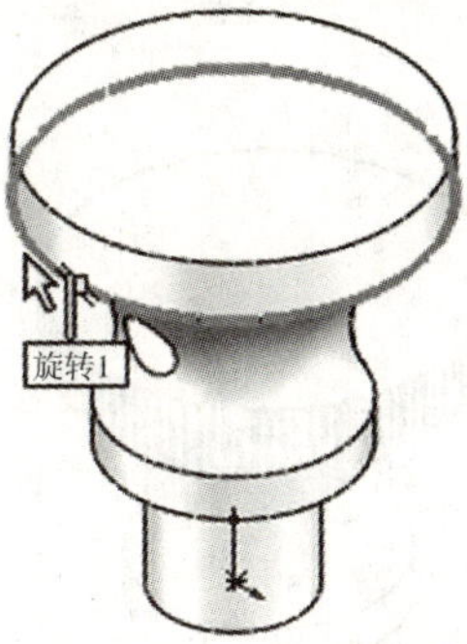

图 6－112　选择参考

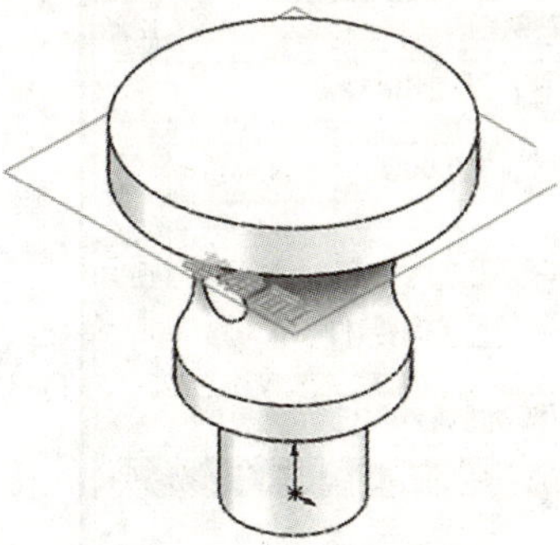

图 6－113　新建基准面

(15)单击上述新建的基准面作为草图平面，单击“视图定向”工具栏中的“正视于”按钮，使绘图平面转为正视方向。单击“草图”工具栏上的“圆”命令绘制圆，捕捉到圆的象限点，如图 6－114 所示，单击，圆心就在实体的棱上，标注好尺寸，结果如图 6－115所示。

（16）单击“特征”工具栏上的拉伸凸台/基体，按鼠标中键，观察拉伸方向，若方向不正确，单击给定深度中的箭头换向，在“深度”中输入4.00mm，单击“确定”按钮，完成拉伸特征。右键单击新建的基准面，单击将其隐藏，结果如图6－116所示。

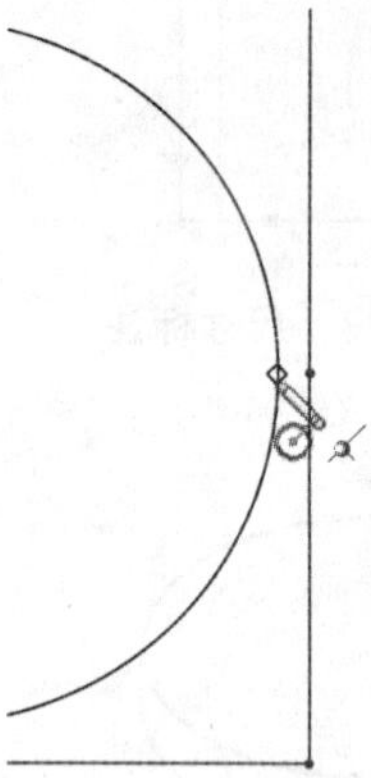

图6－114　捕捉象限点

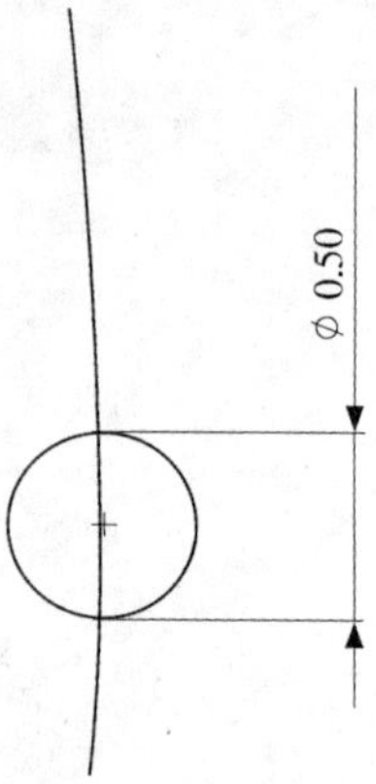

图6－115　绘制圆

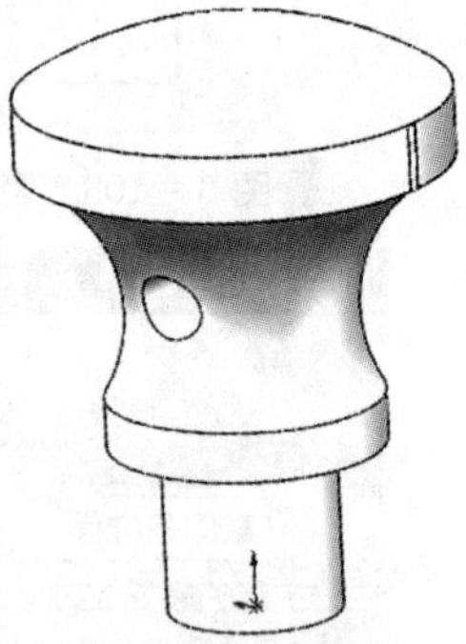

图6－116　拉伸凸台结果

（17）单击“特征”工具栏上的线性阵列的下拉列表中的圆周阵列，弹出“圆周阵列”对话框，如图6－117所示，单击“视图”—“临时轴”，显示临时轴，选择主体结构的轴线为基准轴、“等间距”、“100”，将特征树展开，选择上一步拉伸的圆柱为“要阵列的特征”，单击“确定”按钮，完成特征的阵列。单击“视图”—“临时轴”，隐藏临时轴，结果如图6－118所示。

图6－117　阵列参数

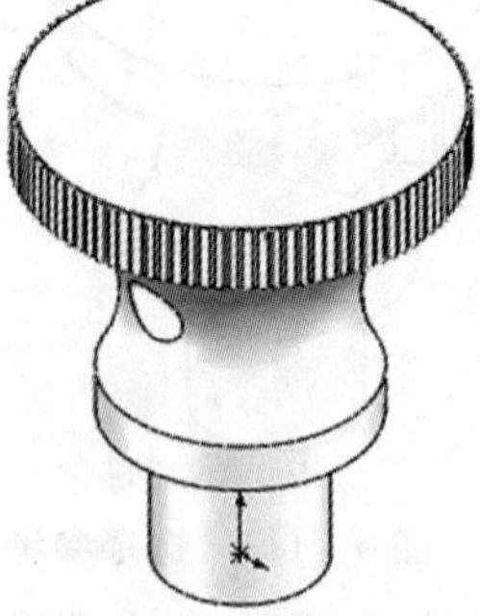

图6－118　阵列结果

（18）单击实体底面作为草图平面，单击“视图定向”工具栏中的“正视于”按钮，使绘图平面转为正视方向。单击“草图”工具栏上的“圆”命令绘制圆，捕捉到原点，单击，绘制圆,标注好尺寸,结果如图 6 - 119 所示。

(19)单击“特征”工具栏上的拉伸切除,按鼠标中键,观察拉伸方向,若方向不正确,单击给定深度中的箭头换向,在“深度”中输入 22.00mm,单击“确定”按钮✔,完成拉伸切除特征,结果如图 6 - 120 所示。

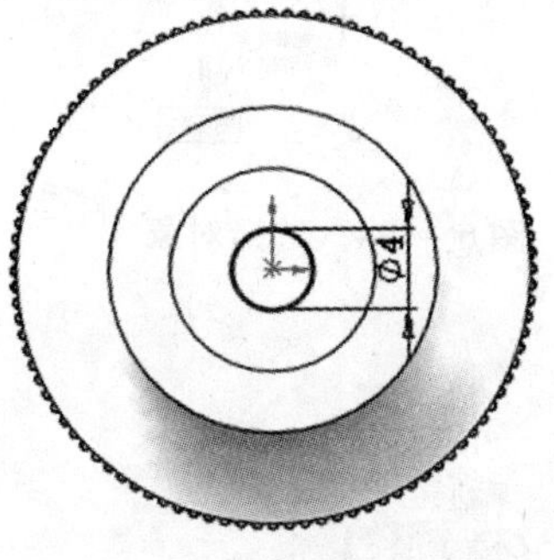

图 6 - 119 绘制圆

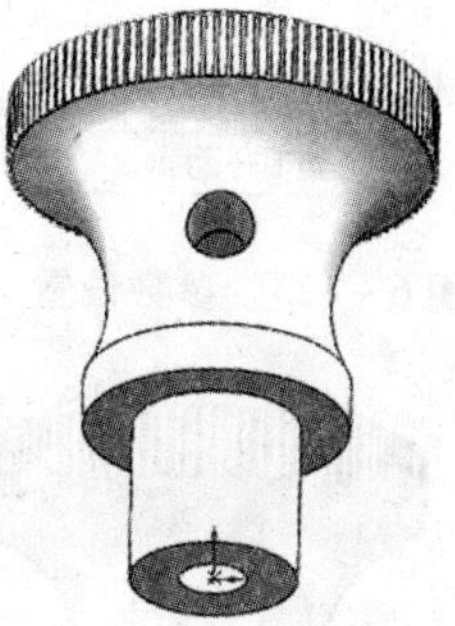

图 6 - 120 拉伸切除结果

(20)单击绘图窗口中的“剖面视图”图标,选择右视基准面为剖切面,如图 6 - 121 所示。可看到的实体内部结构,如图 6 - 122 所示。再单击绘图窗口中的“剖面视图”图标,可关闭剖视图的显示。

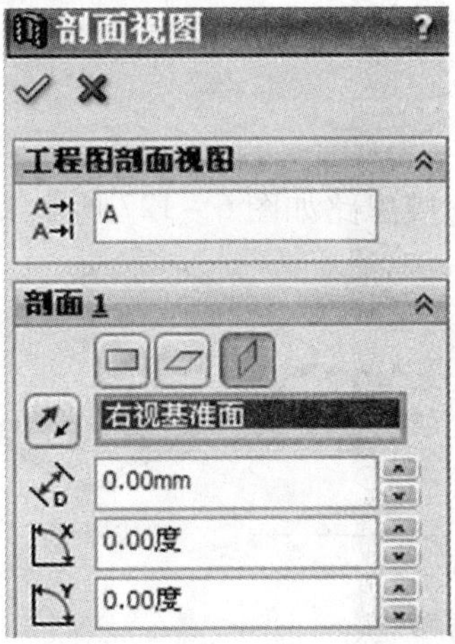

图 6 - 121 剖切面选择

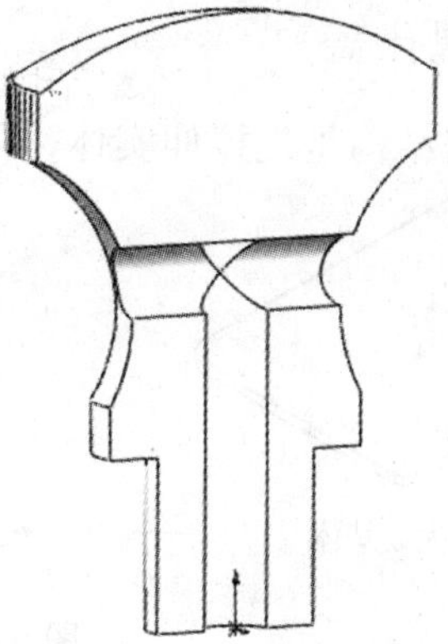

图 6 - 122 剖切结果

(21)单击“插入”—“注解”—“装饰螺纹线”,弹出“装饰螺纹线”对话框,如图 6 - 123 所示,单击实体边线,如图 6 - 124 所示,单击“确定”按钮✔,结果如图 6 - 125 所示(若不显示螺纹,右键单击特征树中的 注解 —“显示注解”)。加上螺纹线后,在特征树中展开“旋转实体”,可看到特征树中多了装饰螺纹线,如图 6 - 126 所示,若需编辑此螺纹线,单击右键即可进行编辑。

(22)修改模型的颜色,编辑材质,单击“保存”命令图标或是选择菜单命令“文件”—“保存”,设置好路径,将文件保存,并将文件命名为“通气帽. sldprt”。

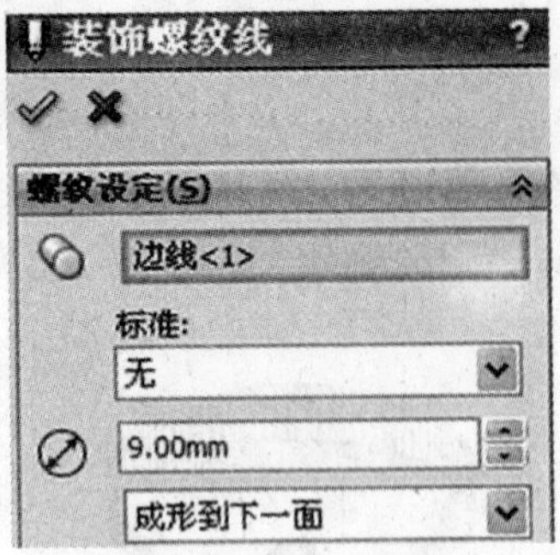

图 6－123　参数设置

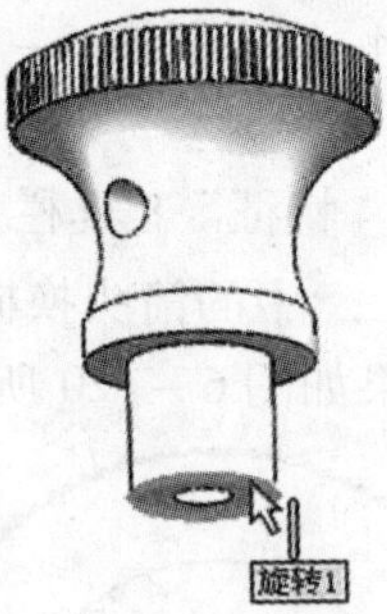

图 6－124　选择对象

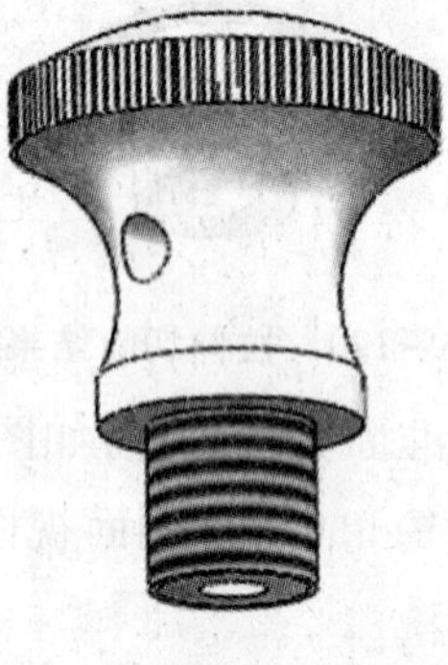

图 6－125　绘图结果

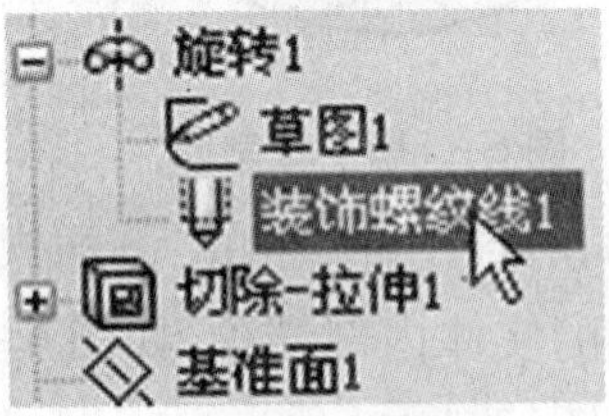

图 6－126　绘图结果

6.4.3　窥视孔盖

窥视孔盖结构是先拉伸实体，再建立其余模型特征，建模思路如图 6－127 所示。

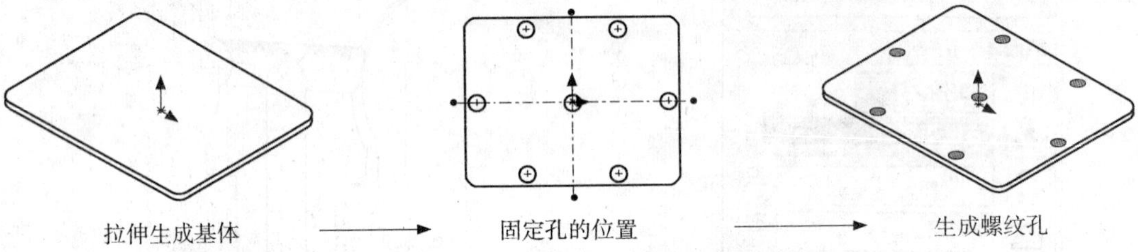

图 6－127　窥视孔盖的建模思路

具体操作过程如下：

（1）启动 SolidWorks2011，将光标移到 SolidWorks2011 图标 SolidWorks 上，选择菜单命令“文件”—“新建”或单击工具栏上的按钮，单击“零件模板”按钮，单击“确定”按钮，进入零件建模环境。

（2）在打开的特征树中选择 上视基准面 作为草图平面，单击“视图定向”工具栏中的“正视于”按钮，使绘图平面转为正视方向。

（3）单击“草图”工具栏上的“矩形”命令的下拉箭头，单击 中心矩形，当光标捕捉到坐标原点时，单击，移动光标，绘制一个中心在原点的矩形，如图 6－128 所示。

（4）单击“草图”工具栏上的“绘制圆角”命令，在“圆角半径”框中输入 10.00mm 即

10.00mm，单击要倒圆角的边。单击“草图”工具栏上的智能尺寸，标注尺寸，如图 6－129 所示（隐藏了草图约束几何关系）。

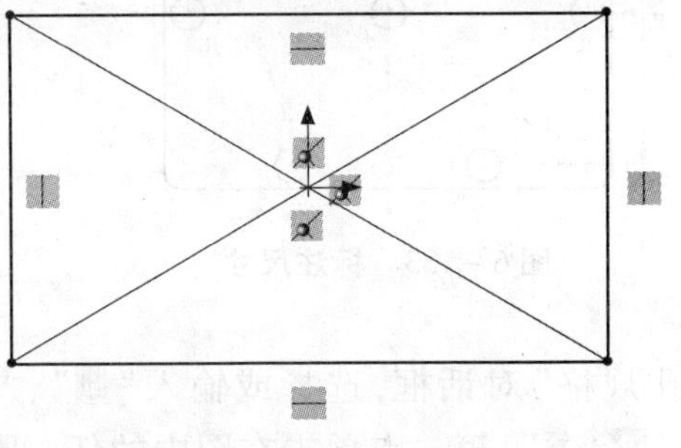

图 6－128　绘制中心矩形

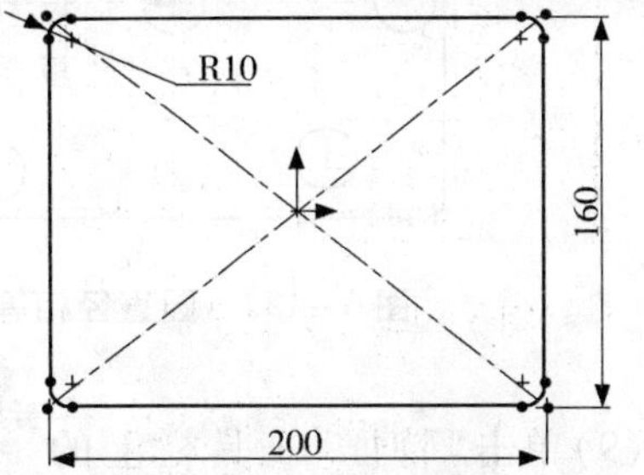

图 6－129　尺寸标注

（5）单击“特征”工具栏的拉伸凸台/基体，“拉深深度”框中输入 6，单击“确定”按钮，完成拉伸特征，结果如图 6－130 所示。

（6）单击实体表面，单击“视图定向”工具栏中的“正视于”按钮，使绘图平面转为正视方向。单击中心线，绘制水平和竖直两条中心线，且这两条中心线通过原点。单击“草图”工具栏上的“圆”命令，绘制如图 6－131 所示的 7 个圆。

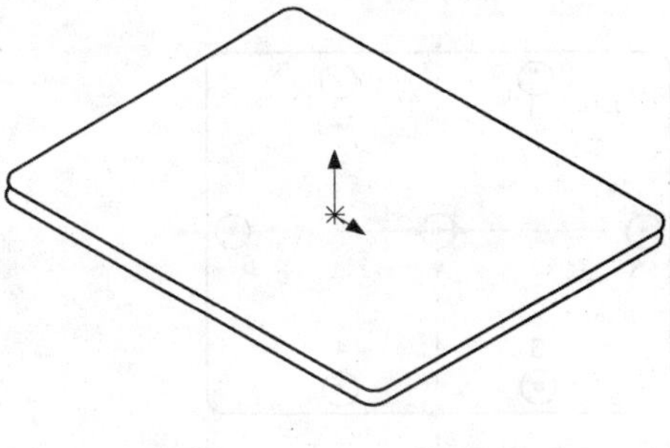

图 6－130　拉伸生成的实体

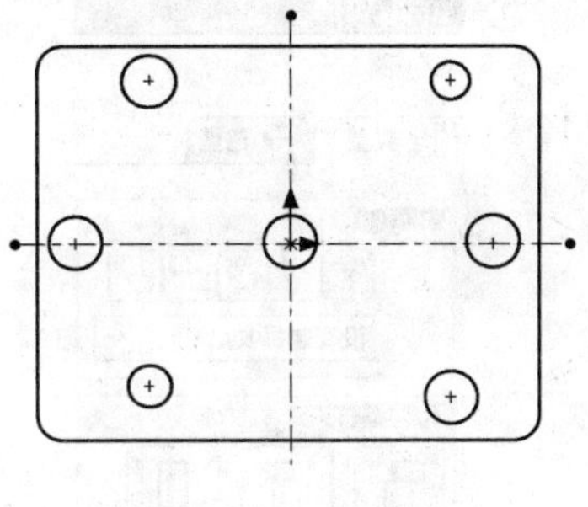

图 6－131　绘制圆

（7）在绘图区单击一点，按住鼠标左键拖动一个矩形框，此矩形框包含上述 7 个圆，如图 6－132所示，用框选的方式同时选中 7 个圆（中心线除外，也可以按住 Ctrl 键，连续选择），会弹出属性窗口，添加约束几何关系中的相等(Q)，单击“确定”按钮。

（8）按住 Ctrl 键，连续选择圆 1 和圆 2 的圆心，会弹出属性窗口，添加水平(H)约束几何关系，单击“确定”按钮。采用同样方法，将圆 3 和圆 4 的圆心添加上水平(H)约束几何关系。按住 Ctrl 键，连续选择圆 1 和圆 3 的圆心、水平中心线，将圆 1 和圆 3 的圆心添加上关于水平中心线的对称(S)约束几何关系。采用同样的方法，将圆 1 和圆 2 的圆心再添加上关于竖直中心线的对称(S)约束几何关系，将圆 5 和圆 6 的圆心再添加上关于竖直中心线的对称(S)约束几何关系。标注尺寸如图 6－133 所示，单击“确定”按钮。单击“完成草图”命令，完成草图绘制。

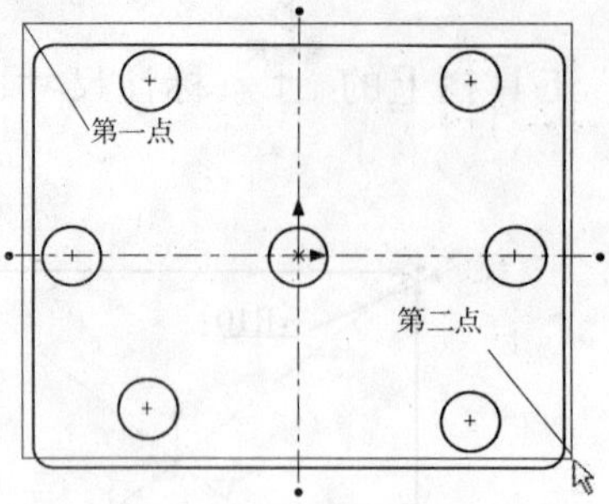

图 6－132　圆直径相等

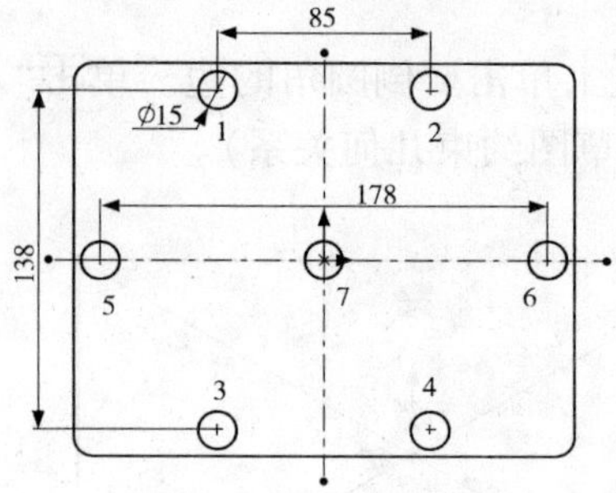

图 6－133　标注尺寸

(9)单击“特征”工具栏上的异型孔向导，弹出“孔规格”对话框，选择或输入“ ”、“GB”、“M10”、“完全贯穿”等，如图 6－134所示。单击“位置”，第一点单击在图中的任一圆心附近，其余点单击在圆心处，如图 6－135 所示，单击“确定”按钮，7 个螺纹孔绘制完成。

(10)单击螺纹孔特征下的孔位置草图，单击右键，编辑草图，按住 Ctrl 键，单击位置不在圆心的螺纹孔的位置点与相应的圆后，添加同心(N)约束几何关系。

(11)右键单击特征树中的孔位置草图，将其隐藏，完成窥视孔盖的实体建模，结果如图 6－136所示。

(12)修改模型的颜色，编辑材质，单击“保存”命令图标或是选择菜单命令“文件”—“保存”，设置好路径，将文件保存，并将文件命名为“窥视孔盖. sldprt”。

图 6－134　螺纹孔参数设置

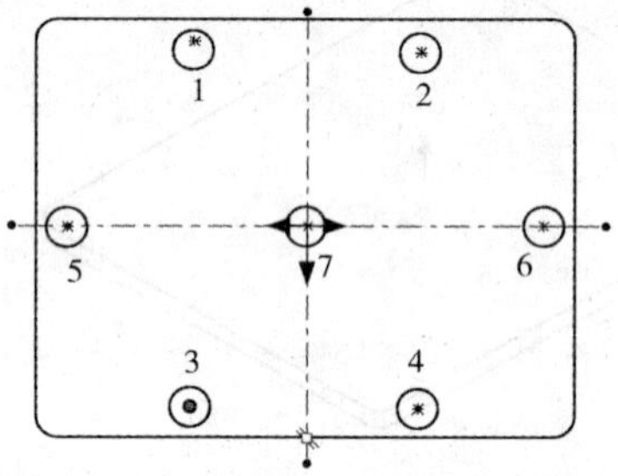

图 6－135　孔位置草图

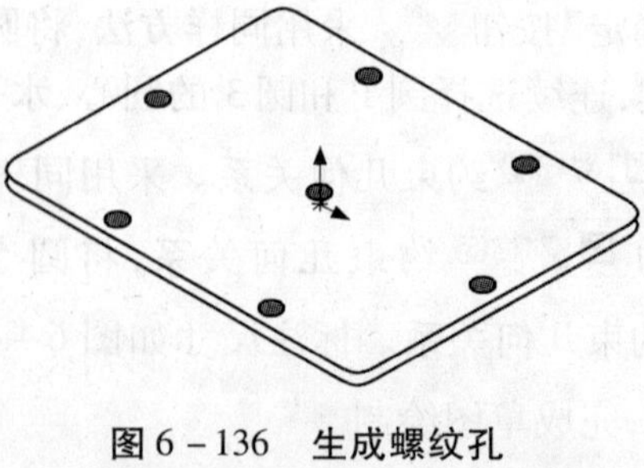

图 6－136　生成螺纹孔

第 7 章　上箱体

箱体类零件是机械设计中常见的一类零件，它一方面作为轴系零部件的载体，另一方面保护了箱体内的零件。上箱体的建模思路如图 7－1 所示。

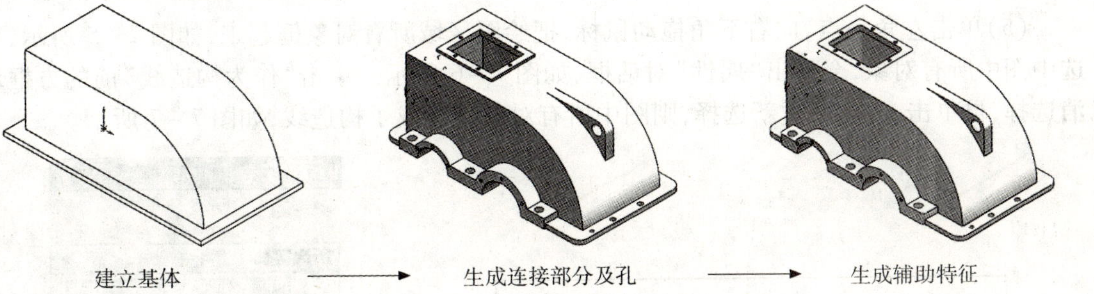

图 7－1　上箱体的建模思路

7.1　初步轮廓的绘制

7.1.1　生成上箱实体

(1)启动 SolidWorks2011，将光标移到 SolidWorks2011 图标 SolidWorks 上，选择菜单命令“文件”—“新建”或单击工具栏上的按钮，单击“零件模板”按钮，单击“确定”按钮，进入零件建模环境。

(2)在打开的特征树中选择 前视基准面 作为草图平面，单击“视图定向”工具栏中的“正视于”按钮，使绘图平面转为正视方向。

(3)单击“草图”工具栏，单击“草图绘制”命令 草图绘制，单击“草图”工具栏上的“中心线”命令 中心线，在绘图区域绘制如图 7－2 所示的中心线，并标注尺寸。其中，一条竖直中心线和水平中心线均通过原点。

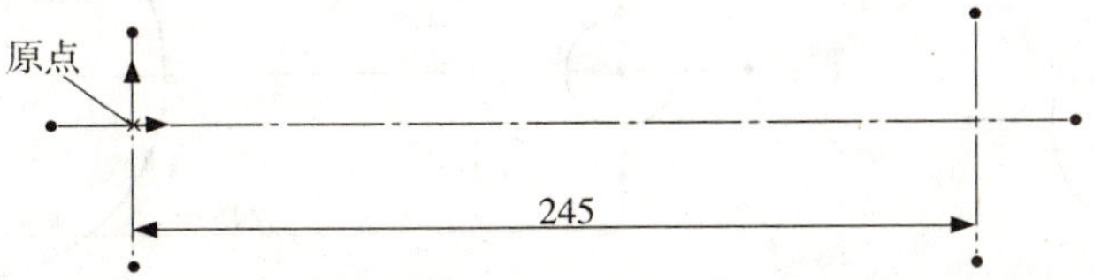

图 7－2　绘制中心线

(4)单击“草图”工具栏上的“圆”命令，当光标捕捉到坐标原点时，单击，绘制一个圆心在坐标原点的圆。移动光标，当光标变成如图 7－3 所示的交点形状时单击(若捕捉不到交点，向上滚动鼠标中键，放大图形)，绘制一个圆心在交点处的圆，如图 7－4 所示。

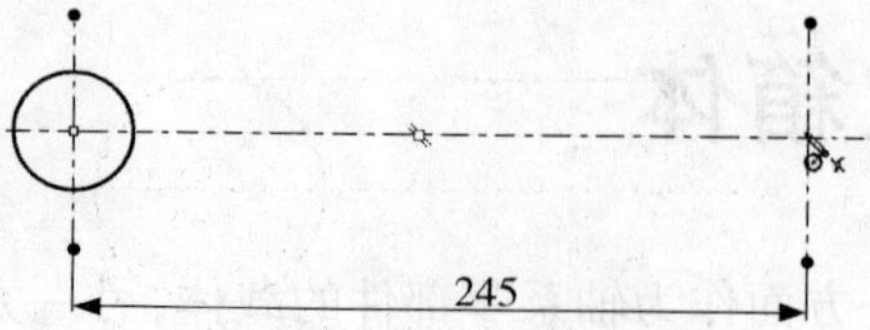

图 7－3　捕捉交点

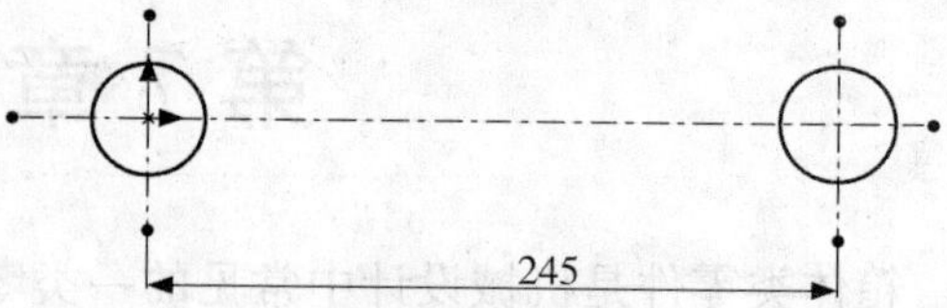

图 7－4　绘制圆

（5）单击左角一点，向右下角拖动鼠标，把绘图区域所有对象框起来，如图 7－5 所示，可选中图中所有对象，会弹出“属性”对话框，如图 7－6 所示。单击“作为构造线”前的方框取消选择，再单击一次，可重新选择，则图中所有对象转换成了构造线，如图 7－7 所示。

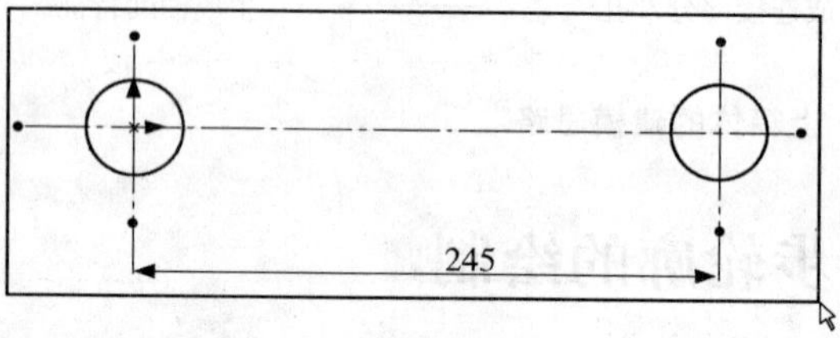

图 7－5　框选对象

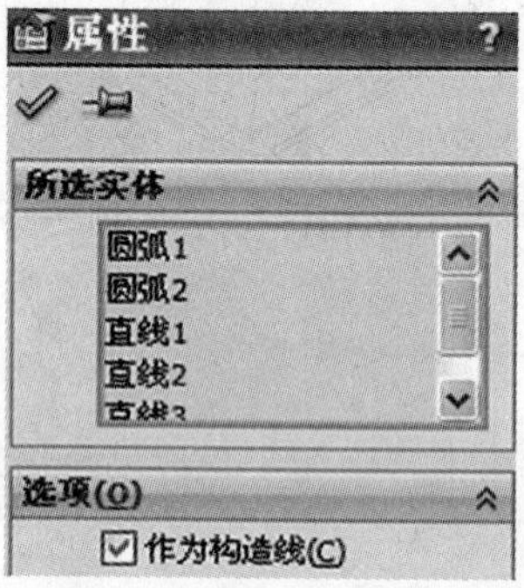

图 7－6　“属性”对话框

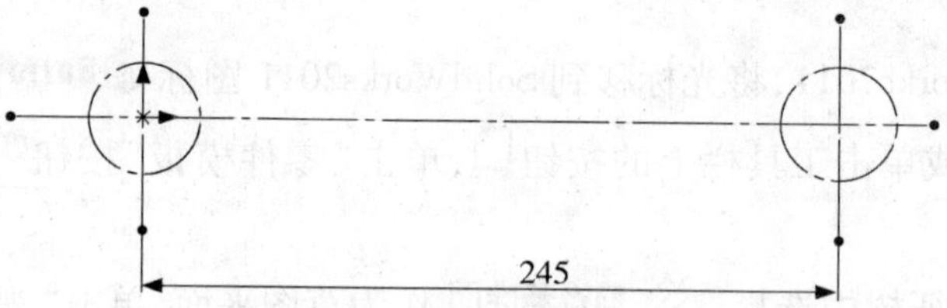

图 7－7　转换为构造线

（6）单击“草图”工具栏上的“圆”命令，捕捉到右边圆的圆心，如图 7－8 所示，单击，绘制一个圆，与右边圆同心，如图 7－9 所示。

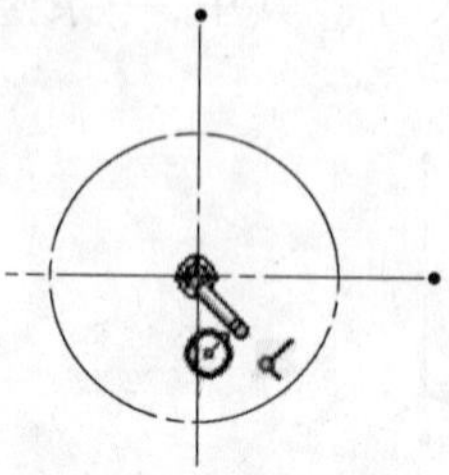

图 7－8　捕捉圆心

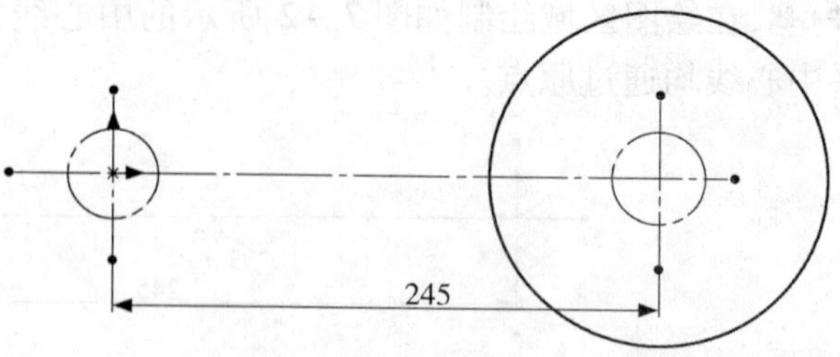

图 7－9　绘制同心圆

（7）单击“草图”工具栏上的“直线”命令，捕捉圆的象限点，如图 7－10 所示，单击，在绘图区域绘制如图 7－11 所示的直线（中心线的长短可通过拖动线的端点来调整）。

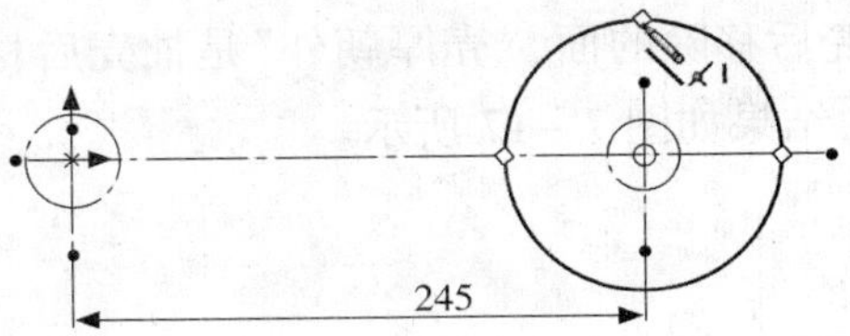

图 7－10　捕捉象限点

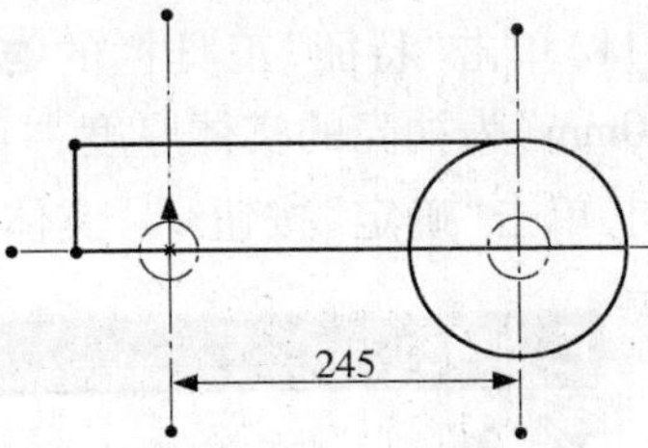

图 7－11　绘制二维图形

（8）单击“草图”工具栏上的

，单击

（若默认是这个选项，则不需单击），修剪去多余的线条，结果如图 7－12 所示。

（9）单击“草图”工具栏上的

，标注图形尺寸，如图 7－13 所示。至此，图中的实线均为黑色，表示二维草图完全约束。

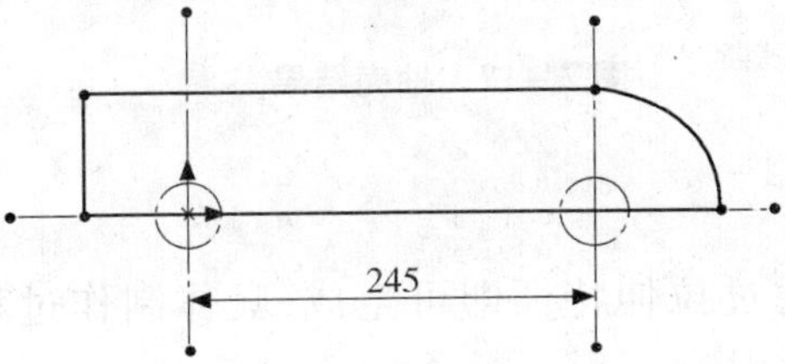

图 7－12　修剪成封闭的二维草图

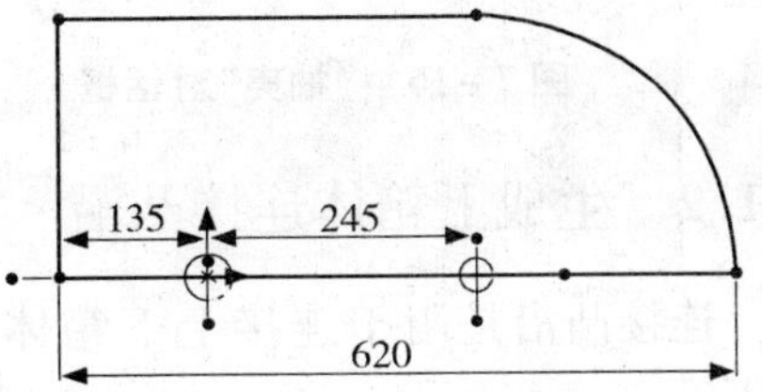

图 7－13　标注尺寸

（10）单击“特征”工具栏的

，弹出“凸台－拉伸”对话框，输入如图 7－14 所示的数据，“两侧对称”、“260.00mm”，单击“确定”按钮，完成上箱体的主体结构。单击“视图”—“显示”—“切边不可见”，将实体切边隐藏，结果如图 7－15 所示。

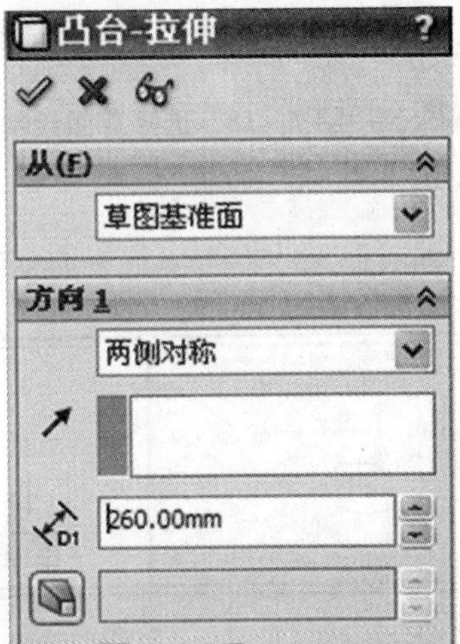

图 7－14　“凸台－拉伸”对话框

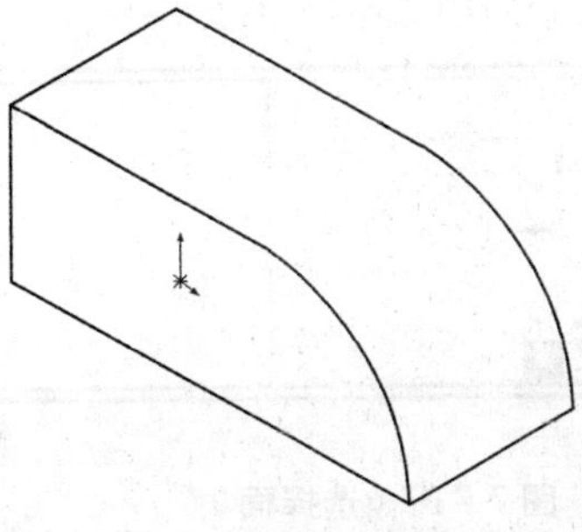

图 7－15　拉伸结果

(11)单击“特征”工具栏的 抽壳，弹出“抽壳”对话框，输入如图 7－16 所示的数据，“10.00mm”为抽壳的实体厚度，“面＜1＞”是抽壳后移除的面，“壳厚朝外”是抽壳后材料增长方向，单击“确定”按钮，实体模型变为壳体，结果如图 7－17 所示。

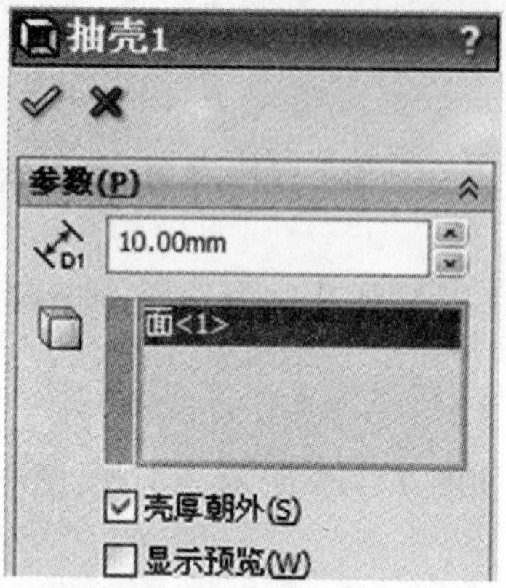

图 7－16 “抽壳”对话框

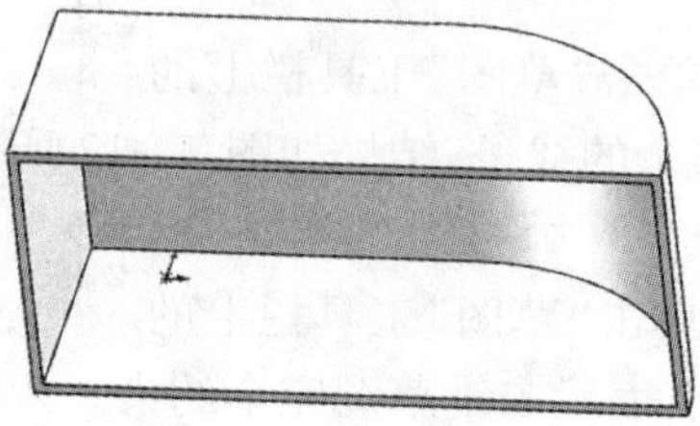

图 7－17 抽壳结果

7.1.2 生成上箱体连接凸沿

连接凸沿是用于连接上下箱体的连接部分，通过拉伸特征即可生成，具体制作过程如下：

(1)单击如图 7－18 所示上箱体的下表面为草图绘制平面，单击“视图定向”工具栏中的“正视于”按钮，使绘图平面转为正视方向。

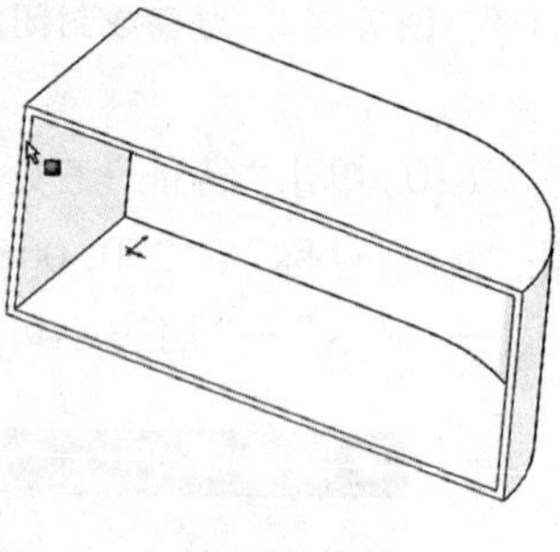

图 7－18 选择草图绘制平面

(2)单击“草图”工具栏，单击 草图绘制，按 Esc 键退出面的选择。单击“草图”工具栏上的 转换实体引用，分别单击选择如图 7－19和图 7－20 所示的实体面，单击“确定”按钮，所选择的面的棱转换出了与实体棱本身重合的实线，如图 7－21所示。

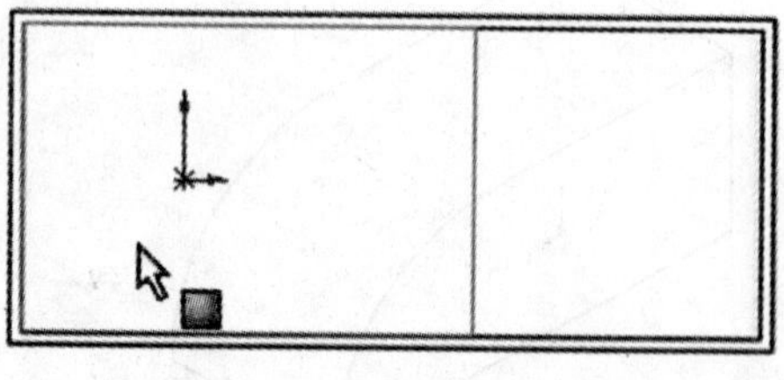

图 7－19 选择面 1

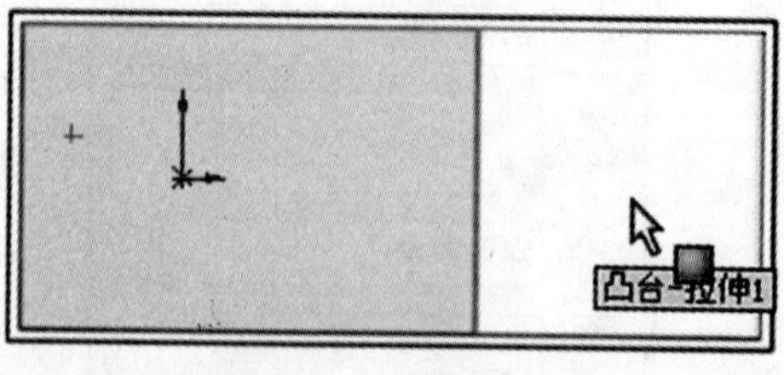

图 7－20 选择面 2

(3)单击“草图”工具栏上的 中心线，在绘图区域绘制一条通过原点的水平线。移动光标，捕捉到线的中点时，如图 7－22 所示，绘制一条竖直中心线，结果如图 7－23 所示。

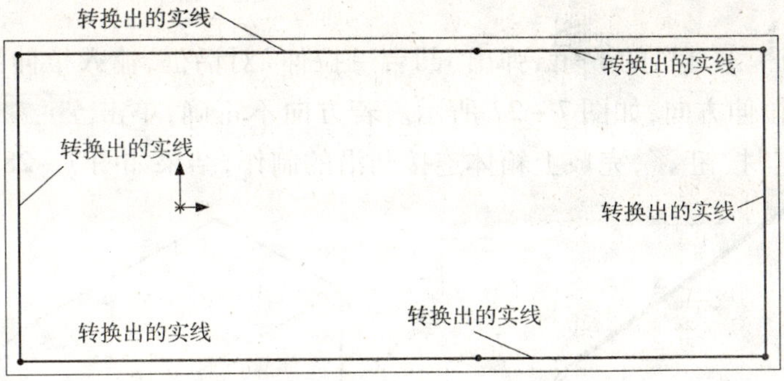

图 7-21　转换出面的棱的投影线

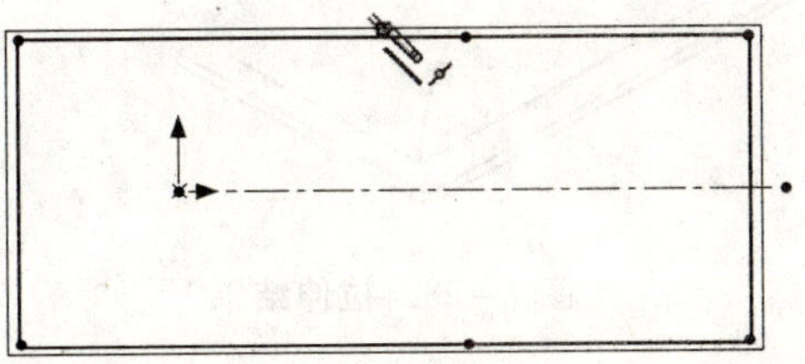

图 7-22　捕捉中点

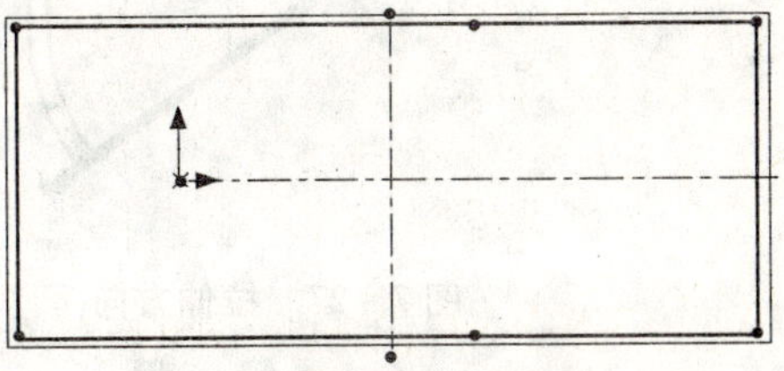

图 7-23　中心线草图

(4)单击"草图"工具栏上的 中心矩形,移动光标,当光标变成如图 7-24 所示的交点形状时,单击(若捕捉不到交点,向上滚动鼠标中键,放大图形),移动光标绘制中心在两个中心线交点的矩形,如图 7-25 所示。

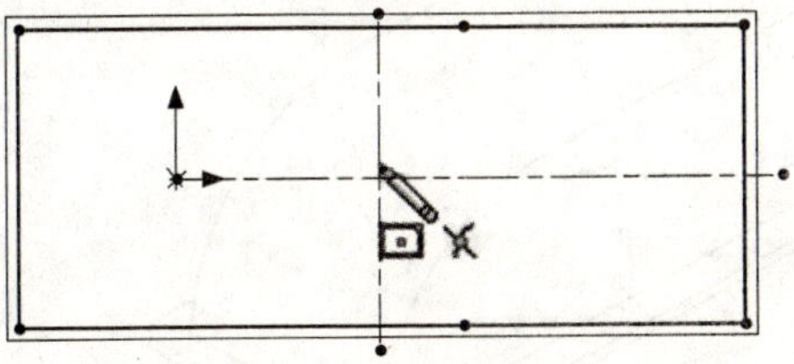

图 7-24　捕捉交点

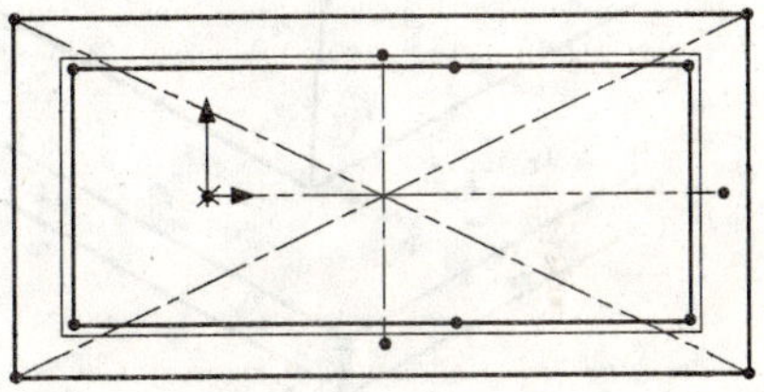

图 7-25　绘制矩形

(5)单击"草图"工具栏上的 智能尺寸,标注图形尺寸,如图 7-26 所示。至此,图中的实线均为黑色,表示二维草图完全约束。

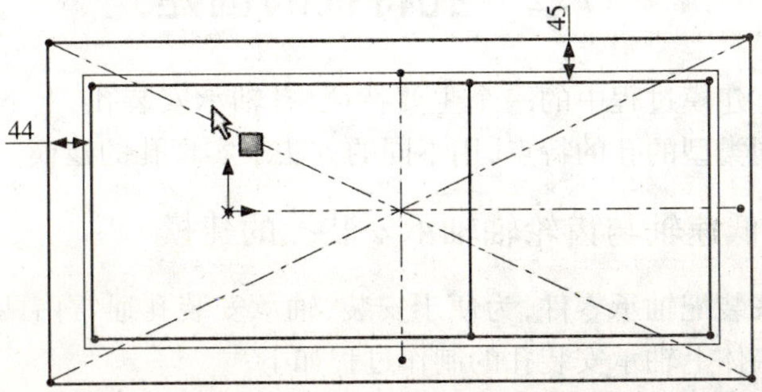

图 7-26　尺寸标注

(6)单击“特征”工具栏的[拉伸凸台/基体],弹出“凸台-拉伸”对话框,输入拉伸深度为15.00mm,按鼠标中键,观察拉伸方向,如图7-27所示。若方向不正确,单击[给定深度]中的箭头换向,单击“确定”按钮,完成上箱体连接凸沿的制作,结果如图7-28所示。

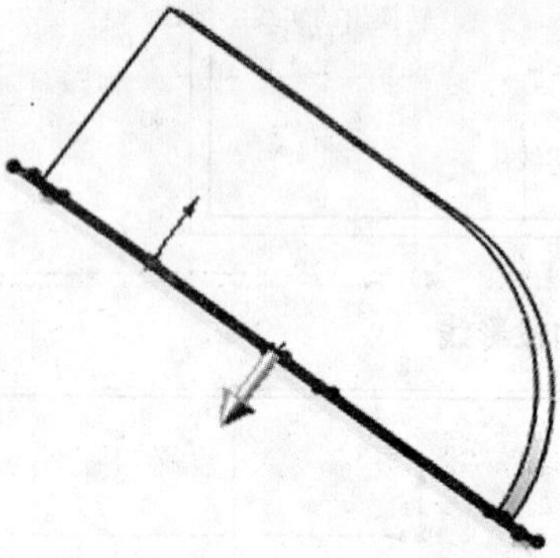

图7-27　拉伸方向

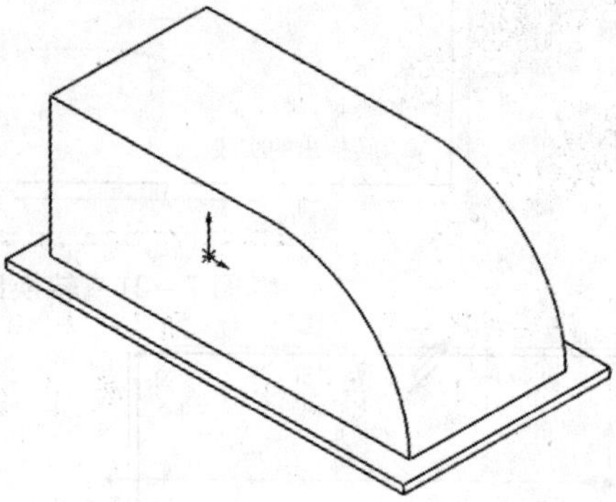

图7-28　拉伸结果

(7)单击“特征”工具栏的[圆角],在“圆角半径”中输入30,单击连接凸沿的4个角的竖直棱,如图7-29所示,单击“确定”按钮,完成倒圆角的制作,如图7-30所示,连接凸沿创建完成。

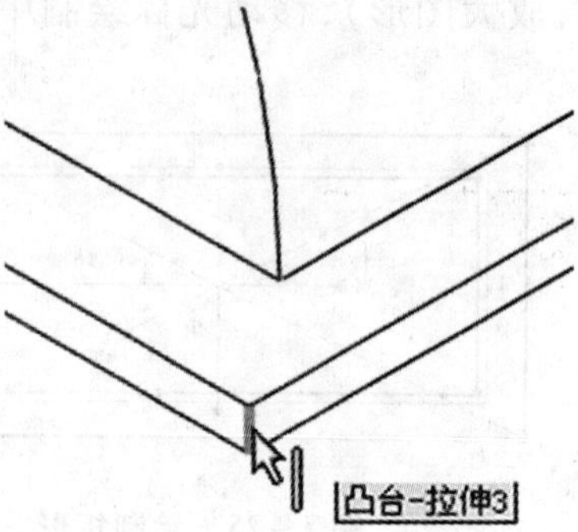

图7-29　选择棱

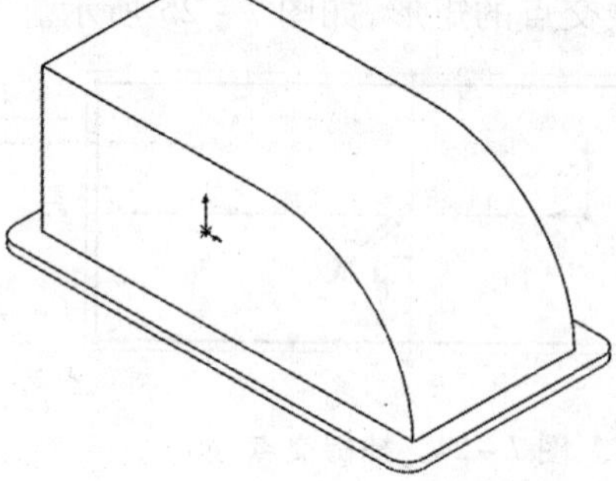

图7-30　倒圆角结果

7.2　孔特征的创建

孔特征是上箱体建模过程中的一个主要特征,有轴承安装孔、上下箱装配连接孔、端盖连接孔等。根据不同类型的孔的特点,用不同的方法来实现孔的建模。

7.2.1　上箱体上低速轴与齿轮轴轴承安装孔的建模

轴承安装孔用来装配轴承零件,为便于安装,轴承安装孔通常由两个分别位于上、下箱体的半圆组成。上箱体上轴承安装孔的制作过程如下:

(1)单击如图7-31所示的实体内表面为草图绘制平面,单击“视图定向”工具栏中的

“正视于”按钮，使绘图平面转为正视方向，如图 7 – 32 所示。但此时的视图方向不方便绘图，可再单击“视图定向”工具栏中的“正视于”按钮，换至相反的方向，如图 7 – 33 所示。

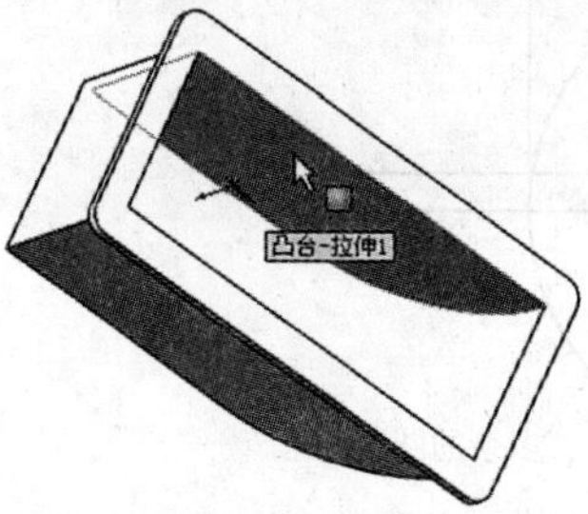

图 7 – 31　选择绘图平面

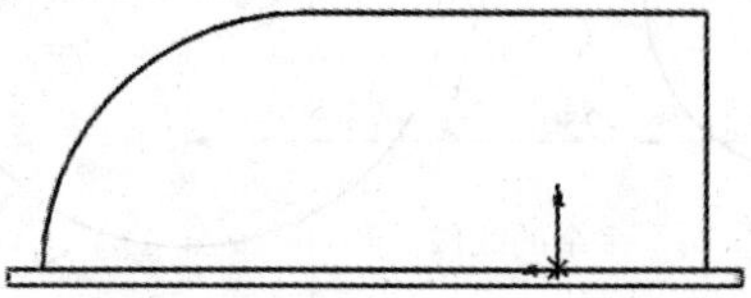

图 7 – 32　正视方向

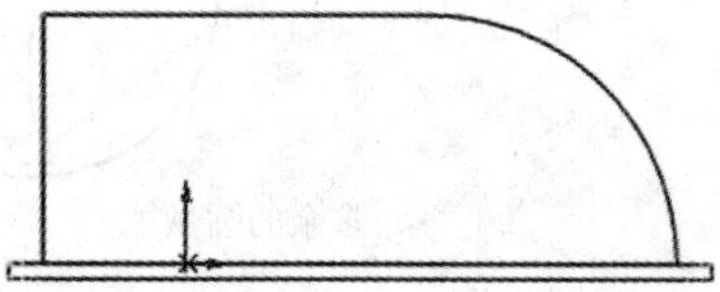

图 7 – 33　另一个正视方向

(2)单击“草图”工具栏上的 圆，在绘图区域绘制如图 7 – 34 所示的圆（直径为 145.00mm的圆的圆心与原点有竖直约束几何关系）。单击“草图”工具栏上的 智能尺寸，标注尺寸，如图 7 – 34 所示。

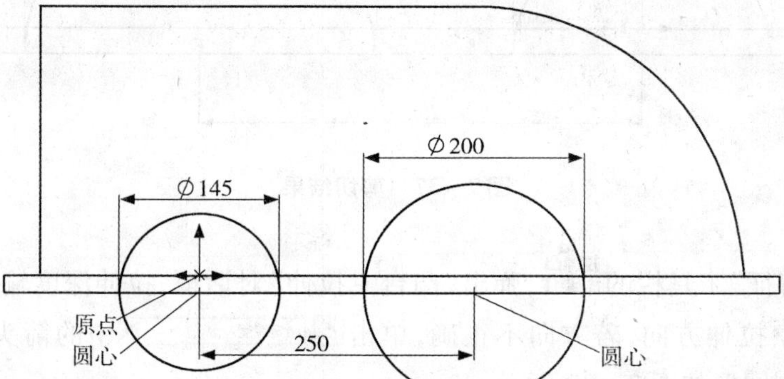

图 7 – 34　二维草图

(3)单击“草图”工具栏上的“直线”命令，在绘图区域绘制一条直线，将两个圆分别分成两个半圆，如图 7 – 35 所示。

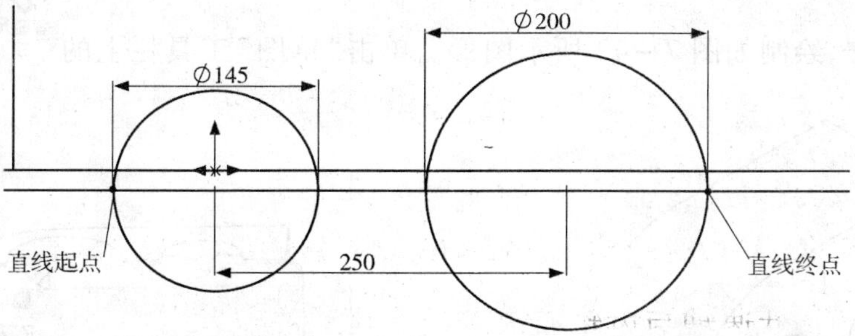

图 7 – 35　绘制直线

(4)单击“草图”工具栏上的 剪裁实体，单击 剪裁到最近端(T)（若默认是这个选项，则不需单击），修剪去如图 7－36 所示多余的线，结果得到如图 7－37 所示的两个分别封闭的区域。

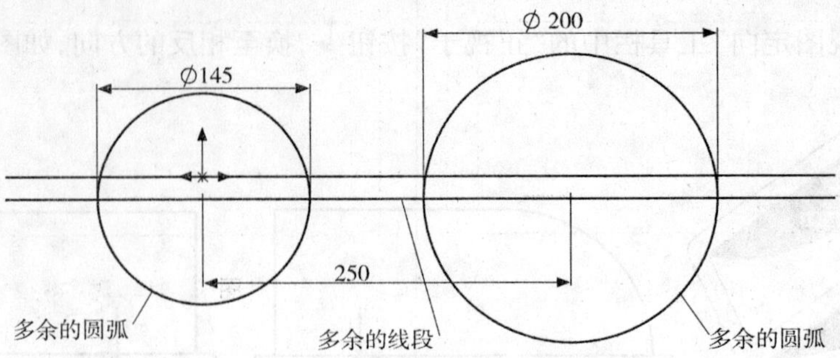

图 7－36　需剪切掉的线条

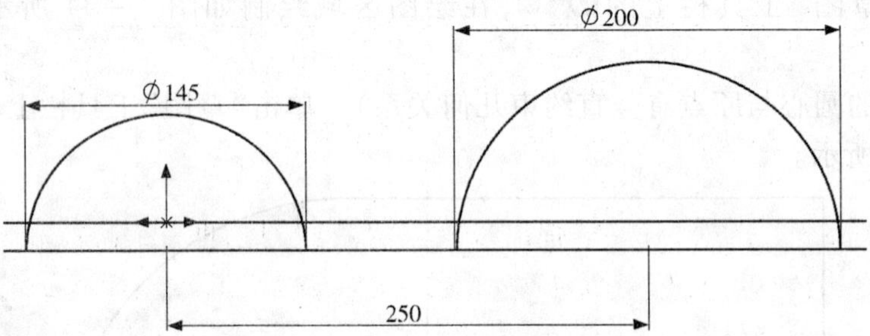

图 7－37　剪切结果

（5）单击“特征”工具栏的拉伸凸台/基体，弹出“凸台－拉伸”对话框，拉伸深度输入为 61.00mm，按鼠标中键，观察拉伸方向，若方向不正确，单击给定深度中的箭头换向，单击“确定”按钮，绘制图形如图 7－38 所示。

（6）单击如图 7－39 所示实体的下表面为草图绘制平面，单击“视图定向”工具栏中的“正视于”按钮，使绘图平面转为正视方向。单击“草图”工具栏上的“矩形”命令，如图 7－40所示，与实体棱对齐时向左追踪，单击。向右下角移动光标，如图 7－41 所示，当与棱线对齐时单击，绘制如图 7－42 所示图形。单击“草图”工具栏上的智能尺寸，标注尺寸，如图 7－42所示。

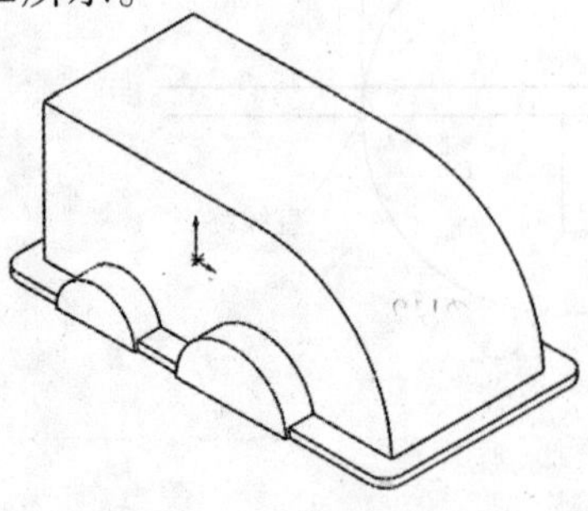

图 7－38　拉伸实体

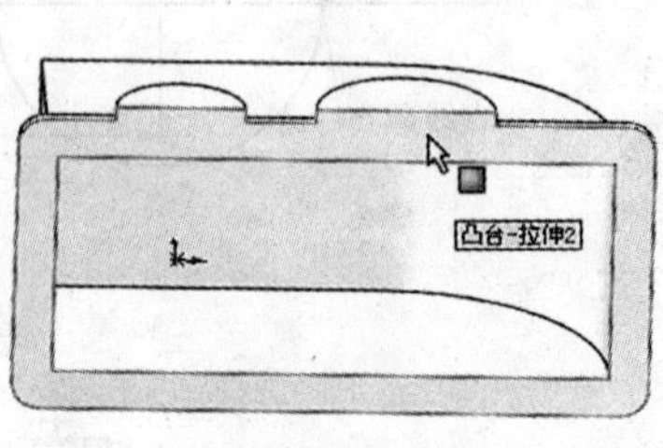

图 7－39　选择草图绘制平面

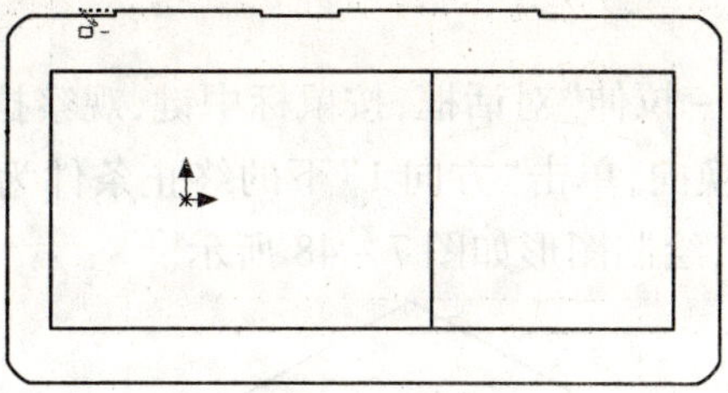

图 7－40　对齐棱 1

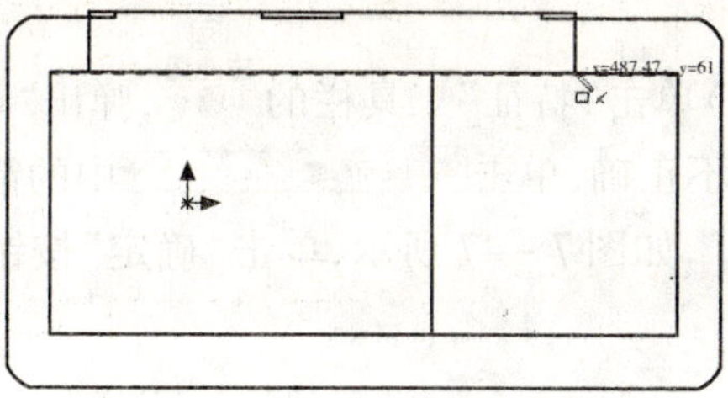

图 7－41　对齐棱 2

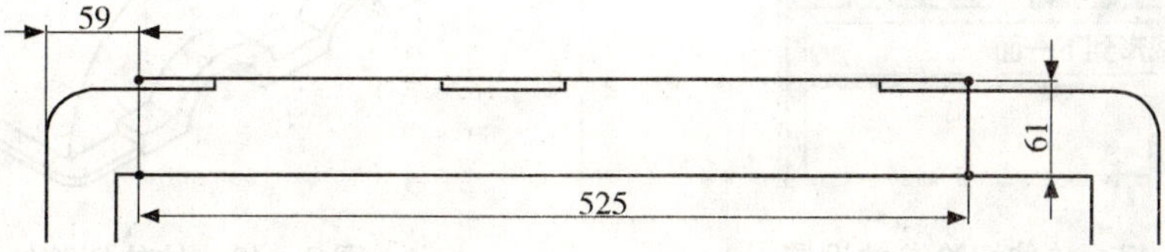

图 7－42　绘制矩形

(7)单击“特征”工具栏的拉伸凸台/基体，弹出“凸台－拉伸”对话框，拉伸深度输入为 35.00mm，按鼠标中键，观察拉伸方向，若方向不正确，单击 给定深度 中的箭头换向，单击“确定”按钮，绘制图形如图 7－43 所示。

(8)单击如图 7－44 所示实体的表面为草图绘制平面，单击“视图定向”工具栏中的“正视于”按钮，使绘图平面转为正视方向。单击“草图”工具栏上的 圆，捕捉到圆弧的圆心，如图 7－45 所示，单击，绘制同心圆。采用同样的方法绘制另外一个同心圆。单击“草图”工具栏上的智能尺寸，标注尺寸，如图 7－46 所示。

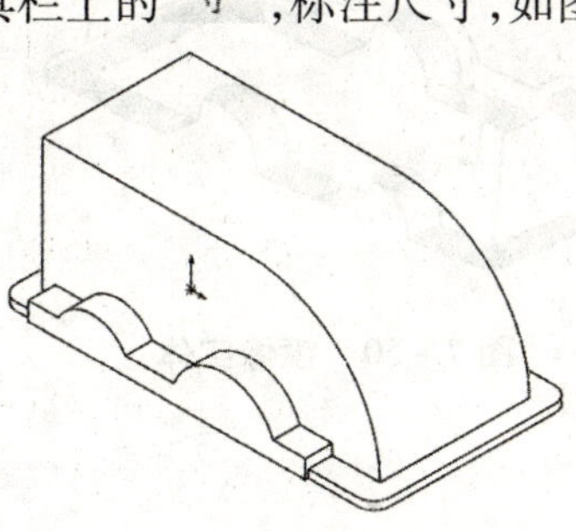

图 7－43　拉伸实体

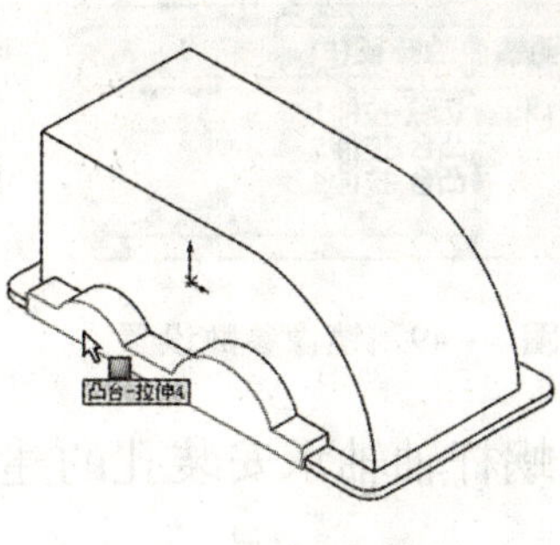

图 7－44　选择绘图平面

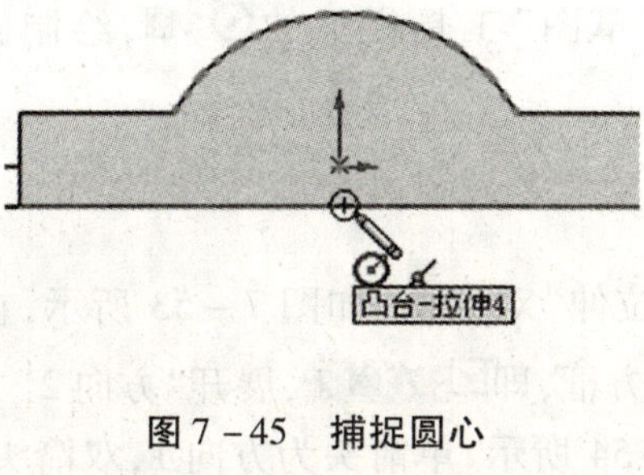

图 7－45　捕捉圆心

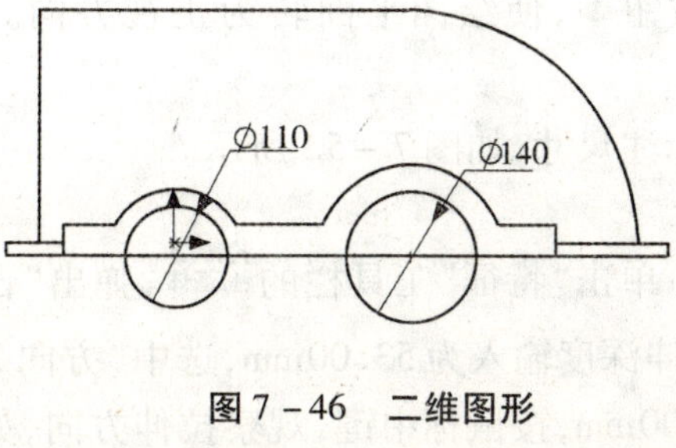

图 7－46　二维图形

(9)单击“特征”工具栏的拉伸切除，弹出“切除－拉伸”对话框，按鼠标中键，观察拉伸方向，若方向不正确，单击给定深度中的箭头换向，单击“方向 1”下的终止条件为“成形到下一面”，如图 7－47 所示，单击“确定”按钮，绘制图形如图 7－48 所示。

图 7－47　拉伸切除参数设置

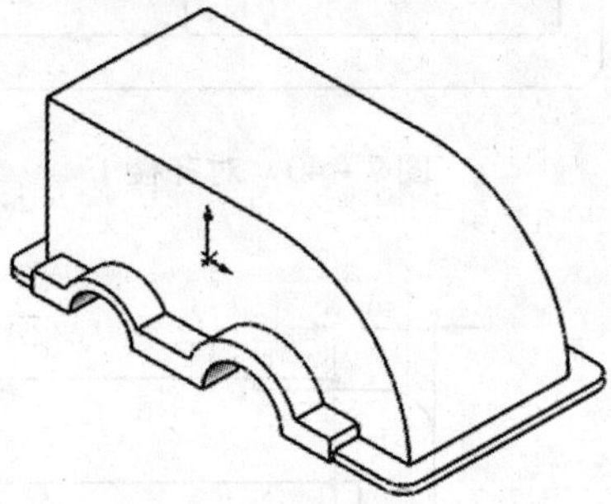

图 7－48　拉伸切除结果

(10)单击“特征”工具栏的线性阵列的下拉箭头，单击镜像，弹出“镜像”对话框，如图 7－49所示。展开绘图区域中的特征树，单击前视基准面为镜像面，在要镜像的特征选项框中选择前面所绘制的两个拉伸特征和一个切除特征，单击“确定”按钮，建模结果如图 7－50所示，轴承安装孔建模完成。

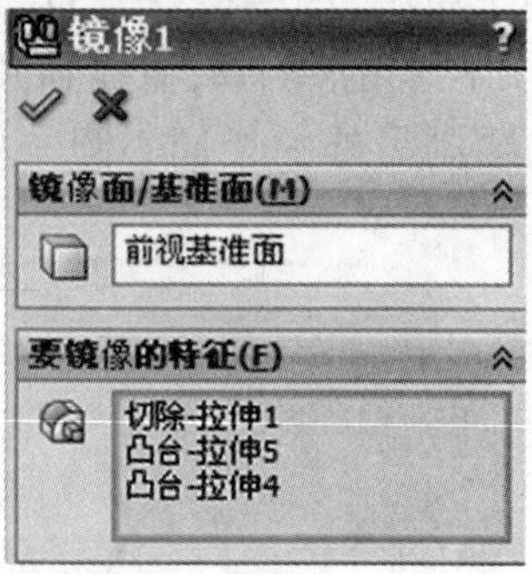

图 7－49　镜像参数设置

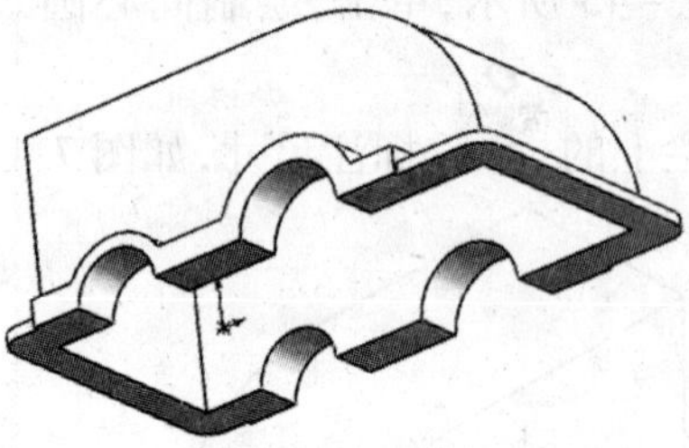

图 7－50　镜像实体

7.2.2　蜗杆轴轴承安装孔的建模

(1)单击如图 7－51 所示的实体表面为草图绘制平面，单击“视图定向”工具栏中的“正视于”按钮，使绘图平面转为正视方向。单击“草图”工具栏上的圆，绘制圆，单击智能尺寸，标注尺寸，如图 7－52 所示。

(2)单击“特征”工具栏的拉伸凸台/基体，弹出“凸台－拉伸”对话框，如图 7－53 所示，在“方向 1”中拉伸深度输入为 53.00mm，选中“方向 2”前的方框，即方向2，展开“方向 2”，拉伸深度为 5.00mm，按鼠标中键，观察拉伸方向，如图 7－54 所示，单箭头为方向 1，双箭头为方向

2。若方向不正确，单击 给定深度 中的箭头换向，单击“确定”按钮，绘制图形如图 7－55所示，两个方向上均生成了拉伸实体。

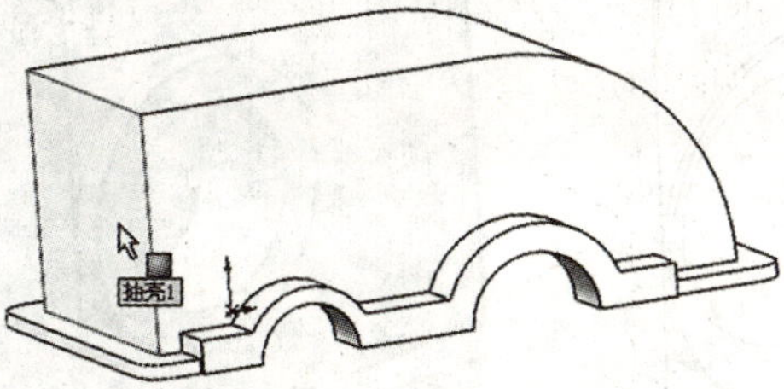

图 7－51　选择草图绘制平面

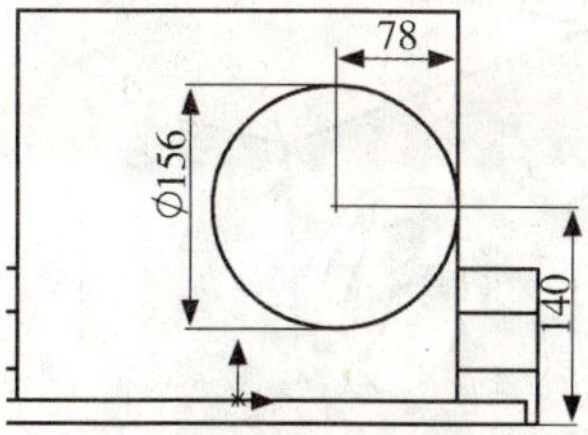

图 7－52　绘制二维草图

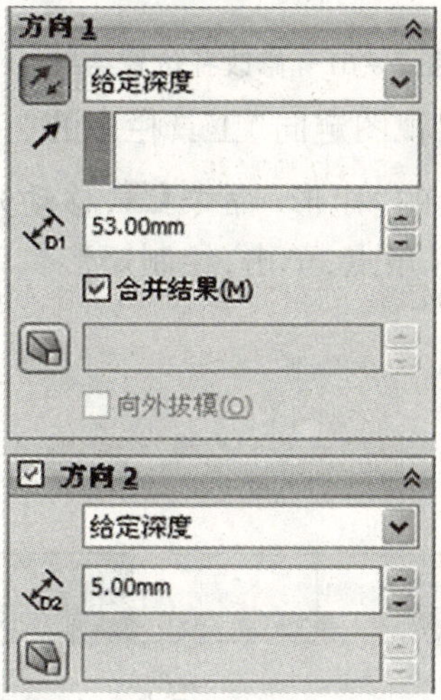

图 7－53　拉伸参数

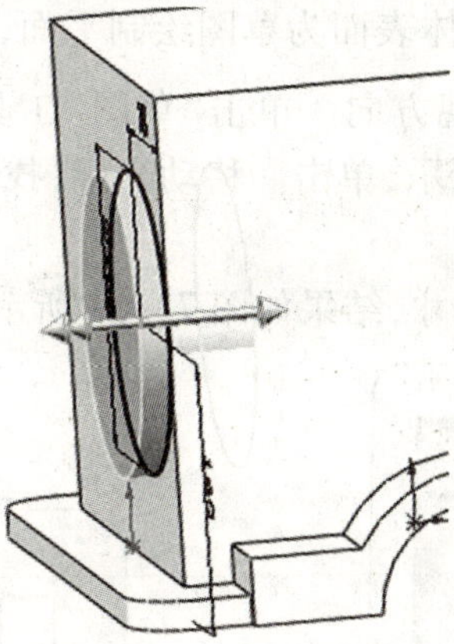

图 7－54　拉伸方向

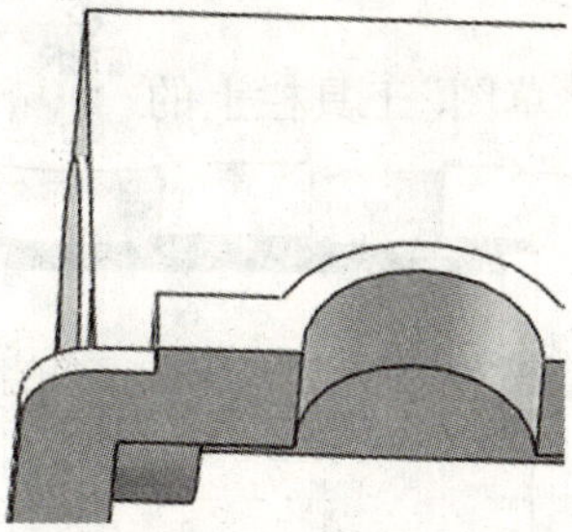

图 7－55　拉伸实体结果

（3）单击“插入”—“特征”—“孔”—“简单直孔” 简单直孔(S)...，会弹出如图 7－56 所示对话框，单击如图 7－57 所示的面，输入如图 7－58 所示的数据，其中终止条件为“成形到下一面”，孔的直径为 110.00mm，单击“确定”按钮，建模结果如图 7－59 所示，生成一个孔特征。

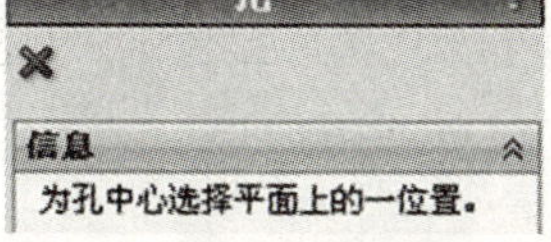

图 7－56　孔位置选择 1

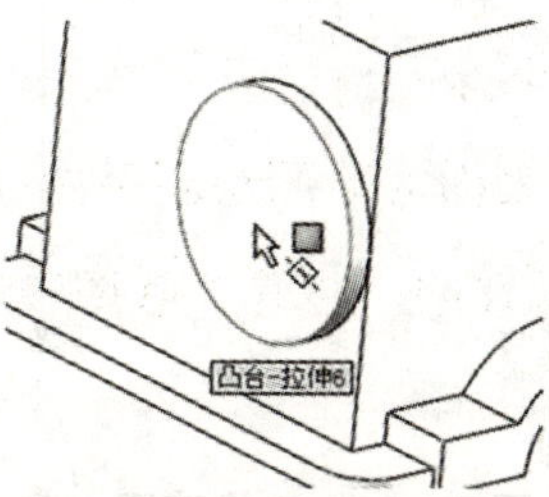

图 7－57　孔位置选择 2

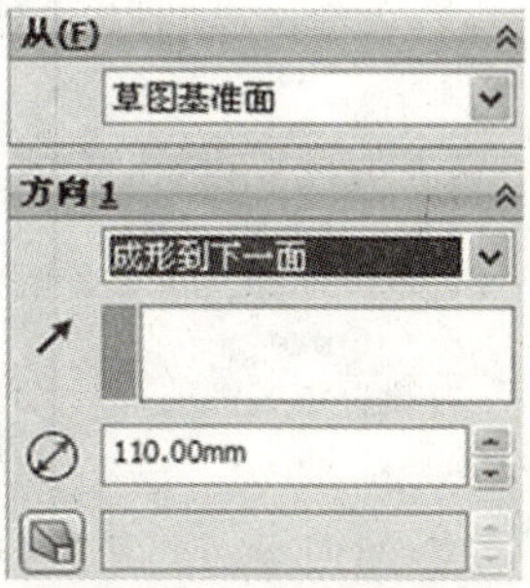

图 7－58　孔参数

（4）编辑孔位置。在特征树中单击 孔1 前的“＋”号，展开孔特征，右键单击孔的草图，单击“编辑草图”图标，按住 Ctrl 键，连续选择圆的圆心与实体棱线，如图 7－60 所示，弹出“属性”对话框，单击添加 同心(N) 约束几何关系，单击“确定”按钮。单击绘图区域右边的，完成草图编辑，编辑孔的轴线到适当的位置，如图7-61所示。

图7-59　建模结果

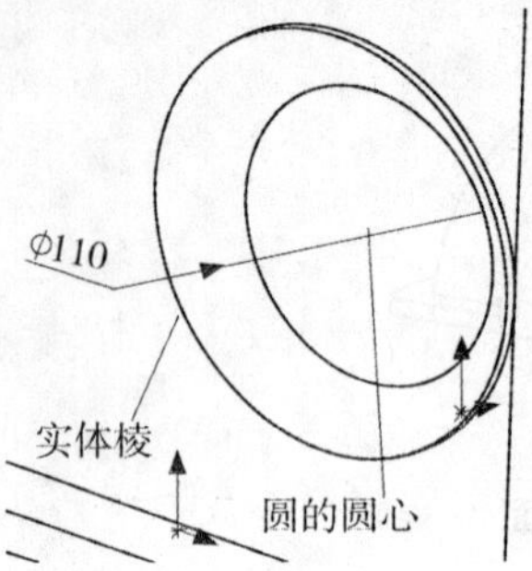

图7-60　对象选择

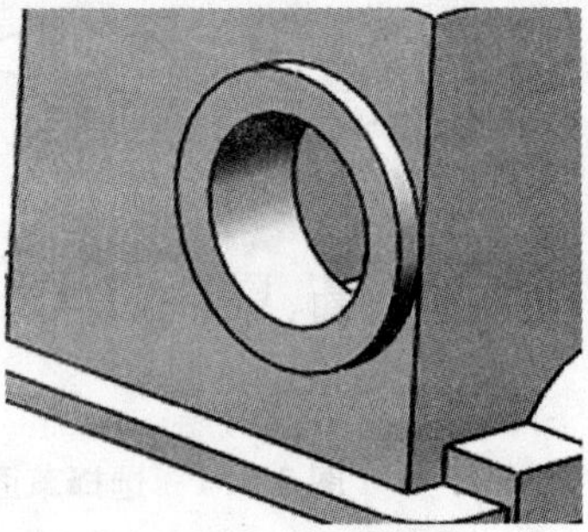

图7-61　修改孔位置结果

(5)单击如图7-62所示的实体表面为草图绘制平面，单击“视图定向”工具栏中的“正视于”按钮，使绘图平面转为正视方向。单击“草图”工具栏上的“矩形”命令，移动光标，当捕捉到棱线时，如图7-63所示，单击。移动光标，找一个对角点，单击，绘制矩形。单击“草图”工具栏上的智能尺寸，标注尺寸，结果如图7-64所示。

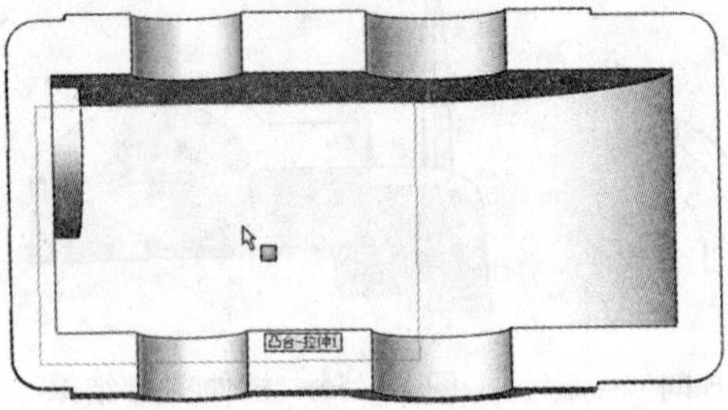

图7-62　选择草图绘制平面

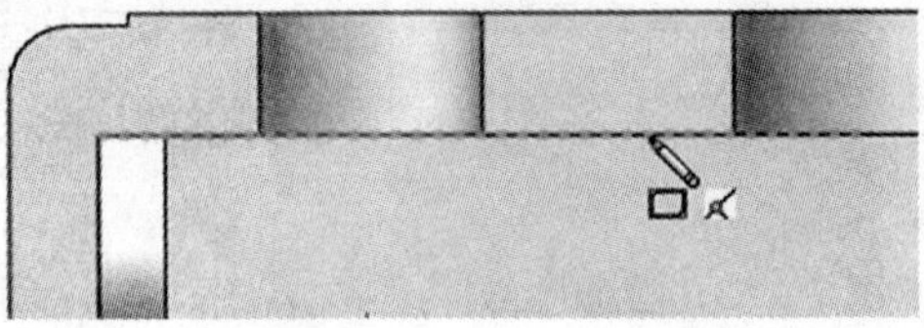

图7-63　对齐棱

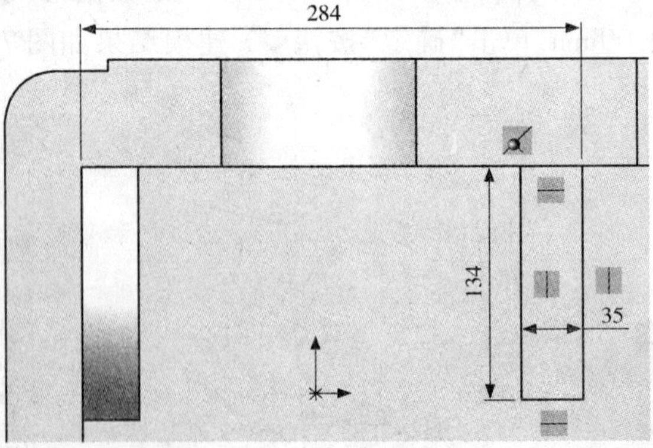

图7-64　二维草图

(6)单击“特征”工具栏的拉伸凸台/基体，弹出“凸台-拉伸”对话框，拉伸深度为185.00mm，按鼠标中键，观察拉伸方向，若方向不正确，单击 给定深度 中的箭头换向，单击“确定”按钮,绘制图形如图 7－65 所示。

(7)单击如图 7－66 所示的实体表面为草图绘制平面,单击“视图定向”工具栏中的“正视于”按钮,使绘图平面转为正视方向。单击“草图”工具栏上的 圆,绘制圆。单击“草图”工具栏上的 智能尺寸,标注尺寸,结果如图 7－67 所示。

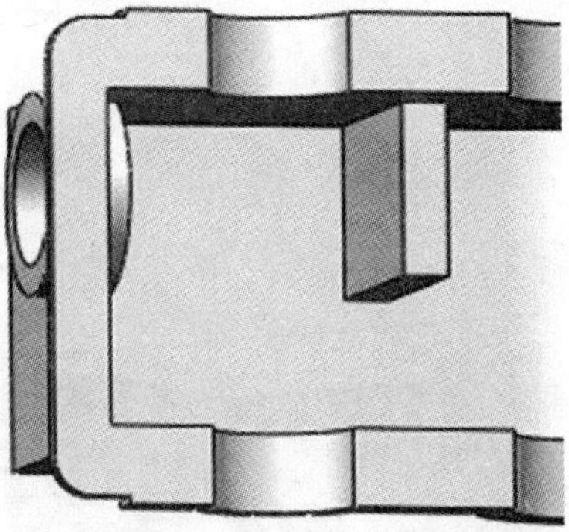

图 7－65　拉伸生成实体

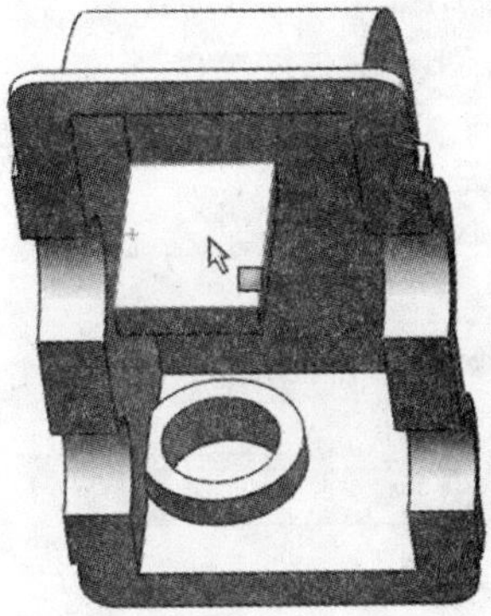

图 7－66　选择草图绘制平面

(8)单击“特征”工具栏的 拉伸切除,弹出“切除－拉伸”对话框,按鼠标中键,观察拉伸方向,若方向不正确,单击 给定深度 中的箭头换向,单击“方向 1”下的终止条件为“成形到下一面”,单击“确定”按钮,结果如图 7－68 所示。

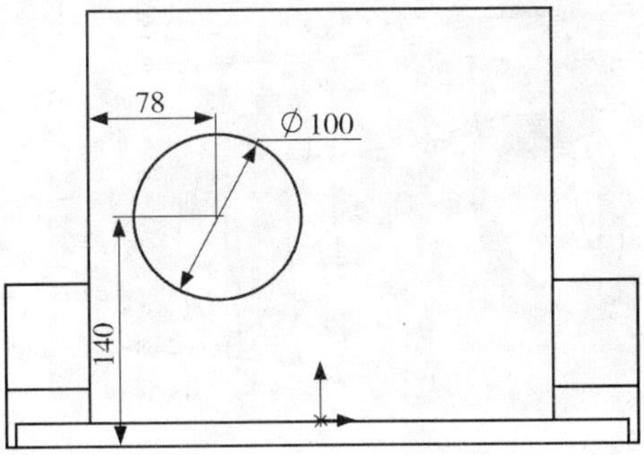

图 7－67　二维图形

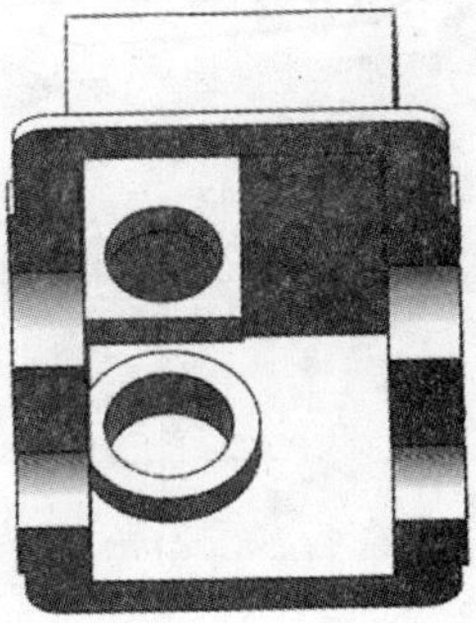

图 7－68　拉伸切除结果

(9)建立新的基准面。单击“视图”—“临时轴”,将临时轴显示出来。单击“特征”工具栏上的 参考几何体 — 基准面,弹出“基准面”对话框,如图 7－69 所示。第一参考选择如图 7－70 所示的临时轴,并添加 重合(D) 约束几何关系,即新建基准面通过该临时轴。第二参考选择如图 7－71 所示的面,并添加 平行 约束几何关系,即新建基准面与该面平行。单击“确定”按钮,从而新建立了一个基准面,新建基准面如图 7－72 所示。

(10)单击图 7－72 中新建的基准面为草图绘制平面,单击“视图定向”工具栏中的“正视于”按钮,使绘图平面转为正视方向。单击“草图”工具栏上的“直线”命令,绘制直线。单击“草图”工具栏上的智能尺寸，标注尺寸，绘制的二维草图如图 7 – 73 所示。

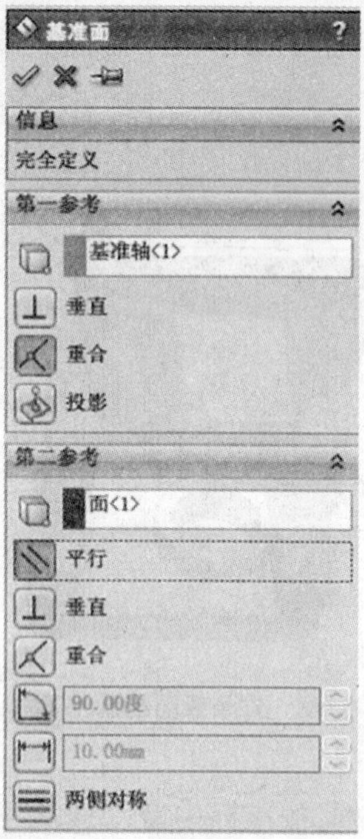

图 7 – 69　基准面参数设置

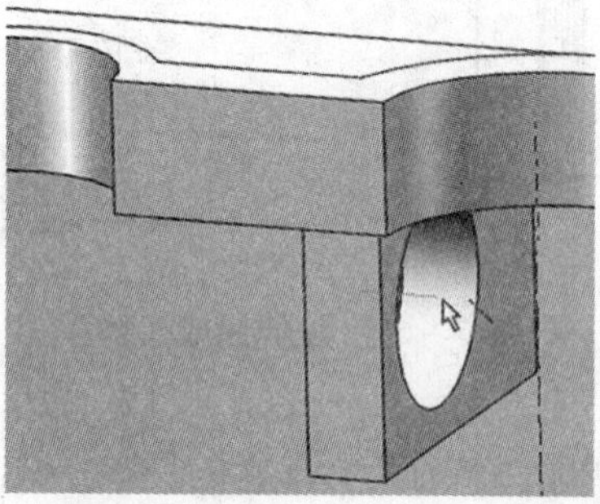

图 7 – 70　选择第一参考

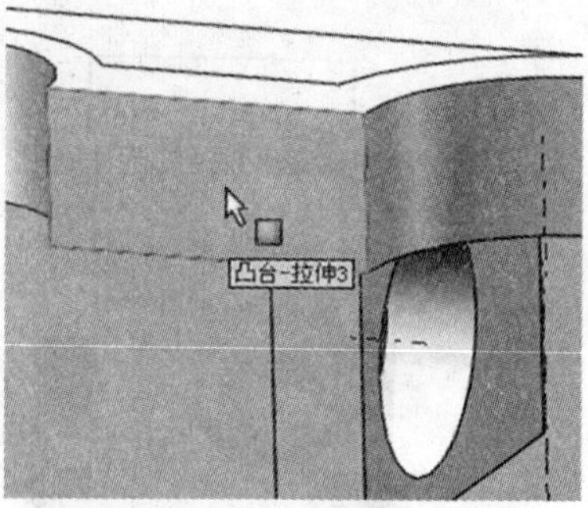

图 7 – 71　选择第二参考

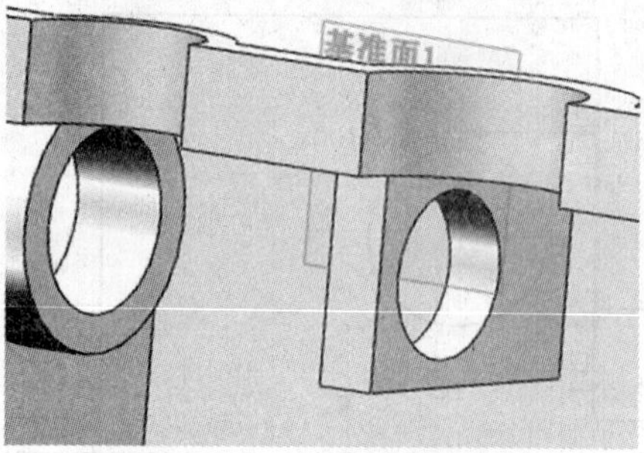

图 7 – 72　新建基准面

（11）单击“特征”工具栏的旋转切除，弹出“切除 – 旋转”对话框，选择临时轴为旋转轴，单击“确定”按钮，完成旋转切除命令。单击“视图”—“临时轴”，将临时轴隐藏，右键单击新建立的基准面，单击，将其隐藏，绘制图形如图 7 – 74 所示。孔中多的一个槽，用于装弹性挡圈。

7.2.3　窥视孔的建模

（1）单击如图 7 – 75 所示的实体表面为草图绘制平面，单击“视图定向”工具栏中的“正视于”按钮，使绘图平面转为正视方向。单击“草图”工具栏上的“中心线”命令，绘制两条中心线，如图 7－76 所示，其中水平中心线通过原点。单击“草图”工具栏上的智能尺寸，标注尺寸。

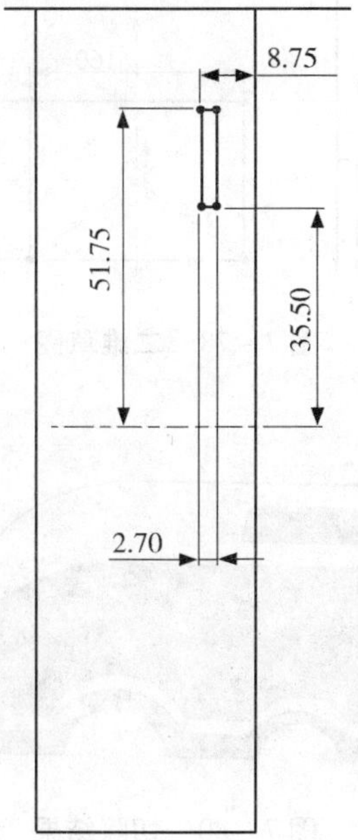

图 7－73　二维草图

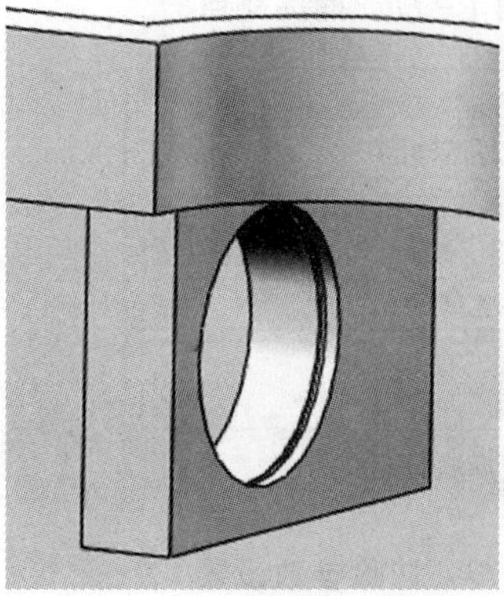

图 7－74　弹性挡圈安装槽

图 7－75　绘图平面选择

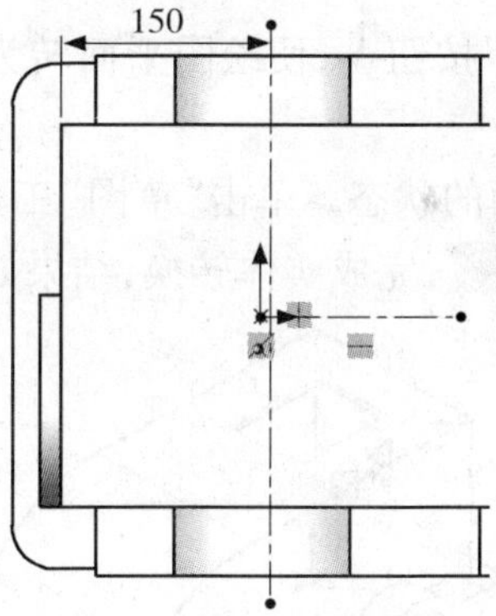

图 7－76　绘制中心线

（2）单击“草图”工具栏上“矩形”命令的下拉箭头，单击 中心矩形，移动光标，捕捉两中心线的交点，当光标变成如图 7－77 所示的形状时，单击，矩形中心就在交点处，移动光标，选择角点单击，绘制矩形。单击“草图”工具栏上的智能尺寸，标注尺寸结果如图 7－78 所示。

（3）单击“特征”工具栏的拉伸切除，弹出“切除－拉伸”对话框，按鼠标中键，观察拉伸方向，若方向不正确，单击 给定深度 中的箭头换向，单击“方向 1”下的终止条件为“完全贯穿”，如图 7-79 所示，单击“确定”按钮✔，结果如图 7-80 所示。

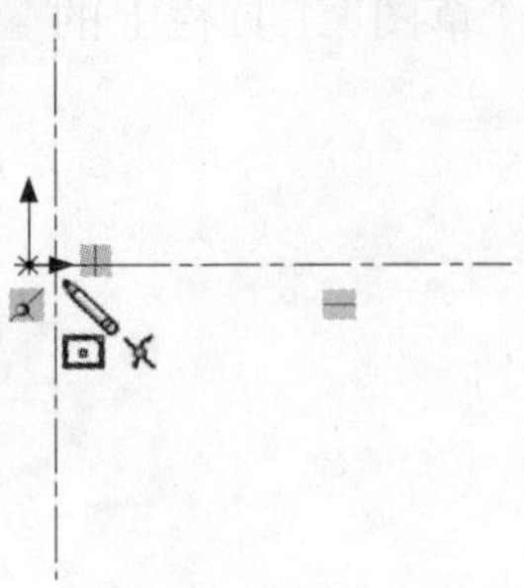

图 7-77　捕捉交点

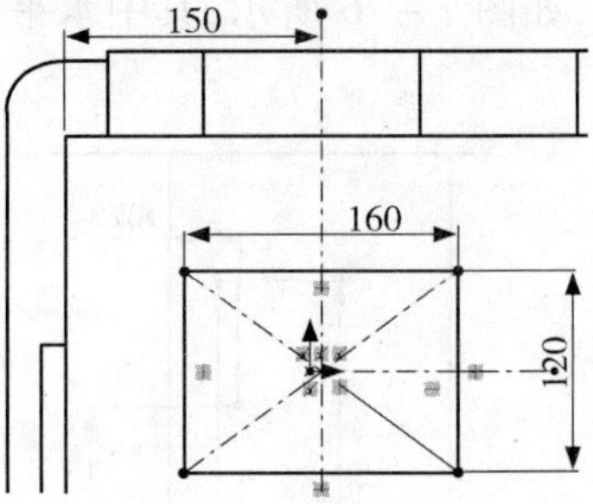

图 7-78　二维草图

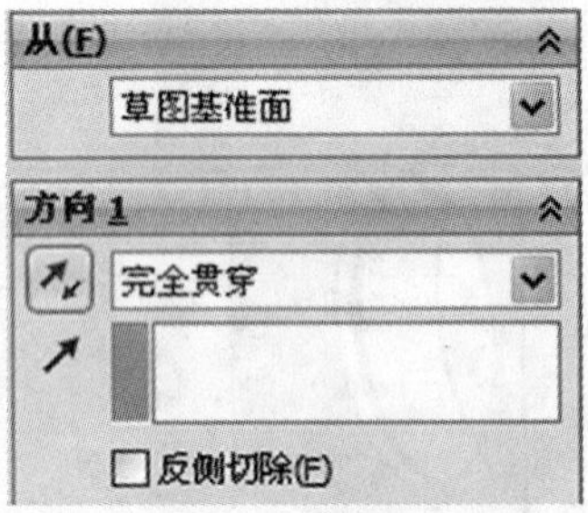

图 7-79　切除参数设置

图 7-80　切除结果

（4）单击如图 7-81 所示的实体上表面为草图绘制平面，单击“视图定向”工具栏中的“正视于”按钮，使绘图平面转为正视方向。单击“草图”工具栏，单击草图绘制，按 Esc 键，退出选择面的状态。单击“草图”工具栏上的转换实体引用，选择实体的棱，如图 7-82 所示，单击“确定”按钮✔，完成实体转换，结果如图 7-83 所示。

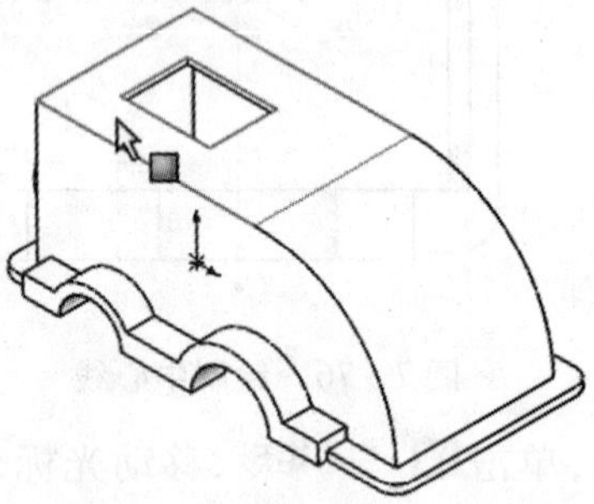

图 7-81　选择草图绘制平面

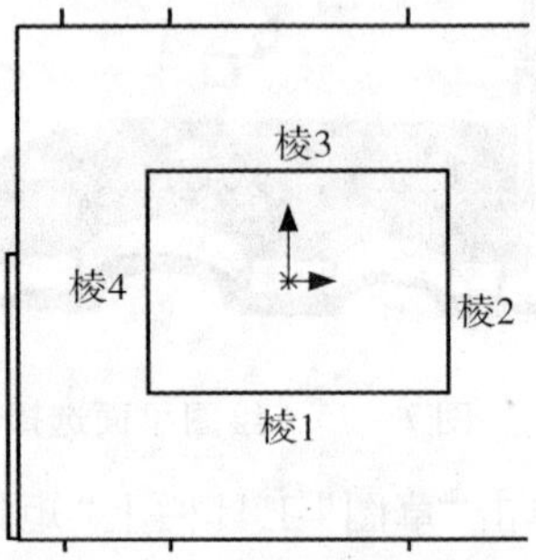

图 7-82　选择棱

（5）选择图 7-82 中的 4 条棱（按住 Ctrl 键，连续选择或框选），单击“草图”工具栏上的等距实体，在等距距离中输入 20.00mm，如图 7-84 所示。绘图区域中有偏移后的效果，若方向不正确，选择“反向”，单击“确定”按钮✔，结果如图 7-85 所示。

（6）单击“特征”工具栏的拉伸凸台/基体，弹出“凸台-拉伸”对话框，输入拉伸深度为 8.00mm，按鼠标中键，观察拉伸方向，若方向不正确，单击[给定深度]中的箭头换向，单击“确定”按钮，结果如图7－86所示。

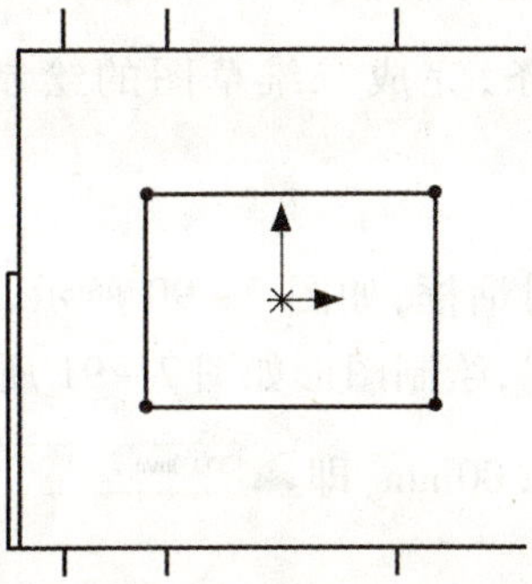

图7－83　实体转换结果

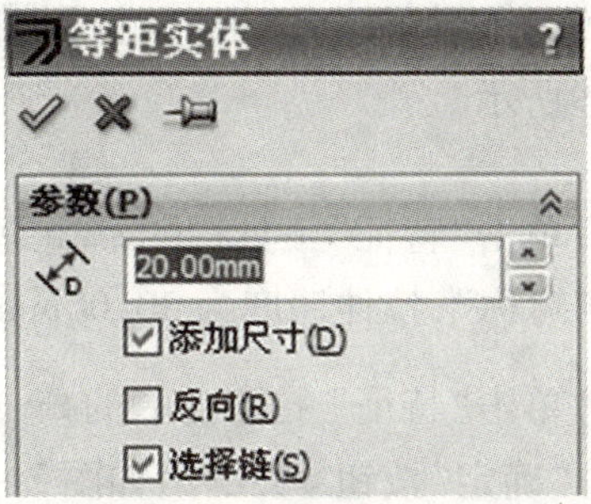

图7－84　参数设置

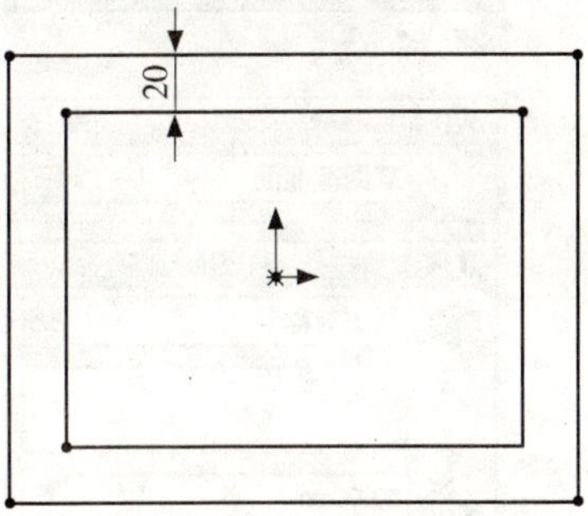

图7－85　等距实体

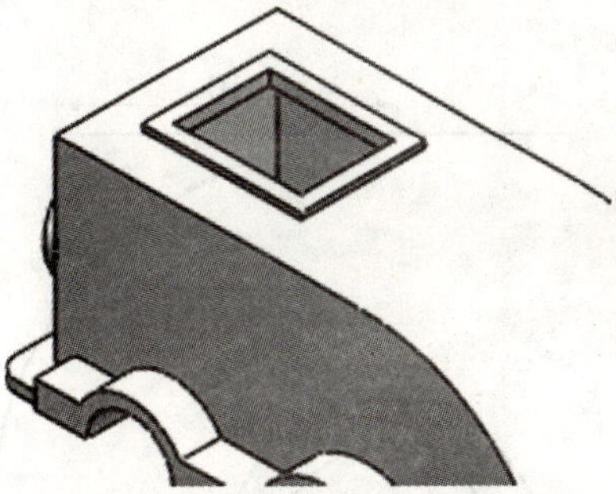

图7－86　拉伸凸台结果

7.2.4　吊环孔的建模

(1)单击[前视基准面]作为草图平面，单击“视图定向”工具栏中的“正视于”按钮，使绘图平面转为正视方向。单击“草图”工具栏上的[草图绘制]，单击“草图”工具栏上的[转换实体引用]，选择圆弧棱为要转换的实体，单击“确定”按钮，结果如图7－87所示。

(2)单击“草图”工具栏上的“直线”命令，绘制如图7－88所示的直线。

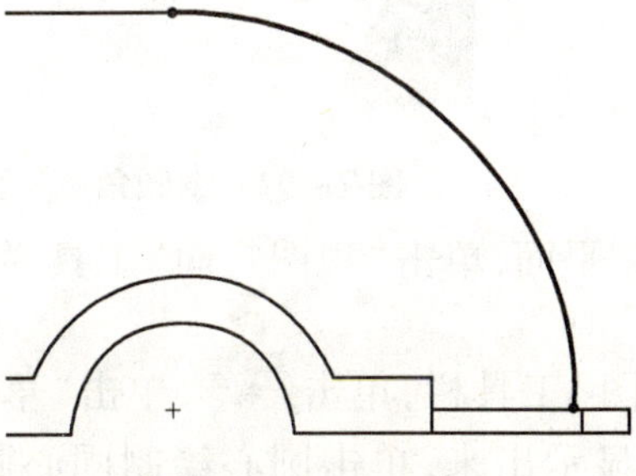

图7－87　转化实体

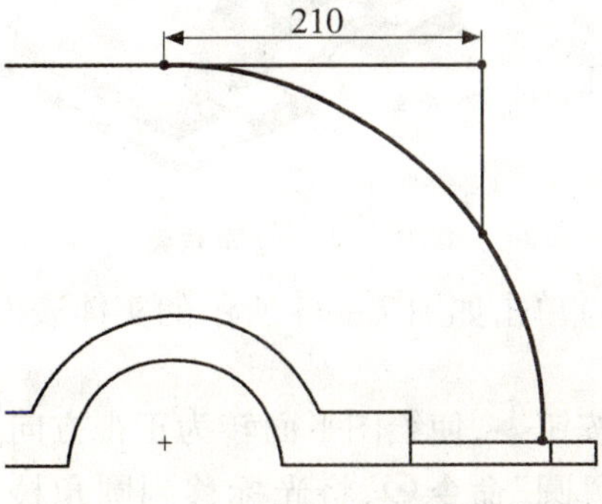

图7－88　二维草图

(3)单击“草图”工具栏上的智能尺寸,标注尺寸。二维草图中的线条均变为黑色,表示完全约束。单击“草图”工具栏上的剪裁实体,修剪掉多余的线条,完成二维草图的绘制,结果如图 7－89所示。

(4)单击“特征”工具栏的拉伸凸台/基体,弹出“凸台－拉伸”对话框,如图 7－90 所示,拉伸方向为“两侧对称”,拉伸深度为 30.00mm,单击“确定”按钮,绘制图形如图 7－91 所示。

(5)单击“特征”工具栏上的圆角,输入圆角半径为 30.00mm,即 30.00mm ,单击棱,单击“确定”按钮,倒出如图 7－92 所示的圆角。

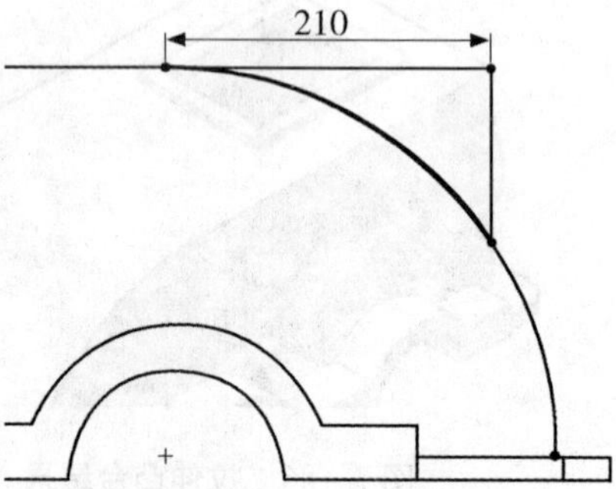

图 7－89　修剪后的二维草图

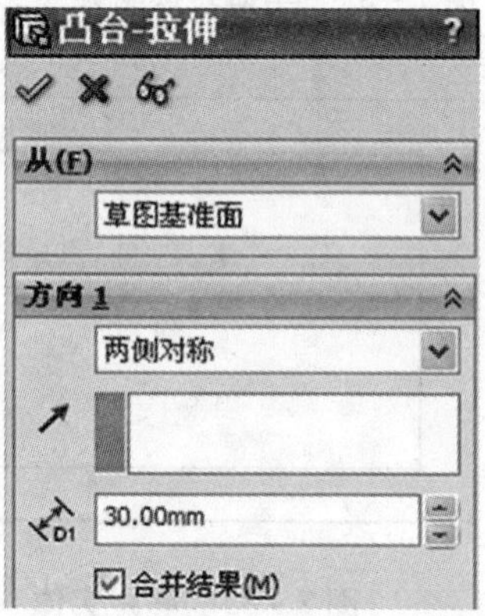

图 7－90　拉伸参数设置

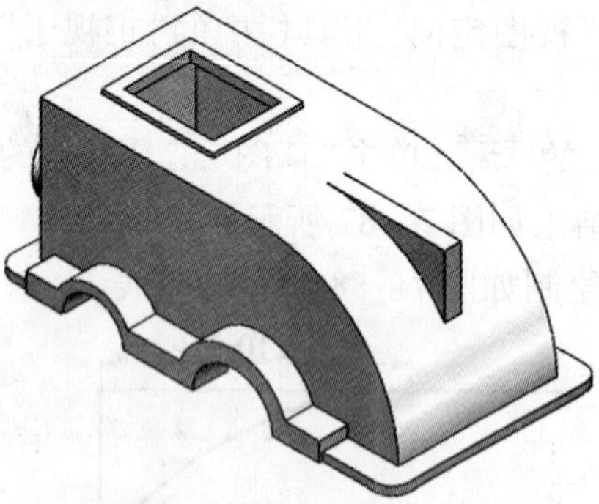

图 7－91　拉伸结果

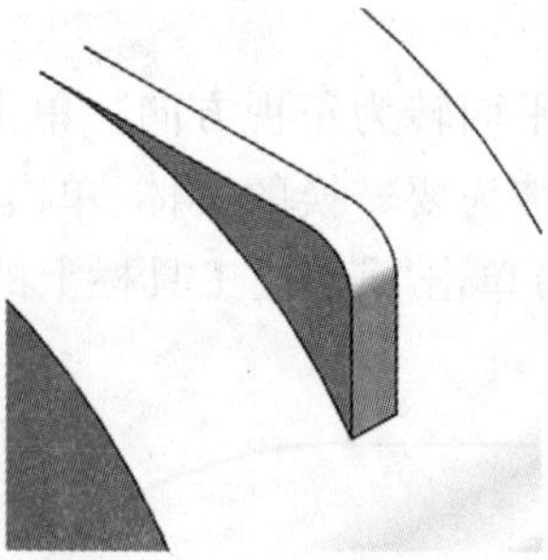

图 7－92　倒圆角

(6)单击如图 7－93 所示的实体表面为草图绘制平面,单击“视图定向”工具栏中的“正视于”按钮,使绘图平面转为正视方向。单击“草图”工具栏,单击草图绘制,单击“草图”工具栏上的“圆”命令,将光标移到圆角棱上,圆心会显示出来,单击圆心绘制同心圆。单击“草图”工具栏上的智能尺寸,标注尺寸,结果如图 7－94 所示。

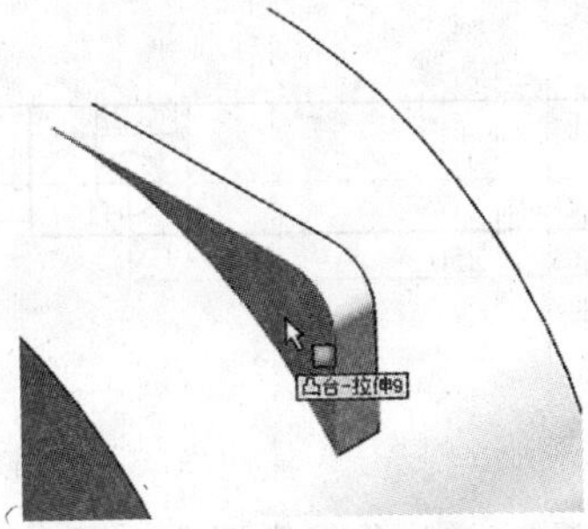

图 7－93　选择草图绘制平面

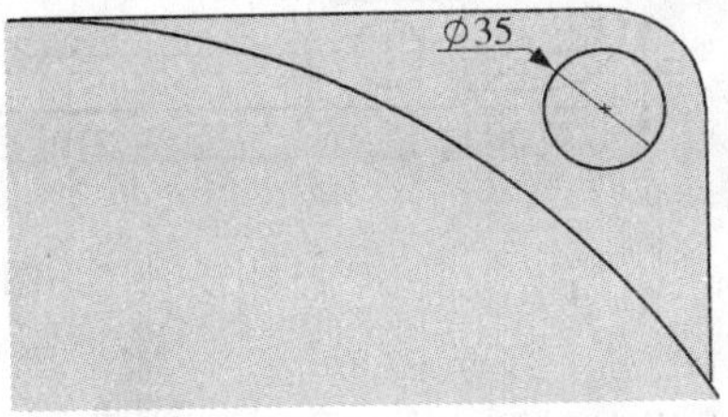

图 7－94　二维草图

(7)单击“特征”工具栏的 拉伸切除，弹出“切除－拉伸”对话框，按住鼠标中键，观察拉伸方向，若方向不正确，单击 给定深度 中的箭头换向，单击“方向 1”下的终止条件为“完全贯穿”，单击“确定”按钮，绘制图形如图 7－95 所示，完成吊环孔的建模。

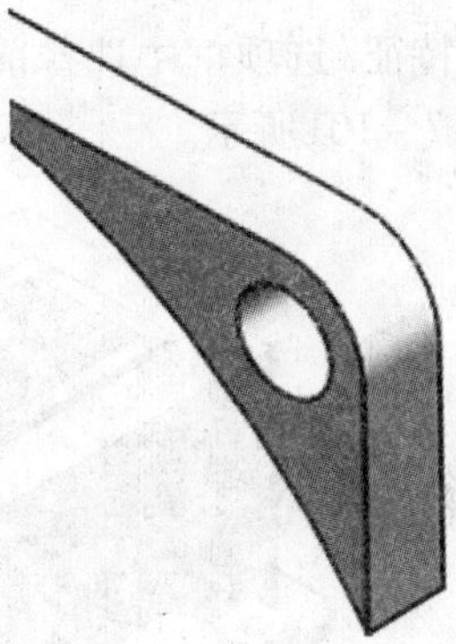

图 7－95　拉伸切除生成的孔

7.2.5　其他孔特征的建模

7.2.5.1　箱盖连接螺栓安装孔的建模

(1)单击如图 7－96 所示的实体表面为草图绘制平面，单击“视图定向”工具栏中的“正视于”按钮，使绘图平面转为正视方向。单击“草图”工具栏上的“中心线”命令，绘制一条水平中心线，如图 7－97 所示。单击“草图”工具栏上的 智能尺寸，标注尺寸。

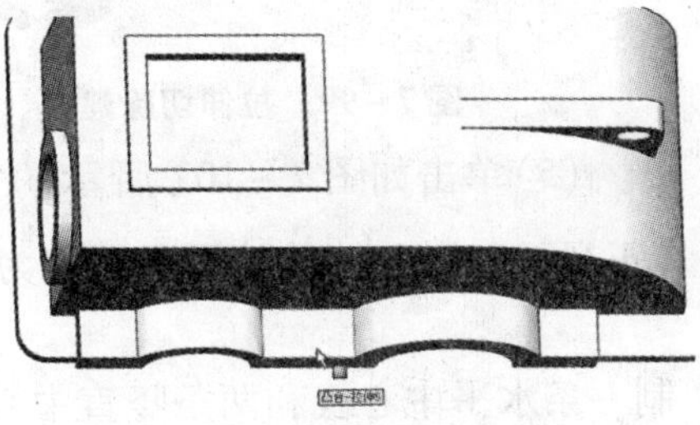

图 7－96　选择草图绘制平面

(2)单击“草图”工具栏上的 圆，移动光标，捕捉到中心线时单击，圆心就在中心线上。单击“草图”工具栏上的 智能尺寸，标注尺寸，结果如图 7－98 所示。

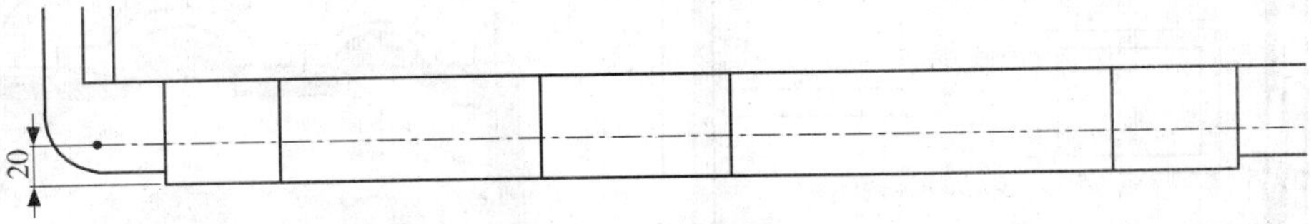

图 7－97　绘制中心线

(3)单击“特征”工具栏的 拉伸切除，弹出“切除－拉伸”对话框，按住鼠标中键，观察拉伸方向，若方向不正确，单击 给定深度 中的箭头换向，单击“方向 1”下的终止条件为“完全贯穿”，单击“确定”按钮，结果如图 7－99 所示。

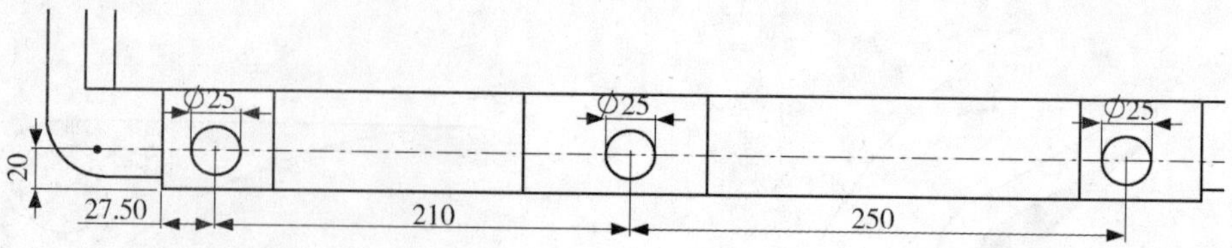

图 7－98　二维草图

（4）单击“特征”工具栏的 线性阵列 的下拉箭头，单击 镜像，弹出“镜像”对话框，镜像参数设置如图 7－100 所示。展开绘图区域中的特征树，单击“前视基准面”为镜像面，在“要镜像的特征”选项框中选择前面所绘制的“切除－拉伸”特征，单击“确定”按钮，建模结果如图 7－101所示。

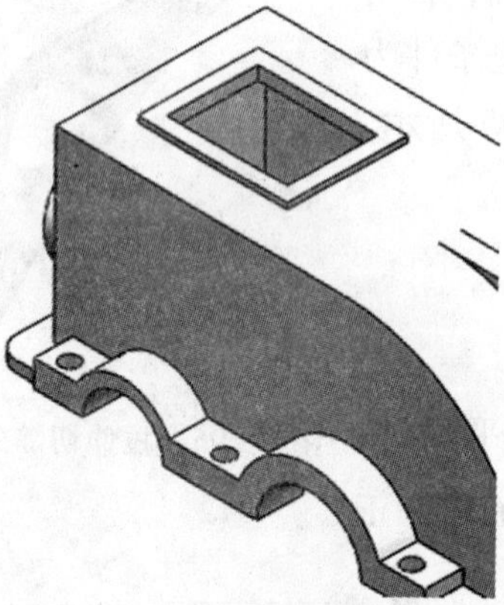

图 7－99　拉伸切除建模

图 7－100　镜像参数设置

（5）单击如图 7－102 所示的实体底面为草图绘制平面，单击“视图定向”工具栏中的“正视于”按钮，使绘图平面转为正视方向。单击“草图”工具栏上的“中心线”命令，绘制一条水平中心线和两条竖直中心线，如图 7－103 所示。单击“草图”工具栏上的 智能尺寸，标注尺寸。

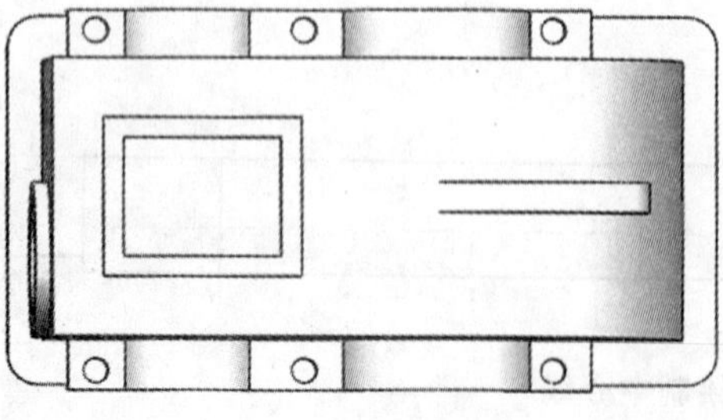

图 7－101　特征镜像结果

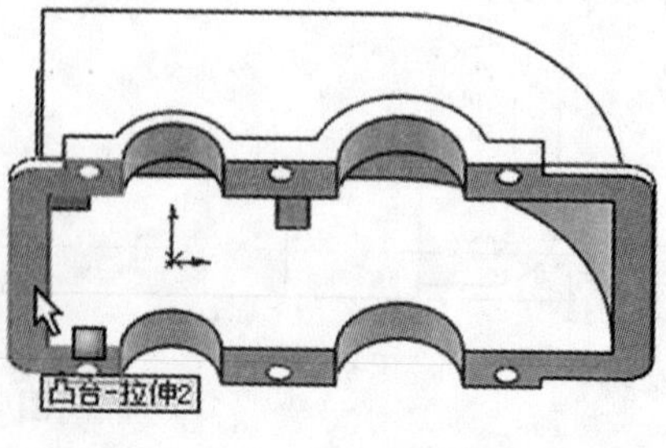

图 7－102　选择草图绘制平面

（6）单击“草图”工具栏上的 圆，移动光标，捕捉到中心线时单击，圆心就在中心线上。单击“草图”工具栏上的 智能尺寸，标注尺寸，结果如图 7－104 所示。

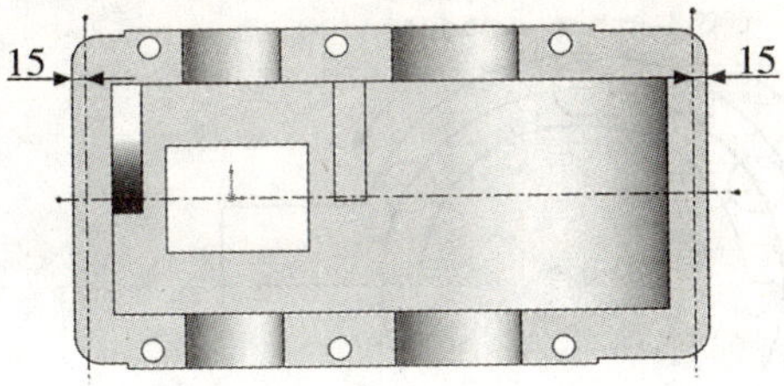

图 7－103 绘制中心线

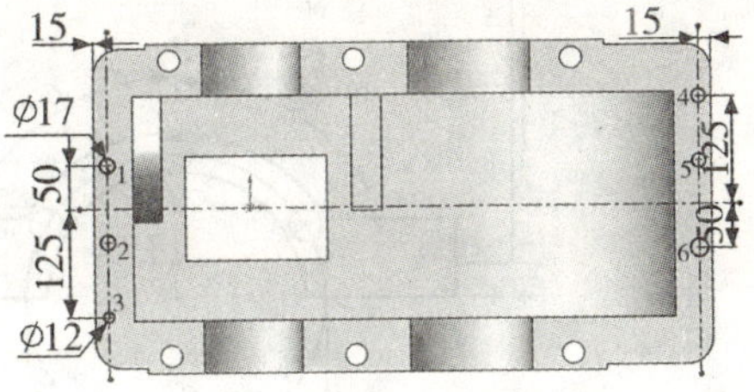

图 7－104 二维草图

(7)图 7－104 中圆 1、圆 2、圆 5、圆 6 的直径相等，且关于水平中心线对称，圆 3、圆 4 的直径相等。按 Ctrl 键，连续选择圆 1、圆 2、水平中心线，弹出属性对话框，单击 对称(S)，添加对称约束几何关系；采用同样的方法，将圆 5 和圆 6 添加关于水平中心线的对称约束几何关系。按住 Ctrl 键，连续选择圆 1、圆 5，弹出属性对话框，单击 相等(Q)，添加相等约束几何关系；采用同样的方法，将圆 3 和圆 4 添加相等约束几何关系。至此，二维草图变为黑色，即完全约束。

(8)单击“特征”工具栏的 拉伸切除，弹出“切除－拉伸”对话框，按鼠标中键，观察拉伸方向，若方向不正确，单击 给定深度 中的箭头换向，单击“方向 1”下的终止条件为“完全贯穿”，单击“确定”按钮，结果如图 7－105 所示。

7.2.5.2 轴承盖上螺纹孔的建模

(1)单击如图 7－106 所示的实体表面为草图绘制平面，单击“视图定向”工具栏中的“正视于”按钮，使绘图平面转为正视方向。

图 7－105 拉伸切除结果

图 7－106 选择草图绘制平面

(2)单击“草图”工具栏，单击 草图绘制，单击“草图”工具栏上的 圆，绘制同心圆，单击“草图”工具栏上的 中心线，绘制通过圆心的 6 条中心线。单击“草图”工具栏上的 智能尺寸，标注尺寸，结果如图 7－107 所示。单击“草图”工具栏上的 圆，绘制圆，捕捉到交点，作为圆心，绘制图形如图 7－107 所示。单击绘图区域右上角的图标，完成二维草图绘制，孔的位置草图绘制完成。

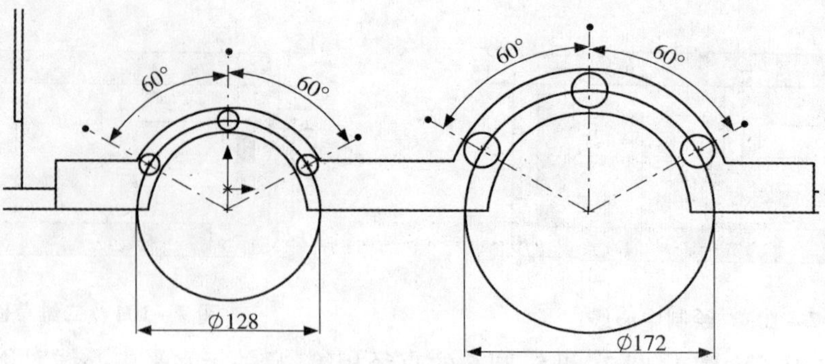

图 7－107　孔的位置草图

(3)单击“特征”工具栏的异型孔向导，选择或输入“ ”、“GB”、“M10”、“27.50mm”、“20.00mm”等，如图 7－108 所示。单击 位置，弹出“孔位置”对话框，如图 7－109 所示。单击第一个孔的位置，其余的均能捕捉到图中的圆心(若捕捉不方便，滚动鼠标中键，放大图形)，单击绘图区域右上角的“确定”按钮，生成螺纹孔，如图 7－110 所示。可看出所生成的螺纹孔 1 不在圆心处，它是选择的第一个位置。

图 7－108　螺纹孔参数设置

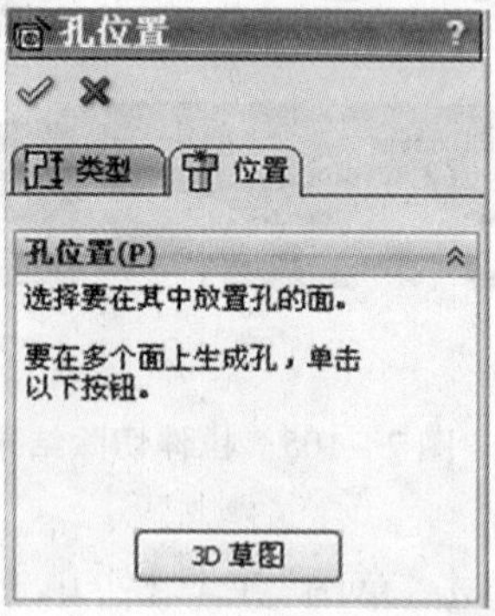

图 7－109　“孔位置”对话框

(4)在特征树上单击 M10 螺纹孔2 前的“＋”号，展开特征，右键单击孔的位置草图，选择“编辑草图”命令，按住 Ctrl 键，连续选择图 7－111 中的孔位置和圆，添加 同心(N) 约束几何关系。单击绘图区域右上角的图标，完成螺纹孔位置的编辑。

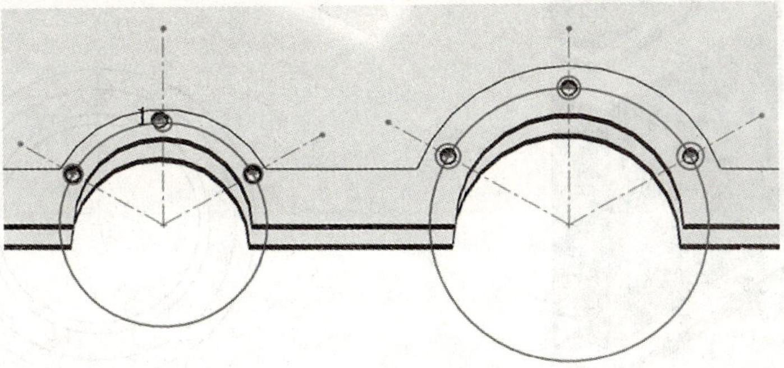

图 7－110　生成螺纹孔

(5)右键单击孔的位置草图,单击将其隐藏,建模结果如图 7－112 所示。

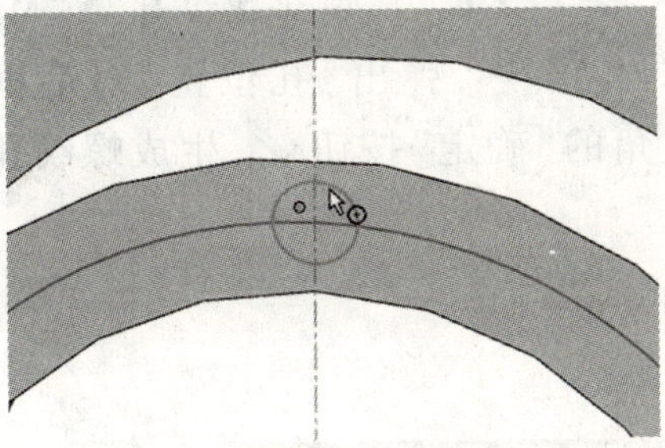

图 7－111　编辑螺纹孔的位置

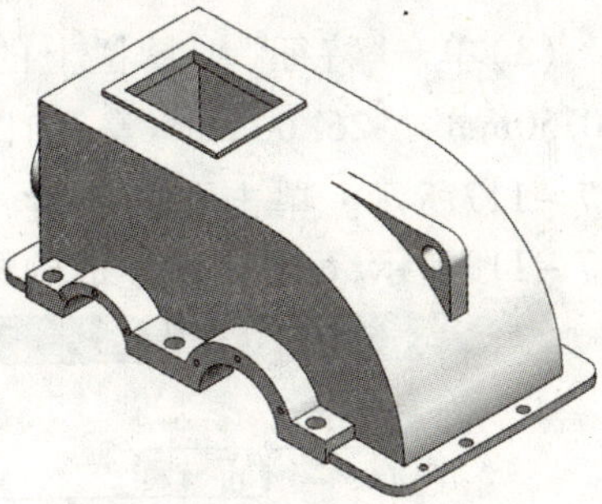

图 7－112　完成一边螺纹孔

(6)单击“特征”工具栏的线性阵列的下拉箭头,单击镜像,弹出“镜像”对话框,如图 7－113所示。展开绘图区域中的特征树,单击“前视基准面”为镜像面,在“要镜像的特征”选项框中选择螺纹孔特征,单击“确定”按钮,完成螺纹孔建模。

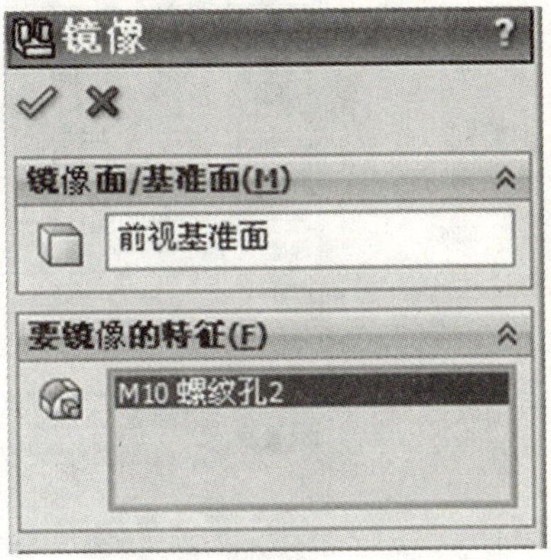

图 7－113　“镜像”对话框

7.2.5.3　蜗杆轴轴承盖上螺纹孔的建模

(1)单击如图 7－114 所示的实体表面为草图绘制平面,单击“视图定向”工具栏中的“正视于”按钮,使绘图平面转为正视方向。

(2)单击“草图”工具栏上的圆,绘制同心圆。单击“草图”工具栏上的“中心线”命令,绘制通过圆心的 1 条中心线。单击“草图”工具栏上的圆,在交点处绘制 1 个圆。单击“草图”工具栏上的智能尺寸,标注尺寸,结果如图 7－115 所示。单击绘图区域右上角的图标,完成二维草图的绘制,螺纹孔的位置草图绘制完成。

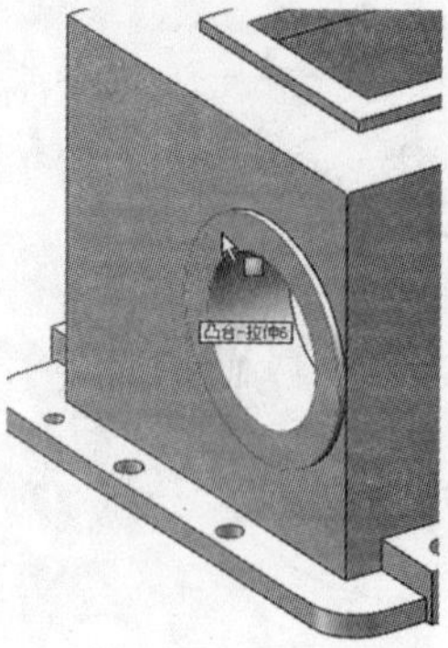

图 7－114　选择草图绘制平面

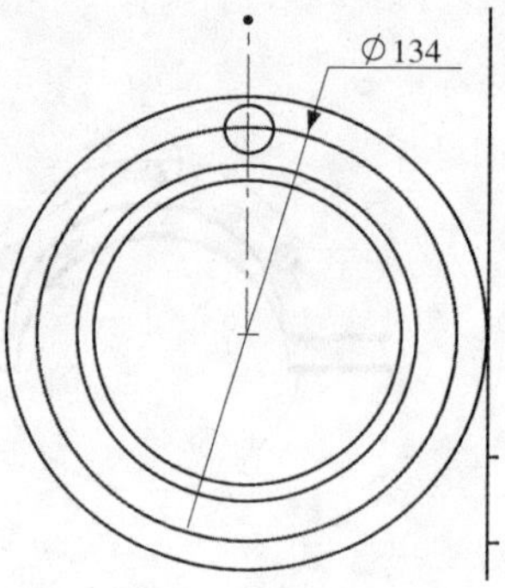

图 7－115　二维草图

(3)单击“特征”工具栏上的异型孔向导，选择式输入“”、“GB”、“底部螺纹孔”、“M10”、“30. 50mm”、“26. 00mm”等，如图 7－116 所示。单击位置，弹出“孔位置”对话框，如图 7－117所示。单击孔的位置，单击绘图区域右上角的“确定”按钮，生成螺纹孔，如图 7－118所示，可看出所生成的螺纹孔不在圆心处。

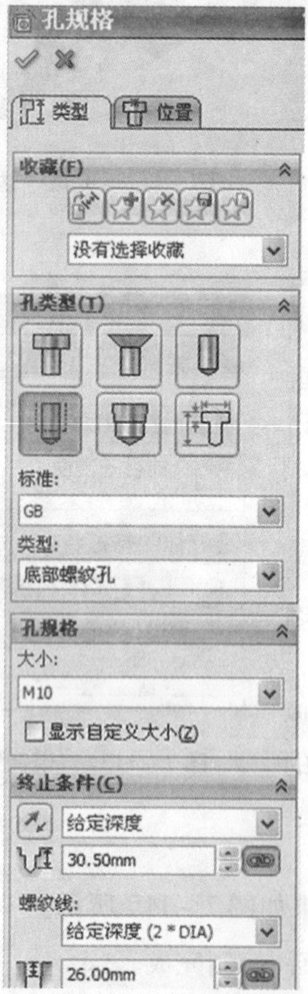

图 7－116　螺纹参数设置

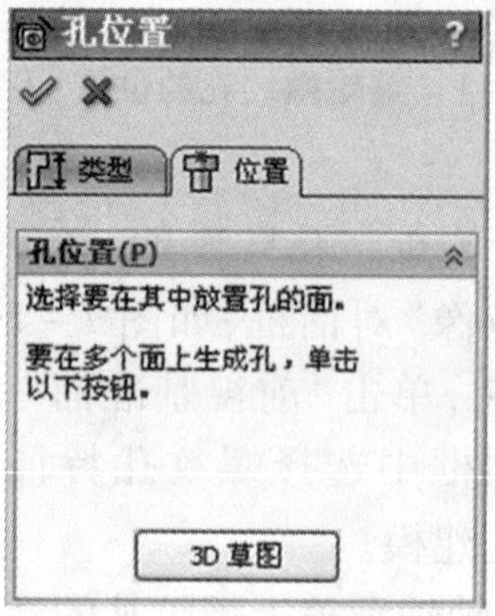

图7-117　“孔位置”对话框

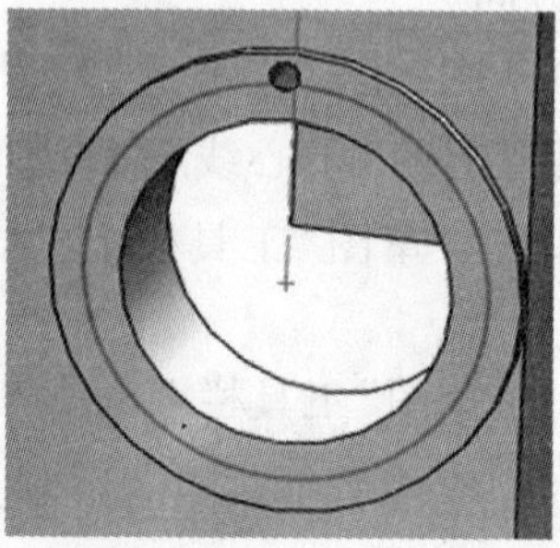

图 7－118　建立孔特征

(4)在特征树上单击 M10 螺纹孔3 前的“+”号，展开特征，右键单击孔的位置草图，选择“编辑草图”命令，按住 Ctrl 键，连续选择图 7－119 中的孔位置和圆，添加 同心(N) 约束几何关系。单击绘图区域右上角的图标，完成螺纹孔位置的编辑。

(5)右键单击特征树上螺纹孔的位置草图，单击将其隐藏。

(6)单击“特征”工具栏上 线性阵列 的下拉列表中的 圆周阵列，单击“视图”—“临时轴”，将临时轴显示出来，单击如图 7－120 所示的临时轴为阵列轴，选择在“360.00 度”内阵列，阵列“8”个、“等间距”阵列，在 要阵列的特征(F) 选项框中选择上一步所创建的螺纹孔，如图 7－121所示，单击“确定”按钮，完成螺纹孔的阵列。单击“视图”—“临时轴”将临时轴隐藏，结果如图 7－122所示。

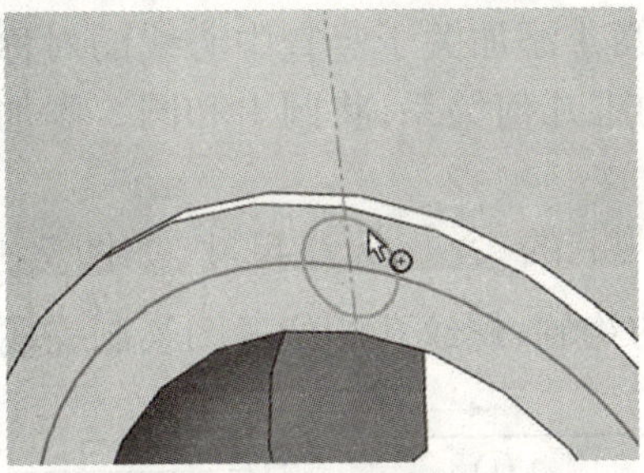
图 7－119　编辑孔位置

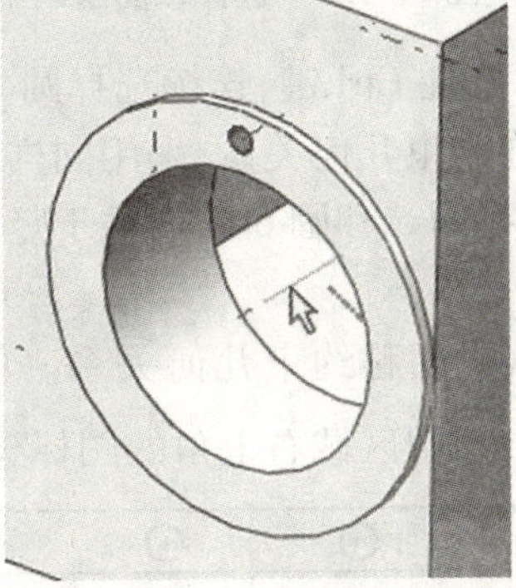
图 7－120　选择阵列轴

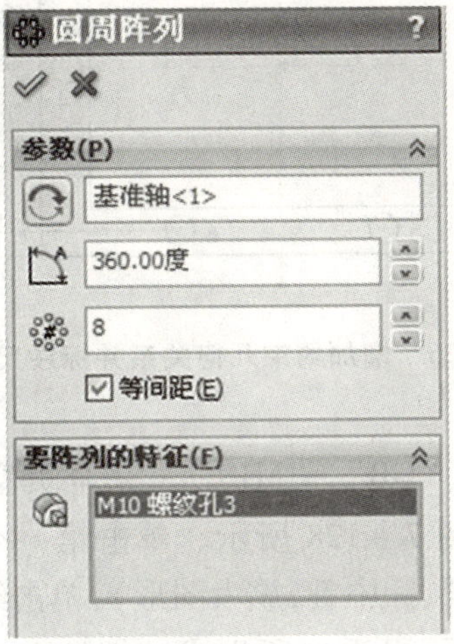

图 7－121　阵列参数设置

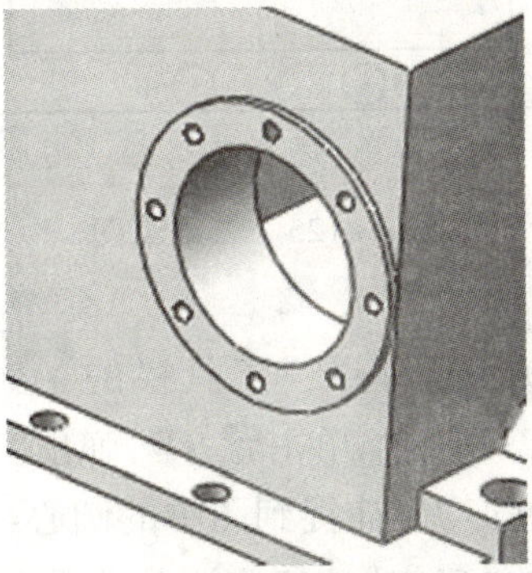
图 7－122　阵列孔的结果

7.2.5.4　窥视孔台阶面上螺纹孔的建模

(1)单击如图 7－123 所示的实体表面为草图绘制平面，单击“视图定向”工具栏中的“正视于”按钮，使绘图平面转为正视方向。

(2)单击“草图”工具栏上的“中心线”命令，捕捉到棱中点，绘制两条通过中点的中心线，如图 7－124 所示。单击“草图”工具栏上的“圆”命令，绘制 6 个圆，如图 7－125 所示，其中圆 3 和圆 4 的圆心在水平中心线上。

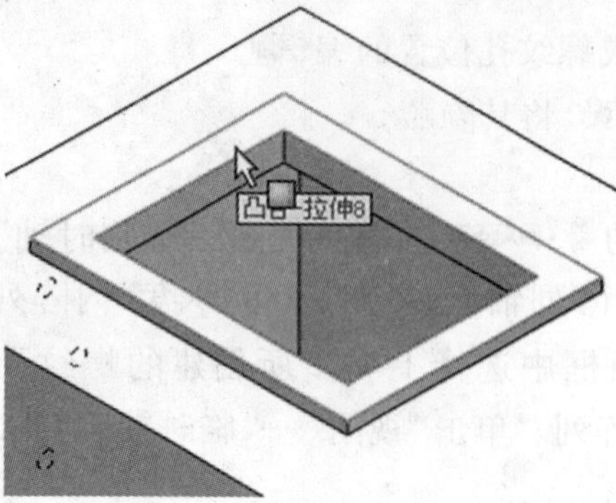

图 7－123　选择草图绘制平面

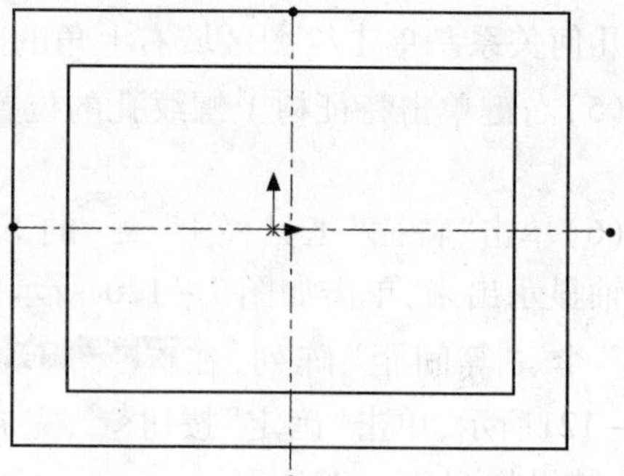

图 7－124　绘制中心线

（3）按住 Ctrl 键，连续选择圆 1、圆 2、竖直中心线，弹出“属性”对话框，单击 对称(S)，添加对称约束几何关系；采用同样的方法，将圆 3 和圆 4 添加关于竖直中心线的对称约束几何关系；将圆 5 和圆 6 添加关于竖直中心线的对称约束几何关系，将圆 1 和圆 5 添加关于水平中心线的对称约束几何关系。单击“草图”工具栏上的 智能尺寸，标注尺寸，如图 7－126 所示。单击绘图区域右上角的图标，完成二维草图的绘制，螺纹孔的位置图绘制完成。

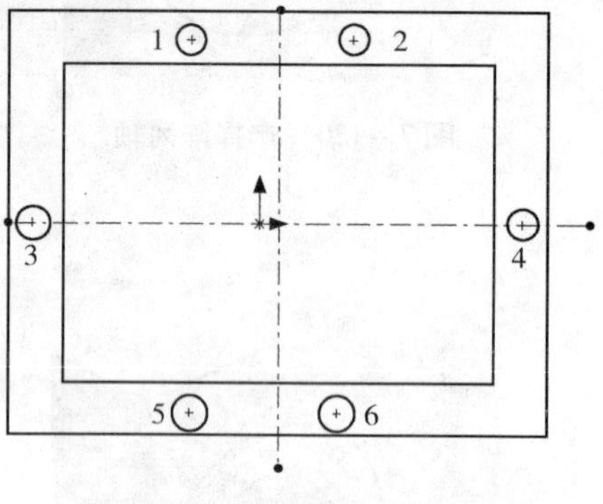

图 7－125　二维草图

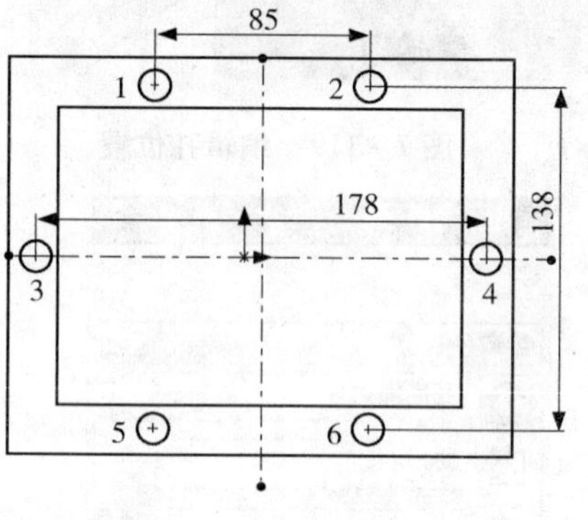

图 7－126　增加约束几何关系并标注尺寸

（4）单击”特征”工具栏的 异型孔向导，选择式输入“”、“GB”、“M10”、“完全贯穿”等，如图 7－127所示。单击 位置，弹出“孔位置”对话框，如图 7－128 所示。单击第一个孔的位置，其余的均能捕捉到图中的圆心（若捕捉不方便，滚动鼠标中键，放大图形），单击绘图区域右上角的“确定”按钮，生成螺纹孔，如图 7－129 所示，可看出所生成的螺纹孔 1 不在圆心处，它是选择的第一个位置。

（5）在特征树上单击 M10 螺纹孔4 前的“＋”号，展开特征，右键单击孔的位置草图，选择“编辑草图”命令，按住 Ctrl 键，连续选择图 7－130 中的孔位置和圆，添加 同心(N) 约束几何关系。单击绘图区域右上角的图标，完成螺纹孔位置的编辑。

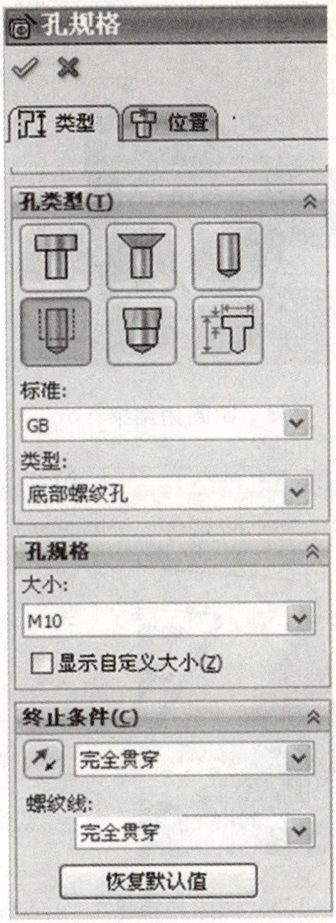

图 7－127　孔参数设置

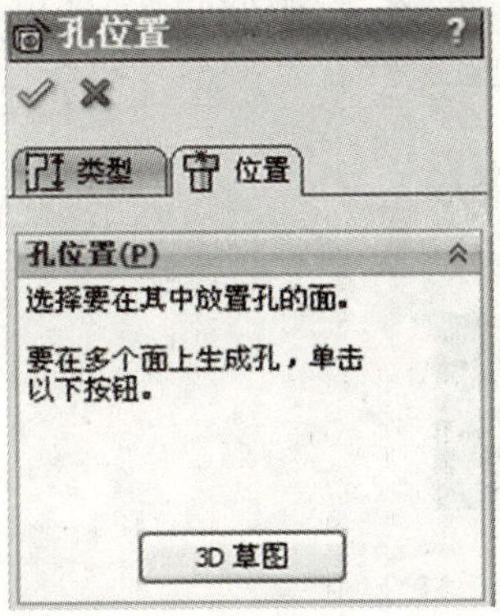

图 7－128　“孔位置”对话框

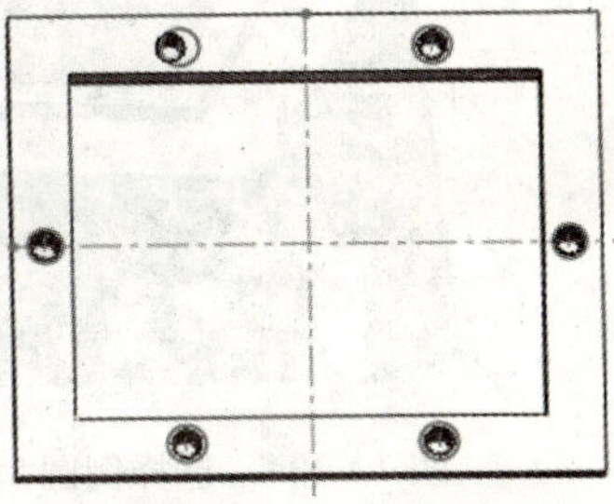

图 7－129　生成孔特征

(6)右键单击特征树中螺纹孔的位置草图，单击将其隐藏，建模结果如图 7－131 所示。

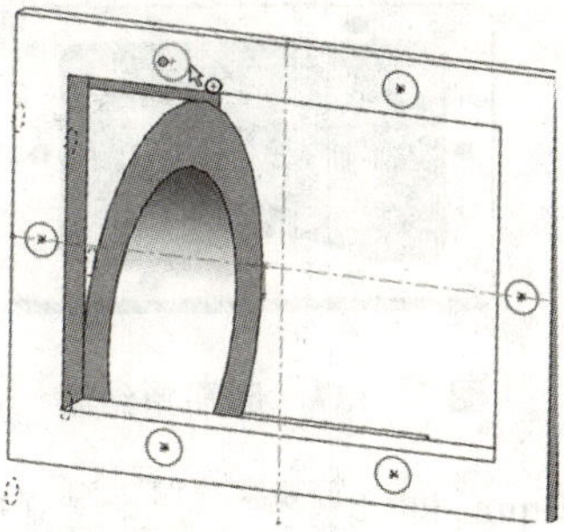

图 7－130　编辑孔位置

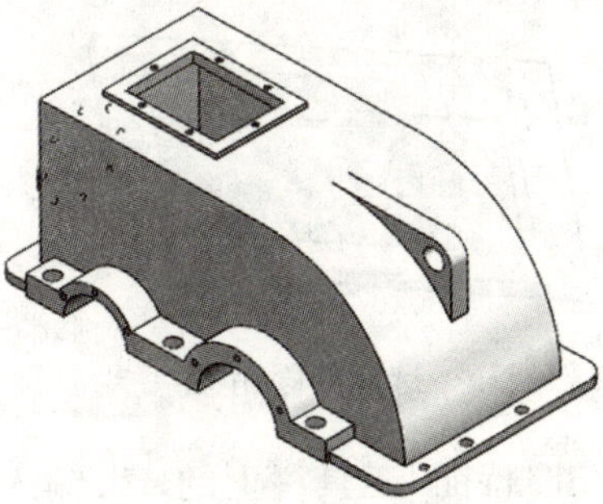

图 7－131　上箱体建模结果

7.3　辅助特征的创建

上箱体建模基本完成，还需要在倒圆角的部分进行倒圆角操作。

(1)单击“特征”工具栏上的圆角，输入圆角半径 35.00mm，即 35.00mm，单击如

图 7－132所示的棱，单击“确定”按钮，完成倒圆角，结果如图 7－133 所示。

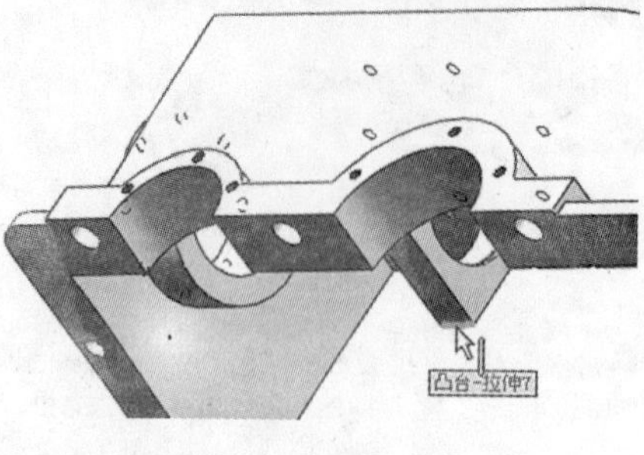

图 7－132　选择倒圆角棱

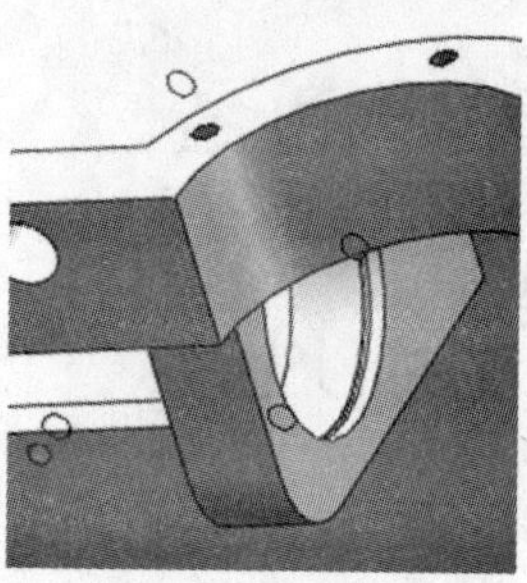

图 7－133　倒圆角结果

（2）单击“特征”工具栏上的圆角，输入圆角半径 15.00mm，即 15.00mm，单击如图 7－134所示的棱，单击“确定”按钮，完成倒圆角，结果如图 7－135 所示。

图 7－134　选择倒圆角棱

图 7－135　倒圆角结果

（3）单击“特征”工具栏上的圆角，输入圆角半径 10.00mm，即 10.00mm，连续单击如图 7－136 所示的内外共 8 条棱，单击“确定”按钮，完成倒圆角，结果如图 7－137 所示。

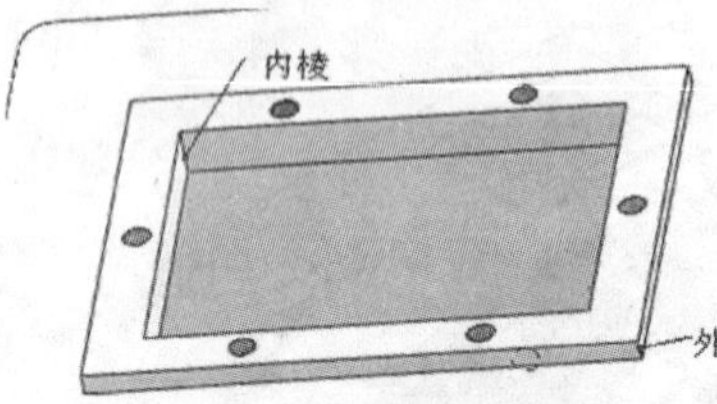

图 7－136　选择倒圆角棱

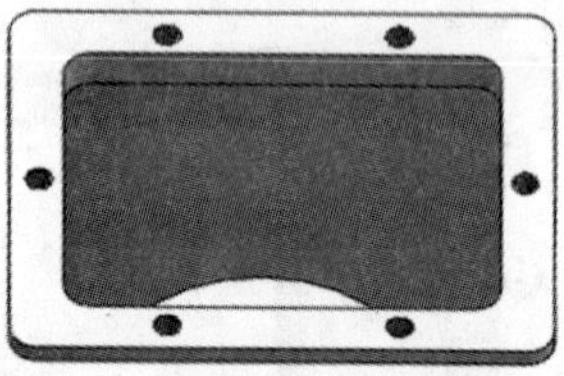

图 7－137　倒圆角结果

（4）单击“特征”工具栏上的圆角，输入圆角半径 10.00mm，即 10.00mm，连续单击如图 7－138 所示的棱，单击“确定”按钮，完成倒圆角，结果如图 7－139 所示。

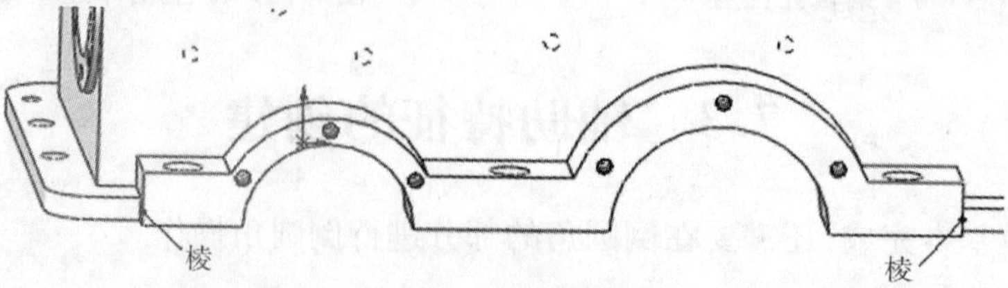

图 7－138　选择倒圆角棱

图 7－139　倒圆角结果

(5)单击“特征”工具栏上的，输入圆角半径 10.00mm，即，连续单击如图 7－140、图 7－141 所示的棱，单击“确定”按钮，完成倒圆角，结果如图 7－142 所示。

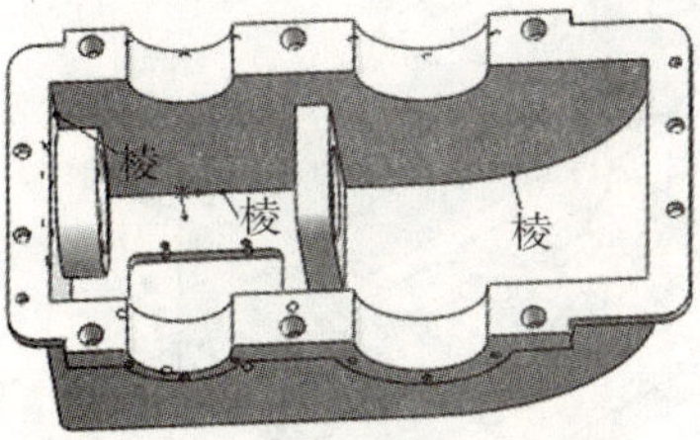

图 7－140　选择倒圆角棱

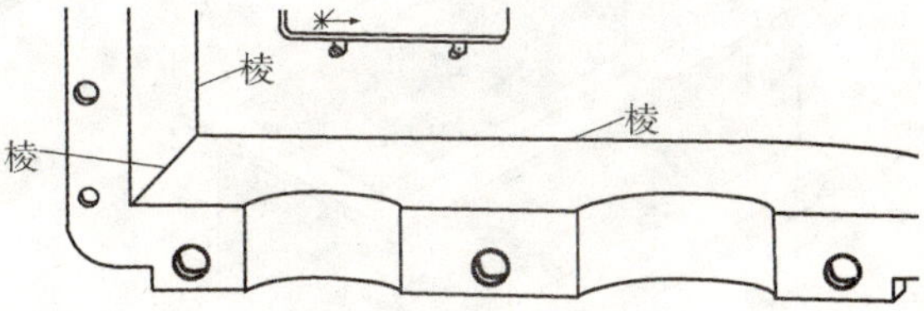

图 7－141　选择倒圆角棱

(6)单击“特征”工具栏上的，输入圆角半径 5.00mm，即，单击如图 7－143所示的棱，和此棱相切的棱均被选中，单击如图 7－144 所示的棱，连续单击选择一周，单击“确定”按钮，完成倒圆角命令。单击“视图定向”工具栏中的“等轴测”按钮，结果如图 7－145 所示。

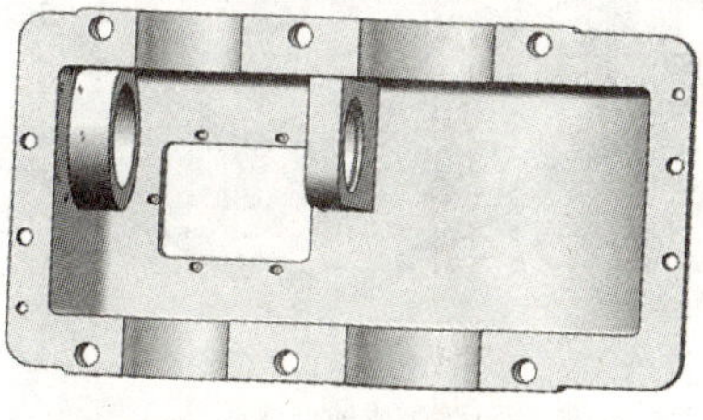

图 7－142　倒圆角结果

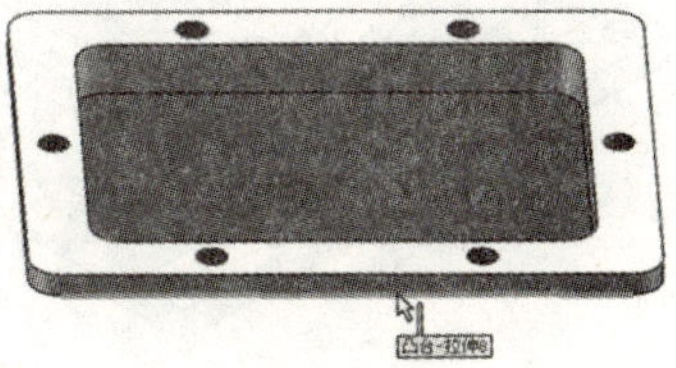

图 7－143　选择倒圆角棱

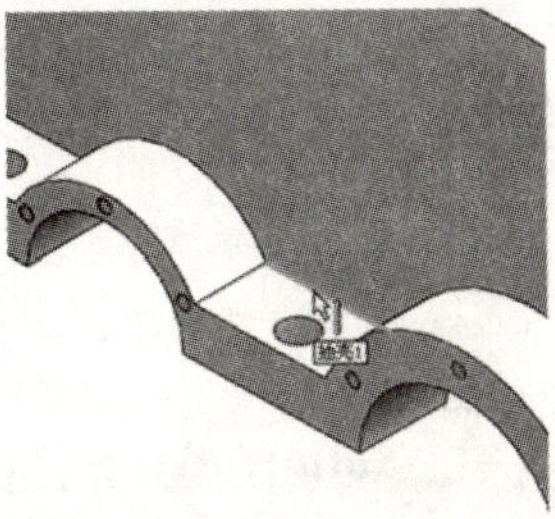

图 7－144　选择倒圆角棱

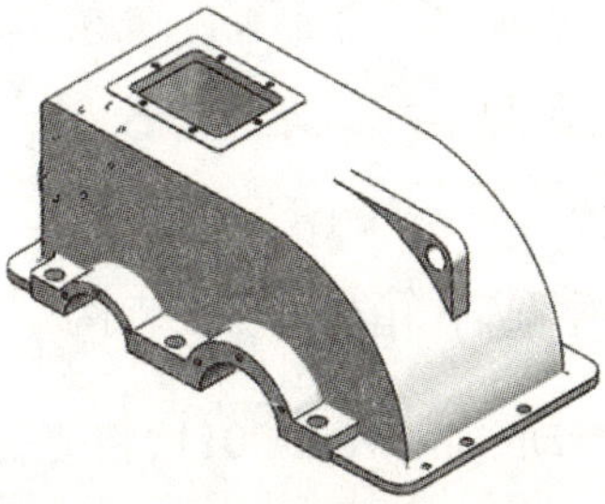

图 7－145　倒圆角结果

(7)修改模型的颜色，编辑材质，单击“保存”命令图标或是选择菜单命令“文件”—“保存”，设置好路径，将文件保存，并将文件命名为“上箱体. sldprt”。

第 8 章 下箱体

下箱体是典型的箱体类零件，是减速器中最重要的零件之一，用于保护箱体中的零件，也起到了支撑零件的作用。上箱体的建模用到 SolidWorks 中的拉伸、抽壳、切除、打孔、加强筋、倒角等多项建模工具。下箱体的建模方法如图 8－1 所示。

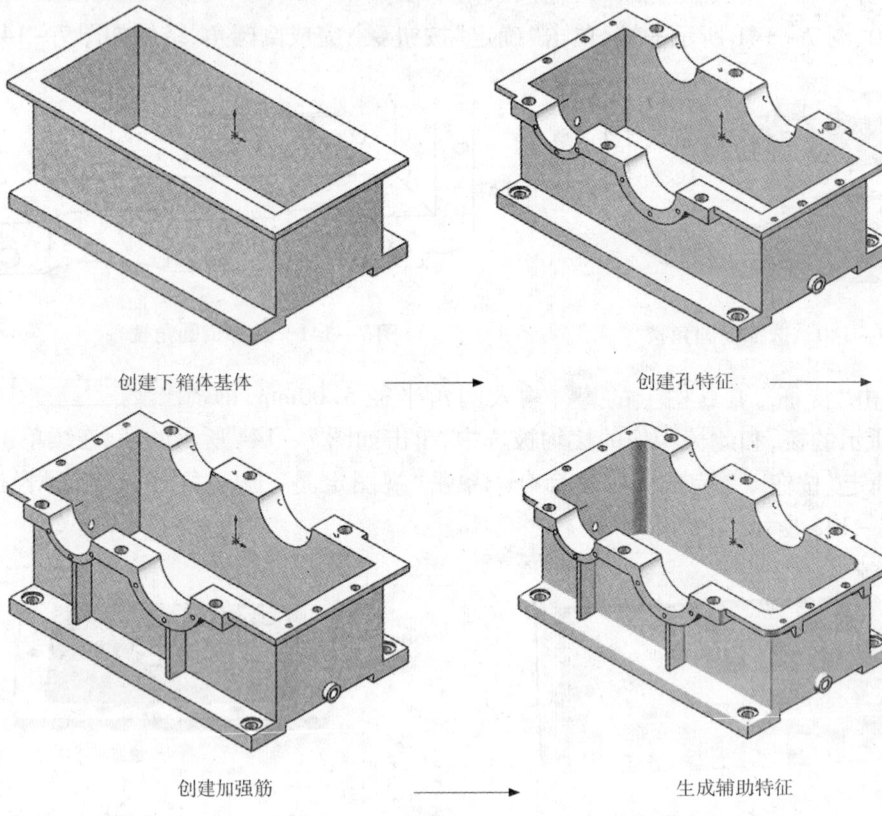

图 8－1 下箱体的建模方法

8.1 初步轮廓的绘制

8.1.1 生成下箱体主体结构

（1）启动 SolidWorks2011，将光标移到 SolidWorks2011 图标 SolidWorks 上，选择菜单命令“文件”—“新建”或单击工具栏上的按钮，单击“零件模板”按钮，单击“确定”按钮，进入零件建模环境。

（2）在打开的特征树中选择 右视基准面 作为草图平面，单击“视图定向”工具栏中的“正视于”按钮，使绘图平面转为正视方向。

（3）单击“草图”工具栏上的“中心线”命令，在绘图区域绘制一条通过原点的竖直中心线。

（4）单击“草图”工具栏上的“直线”命令，绘制如图8－2所示的直线。

（5）从左上角移动鼠标到右下角用框选的方式选中图中所有对象，如图8－3所示。单击“草图”工具栏上的镜像实体，将所有的实体对象关于中心线对称复制，如图8－4所示。

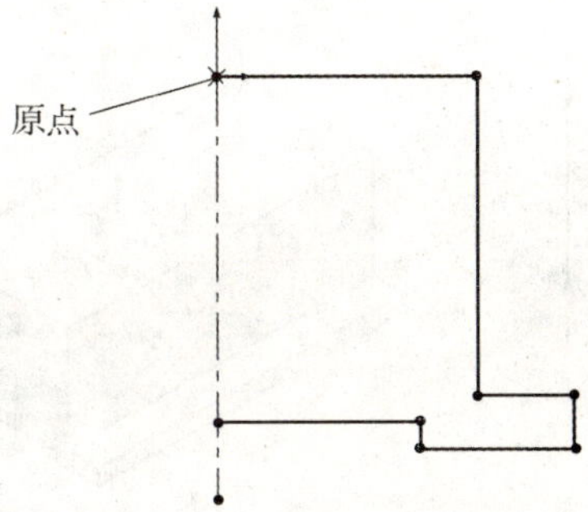

图8－2　二维草图

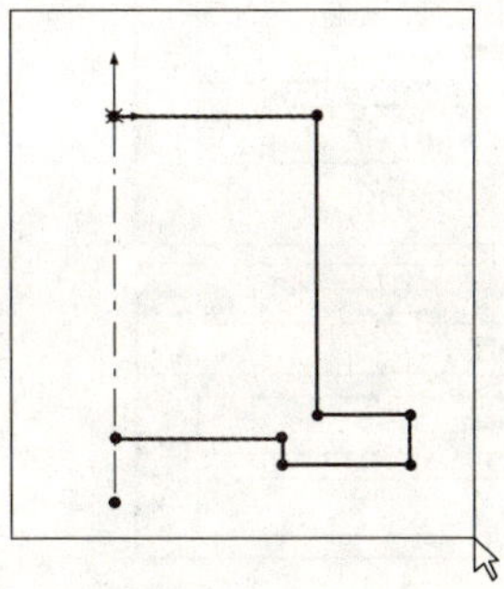

图8－3　对象选择

（6）单击“草图”工具栏上的智能尺寸，标注图形尺寸，如图8－5所示。

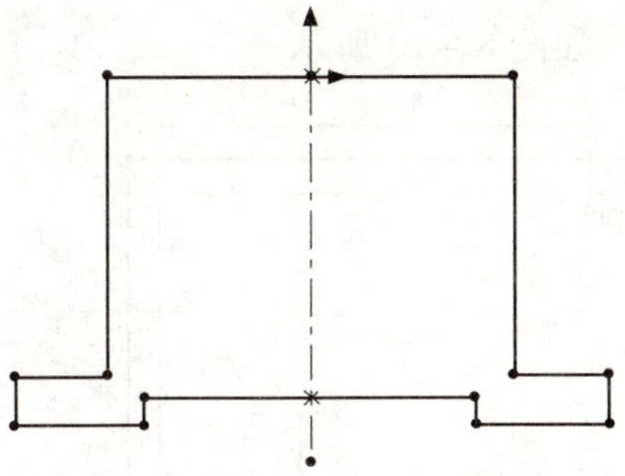

图8－4　二维草图镜像结果

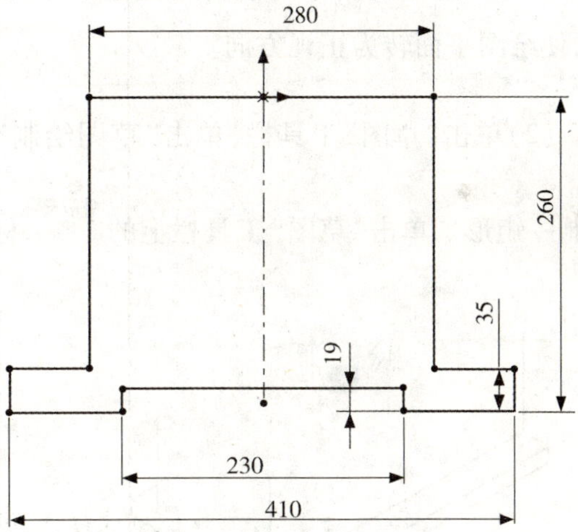

图8－5　标注尺寸

（7）单击“特征”工具栏的拉伸凸台/基体，弹出“凸台－拉伸”对话框，输入数据，“方向1”中输入245.00mm，单击“方向2”前的方框，将“方向2”展开，输入拉伸深度395.00mm，如图8－6所示。按鼠标中键，观察拉伸方向，如图8－7所示（图8－7中，拉伸方向为一个箭头的是方向1，拉伸方向为两个箭头的是方向2），若方向不正确，单击给定深度中的箭头换向，单击“确定”按钮，完成下箱体的主体结构，结果如图8－8所示。

图 8－6　拉伸参数

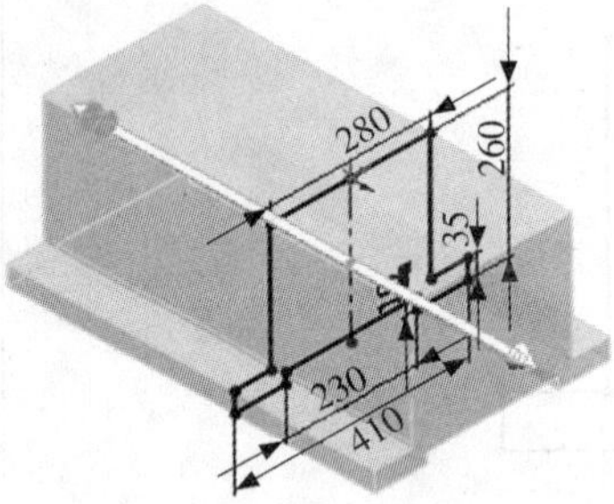

图 8－7　拉伸方向

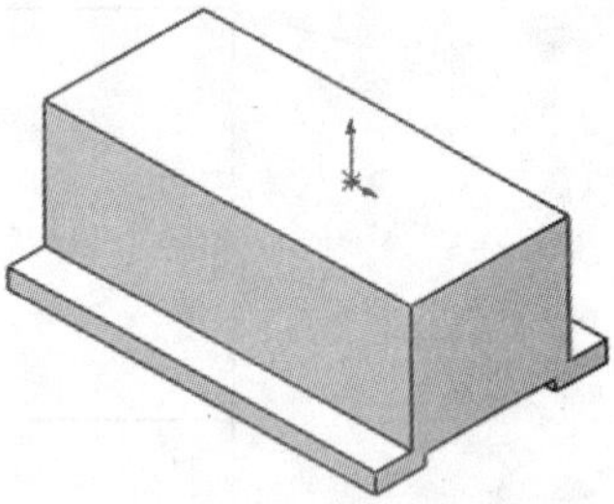

图 8－8　拉伸出的模型

8.1.2　生成下箱体连接凸沿

(1)单击图 8－9 中的面为草图绘制平面，单击“视图定向”工具栏中的“正视于”按钮，使绘图平面转为正视方向。

(2)单击“草图”工具栏，单击“草图绘制”命令 草图绘制，单击“草图”工具栏的 边角矩形，绘制一矩形。单击“草图”工具栏上的 智能尺寸，标注图形尺寸，如图 8－10 所示。

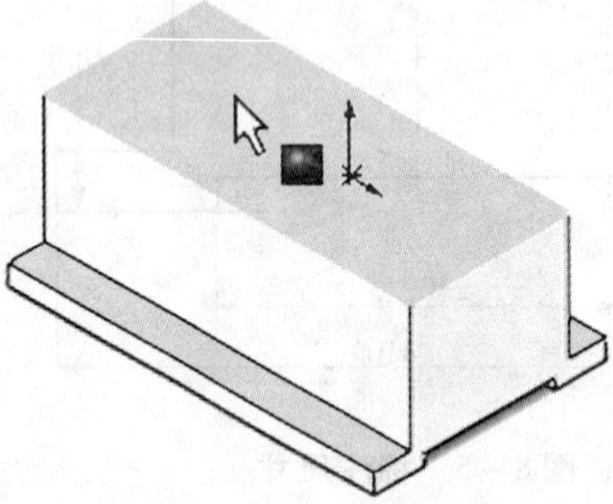

图 8－9　选择草图绘制平面

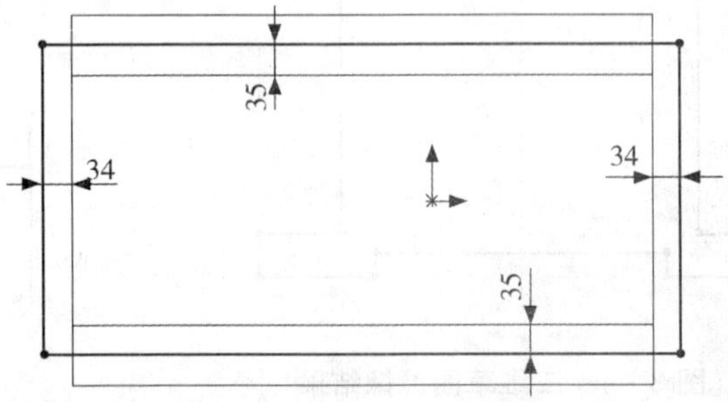

图 8－10　二维草图

(3)单击“特征”工具栏的 拉伸凸台/基体，弹出“凸台－拉伸”对话框，拉伸深度为 15.00mm，按鼠标中键，观察拉伸方向（拉伸方向应为向下），如图 8－11 所示，若方向不正确，单击 给定深度 中的箭头换向，单击“确定”按钮，结果如图 8－12 所示。

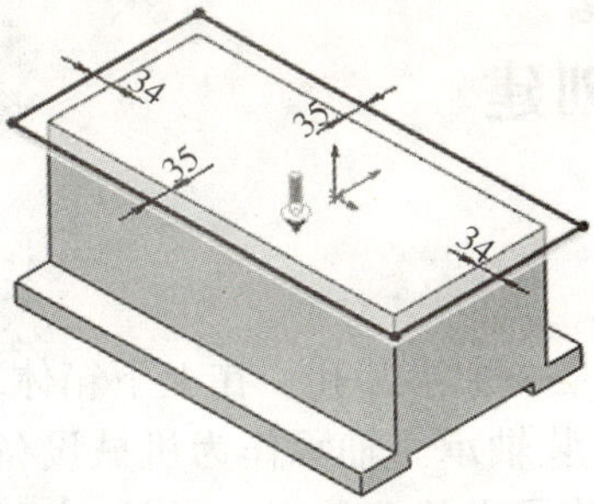

图 8－11　拉伸特征

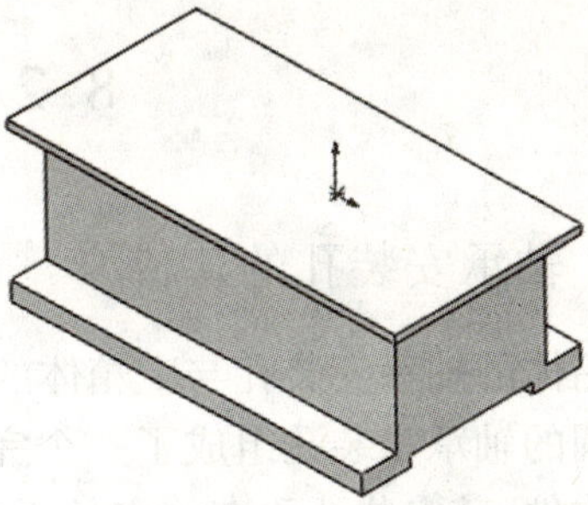

图 8－12　拉伸出的模型

8.1.3　生成箱体结构

（1）单击如图 8－13 所示的面为草图绘制平面，单击“视图定向”工具栏中的“正视于”按钮，使绘图平面转为正视方向。

（2）单击“草图”工具栏的边角矩形，绘制一矩形。单击“草图”工具栏上的智能尺寸，标注图形尺寸，如图 8－14 所示。

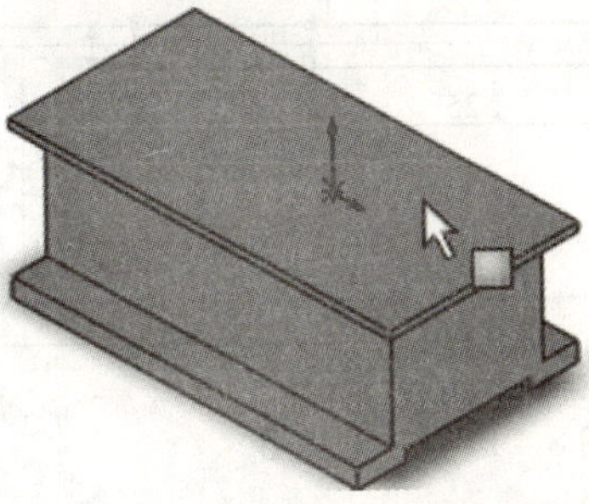

图 8－13　选择草图绘制平面

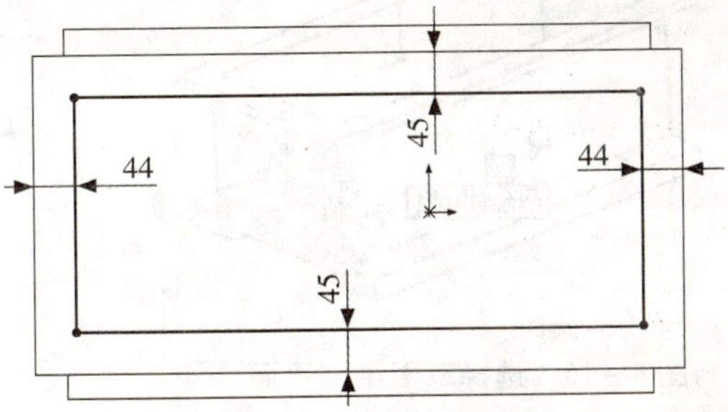

图 8－14　二维草图

（3）单击“特征”工具栏的拉伸切除，弹出“切除－拉伸”对话框，拉伸深度为 231.00mm，按鼠标中键，观察拉伸方向，若方向不正确，单击给定深度中的箭头换向，单击“确定”按钮，结果如图 8－15 所示。

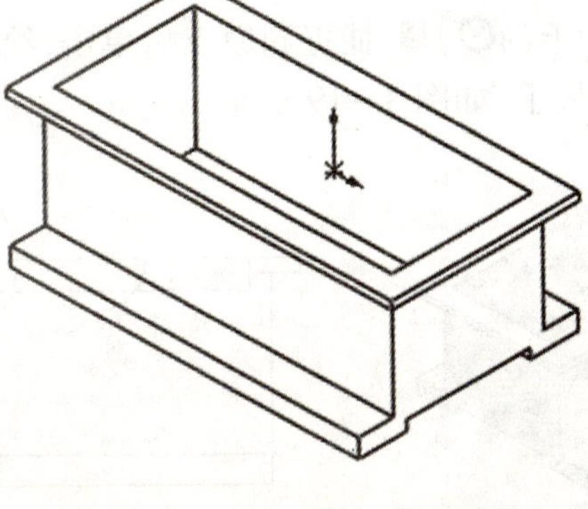

图 8－15　拉伸切除后的实体模型

8.2　孔特征的创建

8.2.1　轴承安装孔的建模

下箱体的轴承安装孔与上箱体的轴承安装孔一样，是一个半圆孔。在上下箱体装配后，两个半圆的轴承安装孔组成了一个完整的圆形孔，以安装轴承。轴承作为机械设备中主要的承载构件，其安装孔要有一定的强度，因此在下箱体轴承安装孔处有一定的加强筋存在。下箱体的轴承安装孔的制作过程如下：

(1)单击如图 8－16 所示的实体表面为草图绘制平面，单击"视图定向"工具栏中的"正视于"按钮，使绘图平面转为正视方向。

(2)单击"草图"工具栏的 边角矩形，绘制一矩形，矩形上边线与实体棱对齐。单击"草图"工具栏上的 智能尺寸，标注图形尺寸，如图 8－17 所示。

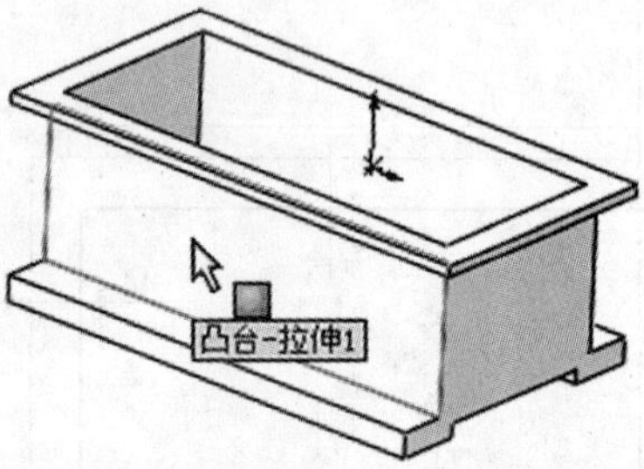

图 8－16　选择草图绘制平面

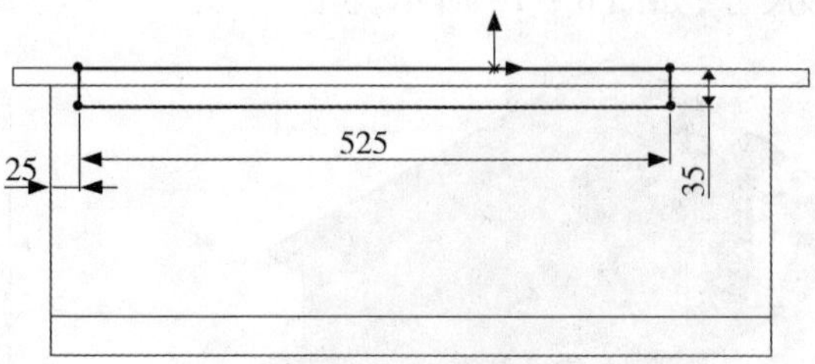

图 8－17　二维草图

(3)单击"特征"工具栏的 拉伸凸台/基体，弹出"凸台－拉伸"对话框，输入拉伸深度为 51.00mm，按鼠标中键，观察拉伸方向，若方向不正确，单击 给定深度 中的箭头换向，单击"确定"按钮，结果如图 8－18 所示。

(4)单击实体表面为草图绘制平面，单击"视图定向"工具栏中的"正视于"按钮，使绘图平面转为正视方向。

(5)单击"草图"工具栏上的 圆，捕捉到原点后单击，绘制一个圆心在原点的圆，再绘制另外一个圆，圆心在实体棱上，如图 8－19 所示。

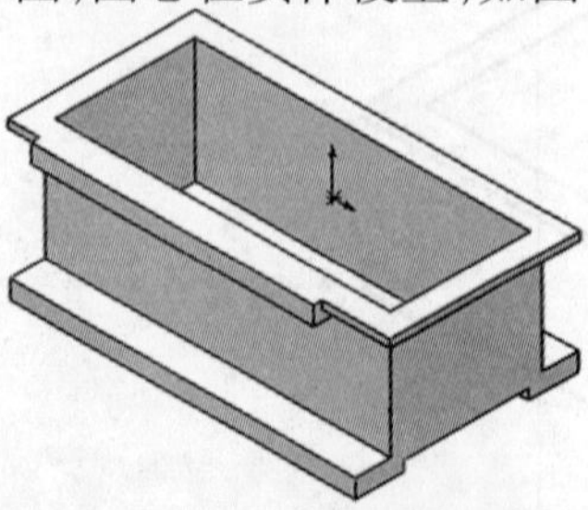

图 8－18　拉伸后的模型

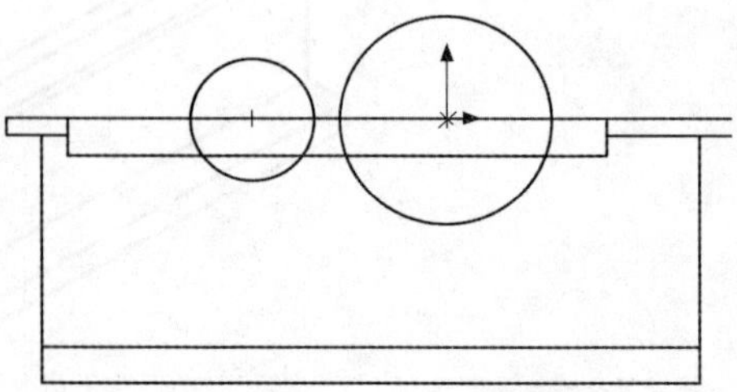

图 8－19　二维草图

(6)单击“草图”工具栏上的“直线”命令＼,分别连接两个圆的象限点(直线 1 和直线 2)。单击“草图”工具栏上的「智能尺寸」,标注图形尺寸,如图 8－20 所示。

(7)单击“草图”工具栏的「剪裁实体」,修剪掉上半圆,结果如图 8－21 所示。

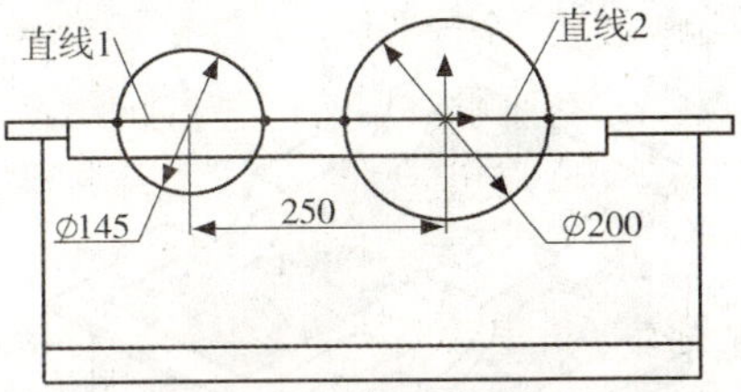

图 8－20　标注尺寸

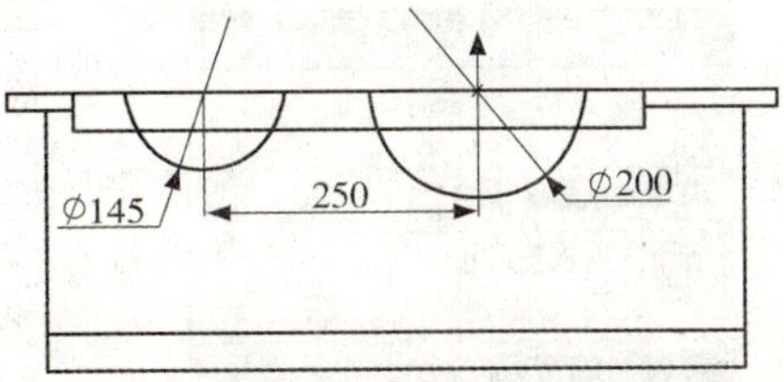

图 8－21　修剪后的图形

(8)单击“特征”工具栏的「拉伸凸台/基体」,弹出“凸台－拉伸”对话框,输入拉伸深度 51.00mm,按住鼠标中键,观察拉伸方向,若方向不正确,单击「给定深度」中的箭头换向,单击“确定”按钮✓,结果如图 8－22 所示。

(9)单击如图 8－23 所示的面为草图绘制平面,单击“草图”工具栏上的「圆」,捕捉到圆心后单击,绘制两个同心圆,标注图形尺寸,如图 8－24 所示。

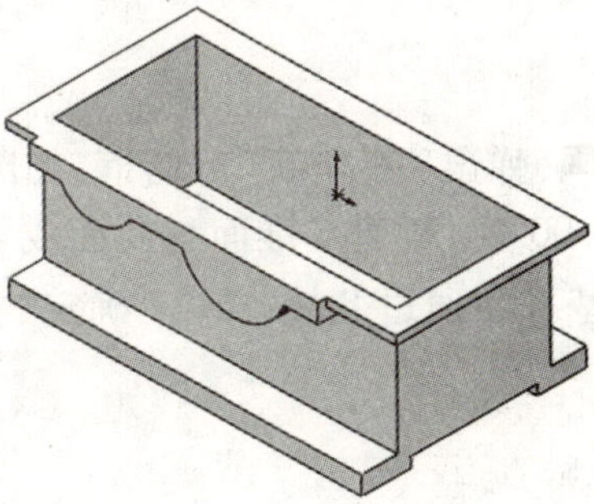
图 8－22　拉伸连接孔基体

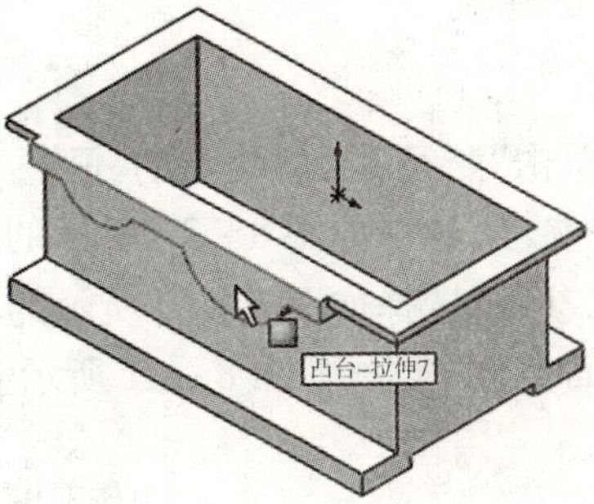

图 8－23　选择草图绘制平面

(10)单击“特征”工具栏的「拉伸切除」,弹出“切除－拉伸”对话框,输入终止条件为“成形到下一面”,按住鼠标中键,观察拉伸方向,若方向不正确,单击「成形到下一面」中的箭头换向,单击“确定”按钮✓,结果如图 8－25 所示。

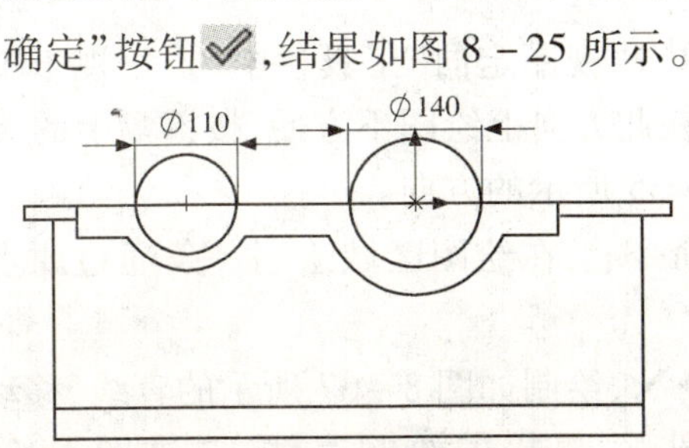

图 8－24　二维草图绘制

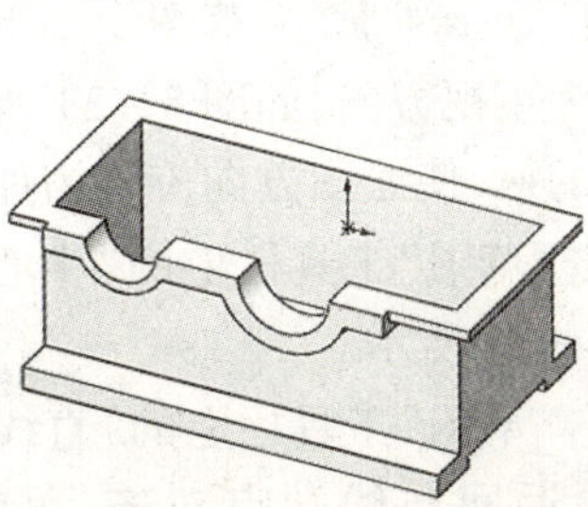
图 8－25　拉伸切除出安装孔

(11)单击“特征”工具栏的线性阵列的下拉箭头，单击镜像，弹出“镜像”对话框，如图 8 – 26所示。展开绘图区域中的特征树，单击“前视基准面”为镜像面，在“要镜像的特征”选项框中选择前面所绘制的两个拉伸特征和一个切除特征，单击“确定”按钮，建模结果如图 8 – 27所示，轴承安装孔建模完成。

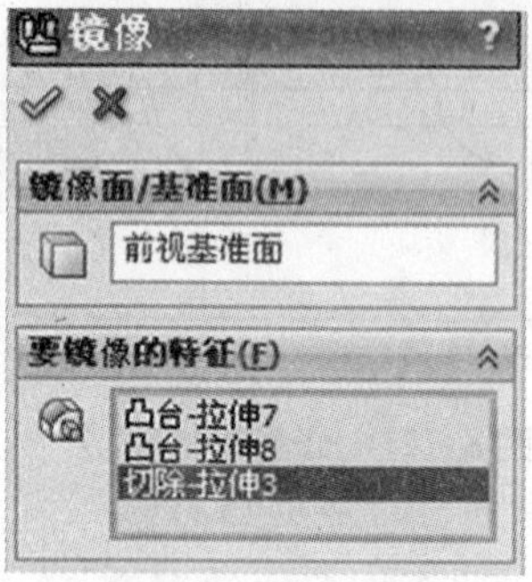

图 8 – 26　镜像参数设置

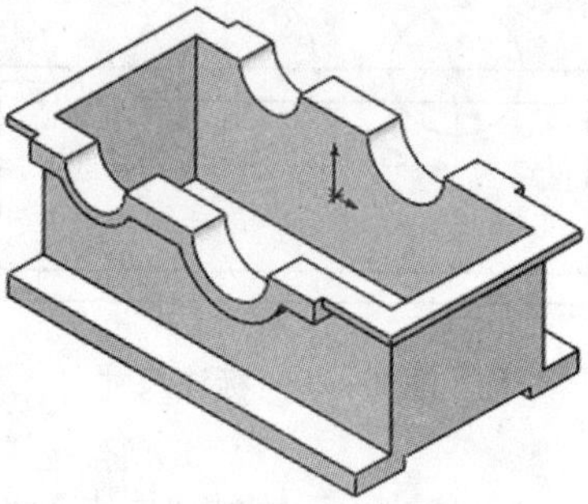

图 8 – 27　镜像模型结果

8.2.2　油标尺孔的建模

相对于系统的坐标系，此孔的轴线与 X、Y、Z 三轴均不平行，因此需建立参考基准面来实现此孔的建模。

(1)单击“特征”工具栏上的参考几何体下的基准面，弹出“基准面”对话框，如图 8 – 28 所示，“第一参考”选择如图 8 – 29 所示的面，输入 45.00 度，新建基准面与此面成 45.00 度夹角，“第二参考”选择如图 8 – 30 所示的棱，新建的基准面通过此棱，单击“确定”按钮，新的“基准面 1”被建立，如图 8 – 31 所示。

(2)单击“特征”工具栏上的参考几何体下的基准面，弹出“基准面”对话框，如图 8 – 32 所示，“第一参考”选择图 8 – 31 中新建的基准面1，在“距离”中输入 100.00mm，新建的基准面与此基准面的距离为 100.00mm，单击“确定”按钮，新的“基准面 2”被建立，如图 8 – 33 所示。

(3)右键单击基准面1，单击按钮将其隐藏。

(4)单击基准面2为草图绘制平面，单击“视图定向”工具栏中的“正视于”按钮，使绘图平面转为正视方向，如图 8 – 34 所示。在此方向上绘图不方便，按键盘上的 Alt 键，连续单击键盘上的←，使绘图方向旋转为如图 8 – 35 所示的方向。

(5)单击“草图”工具栏上的“中心线”命令，在绘图区域绘制一条通过原点的竖直中心线，如图 8 – 36 所示。

(6)单击“草图”工具栏上的“直线”命令，绘制如图 8 – 37 所示的直线，移动光标离开直线端点，再返回与线端点对齐，可绘制圆弧，再接着绘制直线，二维图形绘制结果如图 8 – 38所示。

图 8－28　参数设置

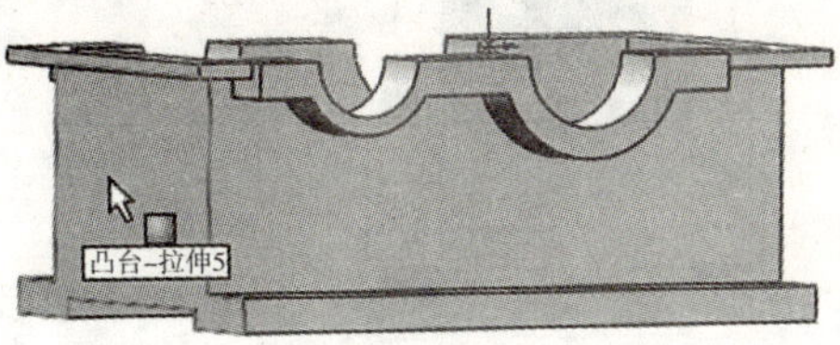

图8-29　第一参考

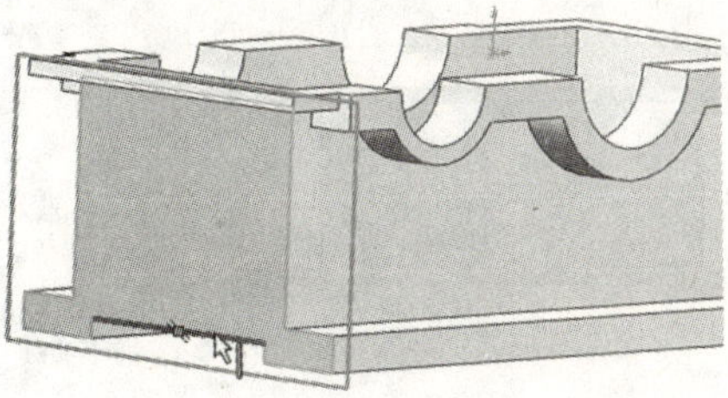

图 8－30　第二参考

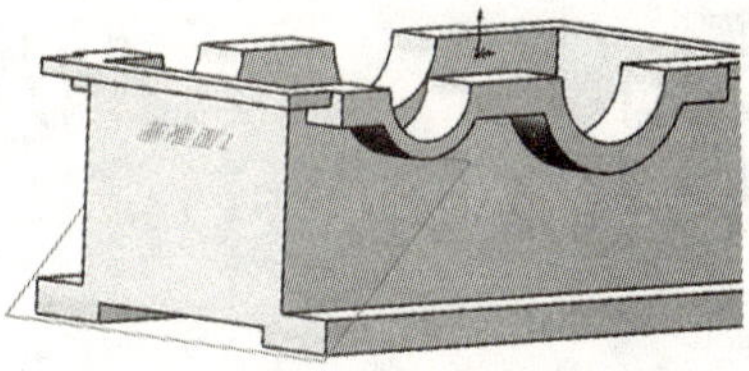

图 8－31　新建立的基准面 1

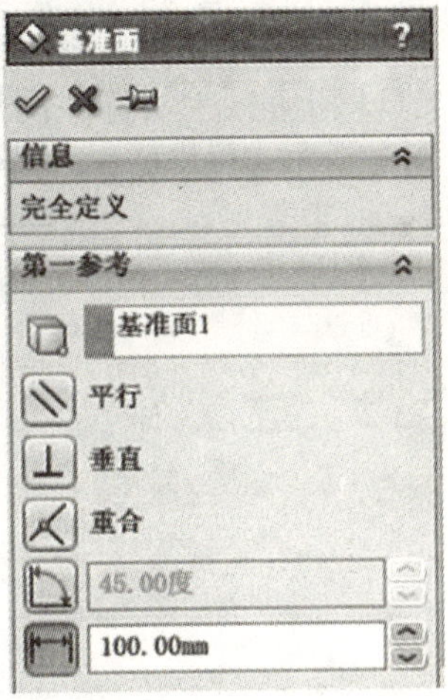

图 8－32　参数设置

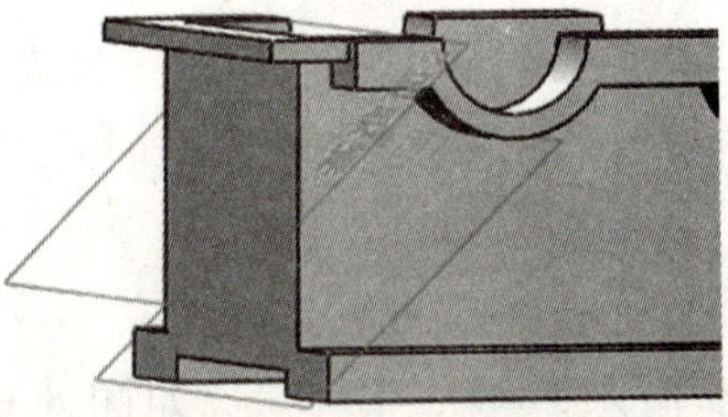

图 8－33　新建立的基准面 2

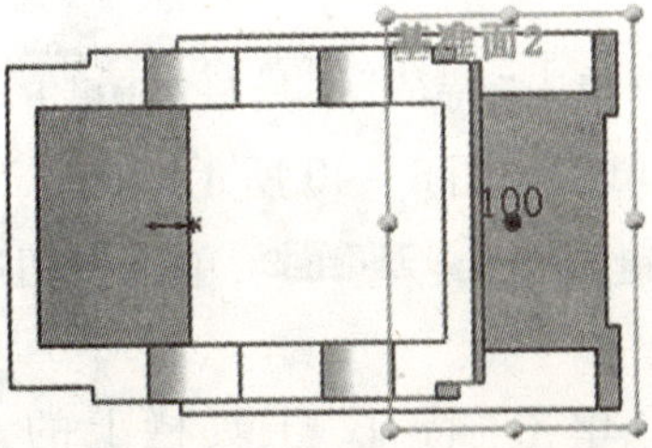

图 8－34　绘图方向

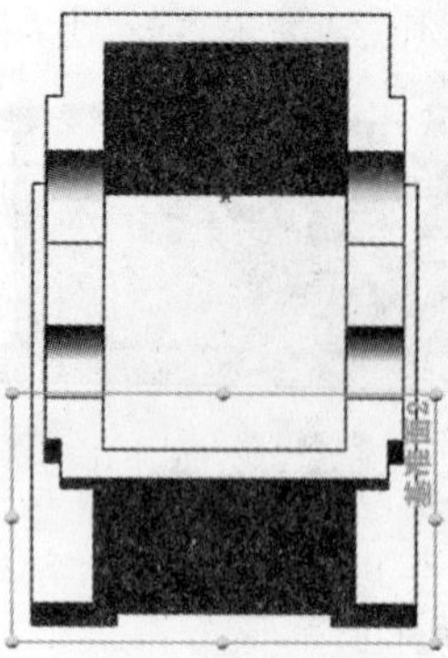

图 8-35　修改绘图方向

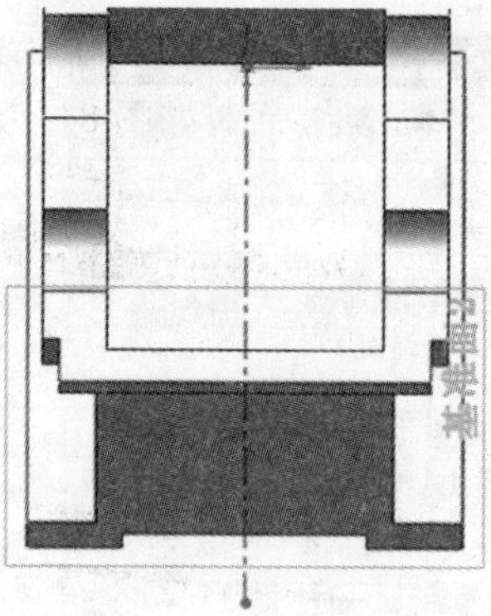

图 8-36　新建立的基准面

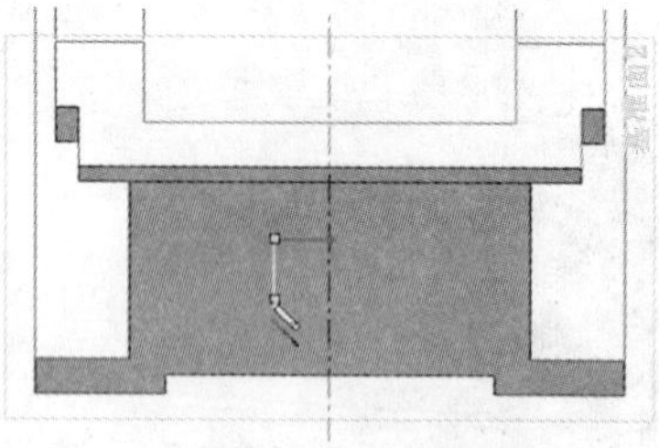

图 8-37　绘制草图

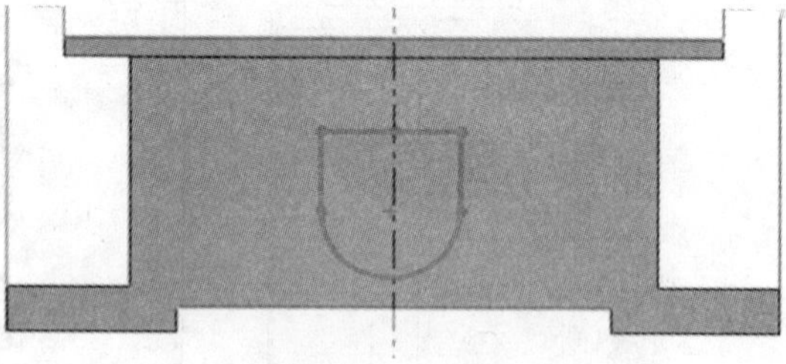

图 8-38　二维草图

(7)按住 Ctrl 键不放，单击两条竖直的线与中心线，添加 对称(S) 约束几何关系。单击“草图”工具栏上的 智能尺寸，标注图形尺寸，如图 8-39 所示。

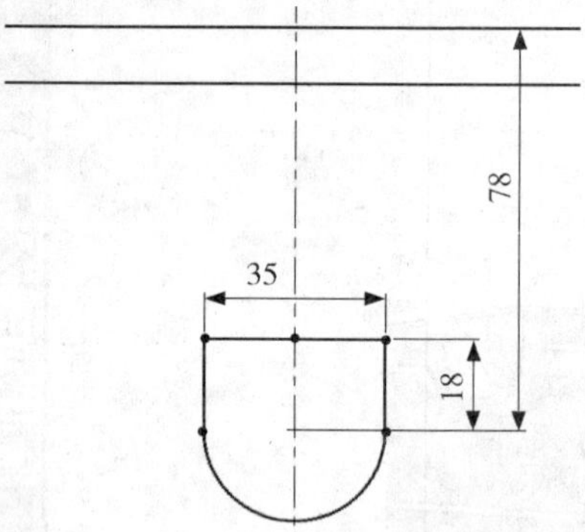

图 8-39　尺寸标注

(8)单击“特征”工具栏的 拉伸凸台/基体，弹出“凸台-拉伸”对话框，输入终止条件为“成形到下一面”，单击如图 8-40 所示的面，拉伸特征到此面后停止，单击“确定”按钮，完成拉伸特征。右键单击 基准面2，单击按钮 将其隐藏，结果如图 8-41 所示。

(9)单击“特征”工具栏上的 异型孔向导，选择或输入“ ”、“GB”等，如图 8-42 所示，“60.00mm”为将孔打透的尺寸，“20.00mm”是这个孔上的螺纹长。单击 位置，弹出“孔位置”对话框，如图 8－43 所示。单击孔的位置，如图 8－44 所示，单击绘图区域右上角的“确定”按钮✓，生成螺纹孔，如图 8－45 所示，可看出生成的螺纹孔不在圆心处。

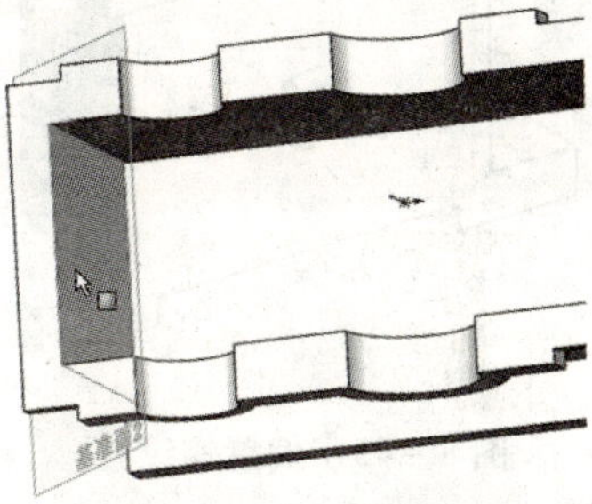

图 8－40　拉伸截止面

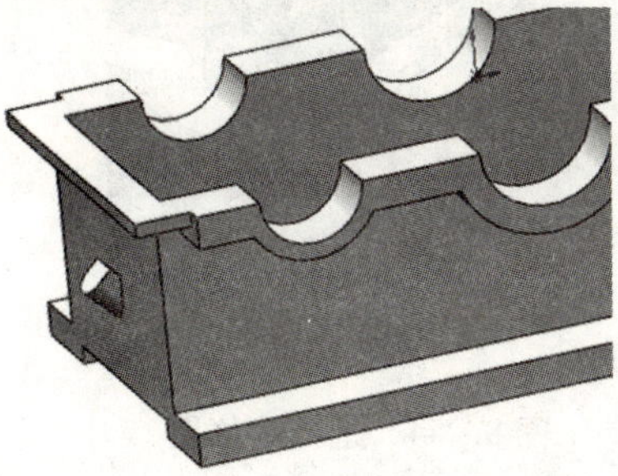

图 8－41　拉伸结果

图 8－42　螺纹参数设置

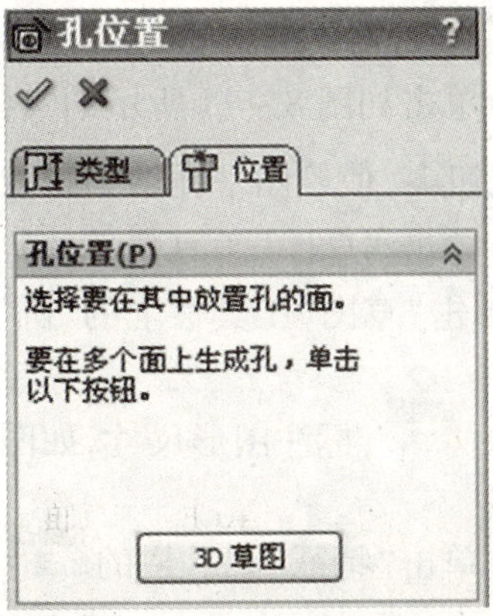

图 8－43　“孔位置”对话框

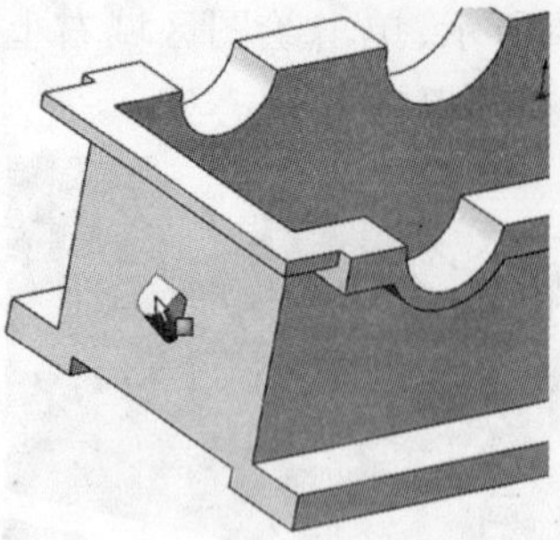

图 8－44　选择孔位置

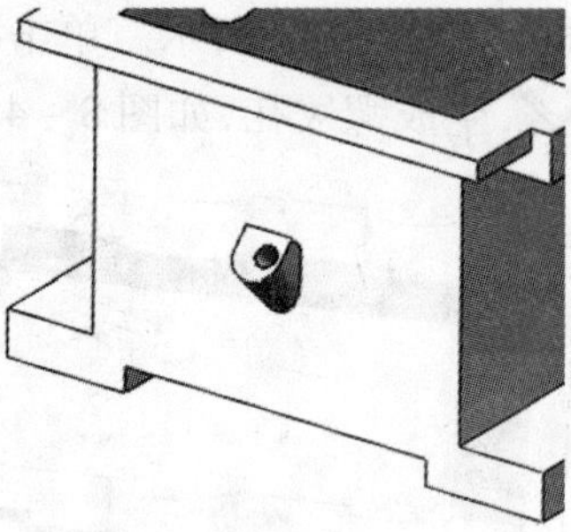

图 8－45　偏置螺纹孔

（10）在特征树上单击 M16x1.5 螺纹孔2 前的“＋”号，展开特征，右键单击孔的位置草图，选择“编辑草图”命令，按住 Ctrl 键，连续选择图 8－46 中的孔位置和圆，添加 同心(N) 约束几何关系，单击绘图区域右上角的图标，完成螺纹孔位置的编辑，油标尺孔建模完成，结果如图 8－47 所示。

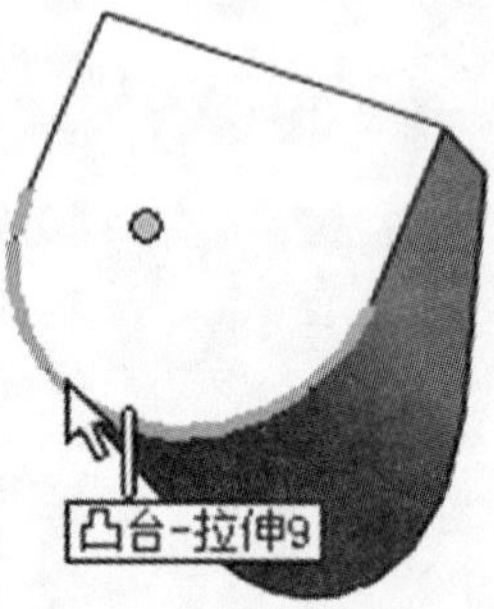

图 8－46　修改螺纹孔位置

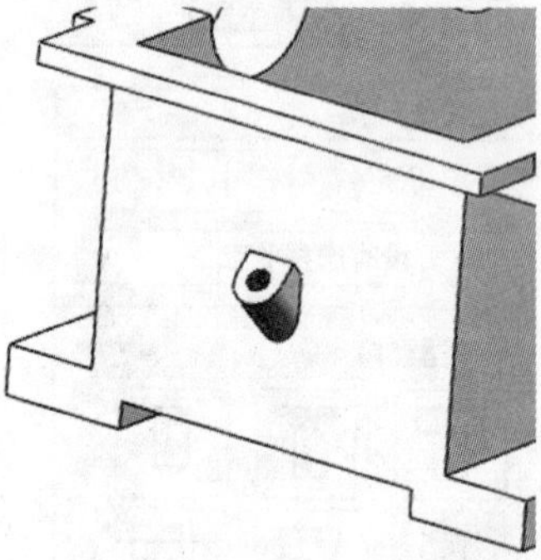

图 8－47　修改结果

8.2.3　放油孔的建模

为了将箱体内的油污排放干净，应在油池的最低处设置放油孔。放油孔的建模过程如下：

（1）单击如图 8－48 所示的实体表面为草图绘制平面，单击“视图定向”工具栏中的“正视于”按钮，使绘图平面转为正视方向。

（2）单击“草图”工具栏上的“中心线”命令，在绘图区域绘制一条通过原点的竖直中心线。单击“草图”工具栏上的“圆”命令，绘制一个圆心在中心线上的圆。单击“草图”工具栏上的 智能尺寸，标注图形尺寸，如图 8－49 所示。

（3）单击“特征”工具栏的 拉伸凸台/基体，弹出“凸台－拉伸”对话框，输入拉伸深度 12.00mm，按住鼠标中键，观察拉伸方向，若方向不正确，单击 给定深度 中的箭头换向，单击“确定”按钮，结果如图 8－50 所示。

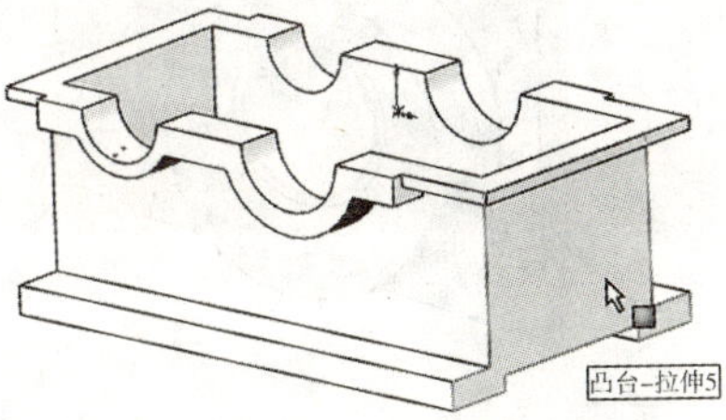

图 8－48　选择草图绘制平面

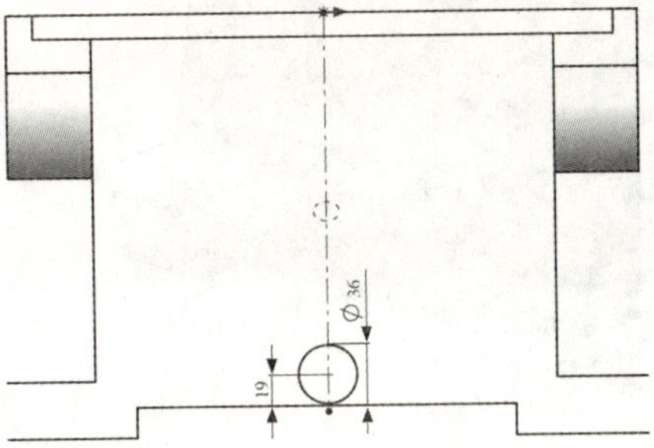

图 8－49　尺寸标注

（4）单击“特征”工具栏上的异型孔向导，选择或输入“”、“GB”等，如图 8－51 所示，“22.00mm”是光孔的深度，“20.00mm”是这个孔上的螺纹长。单击位置，弹出“孔位置”对话框，如图 8－52 所示。单击孔的位置，如图 8－53 所示，单击绘图区域右上角的“确定”按钮，生成螺纹孔，如图 8－54 所示，可看出生成螺纹孔不在圆心处。

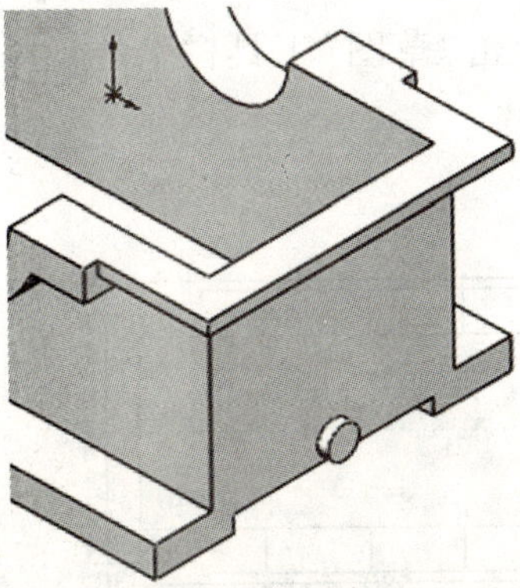

图 8－50　拉伸实体结果

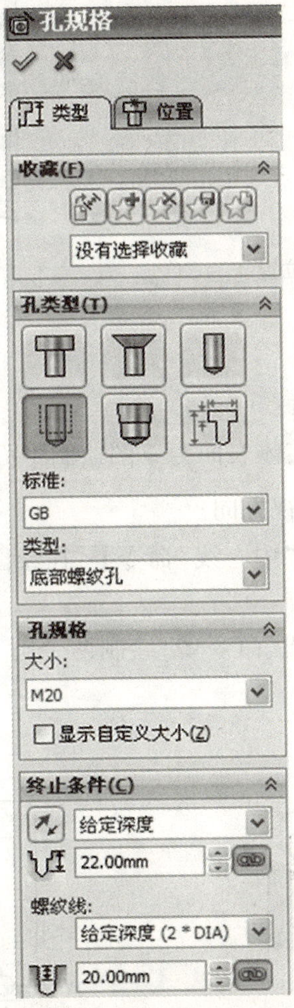

图 8－51　螺纹参数设置

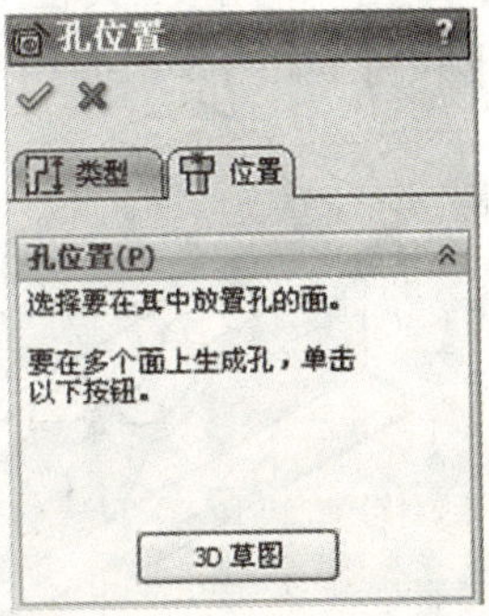

图 8－52　“孔位置”对话框

图 8 - 53　选择孔位置

图 8 - 54　偏置螺纹孔

（5）在特征树上单击 M20 螺纹孔1 前的“ + ”号，展开特征，右键单击孔的位置草图，选择“编辑草图”命令，按住 Ctrl 键，连续选择图 8 - 55 中的孔位置和棱，添加 同心(N) 约束几何关系，单击绘图区域右上角的图标，完成螺纹孔位置的编辑，放油孔建模完成，结果如图 8 - 56所示。

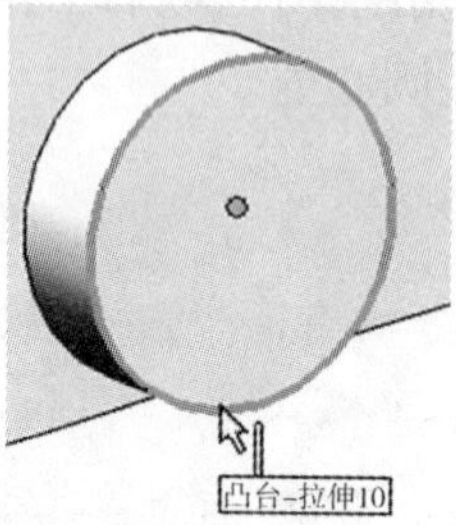

图 8 - 55　修改螺纹孔位置

图 8 - 56　修改结果

8.2.4　其他孔特征的建模

8.2.4.1　地脚螺栓安装孔的建模

（1）单击如图 8 - 57 所示的实体表面为草图绘制平面，单击“视图定向”工具栏中的“正视于”按钮，使绘图平面转为正视方向。

（2）单击 “草图”工具栏上的“中心线”命令，在绘图区域绘制一条通过原点的水平中心线。单击“草图”工具栏上的“圆”命令，绘制两个圆。单击“草图”工具栏上的 智能尺寸，标注图形尺寸，如图 8 - 58 所示。

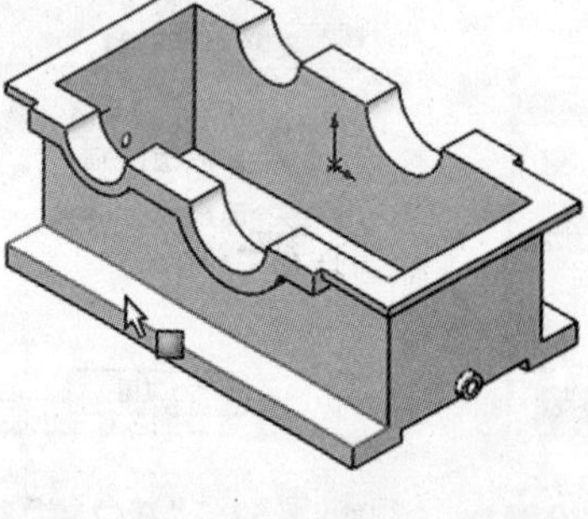

图 8 - 57　选择草图绘制平面

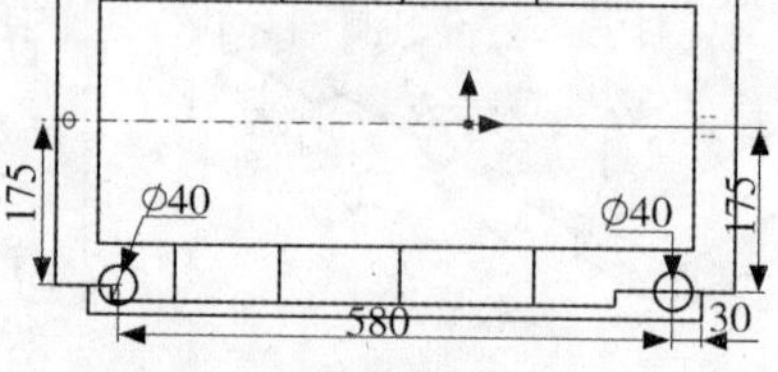

图 8 - 58　二维草图

(3)单击"特征"工具栏上的拉伸切除,弹出"切除－拉伸"对话框,输入切除深度 5.00mm,按鼠标中键,观察拉伸方向,若方向不正确,单击 给定深度 中的箭头换向,单击"确定"按钮,结果如图 8－59 所示。

(4)单击图 8－59 中实体的上表面为草图绘制平面,单击"视图定向"工具栏中的"正视于"按钮,使绘图平面转为正视方向。

(5)单击"草图"工具栏上的 圆,捕捉到圆心时单击,绘制两个同心圆。单击"草图"工具栏上的智能尺寸,标注图形尺寸,如图 8－60 所示。

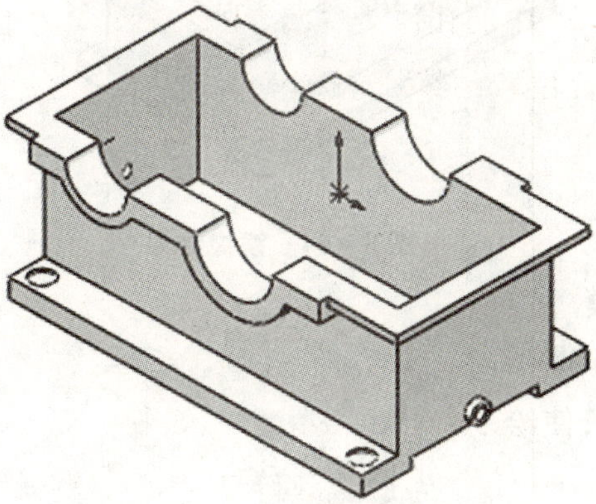

图 8－59　拉伸切除结果

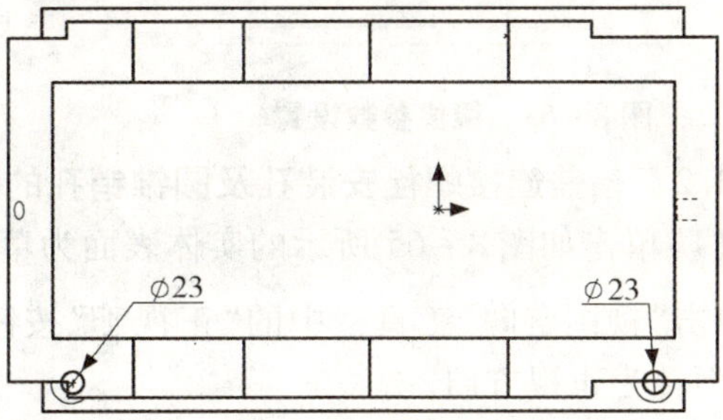

图 8－60　二维草图

(6)单击"特征"工具栏上的拉伸切除,弹出"切除－拉伸"对话框,观察拉伸方向,若方向不正确,单击 给定深度 中的箭头换向。拖动图 8－61 中拉伸切除方向的箭头,到适当的深度(切穿)为止,单击"确定"按钮,结果如图 8－62 所示。

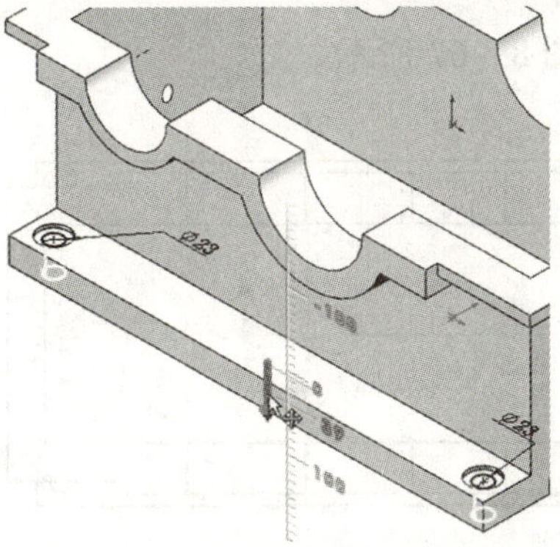

图 8－61　调整拉伸深度

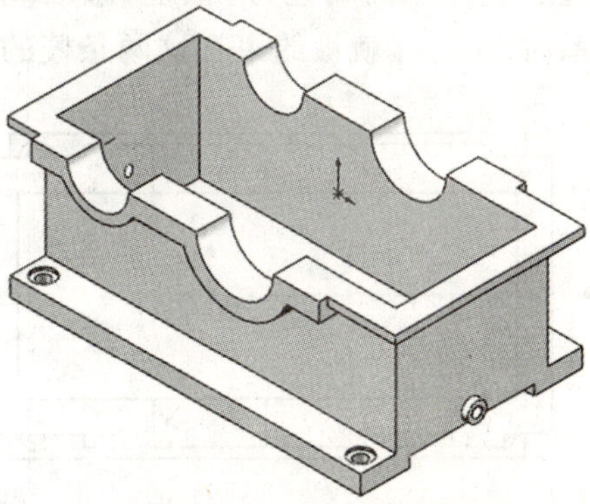

图 8－62　拉伸切除结果

(7)单击"特征"工具栏上的线性阵列的下拉箭头,单击 镜像,弹出"镜像"对话框,如图 8－63所示。展开绘图区域中的特征树,单击"前视基准面"为镜像面,在"要镜像的特征"

选项框中选择前面所绘制的两个切除特征（阶梯孔），单击“确定”按钮，建模结果如图 8－64所示，地脚螺栓安装孔建模完成。

图 8－63　镜像参数设置

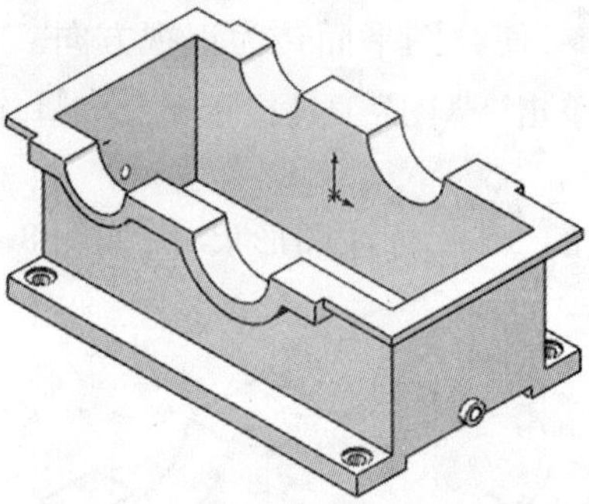

图 8－64　镜像结果

8.2.4.2　箱盖连接螺栓安装孔及圆锥销孔的建模

（1）单击如图 8－65 所示的实体表面为草图绘制平面，单击“视图定向”工具栏中的“正视于”按钮，使绘图平面转为正视方向。

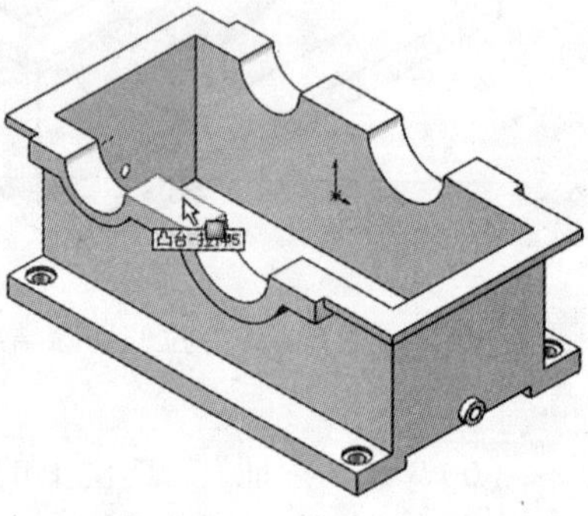

图 8－65　选择草图绘制平面

（2）单击“草图”工具栏上的“中心线”命令，在绘图区域绘制一条通过原点的水平中心线和一条竖直中心线，如图 8－66 所示，水平中心线由于通过原点，所以被约束，为黑色，竖直中心线欠约束，为蓝色。按 Ctrl 键，连续选择竖直中心线和图 8－66 中实体的最左边与最右边的棱，弹出“属性”对话框，添加 对称(S) 约束几何关系后，中心线就被约束在这两条棱的中间，结果如图 8－67 所示。

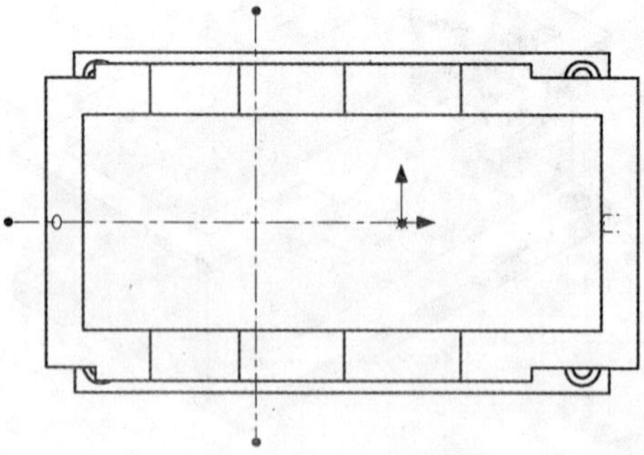

图 8－66　绘制中心线

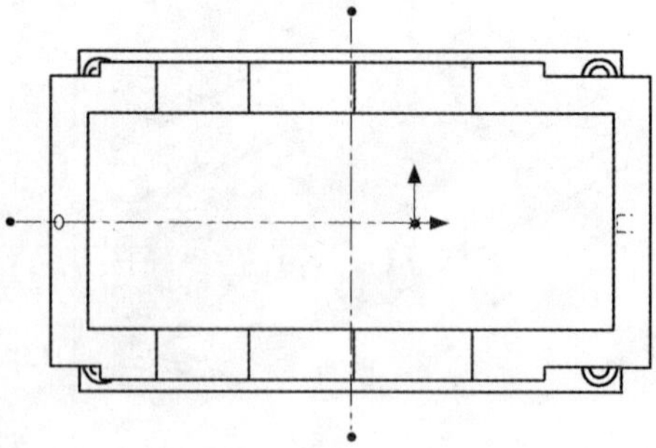

图 8－67　修改中心线位置

（3）采用同样的方法，在棱 1 与棱 2 正中间绘制一条中心线，如图 8－68 所示。

（4）绘制二维图形如图 8－69 所示，其中三个圆的圆心均在一条水平线上，圆 2 的圆心在交点处。按 Ctrl 键，连续选择三个圆，添加 相等(Q) 约束几何关系，三个圆被完全约束，线条颜色变为黑色。

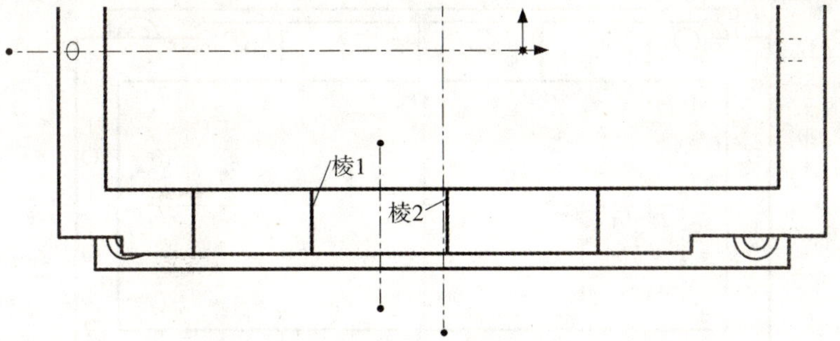

图 8－68　绘制中心线

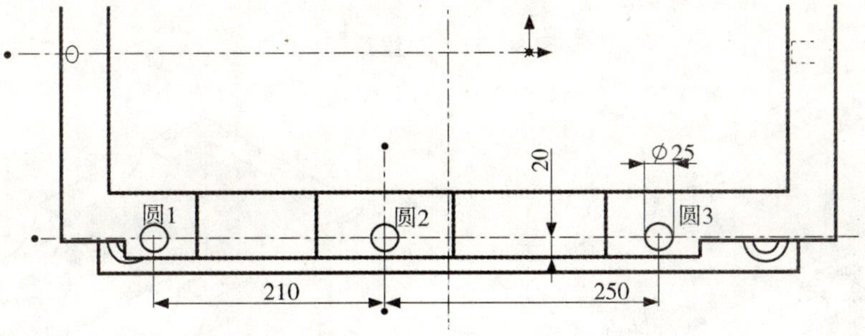

图 8－69　二维草图

(5)按住 Ctrl 键,连续选择三个圆及通过原点的水平中心线,单击"草图"工具栏上的镜像实体,三个圆被复制到中心线的另一边,如图 8－70 所示。

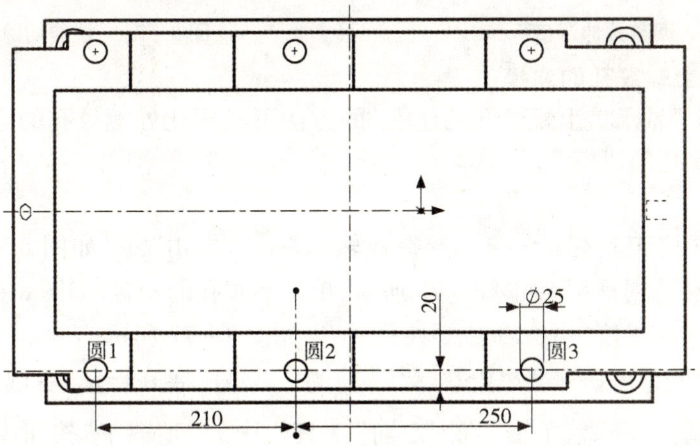

图 8－70　镜像复制结果

(6)采用同样的方法,绘制如图 8－71 所示的图形。

(7)单击"特征"工具栏上的拉伸切除,弹出"切除－拉伸"对话框,观察拉伸方向,若方向不正确,单击给定深度中的箭头换向。拖动图 8－72 中拉伸切除方向的箭头,到适当的深度(切穿)为止,单击“确定”按钮,结果如图 8-73 所示。

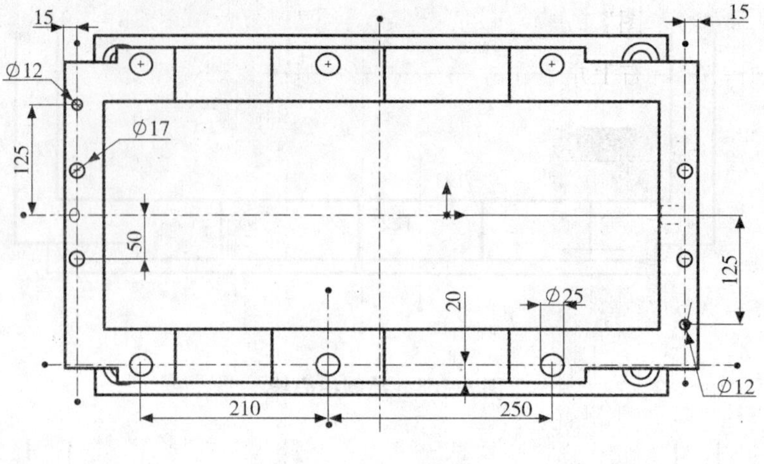

图 8-71　二维草图

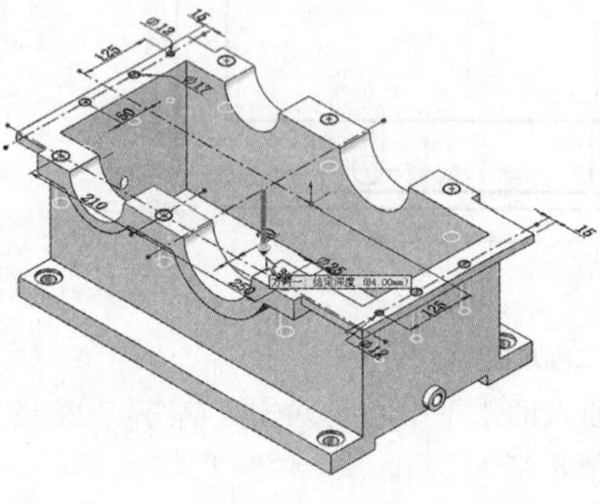

图 8-72　调整拉伸深度

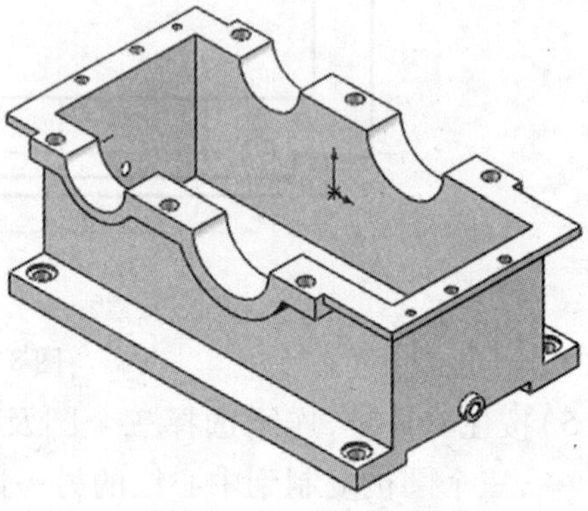

图 8-73　拉伸切除结果

8.2.4.3　轴承盖上螺纹孔的建模

依照第 7 章中“轴承盖上螺纹孔的建模”的方法可实现此处螺纹孔的建模,本节利用新方法来实现此螺纹孔的建模。

(1)单击“特征”工具栏的异型孔向导,选择或输入“”、“GB”等,如图 8-74 所示。单击位置,弹出“孔位置”对话框,如图 8-75 所示,单击螺纹孔的位置,如图 8-76 所示,单击绘图区域右上角的“确定”按钮,生成螺纹孔,结果如图 8-77 所示。

(2)在特征树上单击 M10 螺纹孔3 前的“+”号,展开特征,右键单击孔的位置草图,选择“编辑草图”命令,单击“视图定向”工具栏中的“正视于”按钮,使绘图平面转为正视方向。

(3)单击“草图”工具栏上的“中心线”命令,在绘图区域绘制一条通过圆心的竖直中心线,如图 8-78 所示。

(4)按住 Ctrl 键,连续选择孔的位置点和竖直中心线,弹出“属性”对话框,添加重合(D)

约束几何关系。单击“草图”工具栏上的智能尺寸，标注图形尺寸，如图 8－79 所示，孔的位置被完全定义，单击绘图区域右上角的图标，完成螺纹孔位置的编辑。

图 8－74　螺纹参数设置

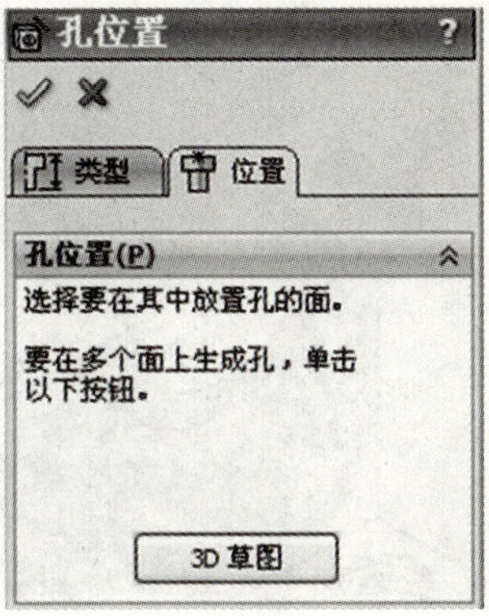

图 8－75　“孔位置”对话框

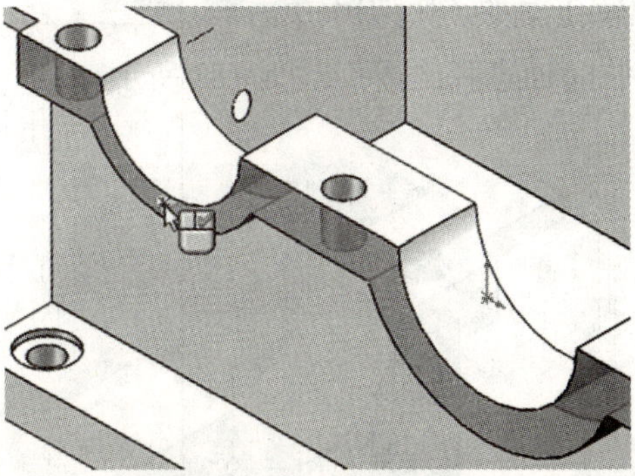

图 8－76　选择孔位置

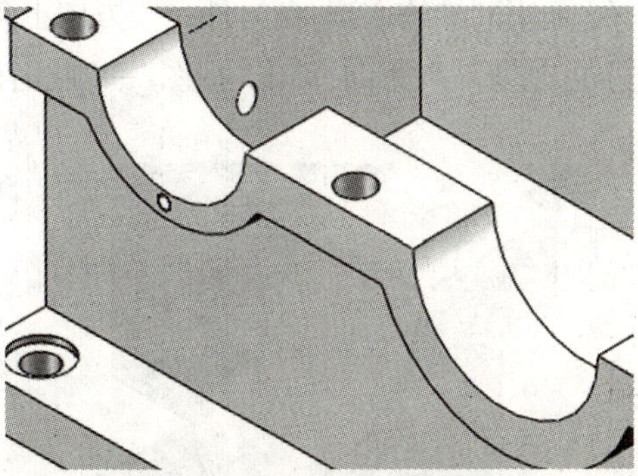

图 8－77　生成螺纹孔

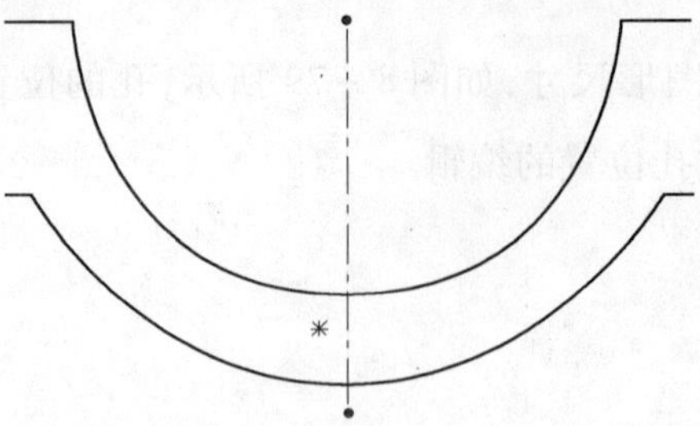

图 8－78　编辑螺纹孔位置

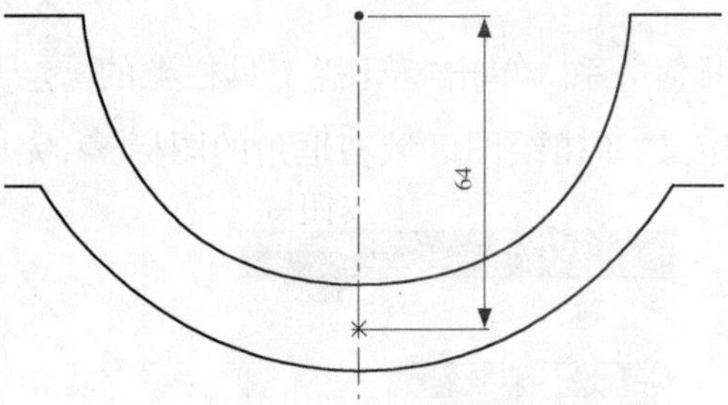

图 8－79　编辑结果

(5)单击“特征”工具栏 线性阵列 下的 圆周阵列，单击“视图”—“临时轴”，将临时轴显示出来。单击如图 8－80 所示的临时轴为旋转轴，选择在“60.00 度”内阵列，阵列“2”个，“等间距”阵列，在**要阵列的特征(F)**选项框中选择上一步的螺纹孔，如图 8－81 所示，单击“确定”按钮，完成螺纹孔的阵列，结果如图 8－82 所示。

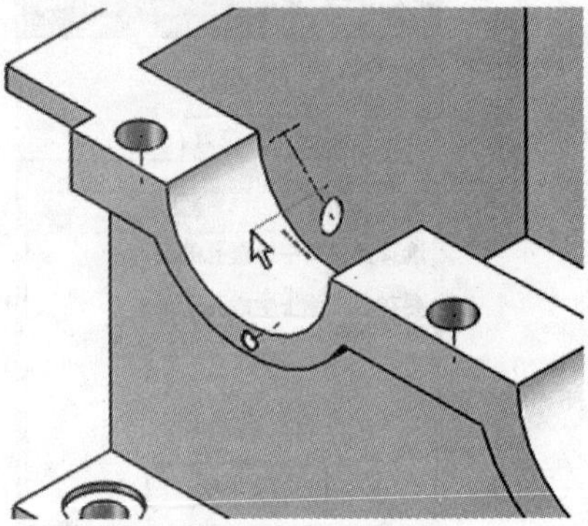

图 8－80　选择阵列轴

图 8－81　阵列参数设置

(6)采用同样的方法，在另外一个方向上阵列螺纹孔，在阵列过程中单击 基准轴<1> 前面的可改变阵列方向，单击“视图”—“临时轴”将临时轴隐藏，结果如图 8－83 所示。

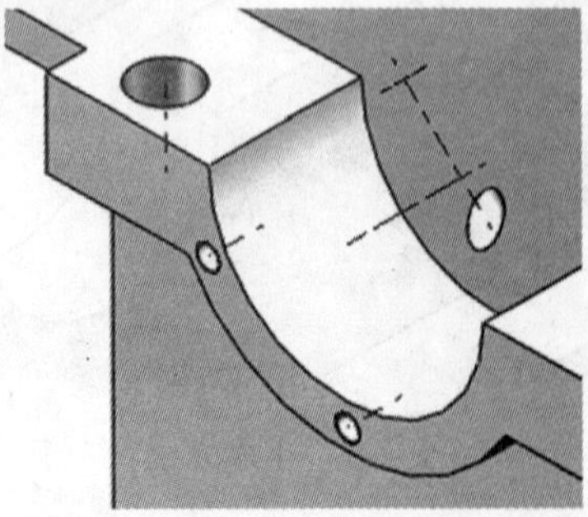

图 8－82　阵列结果

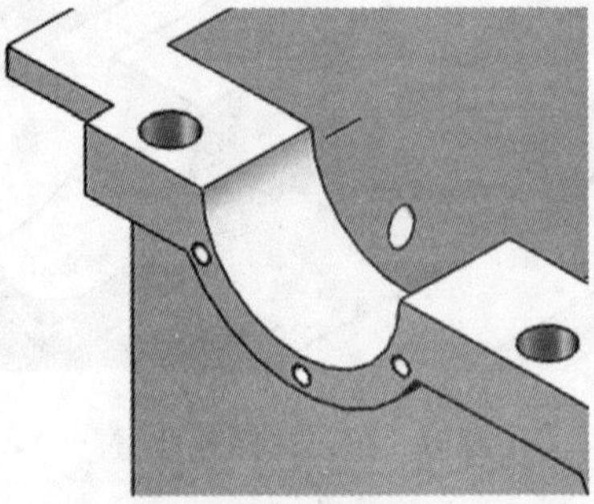

图 8－83　阵列特征结果

(7)单击"特征"工具栏上的异型孔向导，选择或输入" "、"GB"等，如图 8－84 所示。单击位置，弹出"孔位置"对话框，如图 8－85 所示，单击螺纹孔的位置，如图 8－86 所示，单击绘图区域右上角的"确定"按钮，生成螺纹孔，结果如图 8－87 所示。

图 8－84　螺纹参数设置

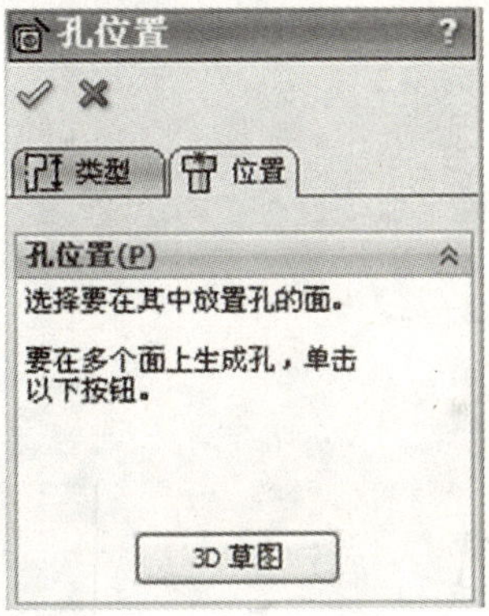

图 8－85　"孔位置"对话框

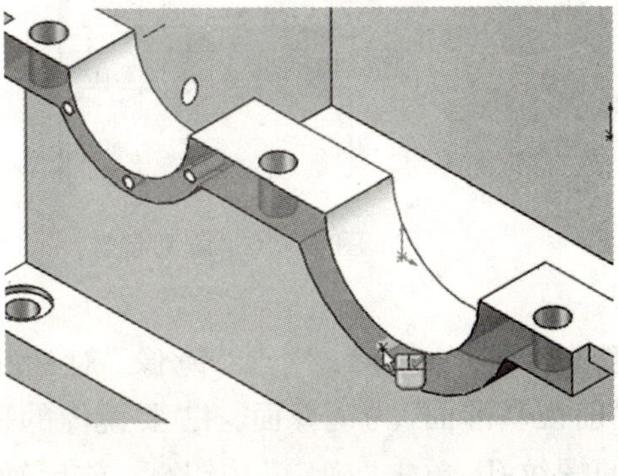

图 8－86　选择孔位置

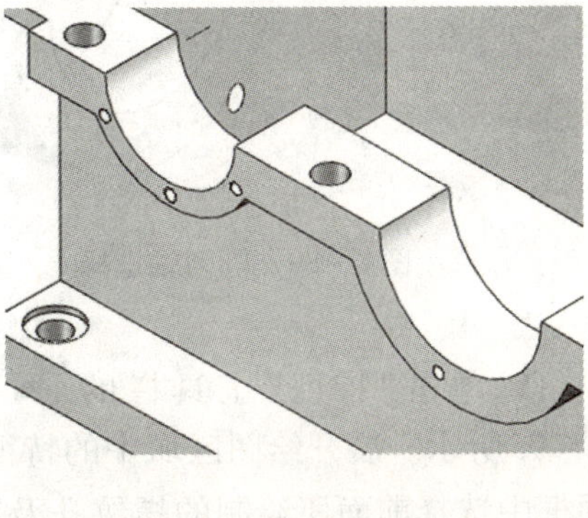

图 8－87　生成螺纹孔

(8)在特征树上单击 M10 螺纹孔5 前的“+”号，展开特征，右键单击孔的位置草图，选择“编辑草图”命令，单击“视图定向”工具栏中的“正视于”按钮，使绘图平面转为正视方向。

(9)按住 Ctrl 键，连续选择孔的位置点和原点，弹出“属性”对话框，添加 竖直(V) 约束几何关系。单击“草图”工具栏上的 智能尺寸，标注图形尺寸，如图 8－88所示，孔的位置被完全定义。单击绘图区域右上角的图标，完成螺纹孔位置的编辑。

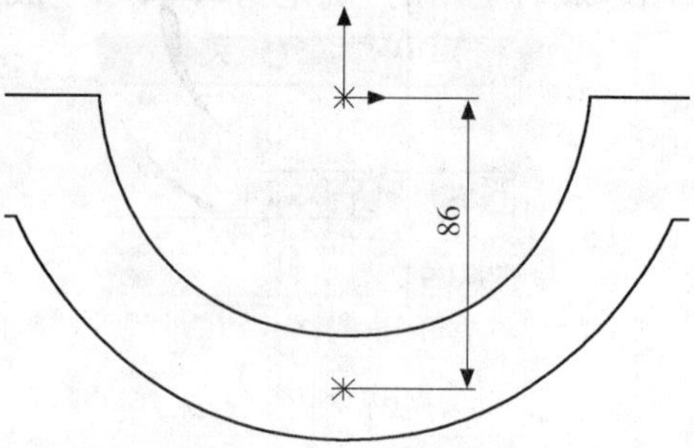

图 8－88　修改孔位置

(10)单击“特征”工具栏 线性阵列 下的 圆周阵列，单击“视图”—“临时轴”，将临时轴显示出来。单击如图 8－89 所示的临时轴为阵列轴，选择在“360.00 度”内阵列，阵列“6”个，“等间距”阵列；在 要阵列的特征(F) 选项框中选择上一步的螺纹孔，单击 可跳过的实例(I) 的下拉箭头，展开选项框，如图 8－90 所示。单击悬空的 3 个螺纹孔，如图 8－91 所示，单击“确定”按钮，完成螺纹孔的阵列。单击“视图”—“临时轴”，将临时轴隐藏，结果如图 8－92 所示。

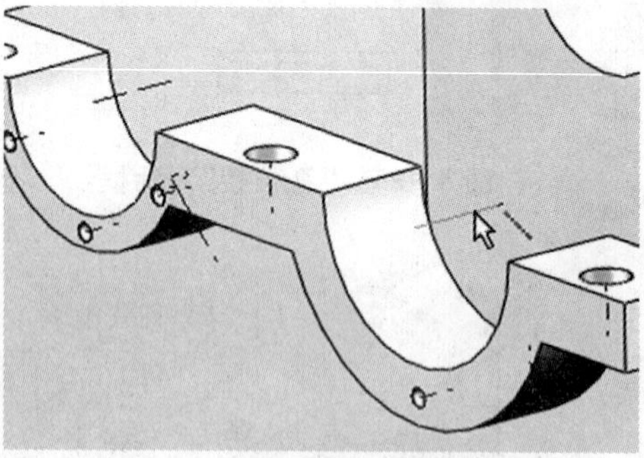

图 8－89　阵列轴选择

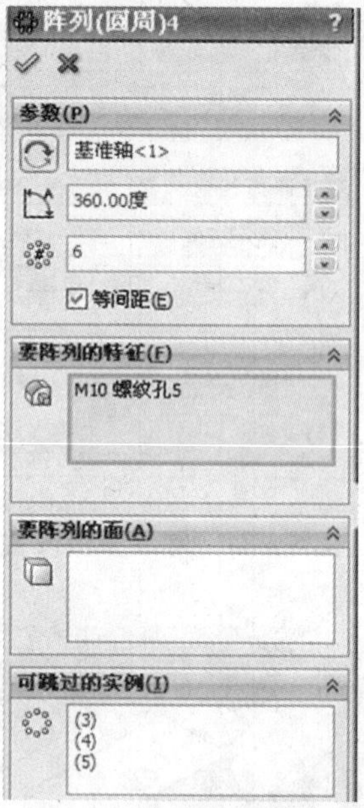

图 8－90　阵列参数

(11)单击“特征”工具栏的 线性阵列 的下拉箭头，单击 镜像，弹出“镜像”对话框，如图 8－93所示。展开绘图区域中的特征树，单击“前视基准面”为镜像面，在“要镜像的特征”选项框中选择前面所绘制的螺纹孔及其阵列后的螺纹孔，单击“确定”按钮，前后轴承盖上螺纹孔均创建完成。

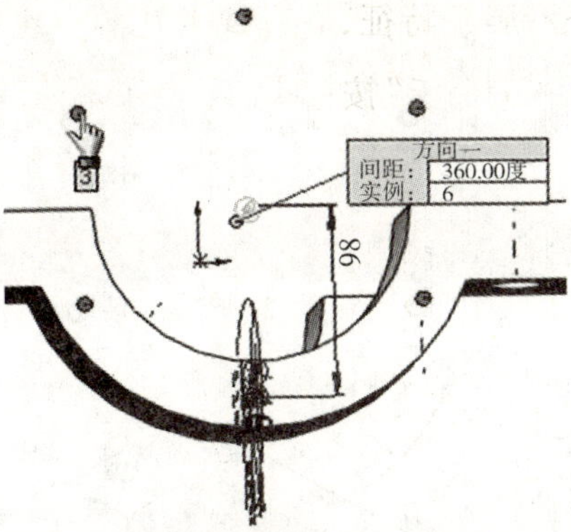

图 8－91　孔的阵列

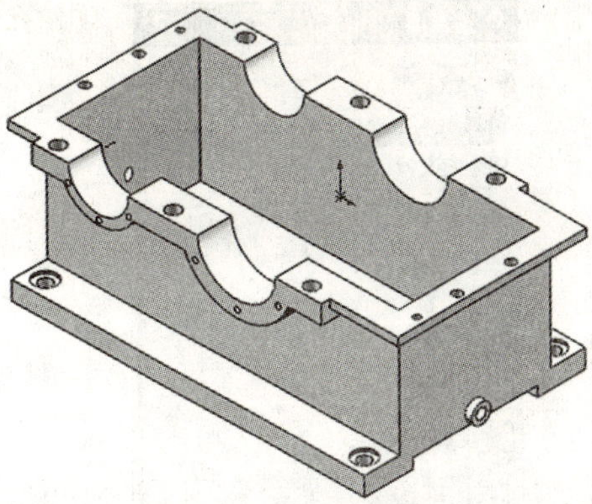

图 8－92　阵列结果

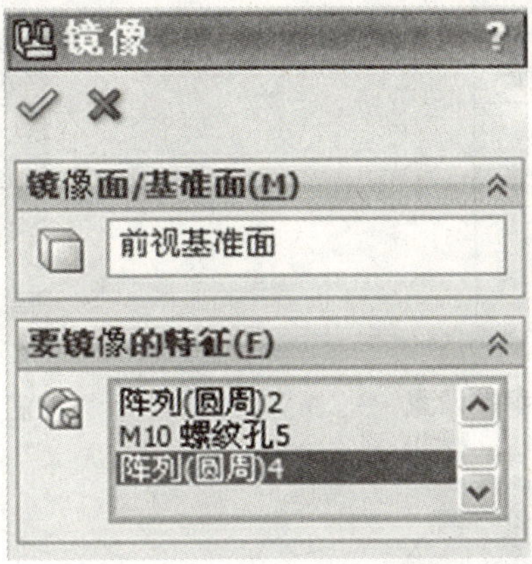

图 8－93　镜像参数设置

8.3　加强筋的创建

筋特征是零件建模过程中常用的特征，它只能用作创建增加材料的特征，不能生成切除特征。

下箱体下加强筋的创建过程如下：

(1)单击“特征”工具栏上的 参考几何体 下的 基准面，弹出“基准面”对话框，如图 8－94 所示。单击“视图”—“临时轴”，将临时轴显示出来。“第一参考”选择如图 8－95 所示的面，新建基准面与此面平行，“第二参考”选择如图 8－96 所示的临时轴，新建的基准面通过此临时轴，单击“确定”按钮，新的基准面 3 被建立，如图 8－97 所示。单击“视图”—“临时轴”，将临时轴隐藏。

(2)单击图 8－97 中新建的基准面 3 为草图绘制平面，单击“视图定向”工具栏中的“正视于”按钮，使绘图平面转为正视方向，但在如图 8－98 所示的方向上不方便绘图，再次单击“视图定向”工具栏中的“正视于”按钮，转换至如图 8－99 所示的方向。

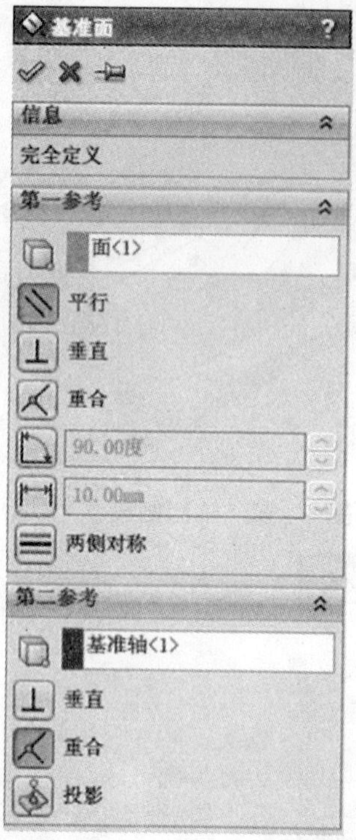

图 8-94　新建基准面参数设置

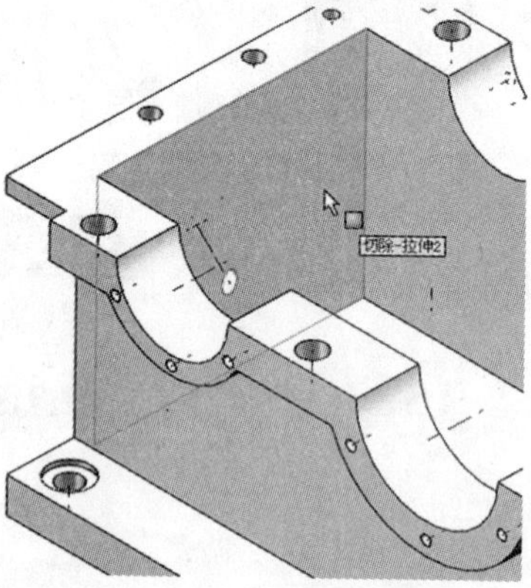

图 8-95　“第一参考”选择

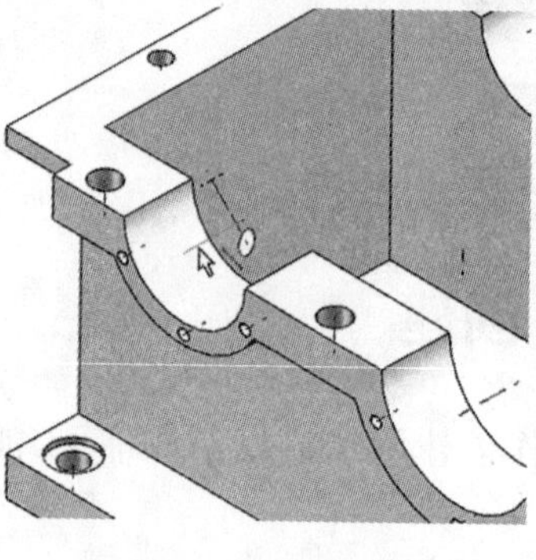

图 8-96　“第二参考”选择

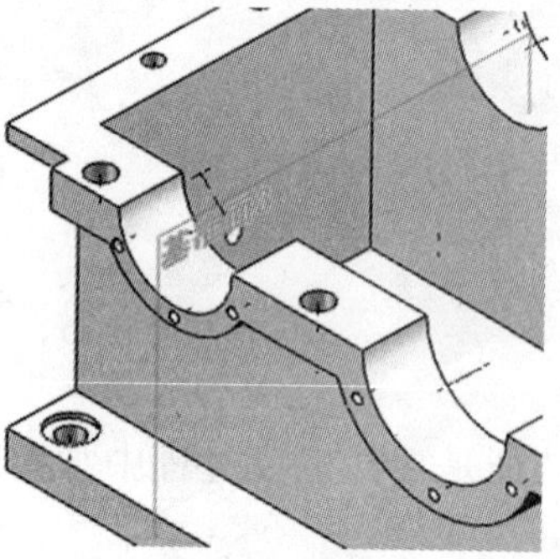

图 8-97　新建基准面 3

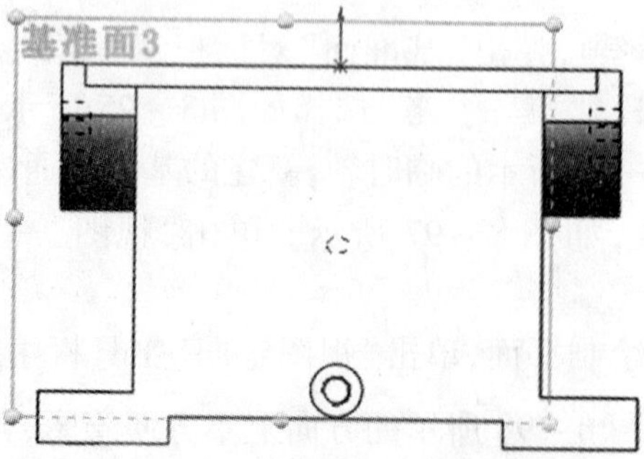

图 8-98　默认绘图方向

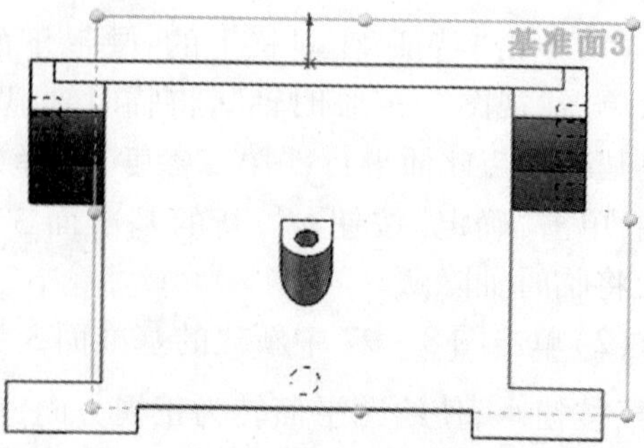

图 8-99　修改后的绘图方向

(3)单击"草图"工具栏上的"直线"命令╲,绘制直线,单击"草图"工具栏上的 智能尺寸,标注图形尺寸,如图 8－100 所示。其中,线的上端点与轴承安装孔的最下端轮廓素线重合,下端点与实体棱对齐。

(4)单击"特征"工具栏的 筋,弹出如图 8－101 所示的对话框。其中, 表示两侧对称拉伸,10.00mm 为筋的厚度, 表示拉伸方向与草图平面平行,若材料生成方向不正确,单击 ☑反转材料方向(F) 选项前的复选框,修改材料生成方向。单击"确定"按钮✔,结果如图 8－102所示,选中 基准面3,单击右键,选择"隐藏"命令,将其隐藏。

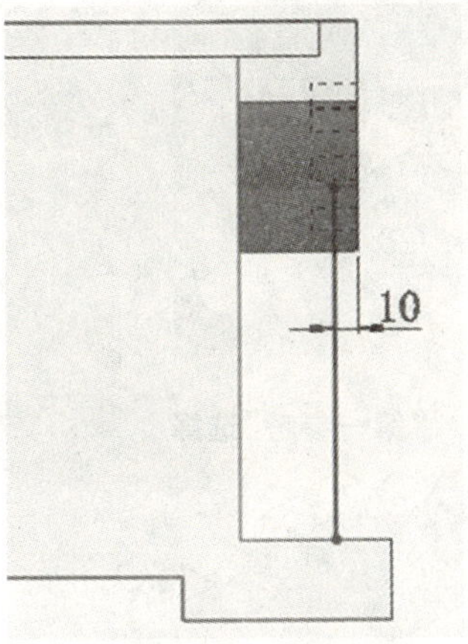

图 8－100 筋特征草图

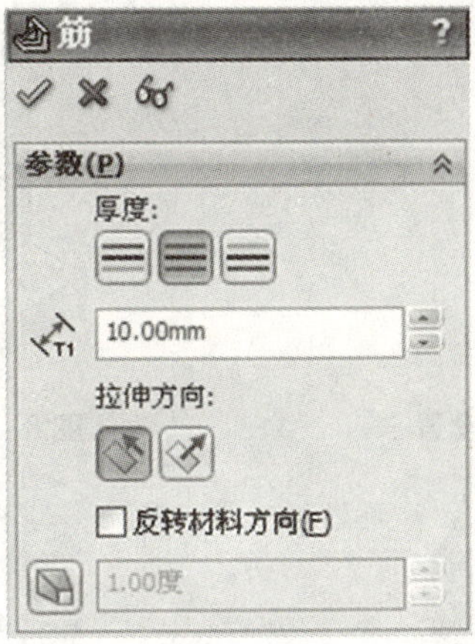

图 8－101 筋参数设置

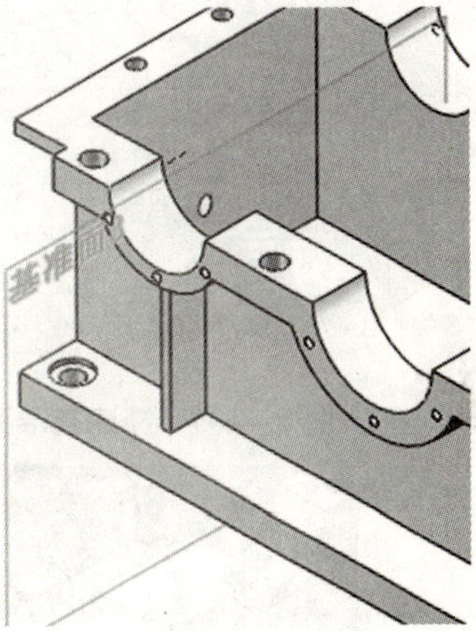

图 8－102 筋建模结果

(5)单击"特征"工具栏上的 参考几何体 下的 基准面,弹出"基准面"对话框,如图 8－103 所示。单击"视图"—"临时轴"将临时轴显示出来。"第一参考"选择如图 8－104 所示的面,新建基准面与此面平行,"第二参考"选择如图 8－105 所示的临时轴,新建的基准面通过此临时轴,单击"确定"按钮✔,新的基准面 4 被建立,如图 8－106 所示。单击"视图"—"临时轴",将临时轴隐藏。

(6)单击 基准面4 为草图绘制平面,单击"视图定向"工具栏中的"正视于"按钮,使绘图平面转为正视方向。

(7)单击"草图"工具栏上的"直线"命令╲,绘制直线,单击"草图"工具栏上的 智能尺寸,标注图形尺寸,如图 8－107 所示。其中,线的上端点与轴承安装孔的最下端轮廓素线重合,下端点与实体棱对齐。

(8)单击"特征"工具栏的 筋,弹出如图 8－108 所示对话框。其中, 表示两侧对称拉伸,10.00mm 为筋的厚度, 表示拉伸方向与草图平面平行,若材料生成方向不正确,单击 ☑反转材料方向(F) 选项前的复选框,修改材料生成方向,单击"确定"按钮✔,绘图结果如图 8－109所示,选中 基准面4,单击右键中的"隐藏"命令,将其隐藏。

图 8－103　新建基准面参数设置

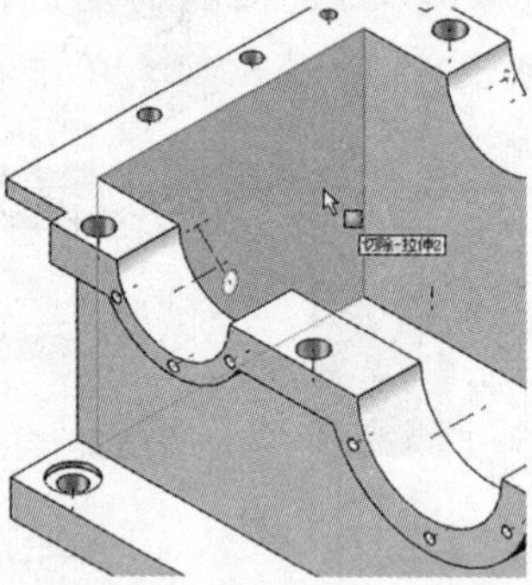

图 8－104　“第一参考”选择

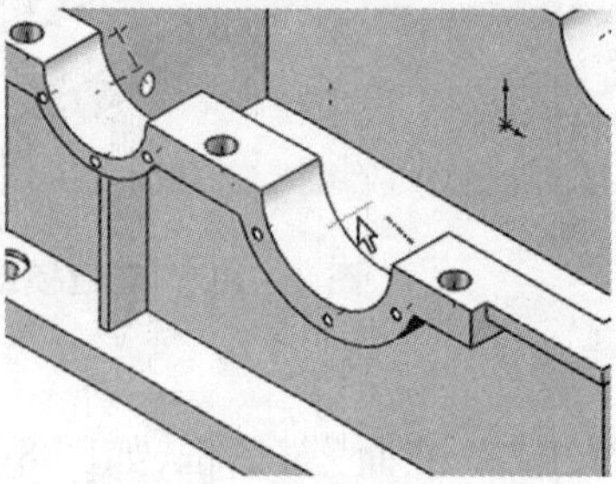

图 8－105　“第二参考”选择

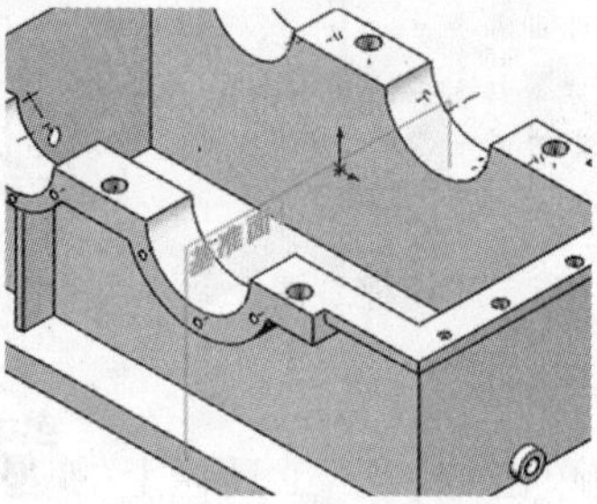

图 8－106　新建基准面

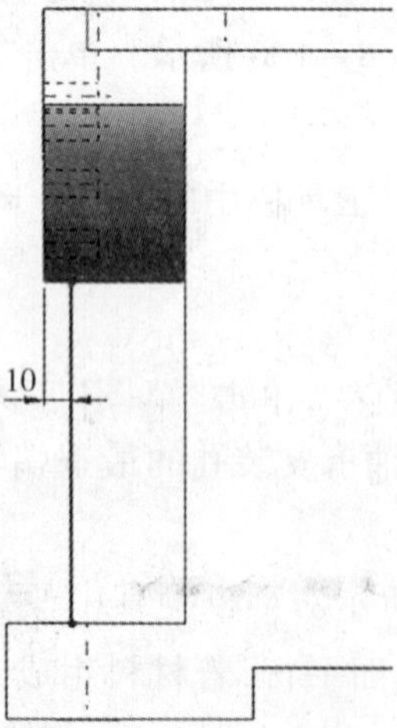

图 8－107　筋特征草图

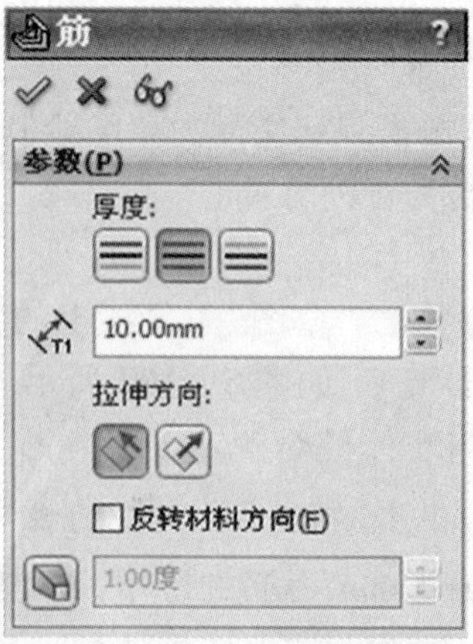

图 8－108　筋参数设置

(9)单击“特征”工具栏的线性阵列的下拉箭头，单击镜像，弹出“镜像”对话框，如图 8－110 所示。展开绘图区域中的特征树，单击“前视基准面”为镜像面，在“要镜像的特征”选项框中选择前面所绘的两个加强筋，单击“确定”按钮✔，前后箱体上加强筋均创建完成。

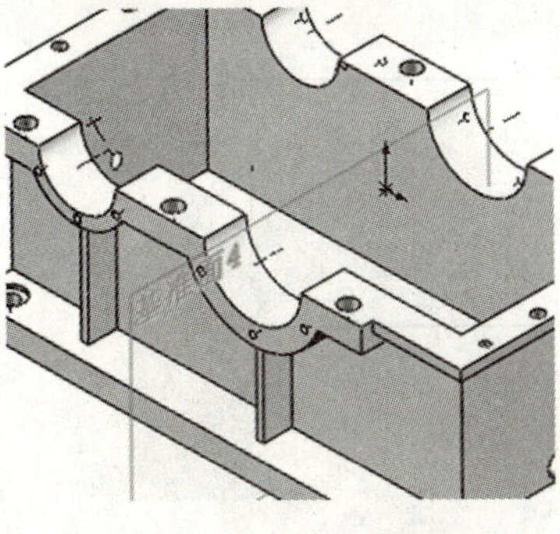

图 8－109　筋建模结果

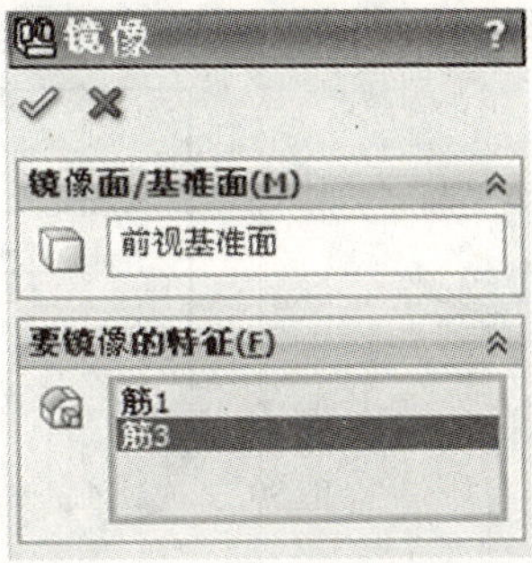

图 8－110　镜像参数设置

8.4　辅助特征的创建

8.4.1　吊钩的生成

减速器箱体是相对较重的机械零件，为了方便搬运，下箱体上有吊钩。吊钩的建模过程如下：

(1)单击“特征”工具栏上的参考几何体下的基准面，弹出“基准面”对话框，如图 8－111 所示。“第一参考”选择前视基准面，在“距离”中输入 95.00mm，则新建的基准面与前视基准面平行，距离为 95.00mm，若方向不正确，单击□反转选项前的复选框换向，单击“确定”按钮✔，新的基准面被建立，如图 8－112 所示。

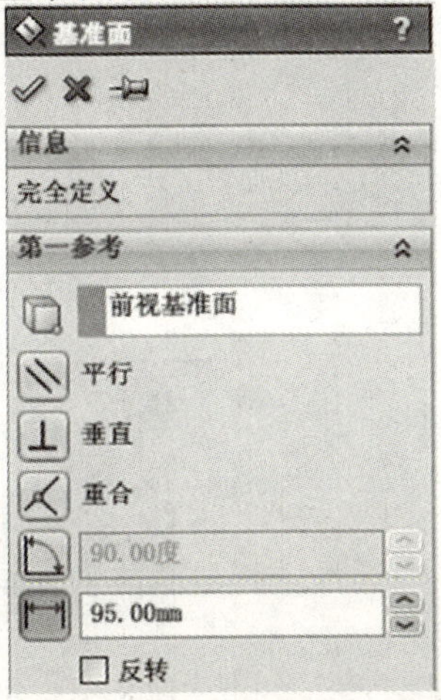

图 8－111　新建基准面参数设置

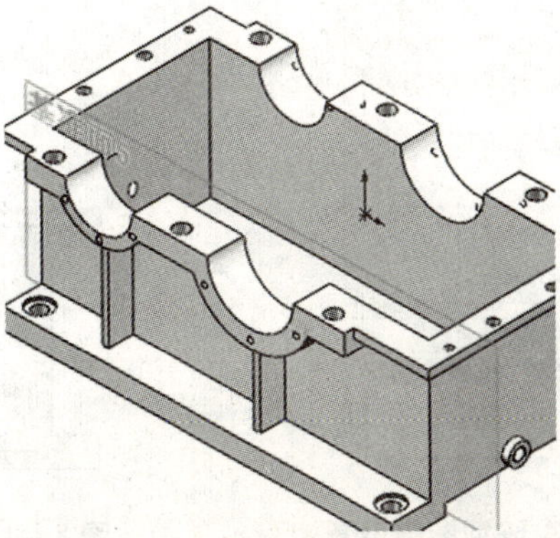

图 8－112　新建的基准面

(2)单击图 8－112 中新建基准面为草图绘制平面,单击“视图定向”工具栏中的“正视于”按钮,使绘图平面转为正视方向。

(3)单击“草图”工具栏上的“直线”命令,绘制图形,单击“草图”工具栏上的智能尺寸,标注图形尺寸,如图 8－113 所示。

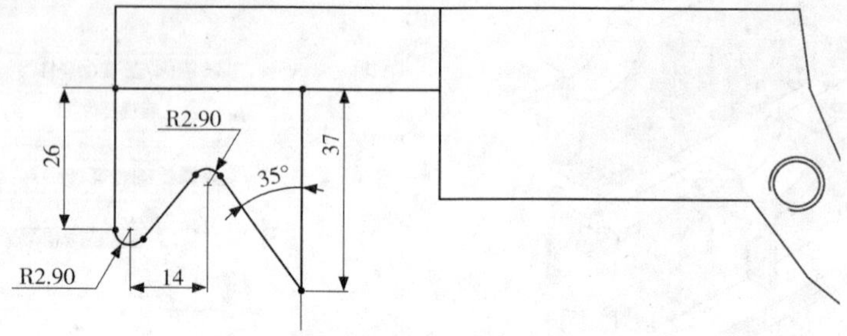

图 8－113　二维草图

(4)单击“特征”工具栏上的拉伸凸台/基体,弹出“凸台－拉伸”对话框,选择“两侧对称”进行拉伸,拉伸深度为20.00mm,单击“确定”按钮,结果如图 8－114 所示。

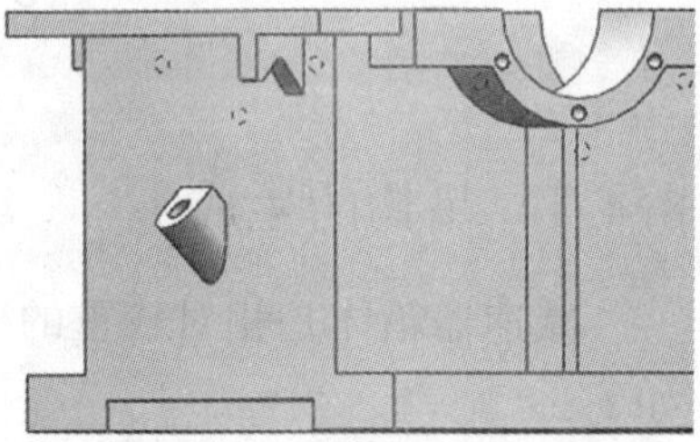

图 8－114　拉伸建模结果

(5)单击“特征”工具栏的线性阵列,弹出“线性阵列”对话框,如图 8－115 所示。单击如图 8－116 所示的棱为阵列的“方向 1”边线<1>,若方向不正确,单击换方向,阵列距离为 190.00mm,阵列 2 个,在要阵列的特征(F)选项框中选择生成吊钩,单击“确定”按钮,生成了 2 个吊钩,如图 8－117 所示。

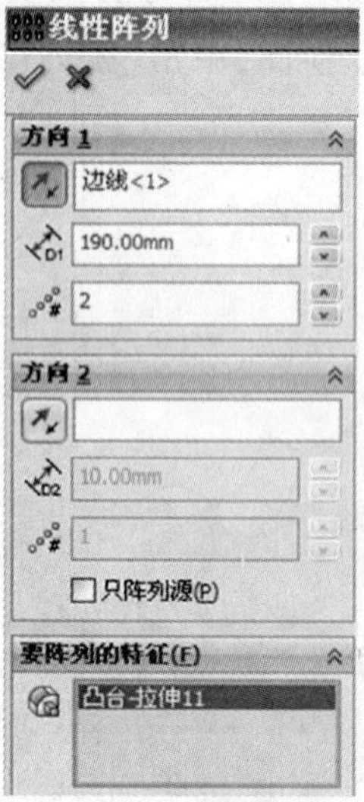

图 8－115　阵列参数设置

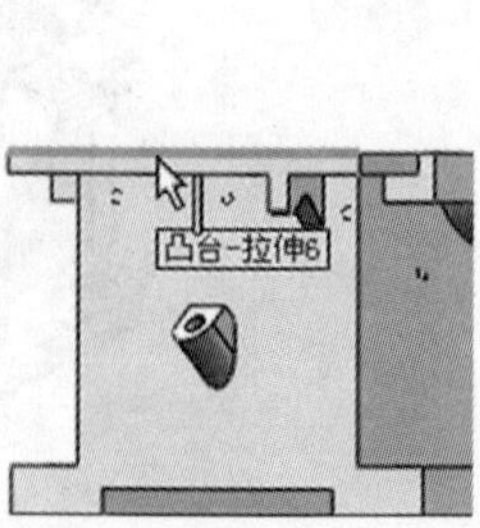

图 8－116　阵列方向

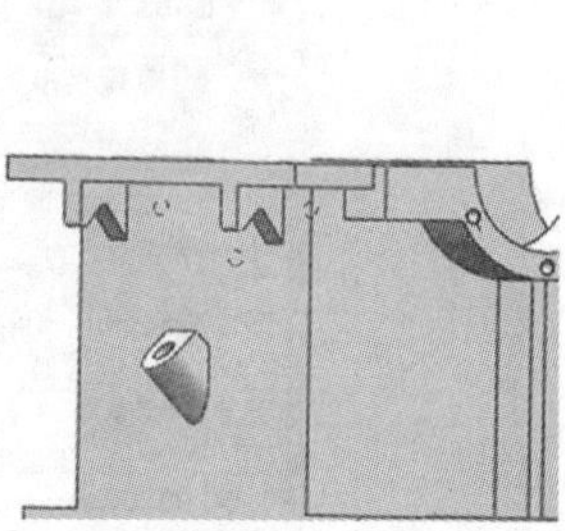

图 8－117　阵列结果

（6）单击“特征”工具栏上的 参考几何体 下的 基准面，弹出“基准面”对话框，如图 8－118 所示。“第一参考”选择如图 8－119 所示的面，“第二参考”选择如图 8－120 所示的面，单击“确定”按钮，位于这两个面中间的新的基准面被建立，如图 8－121 所示。

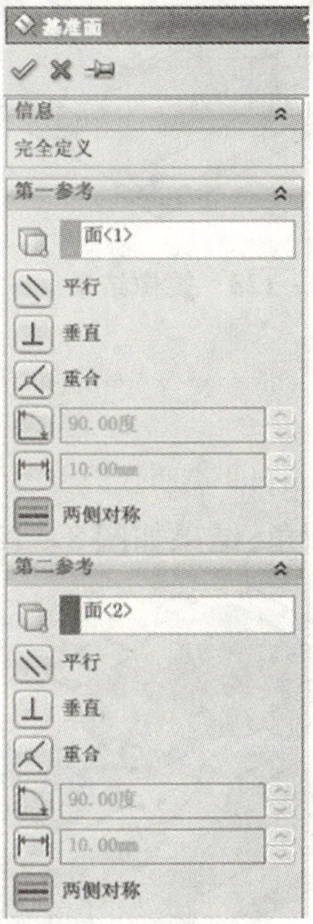

图 8－118　新建基准面参数设置

图 8－119　“第一参考”选择

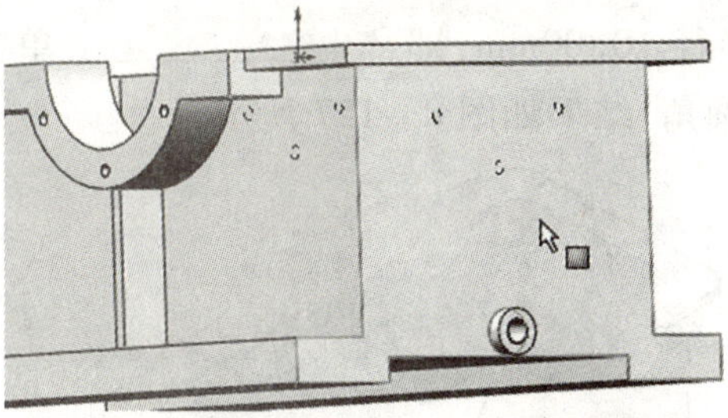

图 8－120　“第二参考”选择

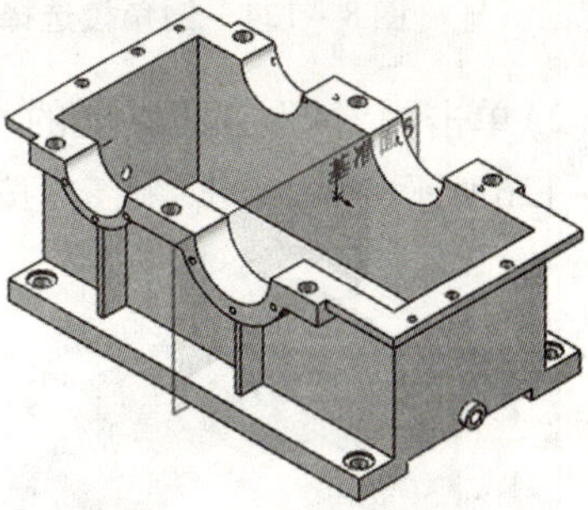

图 8－121　新建基准面

（7）单击“特征”工具栏的 线性阵列 的下拉箭头，单击 镜像，弹出“镜像”属性对话框，如图 8－122所示。展开绘图区域中的特征树，单击上一步建立的新基准面为镜像面，在“要镜像的特征”选项框中选择前面所绘制的两个吊钩，单击“确定”按钮，左右吊钩均完成。选中新建立的基准面，单击右键，选择“隐藏”命令，将其隐藏，绘图结果如图 8－123 所示。

图 8－122　镜像参数设置

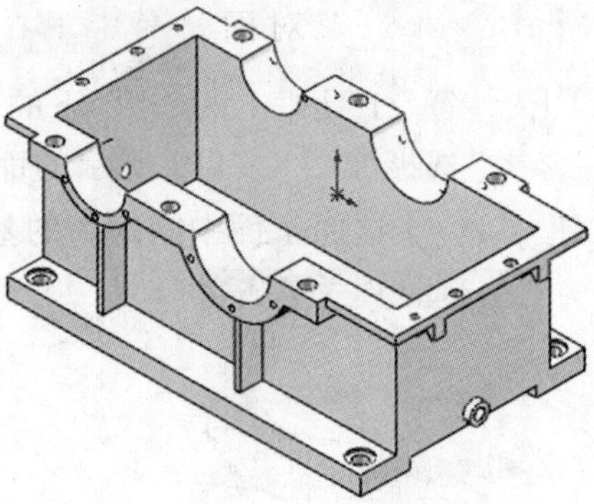

图 8－123　镜像结果

8.4.2　倒圆角特征的生成

(1)单击“特征”工具栏上的，输入圆角半径 30. 00mm，即 30.00mm，单击如图 8－124 所示的内外 8 条棱，单击“确定”按钮，完成倒圆角，结果如图 8－125 所示。

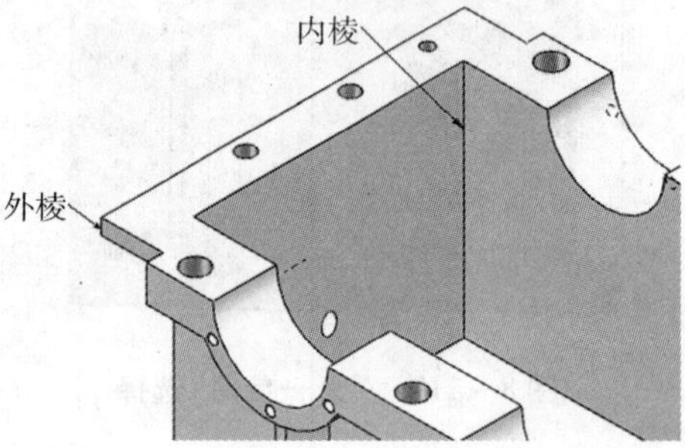

图 8－124　倒角棱选择

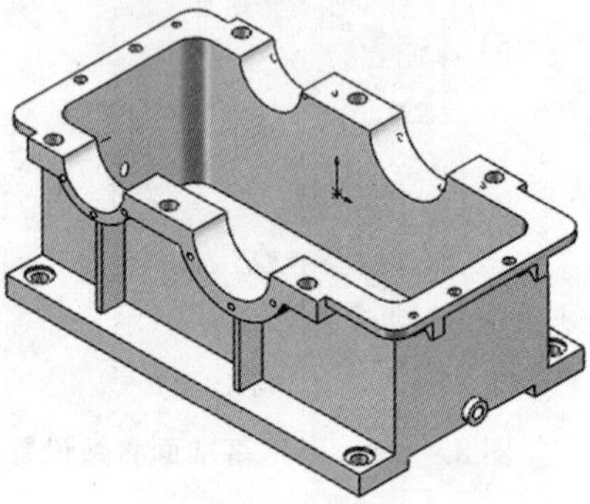

图 8－125　倒圆角结果

(2)单击“特征”工具栏上的，输入圆角半径 10. 00mm，即 10.00mm，单击如图 8－126所示的棱，单击“确定”按钮，完成倒圆角，结果如图 8－127 所示。

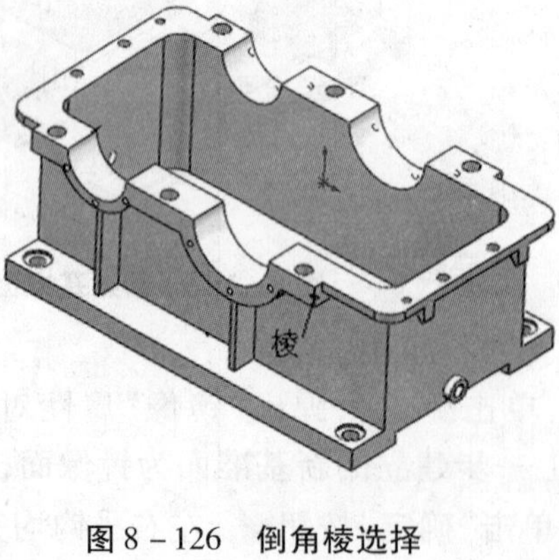

图 8－126　倒角棱选择

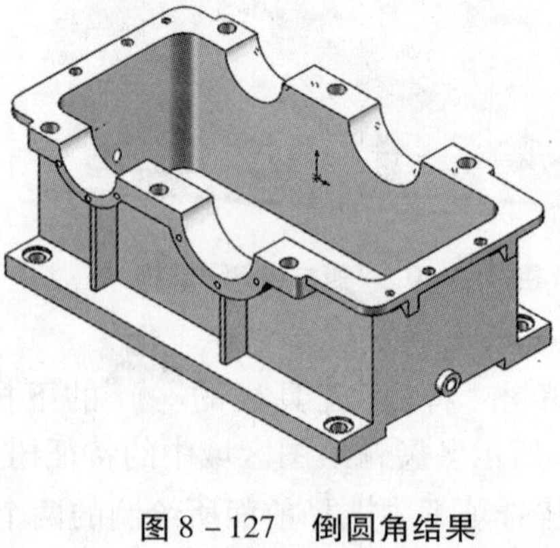

图 8－127　倒圆角结果

(3)单击“特征”工具栏上的，输入圆角半径 5. 00mm，即 5.00mm，单击如

图 8－128所示的棱，以及对面相对应的棱，单击“确定”按钮，完成倒圆角，结果如图 8－129所示。

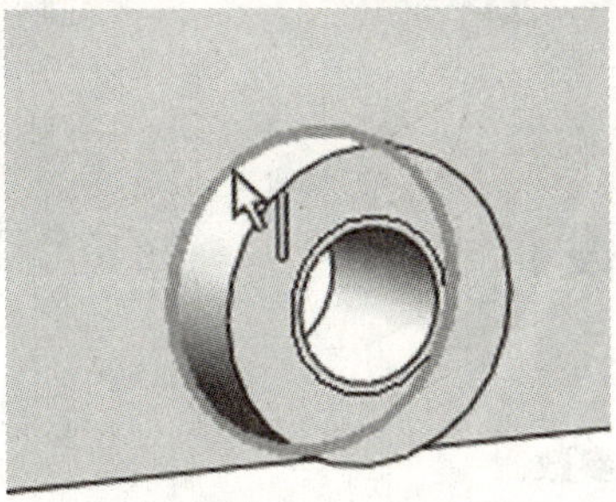

图 8－128　倒角棱选择

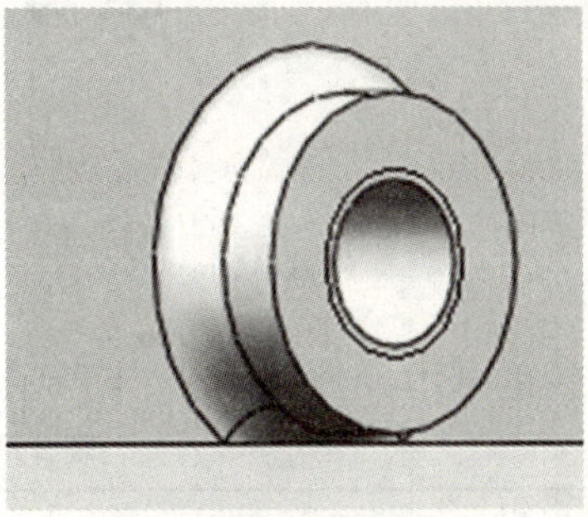

图 8－129　倒圆角结果

(4)单击“特征”工具栏上的，输入圆角半径 5. 00mm，即 5.00mm ，单击如图 8－130所示的棱，单击“确定”按钮，完成倒圆角，结果如图 8－131 所示。

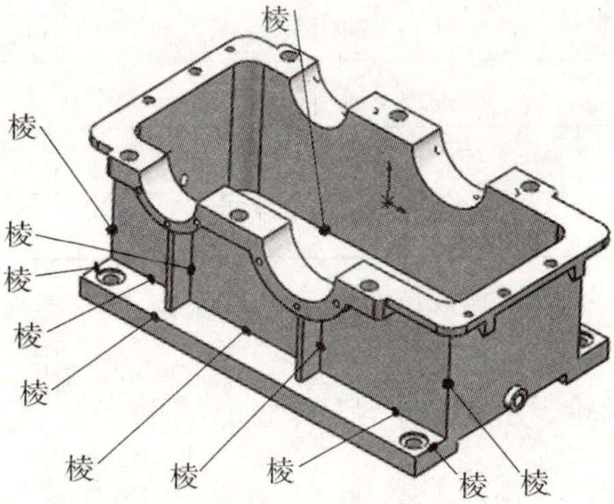

图 8－130　倒角棱选择

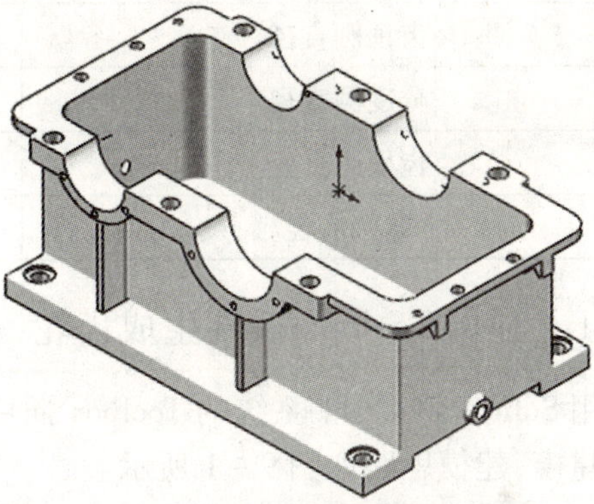

图 8－131　倒圆角结果

(5)单击“保存”命令图标或是选择菜单命令“文件”—“保存”，设置好路径，将文件保存，并将文件命名为“下箱体. sldprt”。

第9章　齿　轮

9.1　大齿轮的设计

大齿轮的基本参数如图 9－1 所示。

表 9－1　大齿轮的基本参数

参数	数值
法向模数	5
齿数	82
螺旋角	8°7′
齿顶圆直径	424.15
分度圆直径	414.14
齿根圆直径	401.65
基圆直径	389.17

9.1.1　利用 Toolbox 插件生成齿轮

用 SolidWorks2011 系统的 Toolbox 插件生成齿轮，切除拉伸轮辐，加上辅助特征，完成齿轮的建模，建模思路如图 9－1 所示。

图 9－1　大齿轮的建模思路

具体建模过程如下：

(1)启动 SolidWorks2011，单击设计库图标，展开 Toolbox — GB — 动力传动，单击 齿轮，右键单击 螺旋齿轮，单击 生成零件...，会出现如图 9-2 所示界面。若特征树区域没出现，可单击图中光标处的箭头显示。在“螺旋齿轮”中的“属性”选项下输入如图 9-3 所示参数值，单击“确定”按钮，完成齿轮建模，结果如图 9-4 所示。

图 9-2 利用 Toolbox 插件生成齿轮

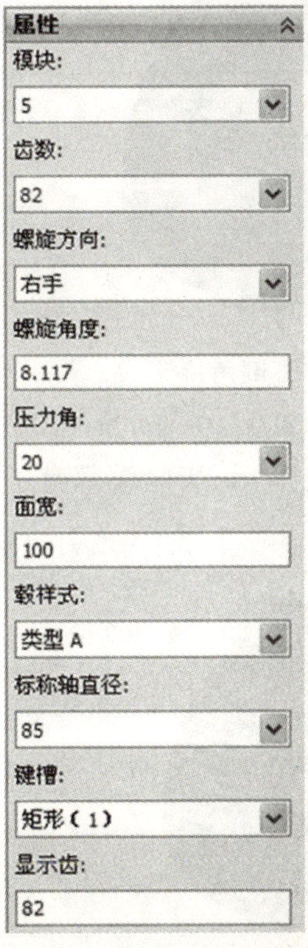

图 9-3 齿轮参数设置

图 9-4 齿轮模型

(2)压缩特征。将光标移至特征树的底部,当光标变成如图 9-5 所示形状时,向上拖动鼠标至特征⊞ Base-Revolve,如图 9-6 所示,下方特征被压缩,模型也被压缩,结果如图 9-7 所示。

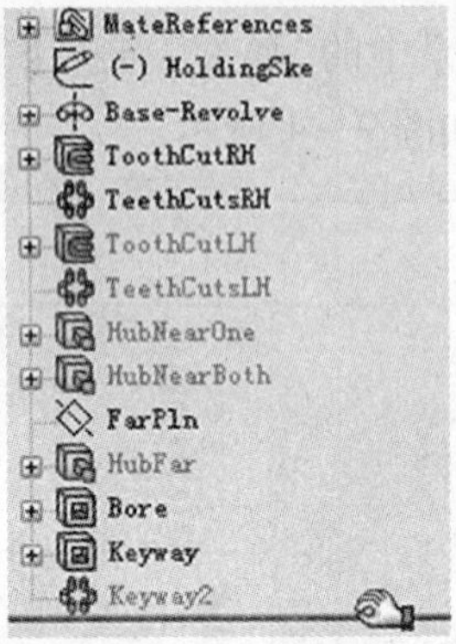

图 9-5 压缩特征

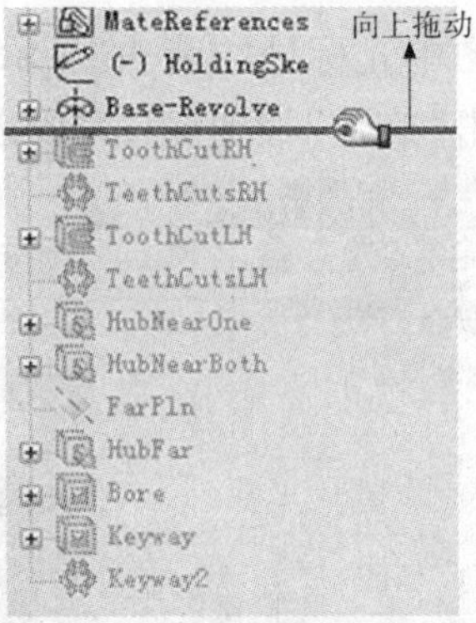

图 9-6 解压特征

(3)齿轮倒角。单击"特征"工具栏的圆角的下拉箭头,单击倒角,在"距离"后的框中输入 5.00mm,单击圆柱上的两个棱,被选中的棱被加深,"边线"框中也会出现选中的棱,单击"确定"按钮,完成倒角命令,单击"视图定向"工具栏中的等轴测按钮,结果如图 9-8所示。

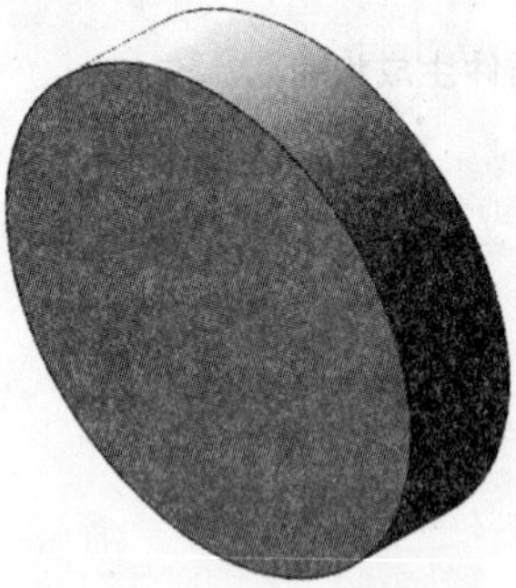

图 9-7 压缩特征后的实体

图 9-8 倒角特征

(4)解压特征。将光标移至特征树的底部,当光标变成如图 9-9 所示形状时,向下拖动鼠标至特征尾部,下方特征被解压,模型也被解压,如图 9-10 所示,齿轮端部有了倒角。

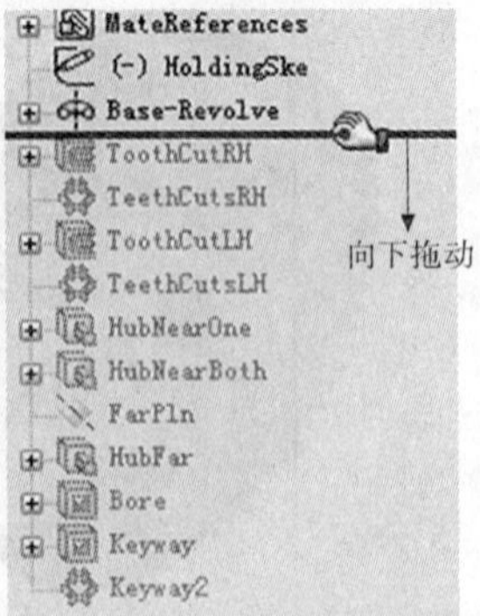

图 9-9 解压特征

图 9-10 解压特征后实体

(5)单击如图 9－11 所示的面为草图绘制平面，单击“视图定向”工具栏中的“正视于”按钮，使绘图平面转为正视方向。单击“草图”工具栏上的圆，移动光标，捕捉到原点时单击，绘制两个同心圆。单击“草图”工具栏上的智能尺寸，标注尺寸，如图 9－12 所示。

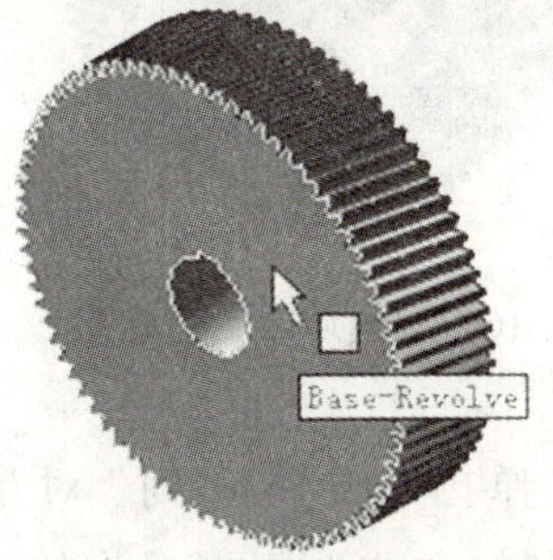

图 9－11　选择草图绘制平面

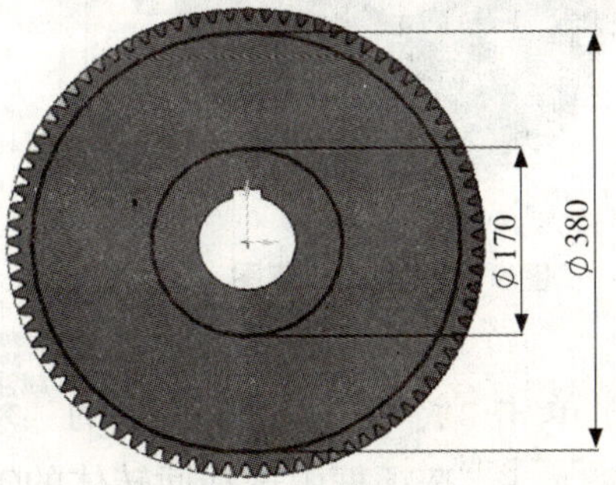

图 9－12　二维草图

(6)单击“特征”工具栏上的拉伸切除，按鼠标中键，观察切除方向，若方向不正确，单击给定深度中的箭头换向，在“方向 1”下输入拉伸切除深度 30.00mm，即 30.00mm，单击“确定”按钮，完成切除特征，如图 9－13 所示。

(7)采用同样的方法，在齿轮的另一面建立拉伸切除特征。

(8)单击如图 9－14 所示的面为草图绘制平面，单击“视图定向”工具栏中的“正视于”按钮，使绘图平面转为正视方向。单击“草图”工具栏上的圆，移动光标，捕捉到原点时单击，绘制一个圆心在原点的圆，单击属性窗口区的□作为构造线(C)，使得圆的线型变为点画线。移动光标，捕捉到象限点，单击，绘制一个圆心在象限点的圆。单击“草图”工具栏上的智能尺寸，标注尺寸，如图 9－15 所示。

图 9－13　拉伸切除后的实体

图 9－14　选择草图绘制平面

(9)单击“特征”工具栏上的拉伸切除，按鼠标中键，观察切除方向，若方向不正确，单击给定深度中的箭头换向，把“方向 1”下换为“完全贯穿”，即完全贯穿，单击“确定”按钮，完成切除特征，结果如图 9－16 所示。

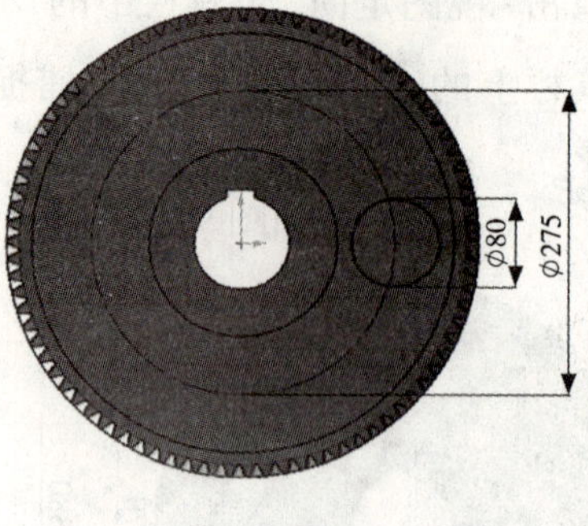

图 9－15　二维草图

图 9－16　拉伸切除后生成孔

（10）单击“特征”工具栏上的 线性阵列 — 圆周阵列，弹出“圆周阵列”对话框，在选项框中选择回转体的轴线（若没有临时轴，单击“视图”—“临时轴”，显示临时轴），在“实例数”中输入 6，选择等间距(E)，在“要阵列的特征”选项框中选择“切除—拉伸 3”特征（可把特征树展开进行选择），如图 9－17 所示。单击“确定”按钮，完成孔的阵列，结果如图 9－18 所示。

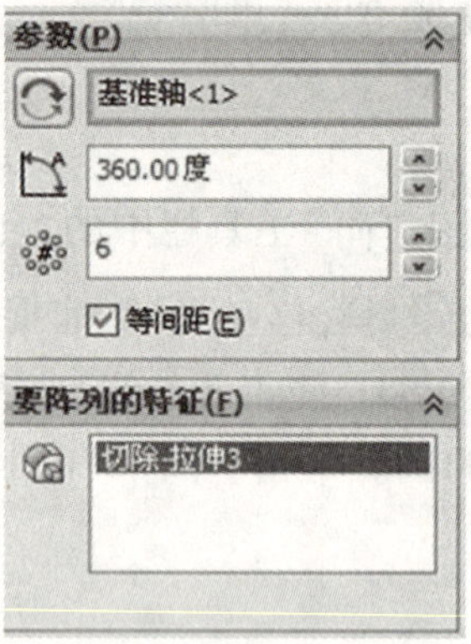

图 9－17　阵列参数设置

图 9－18　阵列结果

（11）单击“特征”工具栏上的拔模，在“拔模”对话框中设置如图 9－19、图 9－20 参数。拔模方向为材料减少的方向，若方向不正确，单击变换拔模方向。采用同样的方法在齿轮另一面做拔模特征。拔模后，拔模面与中性面有了夹角，结果如图 9－21 所示。

（12）单击“特征”工具栏的圆角的下拉箭头，单击倒角，在“距离”后的框中输入 1.00mm，单击如图 9－22 所示的齿轮两边的棱，被选中的棱被加深，“边线”框中也会出现选中的棱，单击“确定”按钮，完成倒角命令。单击“视图定向”工具栏中的“等轴测”按钮，大齿轮的建模完成，结果如图 9－23 所示。

（13）修改模型的颜色，编辑材质，单击“保存”命令图标或是选择菜单命令“文件”—“保存”，设置好路径，将文件保存，并将文件命名为“大齿轮. sldprt”。

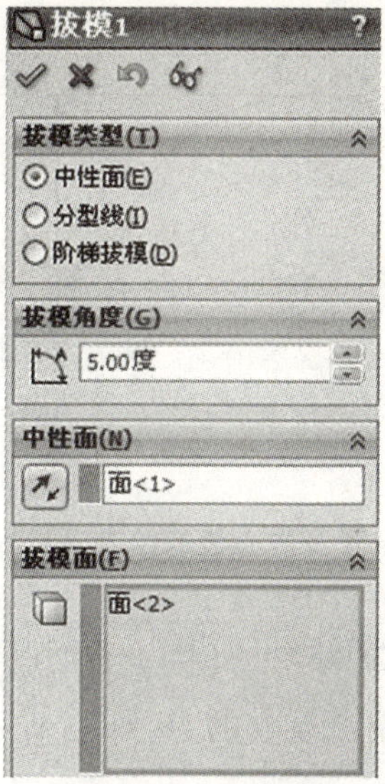

图9－19　拔模参数设置

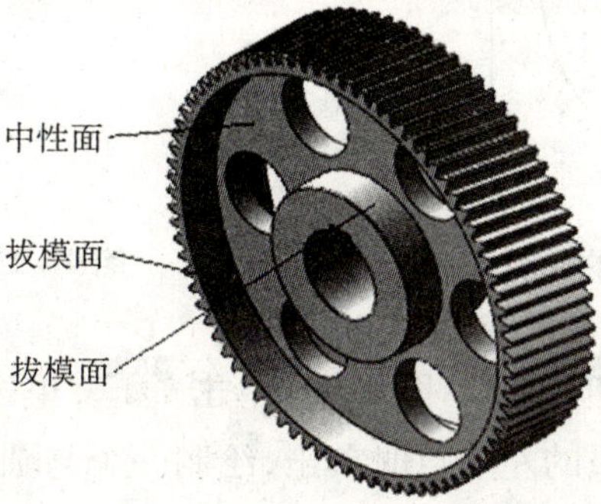

图9－20　拔模参数选择

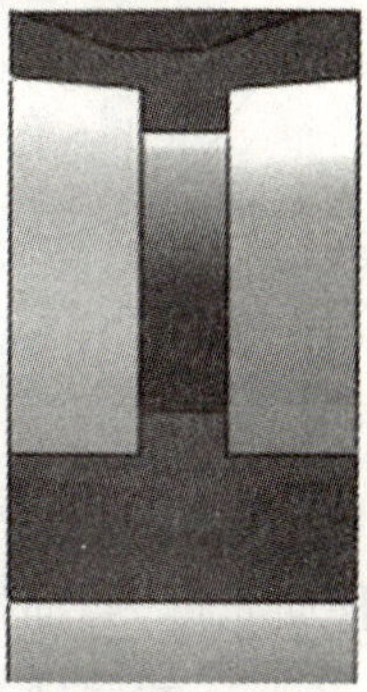

图9－21　拔模结果

图9－22　倒角棱选择

图9－23　倒角结果

9.1.2　生成渐开线大齿轮

9.1.2.1　绘制渐开线

(1)启动 SolidWorks2011，将光标移到 SolidWorks2011 图标 SolidWorks 上，选择菜单命令“文件”—“新建”或单击工具栏上的按钮，单击“零件模板”按钮，单击“确定”按钮，进入零件建模环境。

(2)在打开的特征树中选择 前视基准面 作为草图平面，单击“视图定向”工具栏中的“正视于”按钮，使绘图平面转为正视方向。

(3)单击“草图”工具栏上的 圆，当光标捕捉到坐标原点时单击，移动光标，绘制一个圆。单击“草图”工具栏上的 智能尺寸，标注尺寸，如图 9－24 所示(389.17 为齿轮的基圆直径)。

(4)单击 “草图”工具栏上的“中心线”命令，绘制通过圆的象限点和原点的中心线。单击“草图”工具栏上的 剪裁实体，修剪掉多余的线条，绘制二维图形如图 9－25 所示。单击绘图区域右上角的图标，完成草图1的绘制。

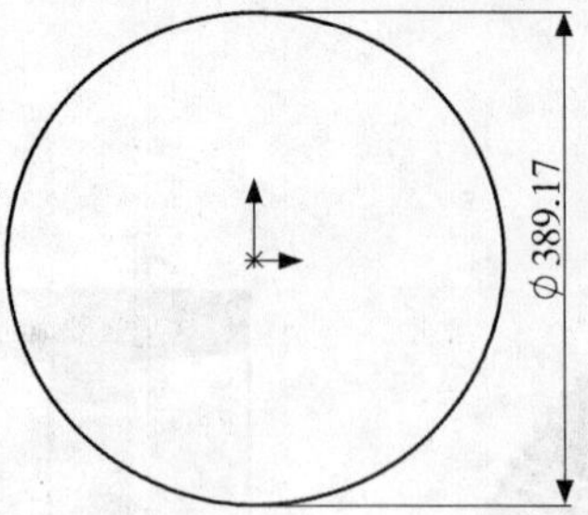

图9－24　圆的绘制

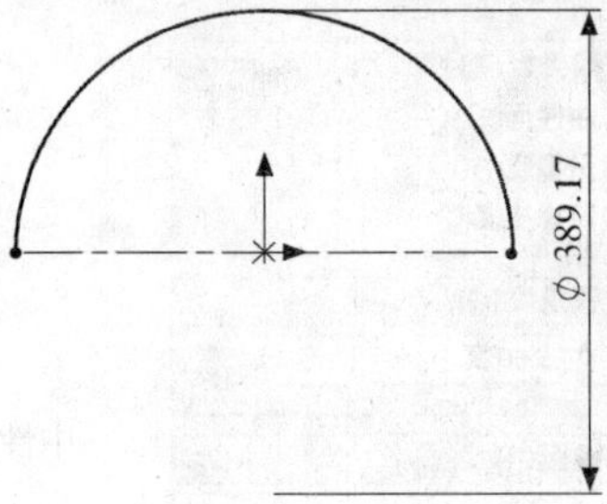

图9－25　半圆及中心线的绘制

(5)选择 前视基准面 作为草图平面，单击 草图绘制，单击“草图”工具栏上的“点”命令，移动光标，当捕捉到圆弧的左端点时单击，绘制一个与圆弧端点重合的点，如图9－26所示。单击绘图区域右上角的图标，完成草图2的绘制。

(6)选择 前视基准面 作为草图平面，单击“草图绘制”命令 草图绘制，单击 “草图”工具栏上的“直线”命令，移动光标，当捕捉到圆弧的右端点时单击，绘制一个与圆弧右端点重合的竖直线。标注尺寸，输入“pi＊389.17/2”，其中“pi”表示π，如图9－27所示。单击绘图区域右上角的图标，完成草图3的绘制。

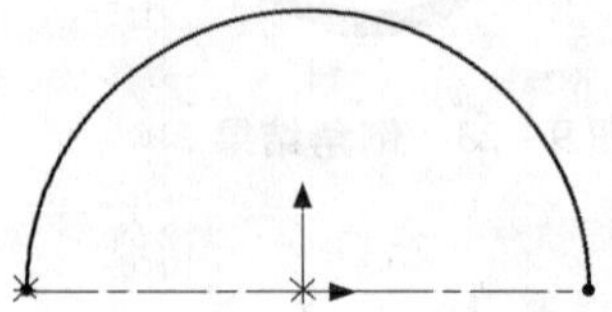

图9－26　点的绘制

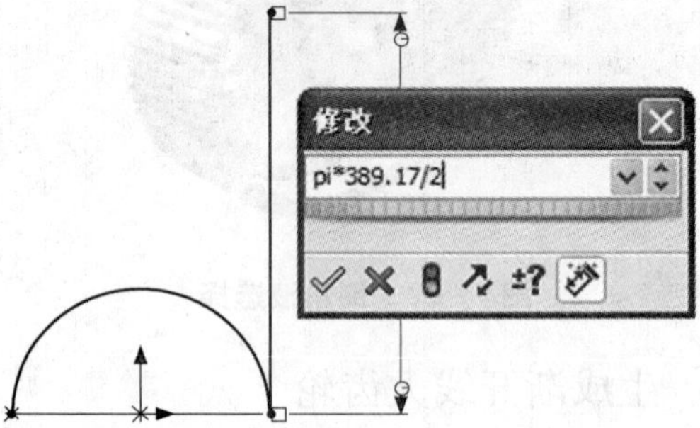

图9－27　竖直线的绘制

(7)单击“插入”—“曲面”—“放样曲面”，弹出如图9－28所示的对话框，在“轮廓”中选择草图2(点)和草图3(竖直线)，在“中心线参数”中选择草图1(半圆弧)，单击“确定”按钮，完成放样曲面，如图9－29所示。

(8)单击图9－29中的面作为草图绘制平面，单击“视图定向”工具栏中的“正视于”按钮，使绘图平面转为正视方向。

(9)单击“草图”工具栏，单击 草图绘制，单击“转化实体引用”命令 转换实体引用，面的轮廓线生成了二维图形，单击绘图区域右上角的图标，完成草图绘制。

(10)单击“标准”工具栏的“保存”命令图标或是选择菜单命令“文件”—“保存”，设置好路径，将文件保存，并将文件命名为“渐开线.sldprt”，将模型保存。

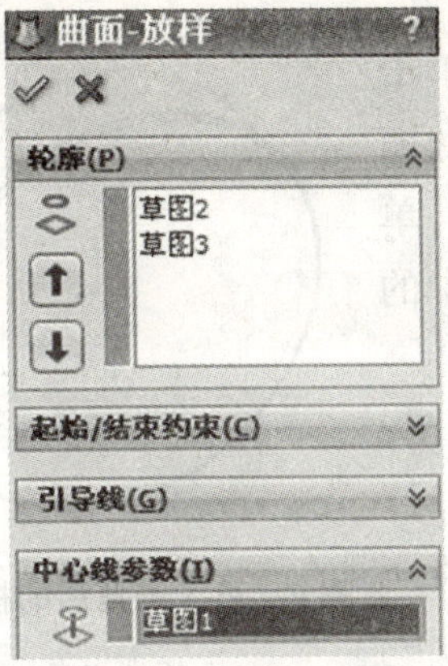

图 9－28　放样参数设置

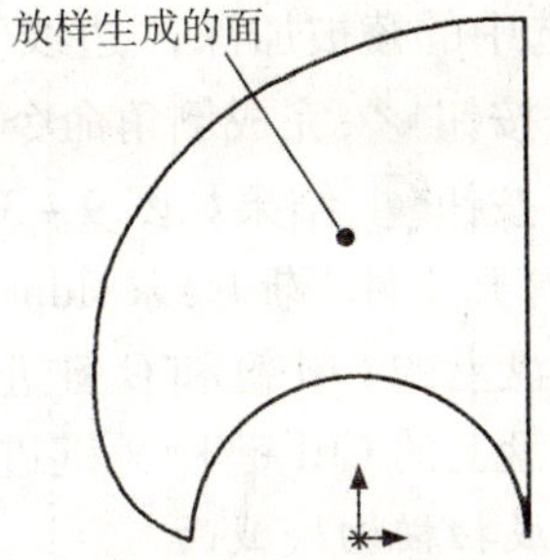

图 9－29　放样生成的面

9.1.2.2　大齿轮建模

大齿轮的建模过程如下：

1. 复制渐开线

(1)启动 SolidWorks2011，将光标移到 SolidWorks2011 图标 SolidWorks 上，选择菜单命令“文件”—“新建”或单击工具栏上的按钮，单击“零件模板”按钮，单击“确定”按钮，进入零件建模环境。

(2)在打开的特征树中选择 前视基准面 作为草图平面，单击“视图定向”工具栏中的“正视于”按钮，使绘图平面转为正视方向。

(3)单击“草图”工具栏上的 圆，当光标捕捉到坐标原点时单击，移动光标，绘制一个圆。单击“草图”工具栏上的 智能尺寸，标注尺寸，如图 9－30 所示(424.15 为齿轮的齿顶圆直径)。

(4)单击“特征”工具栏的 拉伸凸台/基体，弹出“凸台－拉伸”对话框，在“方向 1”下选择“两侧对称”，在“深度”后的框中输入 100.00mm，如图 9－31 所示，单击“确定”按钮，完成大齿轮的主体结构，结果如图 9－32 所示。

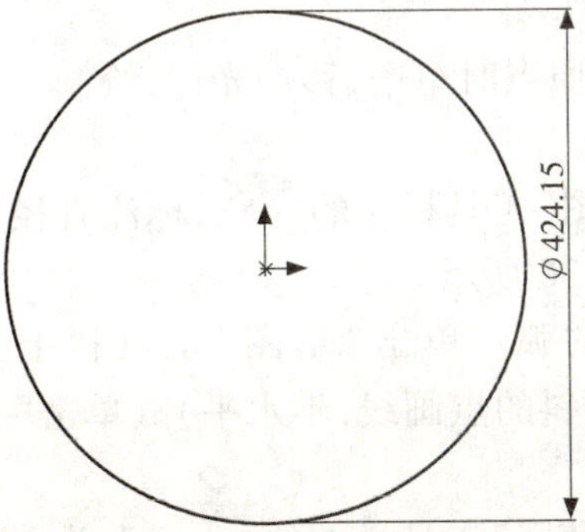

图 9－30　齿顶圆的绘制

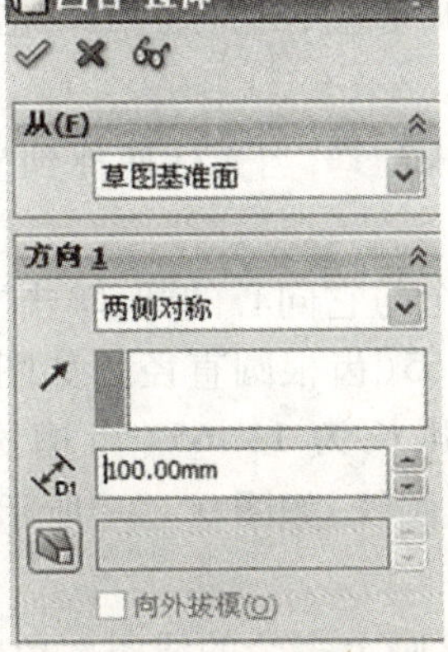

图 9－31　拉伸参数设置

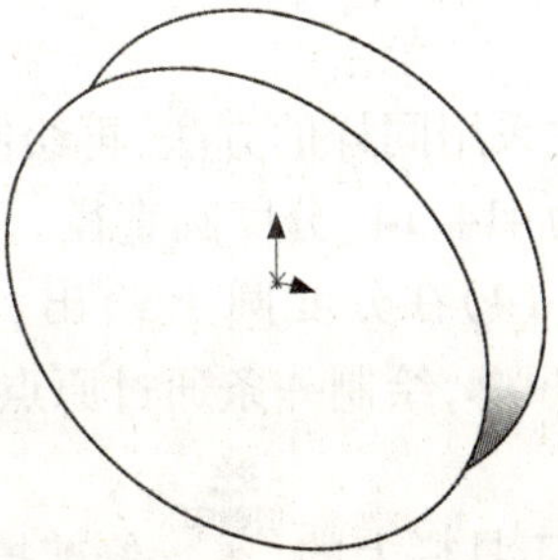

图 9－32　大齿轮的主体结构

(5)齿轮倒角。单击"特征"工具栏的 圆角 的下拉箭头,单击 倒角,在"距离" 后的框中输入 5.00mm,单击圆柱体上的两条棱,被选中的棱被加深,"边线" 框中也会出现选中的棱,单击"确定"按钮,完成倒角命令。单击"视图定向"工具栏中的"等轴测"按钮,结果如图 9-33 所示。

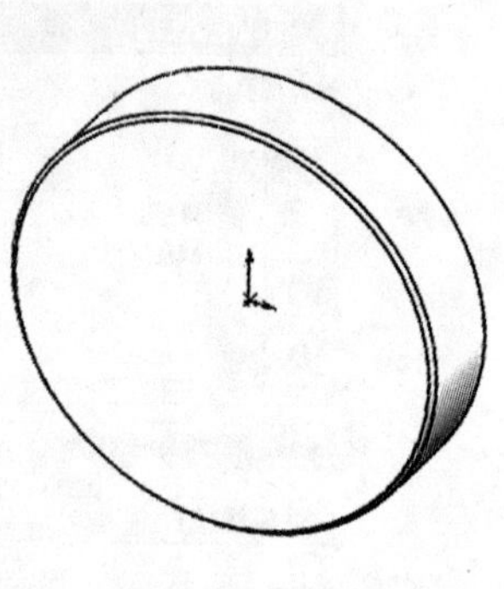

图 9-33 倒角后的模型

(6)打开文件"渐开线.sldprt",单击最后绘制的二维草图,同时按键盘上的 Ctrl 键和 C 键进行复制,回到大齿轮建模窗口,同时按键盘上的 Ctrl 键和 V 键进行粘贴,结果如图 9-34 所示。

2. 生成扫描切除截面

(1)单击圆柱的平面作为草图绘制平面,单击"视图定向"工具栏中的"正视于"按钮,使绘图平面转为正视方向。选择草图绘制平面,如图 9-35 所示。

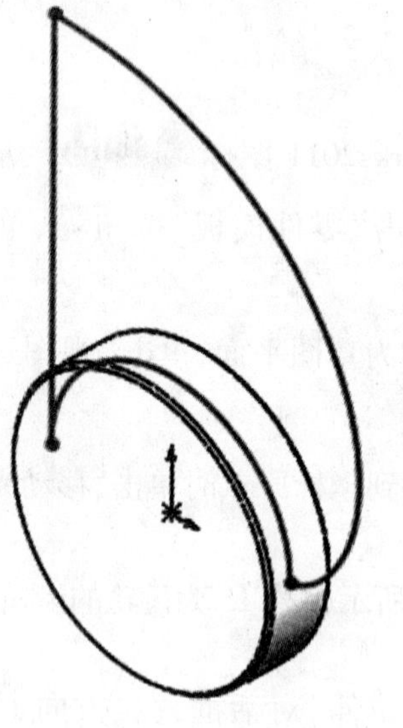

图 9-34 复制的渐开线

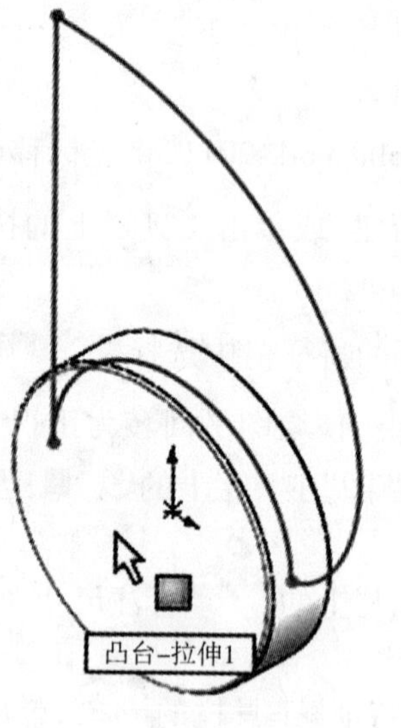

图 9-35 选择草图绘制平面

(2)单击"草图"工具栏上的 草图绘制,在空白区域单击。单击 转换实体引用,选择圆柱的圆柱面棱及渐开线,生成二维图形。

(3)单击"草图"工具栏上的 圆,当光标捕捉到坐标原点时单击,移动光标,绘制一个圆。采用同样的方法,再绘制一个与它同心的圆,单击"草图"工具栏上的 智能尺寸,标注直径尺寸为 414.14(分度圆直径)、401.65(齿根圆直径),如图 9-36 所示。

(4)在分度圆上绘出一段弧长为 11.65(齿槽宽)的弧。单击"草图"工具栏上的 中心线,绘制一条通过原点的点画线,如图 9-37 所示(倾斜的点画线,不水平)。单击"草图"工具栏上的 剪裁实体,修剪掉分度圆上多余的线条。单击"草图"工具栏上的 智能尺寸,先单击圆弧,再单击圆弧的两个端点,标注弧长尺寸 11.65(端面齿厚),如图 9-37 所示。

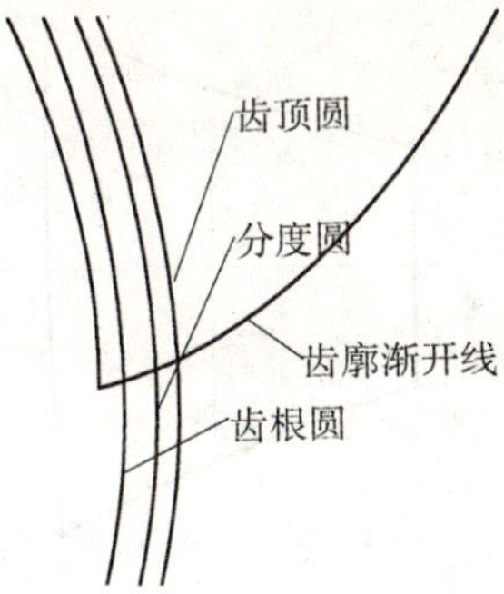

图 9－36　二维草图绘制

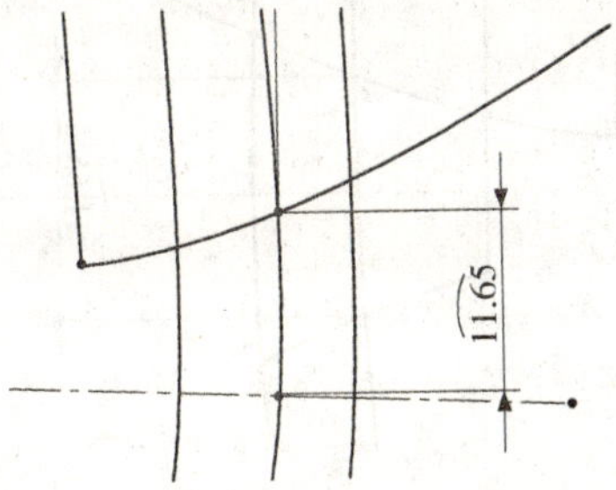

图 9－37　绘制一半齿槽宽度

（5）选中点画线，按 Delete 键将其删除。单击“草图”工具栏上的 中心线，再绘制一个过原点的中心线（倾斜的点画线，不水平），并且与圆弧相交，如图 9－38 所示。

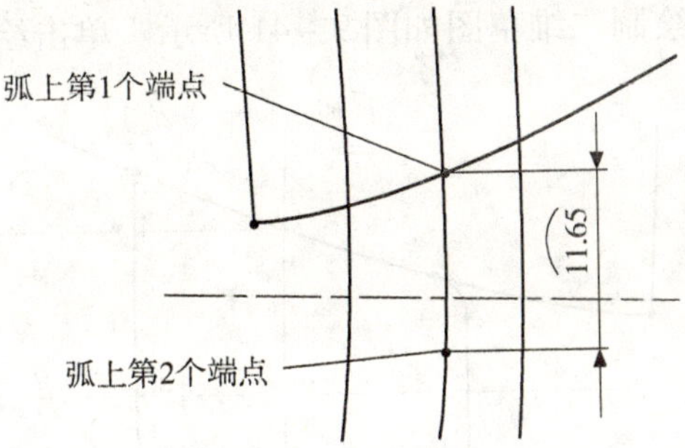

图 9－38　绘制与圆弧相交的中心线

（6）按住 Ctrl 键，连续选择图 9－38 中弧的两个端点及点画线，弹出“属性”对话框，添加 对称(S) 约束几何关系，单击“确定”按钮。由于弦长为 11.65 的弧被完全约束，添加了对称约束几何关系后，点画线也被固定，并且通过弧的中点。单击弧，单击 作为构造线(C)，将弧更改为点画线。单击“草图”工具栏上的 剪裁实体，修剪掉多余的线条，绘制的二维图形如图 9－39所示。

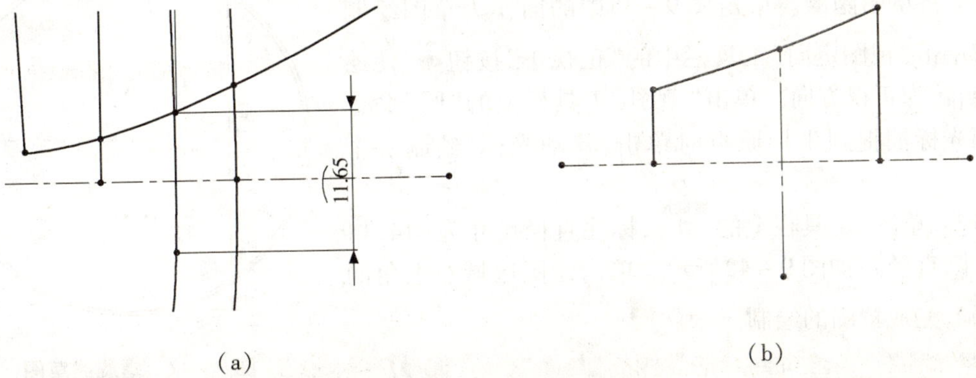

（a）　　　　（b）

图 9－39　修剪后的二维草图

（7）按住 Ctrl 键不放，连续选择渐开线、两段圆弧及中心线，单击“草图”工具栏的 镜像实体，将它们对称复制，然后修剪，得到如图 9－40 所示的图形。

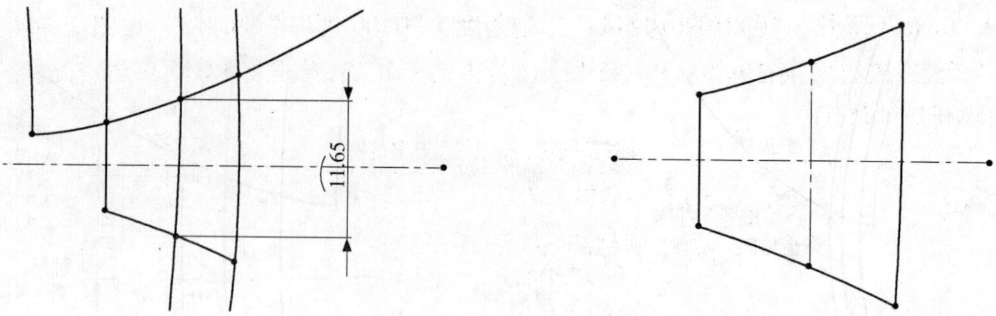

(a)　　　　　　　　　　　　(b)

图 9－40　镜像复制草图

(8)单击“草图”工具栏上的“圆角”命令，输入圆角半径为 1.5，单击要倒圆角的两条边，单击“确定”按钮，绘制二维草图如图 9－41 所示。单击绘图区域右上角的图标，完成草图绘制。

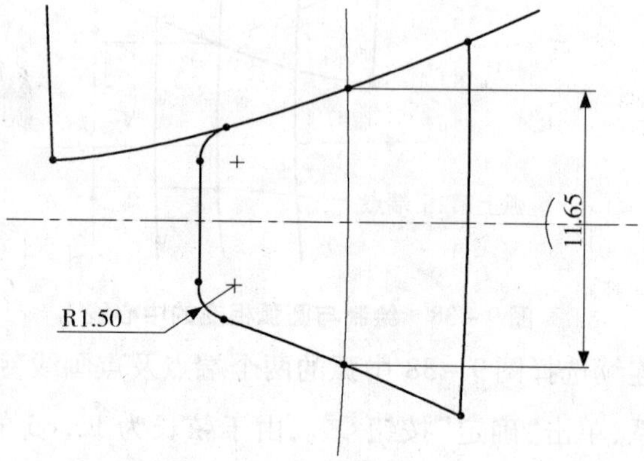

图 9－41　二维草图倒圆角

3. 创建螺旋线

(1)创建螺旋线草图。右键单击复制的渐开线草图，单击将草图隐藏。单击图 9－35 中的面作为草图绘制平面，单击“视图定向”工具栏中的“正视于”按钮，使绘图平面转为正视方向。单击“草图”工具栏上的“圆”命令，当光标捕捉到坐标原点时单击，移动光标，绘制一个圆，单击“草图”工具栏上的 智能尺寸，标注直径尺寸为 414.14(分度圆直径)，如图 9－42所示。单击绘图区域右上角的图标，完成草图的绘制。

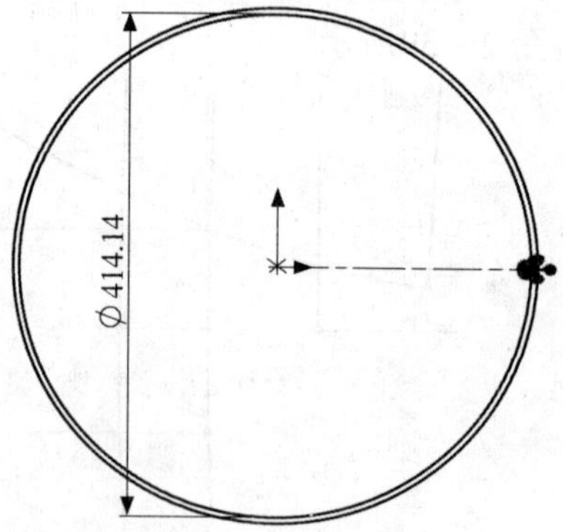

图 9－42　螺旋线草图

(2)生成螺旋线。单击“特征”工具栏上的 曲线—螺旋线/涡状线，弹出如图 9－43 所示对话框，在绘图区单击上一步绘制的螺旋线草图(直径为 414.14 的圆)，在“螺旋线/涡状线”对话框中选择“高度和圈数”、“恒定螺距”、高度为

“100.00mm”、圈数为“0.0109614444”、起始角度为“0.00 度”、“顺时针”，如图 9－44 所示，单击“确定”按钮，结果如图 9－45 所示（若方向不正确，单击 反向(V)），新建的螺旋线就会出现在特征树中。

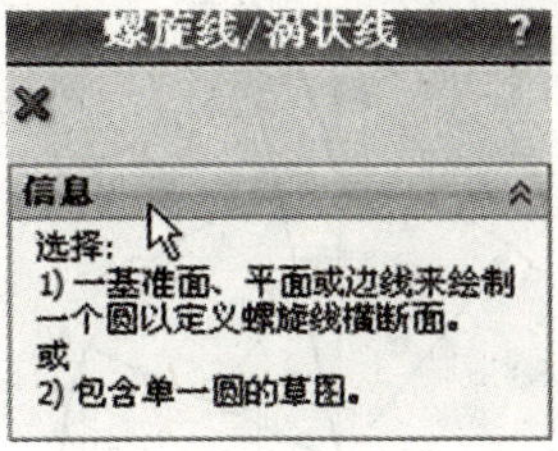

图 9－43　信息对话框

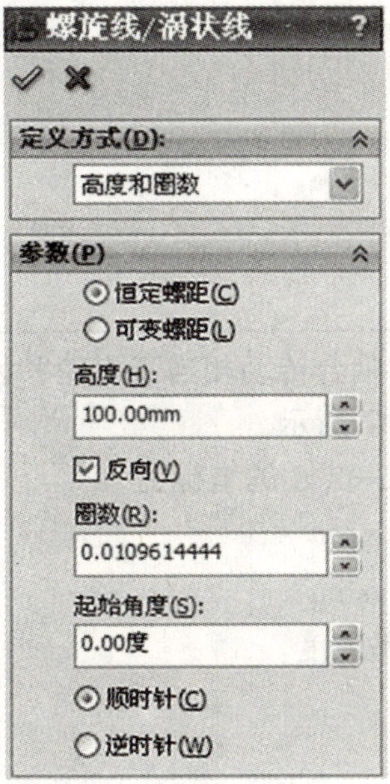

图 9－44　螺旋线参数设置

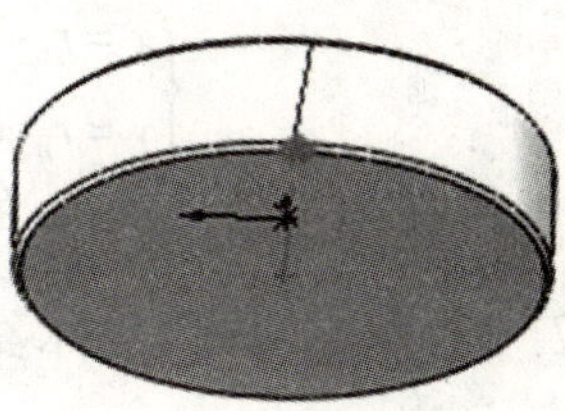

图 9－45　生成的螺旋线

4. 齿槽的建模

单击“特征”工具栏上的 扫描切除，弹出“切除－扫描”对话框。在“轮廓”选项框中选择如图 9－41 所示齿轮槽截面的二维草图，在“路径”选项框中选择图 9－45 中的螺旋线，单击“确定”按钮，建模结果如图 9－46 所示，生成了一个齿槽。

然后将齿槽阵列，再生成大齿轮上的其他结构，数据见表 9－1，此处不再赘述。

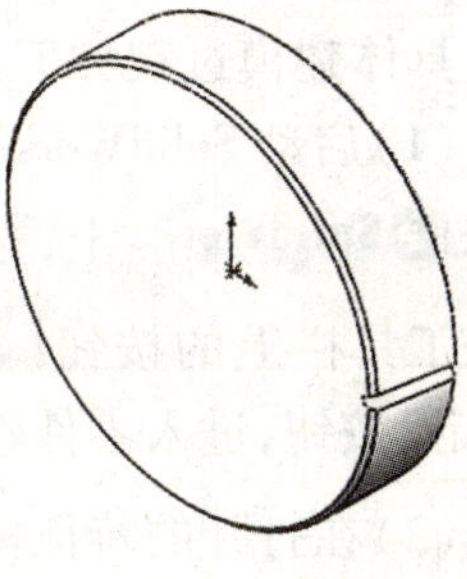

图 9－46　生成的齿槽

9.2　蜗　轮

蜗轮的基本参数如表 9－2 所示。

表 9－2　蜗轮的基本参数

参数	数值
法向模数	6
齿数	34
螺旋角	根据蜗杆参数决定

续表 9 - 2

参数	数值
蜗轮喉圆直径	220
分度圆直径	204
齿根圆直径	193
基圆直径	191.70
蜗轮齿顶圆弧半径	30
蜗轮顶圆直径	225

在中间平面内，蜗轮和蜗杆的啮合传动相当于齿轮和齿条的啮合传动，蜗轮在中间平面内的齿廓形状是渐开线，如图 9 - 47 所示。

参照图 9 - 47，渐开线上任意一点 K 的坐标为

$$\begin{cases} x = r_b \sin u - r_b u \cos u \\ y = r_b \cos u + r_b u \sin u \end{cases}$$

其中：r_b 为圆半径；滚角 u 的单位是弧度。

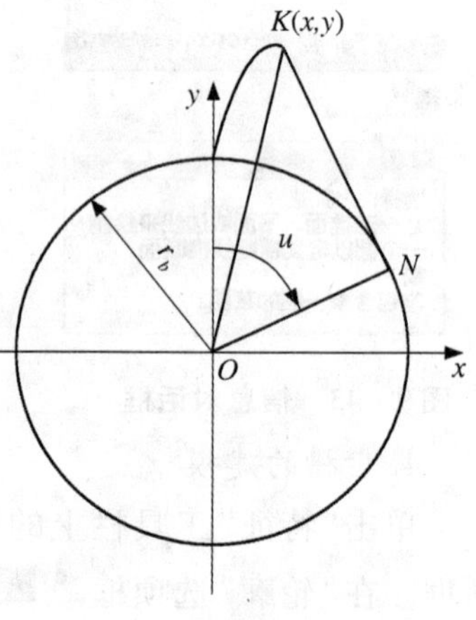

图 9 - 47　蜗轮中间平面

9.2.1　生成蜗轮主体结构

蜗轮的建模思路与渐开线大齿轮的建模思路一样，先扫描切除生成齿槽，再用阵列、拉伸凸台、拉伸切除等工具建立模型。

具体建模过程如下：

(1) 启动 SolidWorks2011，将光标移到 SolidWorks2011 图标 SolidWorks 上，选择菜单命令“文件”—“新建”或单击工具栏上的按钮，单击“零件模板”按钮，单击“确定”按钮，进入零件建模环境。

(2) 在打开的特征树中选择 前视基准面 作为草图平面，单击“视图定向”工具栏中的“正视于”按钮，使绘图平面转为正视方向。

(3) 单击“草图”工具栏上的 圆，当光标捕捉到坐标原点时单击，移动光标，绘制一个圆，单击“草图”工具栏上的 智能尺寸，标注尺寸，如图 9 - 48 所示(225 为蜗轮的顶圆直径)。

(4) 单击“特征”工具栏的 拉伸凸台/基体，弹出“凸台 - 拉伸”对话框，在“方向 1”下选择“两侧对称”，在“深度”后的框中输入 45.00mm，创建的模型关于草图平面对称，单击“确定”按钮，完成蜗轮的主体结构，结果如图 9 - 49 所示。

(5) 选择 右视基准面 作为草图平面，单击“视图定向”工具栏中的“正视于”按钮，使绘图平面转为正视方向。单击“草图”工具栏上的“中心线”命令，绘制一条通过原点的水平中心线。单击“草图”工具栏上的 圆，移动光标，绘制一个圆，圆的圆心与原点在竖直方

向上对齐。单击“草图”工具栏上的智能尺寸，标注尺寸，如图 9－50 所示。

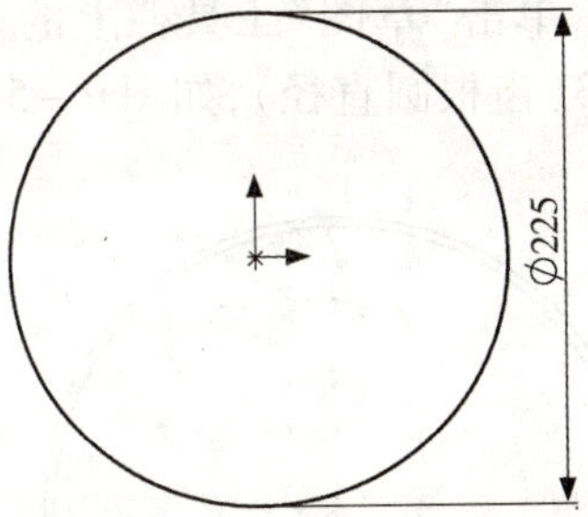

图 9－48　绘制蜗轮顶圆

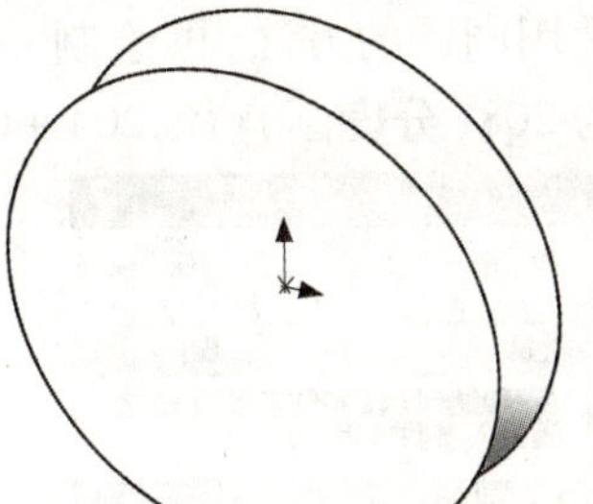

图 9－49　蜗轮的主体结构

（6）单击“特征”工具栏上的旋转切除，单击“确定”按钮，完成切除特征。单击“特征”工具栏的圆角的下拉箭头，单击倒角，在“距离”后的框中输入 3.00mm，单击圆柱面上的棱（若捕捉不到，可按鼠标中键旋转模型），被选中的棱被加深，“边线”框中也会出现选中的棱，单击“确定”按钮，完成倒角命令，结果如图 9－51 所示。

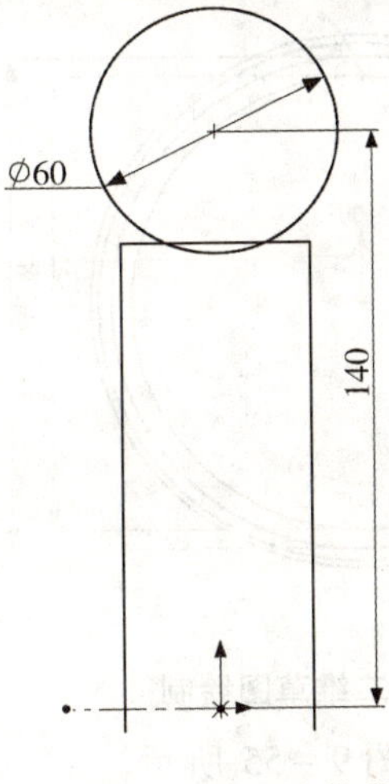

图 9－50　二维草图

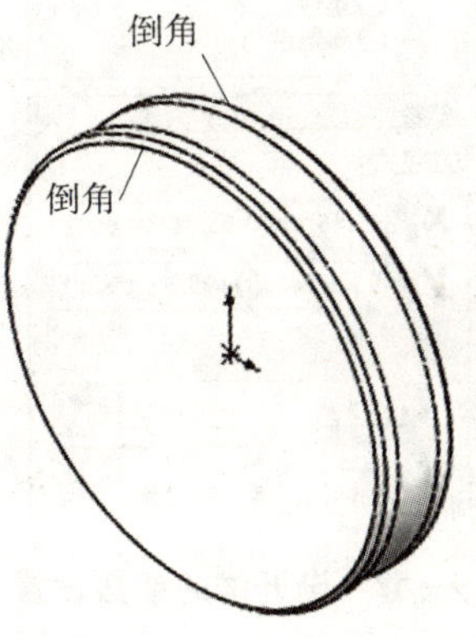

图 9－51　倒角后的模型

9.2.2　生成中间平面内的扫描轮廓

生成渐开线及生成扫描轮廓的步骤如下所述：

（1）单击前视基准面作为草图平面，单击“视图定向”工具栏中的“正视于”按钮，使绘图平面转为正视方向。单击“草图”工具栏，单击草图绘制，单击“工具”—“草图绘制实体”—方程式驱动的曲线，弹出“方程式驱动的曲线”对话框，在对话框中输入如图 9－52 所示的数据，其中在 x_t 后的框中输入“95.85 * sin(t) －95.85 * t * cos(t)”，在 y_t 后的框中输入“95.85 * cos(t) ＋95.85 * t * sin(t)”。单击“确定”按钮，生成渐开线，如图 9－53 所示。单击渐开线，添加固定约束几何关系。

(2)单击“草图”工具栏上的圆命令，当光标捕捉到坐标原点时单击，移动光标，绘制一个圆。采用同样的方法，再绘制一个与它同心的圆。单击“草图”工具栏上的智能尺寸，标注直径尺寸为208(分度圆直径，204 + 0.3333 * 6 * 2)、193(齿根圆直径)，如图9－54所示。

图9－52　渐开线的参数设置

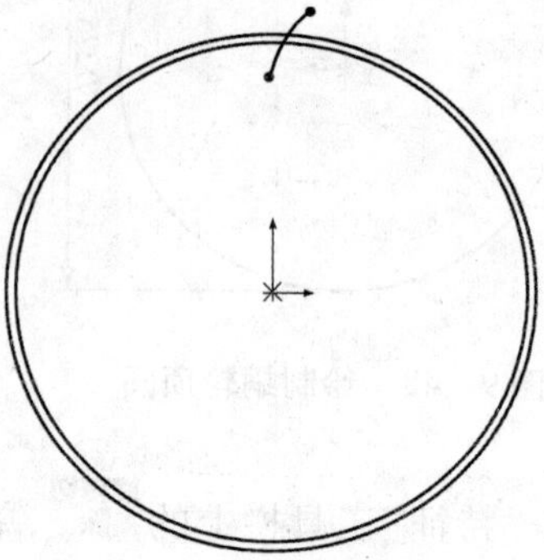

图9－53　生成的渐开线

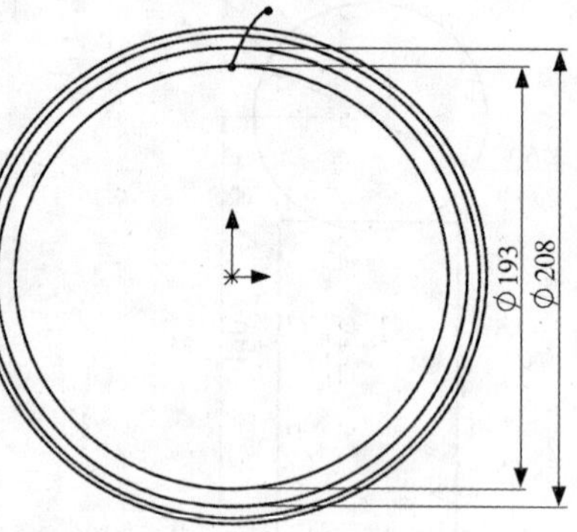

图9－54　二维草图绘制

(3)通过原点绘制一条点画线(倾斜的点画线，不竖直)，如图9－55所示。

(4)单击“草图”工具栏上的剪裁实体，修剪掉直径为208的圆上多余的线条，标注直径为208的圆上的弧长为“1.5 * pi”，约为4.71(蜗杆齿在此界面内的厚度的一半)，并将其转化为点画线，如图9－56所示。

(5)按住Ctrl键不放，连续选择渐开线和点画线，单击“草图”工具栏的镜像实体命令，将渐开线对称复制。绘制一条直线，将草图封闭。单击“草图”工具栏上的剪裁实体，修剪掉多余的线条，结果如图9－57所示，此图为中间平面内蜗轮轮槽的截面图。单击绘图区域右上角的图标，完成草图的绘制。

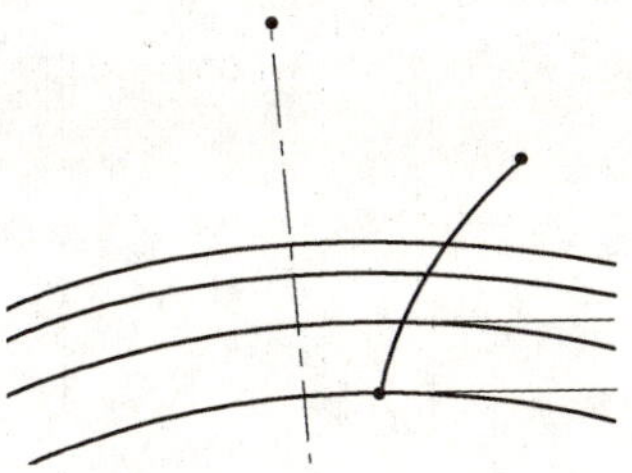

图 9－55　绘制点画线

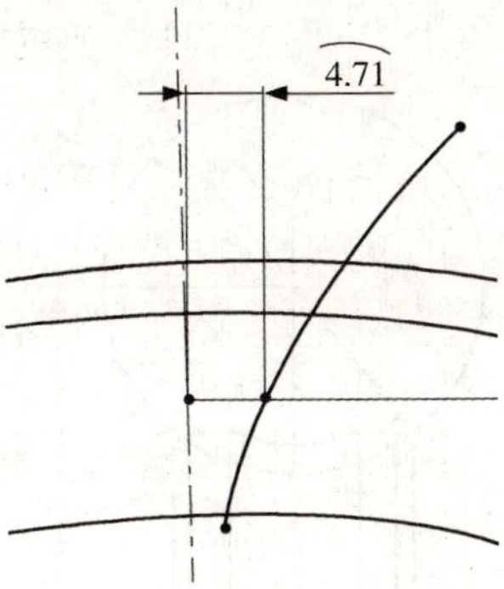

图 9－56　绘制一定长度的弧

图 9－57　二维草图

9.2.3　生成扫描路径

扫描路径为蜗杆上螺旋线的一部分。

螺旋线生成步骤如下：

(1)建立蜗杆轴线。选择 右视基准面 作为草图平面，单击“视图定向”工具栏中的“正视于”按钮，使绘图平面转为正视方向。

(2)单击“草图”工具栏上的 圆，移动光标，绘制一个圆。按住 Ctrl 键不放，连续选择圆心和原点，添加上 竖直(V) 约束几何关系。单击“草图”工具栏上的 智能尺寸，标注尺寸，如图 9－58所示(72 为蜗杆的分度圆直径)。单击绘图区域右上角的图标，完成草图的绘制。

(3)单击“特征”工具栏上的曲线— 螺旋线/涡状线，弹出如图 9－59 所示对话框，在绘图区域单击直径为 72 的圆，在“螺旋线/涡状线”对话框中选择“螺距和圈数”、“恒定螺距”、“12 * pi”(pi 表示 π)、“1”、“0.00 度”、“逆时针”(若方向不正确，改为“顺时针”)，如图 9－60 所示，单击“确定”按钮，新建的螺旋线就会出现在特征树中，结果如图 9－61 所示。

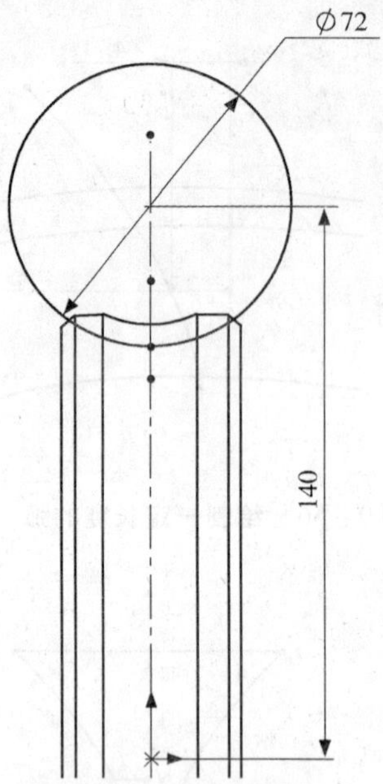

图 9－58　螺旋线草图

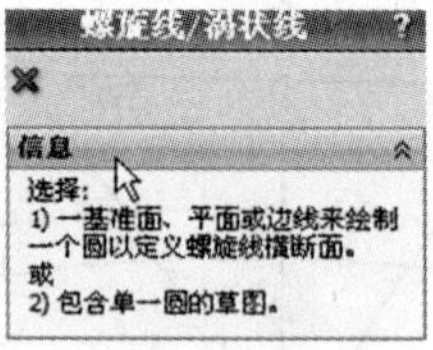

图 9－59　草图选择对话框

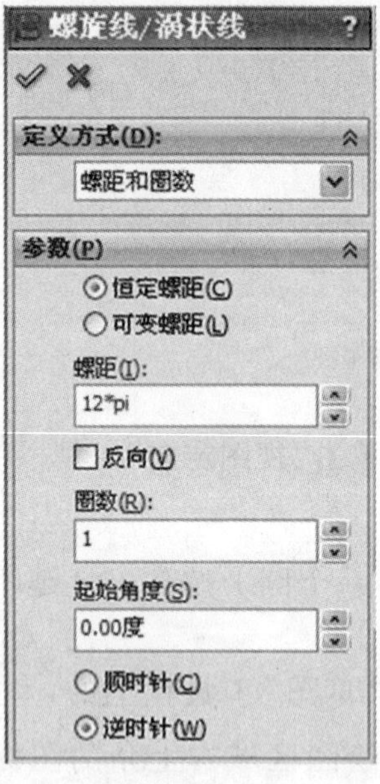

图 9－60　螺旋线参数设置

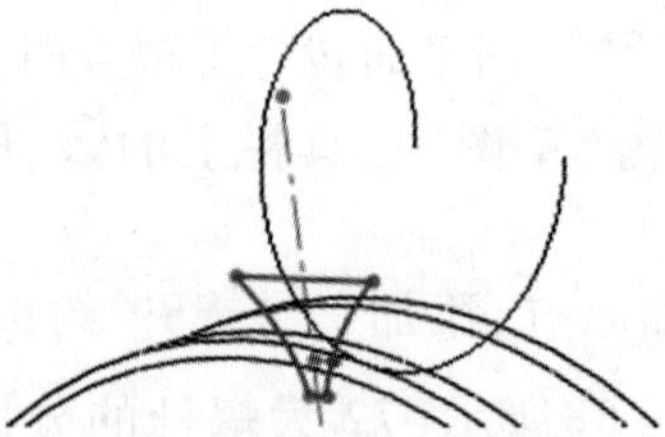

图 9－61　生成的螺旋线

9.2.4　生成蜗轮齿槽

（1）单击“特征”工具栏上的扫描切除，弹出“切除－扫描”对话框。在“轮廓”选项框中选择图 9－57 的二维草图，在“路径”选项框中选择图 9－61 中的螺旋线，单击“确定”按钮，建模结果如图 9－62 所示。

（2）单击“特征”工具栏上的圆角，在“半径”后的框中输入 0.38mm，单击图 9－63 中槽的棱(若捕捉不到,可按鼠标中键旋转模型),被选中的棱被加深,“边线”框中也会出现选中的棱,单击“确定”按钮,完成圆角命令。

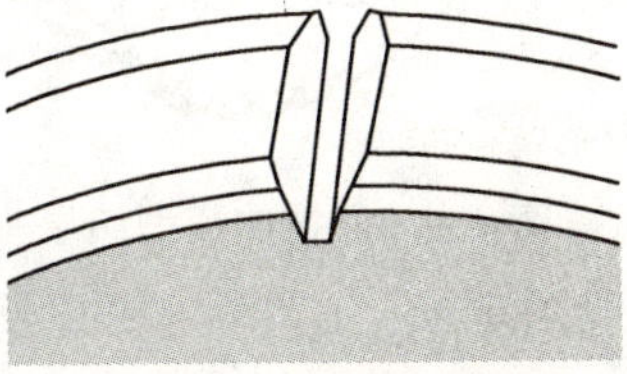

图 9－62　生成蜗轮齿槽

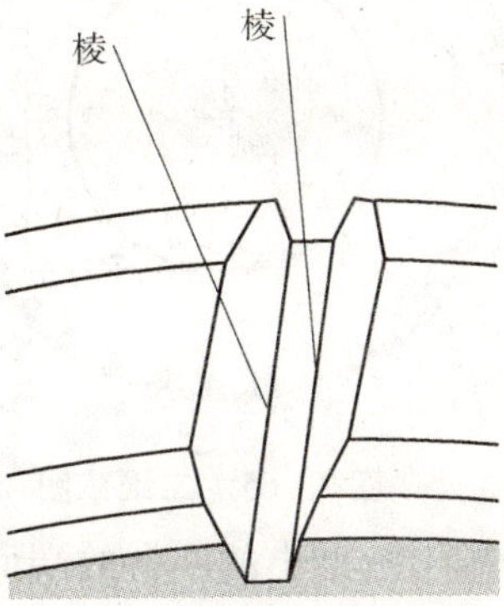

图 9－63　倒圆角棱的选择

(3)阵列 34 个齿槽。单击“特征”工具栏上线性阵列的下拉列表中的圆周阵列,弹出“圆周阵列”对话框,在选项框中选择回转体的轴线(若没有临时轴,单击“视图”—“临时轴”显示临时轴),选择等间距(E),在“实例数”中输入 34,在“要阵列的特征”选项框中可把特征树展开,选择“切除－扫描”特征及圆角,单击“确定”按钮,完成阵列,结果如图 9－64所示。

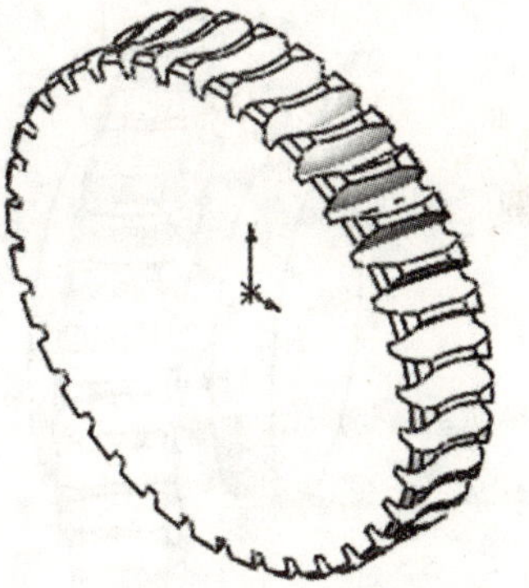

图 9－64　阵列齿槽后的模型

9.2.5　生成其余结构

(1)单击图 9－64 中模型端面作为草图绘制平面,单击“视图定向”工具栏中的“正视于”按钮,使绘图平面转为正视方向。

(2)单击“草图”工具栏上的圆,移动光标,绘制一个圆心与原点重合的圆。单击“草图”工具栏上的智能尺寸,标注尺寸,如图 9－65 所示。

(3)单击“特征”工具栏上的拉伸凸台/基体,按鼠标中键,观察拉伸方向,若方向不正确,单击给定深度中的箭头换向,在“深度”中输入 22.50mm,单击“确定”按钮,完成拉伸特征,结果如图 9－66 所示。

(4)单击“特征”工具栏上的线性阵列的下拉箭头,单击镜像,弹出“镜像”对话框。展开绘图区域中的特征树,单击“前视基准面”为镜像面,在“要镜像的特征”选项框中选择拉伸特征,单击“确定”按钮,建模结果如图 9－67 所示。

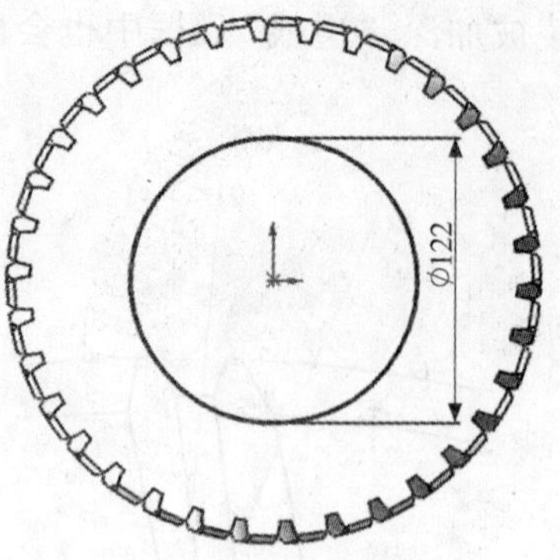

图 9－65　二维草图

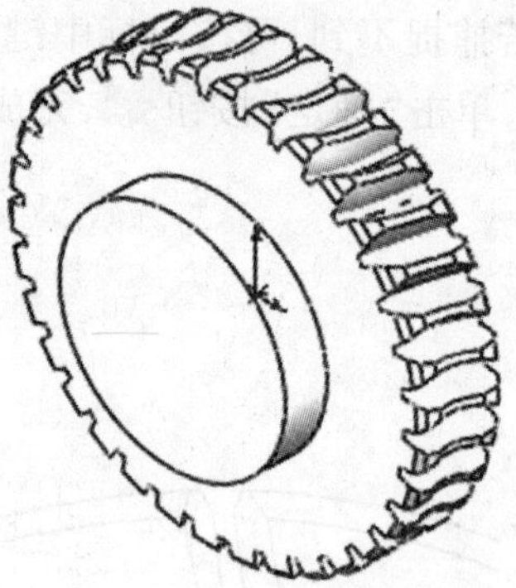

图 9－66　拉伸模型结果

（5）单击拉伸出的凸台的端面为草图绘制平面，单击“视图定向”工具栏中的“正视于”按钮，使绘图平面转为正视方向，绘制如图 9－68 所示的图形。

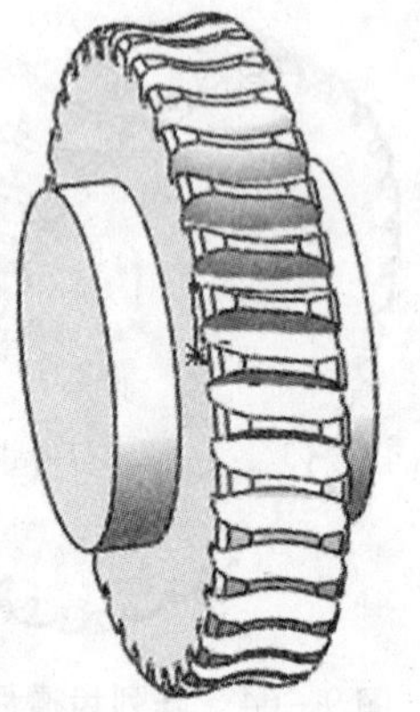

图 9－67　镜像模型结果

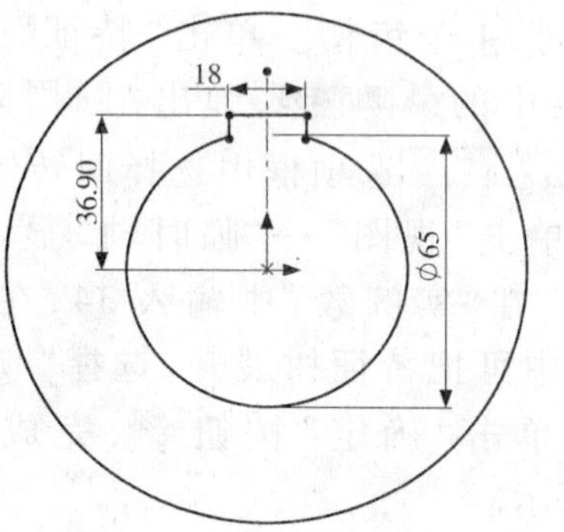

图 9－68　二维草图绘制

（6）单击“特征”工具栏上的 拉伸切除，把“方向 1”下换为“完全贯穿”，即 完全贯穿，单击“确定”按钮，完成切除特征。单击“视图定向”工具栏中的“等轴测”按钮，结果如图 9－69 所示。

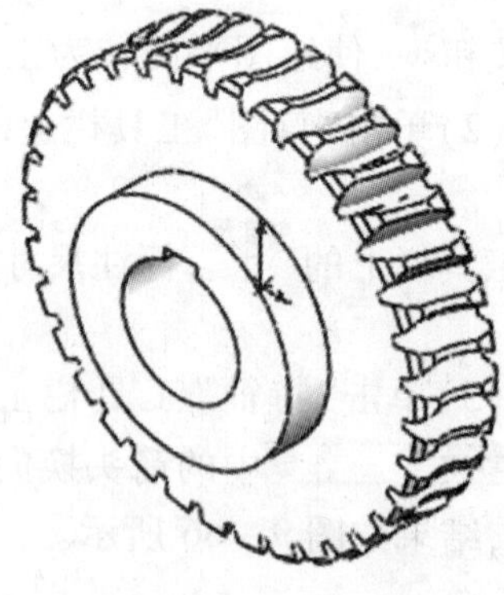

图 9－69　切除模型结果

（7）单击“特征”工具栏上的 圆角，在“半径”后的框中输入 2.00mm，单击图 9－70 中的棱 1（包括两面，若捕捉不到，可按鼠标中键旋转模型），被选中的棱被加深，“边线”后的框中也会出现选中的棱，单击“确定”按钮，完成圆角命令。单击“特征”工具栏的 圆角 的下拉箭头，单击 倒角，在“距离”后的框中输入 2.00mm，单击图 9－70中的棱 2 和棱 3（包括两面，若捕捉不到，可按鼠标中键旋转模型），单击“确定”按钮，完成倒直角命令，结果如图 9－71 所示。

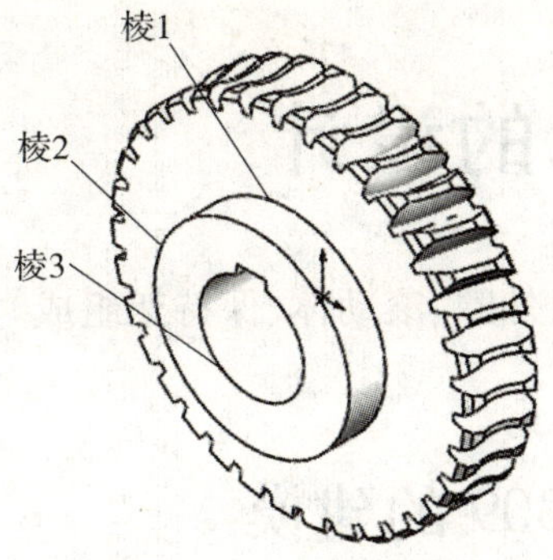

图 9－70　倒圆角棱的选择

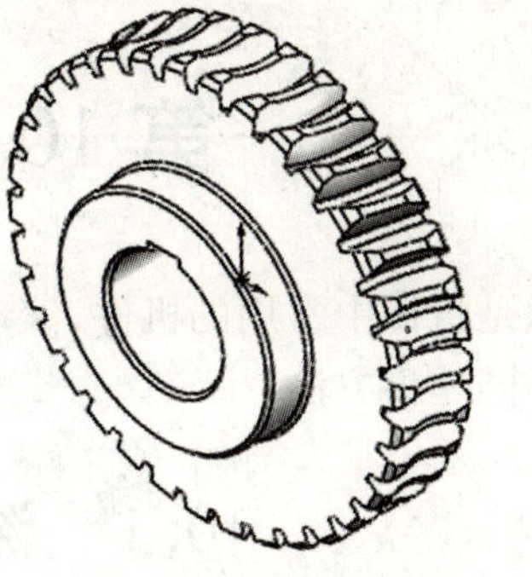

图 9－71　倒直角结果

(8)修改模型的颜色,编辑材质,单击“保存”命令图标或是选择菜单命令“文件”—“保存”,设置好路径,将文件保存,并将文件命名为“蜗轮. sldprt”。

第 10 章　轴承的设计

轴承是机械中常用的机件，滚动轴承一般由内圈、外圈、滚动体、保持架组成。本章讲解轴承的不同建模方法。

10.1　深沟球轴承 6309 的建模

新建一个文件夹并命名为“6309”，轴承 6309 的所有零件均保存在此文件夹中。

10.1.1　轴承组成件的建模

10.1.1.1　轴承内圈的建模

(1)启动 SolidWorks2011，将光标移到 SolidWorks2011 图标 SolidWorks 上，选择菜单命令“文件”—“新建”或单击工具栏上的按钮，单击“零件模板”按钮，单击“确定”按钮，进入零件建模环境。

(2)在打开的特征树中选择 前视基准面 作为草图平面，单击“视图定向”工具栏中的“正视于”按钮，使绘图平面转为正视方向。

(3)单击“草图”工具栏上的“中心线”命令，在绘图区域绘制通过原点的竖直中心线和通过原点的水平中心线。单击“草图”工具栏上的 中心矩形，在绘图区域绘制中心在竖直中心线上的矩形。单击“草图”工具栏上的 圆，绘制一个圆，其圆心也在竖直中心线上，绘制图形如图 10－1 所示。

(4)单击“草图”工具栏上的 智能尺寸，标注图形尺寸，如图 10－2 所示。

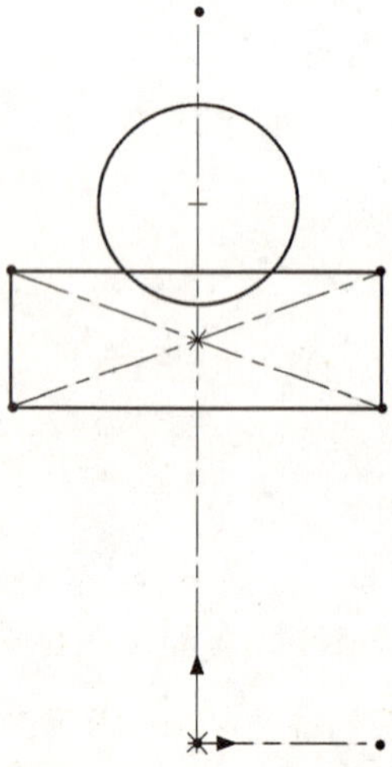

图 10－1　二维草图

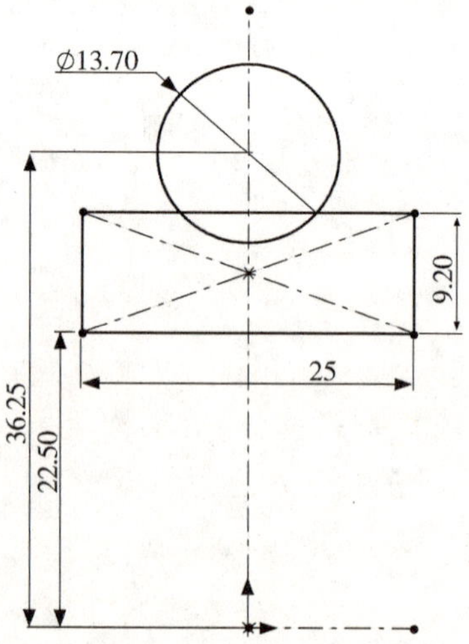

图 10－2　标注尺寸

(5)单击“草图”工具栏上的剪裁实体，修剪掉多余的线条，完成二维草图的绘制，结果如图 10－3所示。

(6)单击“特征”工具栏上的旋转凸台/基体，在弹出的“旋转”对话框中选择水平中心线作为旋转轴，单击“确定”按钮，结果如图 10－4 所示。

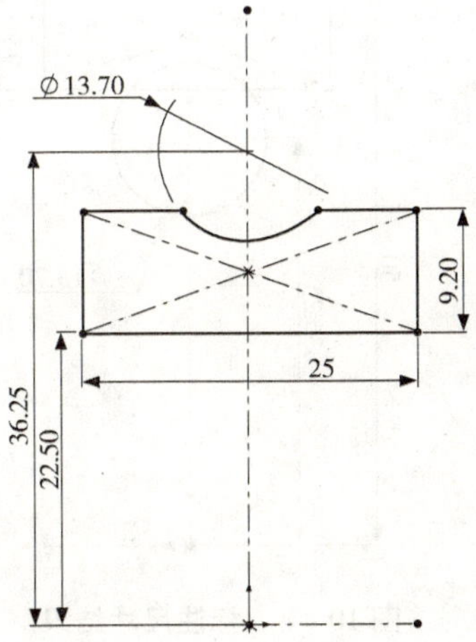

图 10－3　修剪草图结果

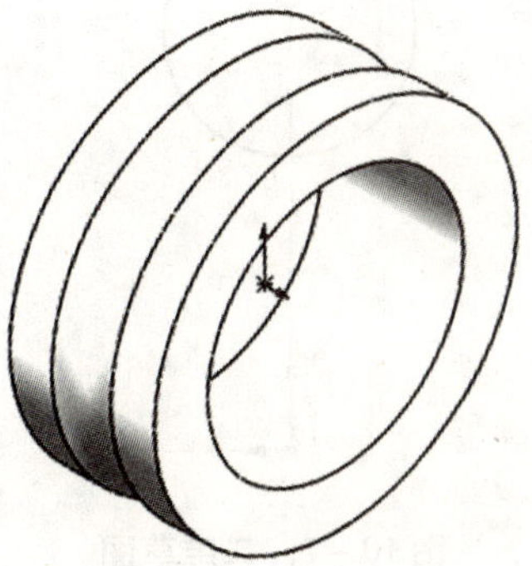

图 10－4　旋转生成实体

(7)单击“特征”工具栏上的圆角，输入圆角半径 1. 50mm，即 1.50mm，单击如图 10－5所示的棱(两边均选择)，单击“确定”按钮，完成倒圆角，结果如图 10－6 所示。

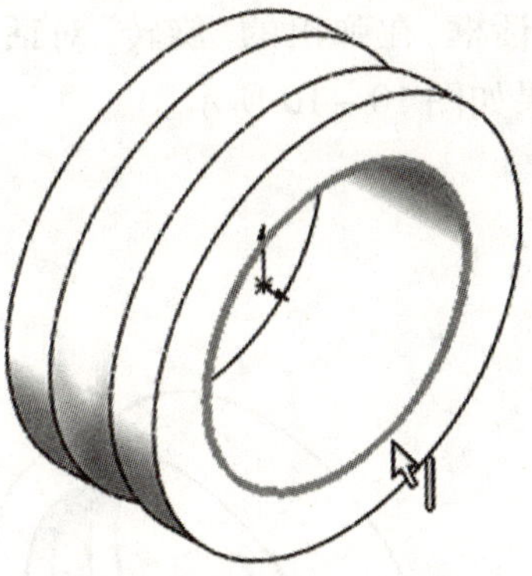

图 10－5　棱的选择

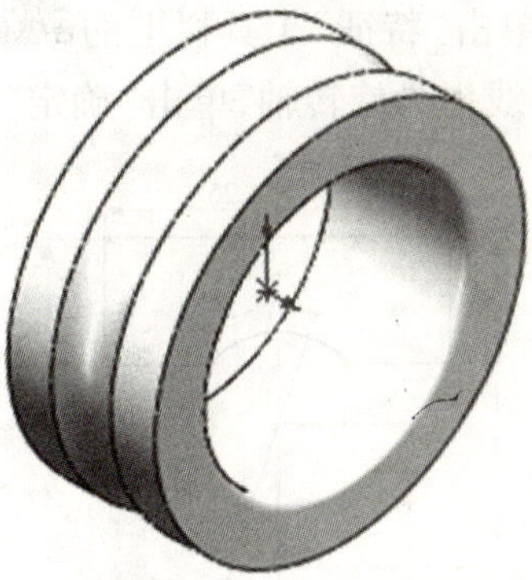

图 10－6　倒圆角的结果

(8)修改模型的颜色，编辑材质，单击“保存”命令图标或是选择菜单命令“文件”—“保存”，设置好路径，将文件保存，并将文件命名为“6309 内圈. sldprt”。

10.1.1.2　轴承外圈的建模

(1)启动 SolidWorks2011，将光标移到 SolidWorks2011 图标 SolidWorks 上，选择菜单命令“文件”—“新建”或单击工具栏上的按钮，单击“零件模板”按钮，单击“确定”按钮，进入零件建模环境。

(2)在打开的特征树中选择 前视基准面 作为草图平面，单击“视图定向”工具栏中的

“正视于”按钮,使绘图平面转为正视方向。

(3)采用与上述相同的方法,绘制如图 10 - 7 所示的二维图形。

(4)单击“草图”工具栏上的智能尺寸,标注图形尺寸,结果如图 10 - 8 所示。

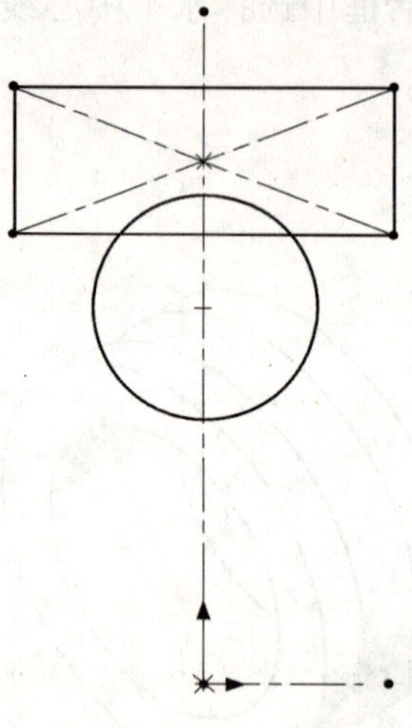

图 10 - 7　二维草图

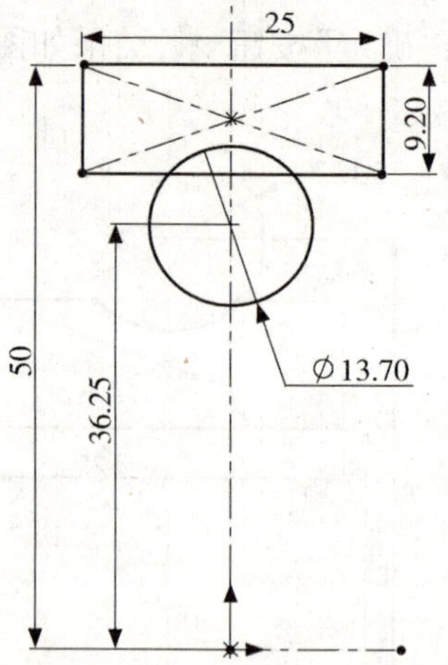

图 10 - 8　标注尺寸结果

(5)单击“草图”工具栏上的剪裁实体,修剪掉多余的线条,完成二维草图的绘制,结果如图 10 - 9所示。

(6)单击“特征”工具栏上的旋转凸台/基体,弹出“旋转”对话框,在弹出的“旋转”对话框中选择水平中心线作为旋转轴,单击“确定”按钮,建模结果如图 10 - 10 所示。

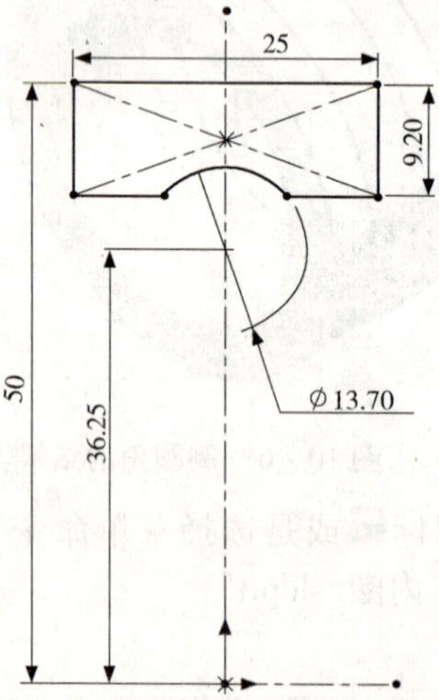

图 10 - 9　修剪草图结果

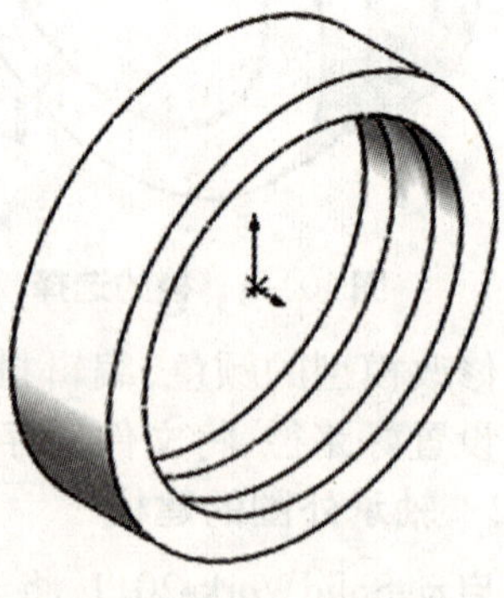

图 10 - 10　旋转生成实体

(7)单击“特征”工具栏上的圆角,输入圆角半径 1. 50mm,即 1.50mm ,单击如

图 10－11所示的棱(两边均选择)，单击“确定”按钮，完成倒圆角，结果如图 10－12 所示。

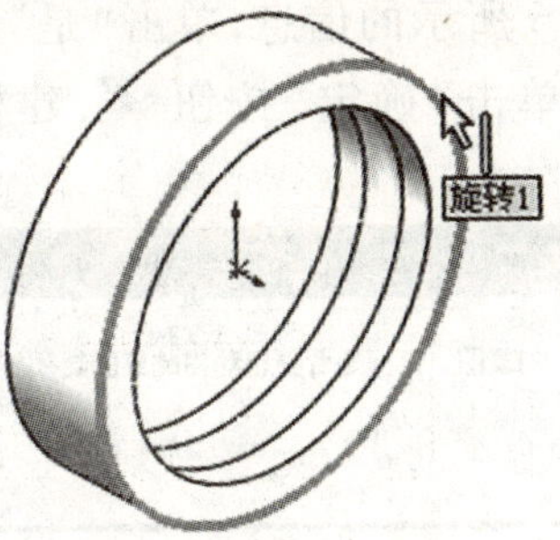

图 10－11　棱的选择

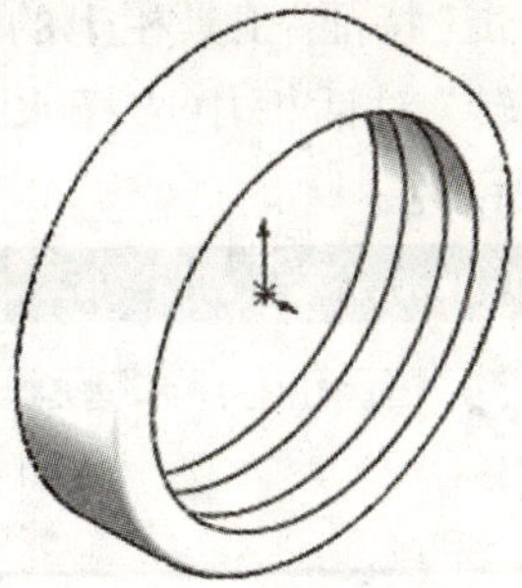

图 10－12　倒圆角的结果

(8)修改模型的颜色，编辑材质，单击“保存”命令图标或是选择菜单命令“文件”—“保存”，设置好路径，将文件保存，并将文件命名为“6309 外圈. sldprt”。

10.1.1.3　滚动体的建模

(1)启动 SolidWorks2011，将光标移到 SolidWorks2011 图标 SolidWorks 上，选择菜单命令“文件”—“新建”或单击工具栏上的按钮，单击“零件模板”按钮，单击“确定”按钮，进入零件建模环境。

(2)在打开的特征树中选择 前视基准面 作为草图平面，单击“视图定向”工具栏中的“正视于”按钮，使绘图平面转为正视方向。

(3)单击“草图”工具栏上的“中心线”命令，在绘图区域绘制通过原点的水平中心线。单击“草图”工具栏上的 圆，绘制一个圆，其圆心也在中心线上，如图 10－13 所示。单击“草图”工具栏上的 智能尺寸，标注图形尺寸，如图 10－14 所示。

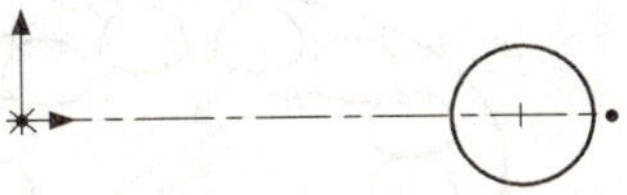

图 10－13　二维草图

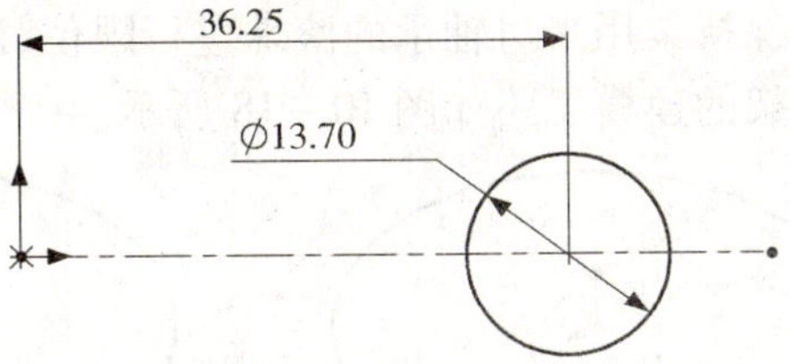

图 10－14　标注尺寸

(4)单击“草图”工具栏上的 剪裁实体，修剪掉多余的线条，完成二维草图的绘制，结果如图 10－15所示。

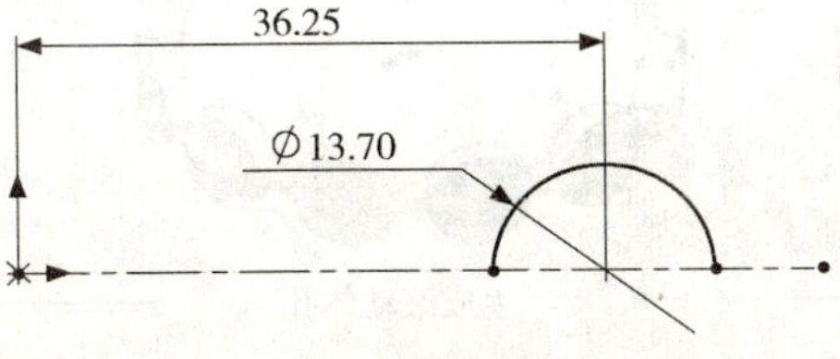

图 10－15　修剪草图结果

(5)单击“特征”工具栏上的旋转凸台/基体，会弹出如图 10－16 所示的信息，单击“是”按钮。在弹出的“旋转”对话框中选择水平中心线作为旋转轴，单击“确定”按钮，建模结果如图 10－17所示。

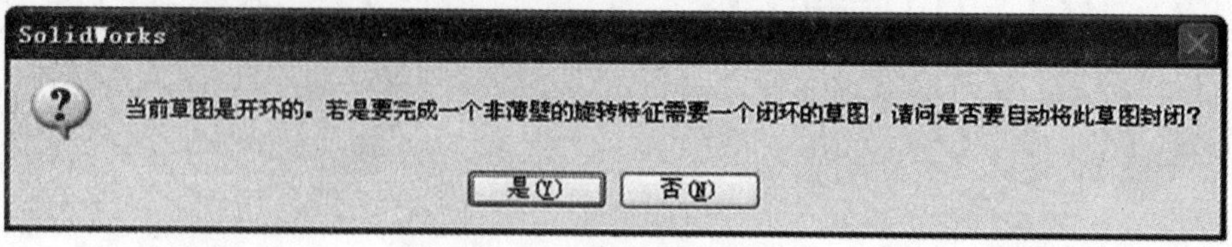

图 10－16　草图验证信息

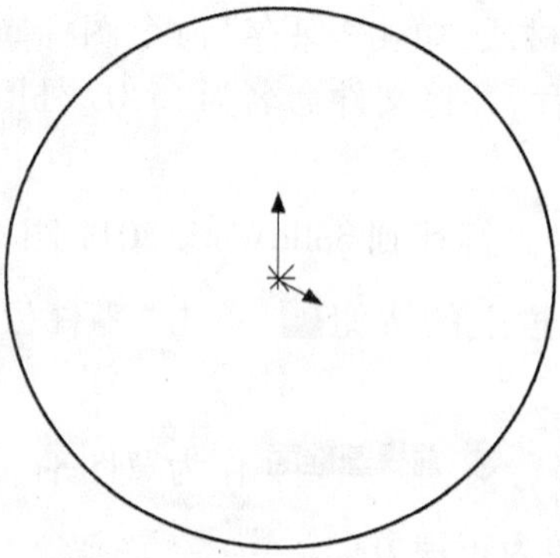

图 10－17　旋转生成实体

(6)修改模型的颜色，编辑材质，单击“保存”命令图标或是选择菜单命令“文件”—“保存”，设置好路径，将文件保存，并将文件命名为“6309 滚动体. sldprt”。

10.1.1.4　保持架的建模

保持架用来对轴承的滚珠进行限位，滚动体在保持架和轴承内外圈的约束下进行滚动。保持架的建模思路如图 10－18 所示。

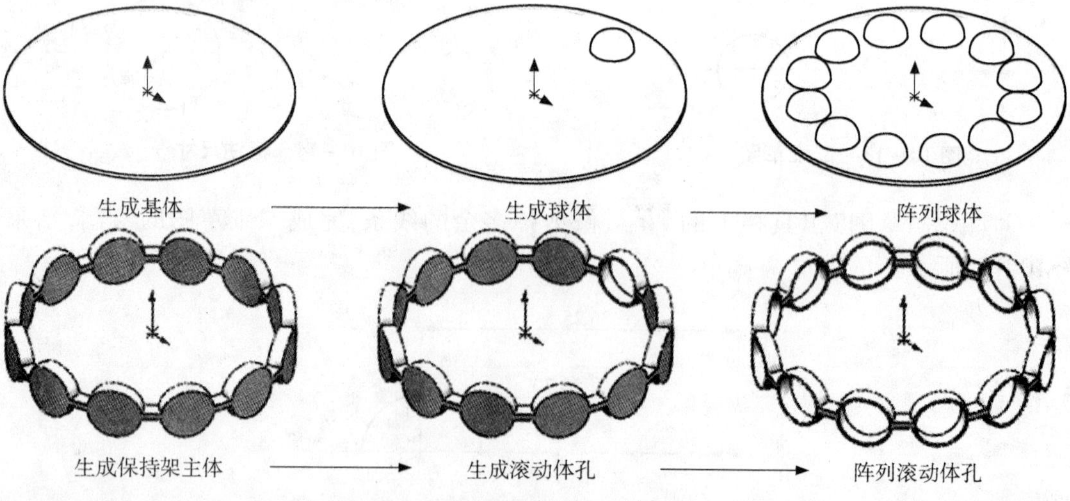

图 10－18　保持架的建模思路

具体建模过程如下：

(1)启动 SolidWorks2011，将光标移到 SolidWorks2011 图标 SolidWorks 上，选择菜单命令“文件”—“新建”或单击工具栏上的按钮，单击“零件模板”按钮，单击“确定”按钮，进入零件建模环境。

(2)在打开的特征树中选择 上视基准面 作为草图平面，单击“视图定向”工具栏中的“正视于”按钮，使绘图平面转为正视方向。

(3)单击“草图”工具栏上的 圆，绘制一个圆，其圆心在原点上。单击“草图”工具栏上的 智能尺寸，标注图形尺寸，如图 10－19 所示。

(4)单击“特征”工具栏的 拉伸凸台/基体，弹出“凸台－拉伸”对话框，选择“两侧对称”，拉伸深度为“2.00mm”，单击“确定”按钮，建模结果如图 10－20 所示。

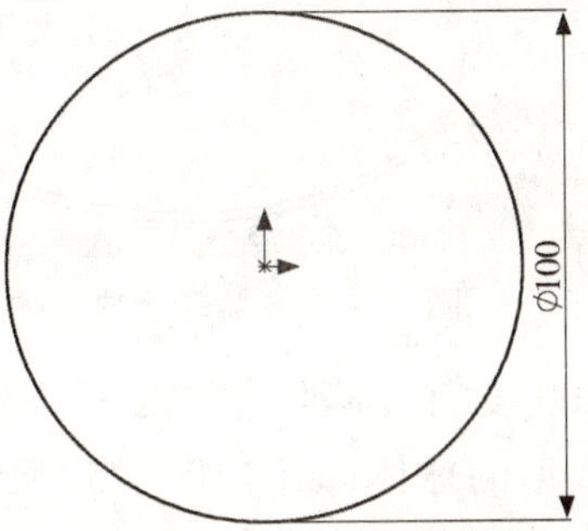

图 10－19　二维草图

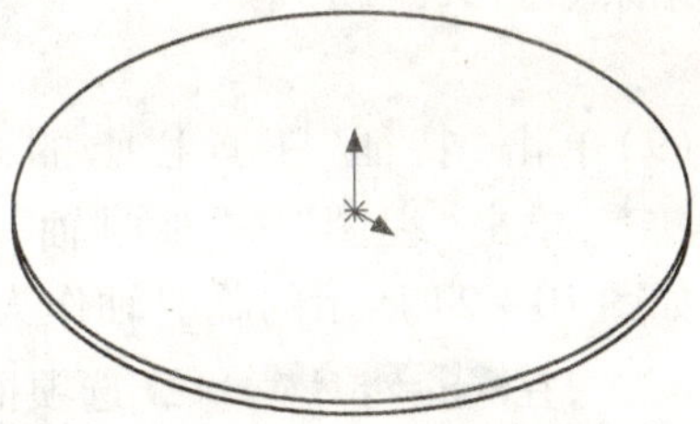

图 10－20　拉伸生成实体

(5)选择 右视基准面 作为草图平面，单击“视图定向”工具栏中的“正视于”按钮，使绘图平面转为正视方向。

(6)单击“草图”工具栏上的“中心线”命令，绘制中心线。单击“草图”工具栏上的 圆，绘制一个圆。单击“草图”工具栏上的“直线”命令，捕捉圆的象限点，绘制直线。单击“草图”工具栏上的 智能尺寸，标注图形尺寸，结果如图 10－21 所示，其中圆的圆心与原点在同一水平线上(按住 Ctrl 键，连续选择圆的圆心和原点，弹出“属性”对话框，添加 水平(H) 约束几何关系)。

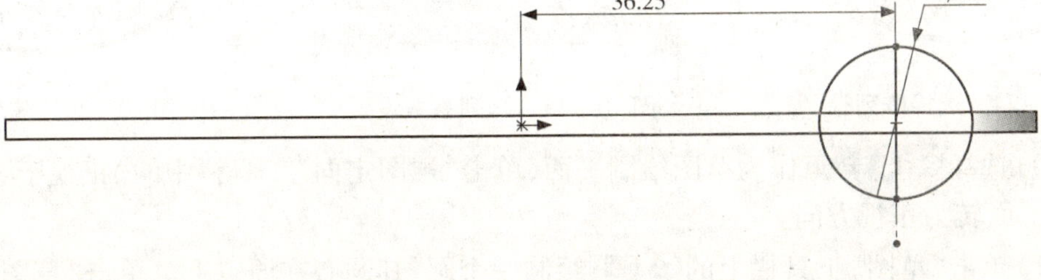

图 10－21　二维草图

(7)单击“草图”工具栏上的剪裁实体，修剪掉多余的线条，完成二维草图的绘制，结果如图 10－22所示。

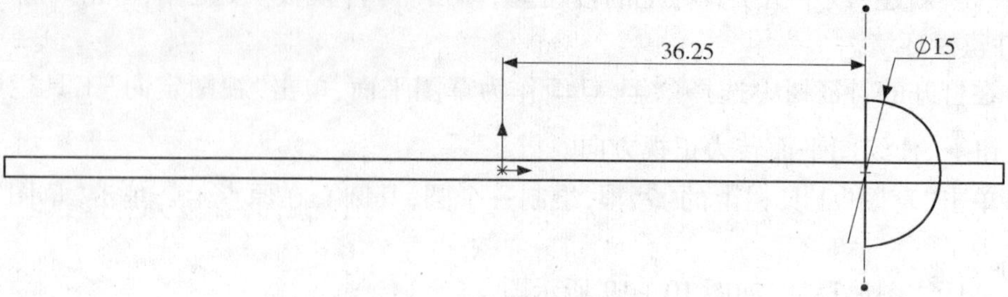

图 10－22　修剪草图结果

(8)单击“特征”工具栏上的旋转凸台/基体，在弹出的“旋转”对话框中选择竖直中心线作为旋转轴，单击“确定”按钮，建模结果如图 10－23 所示。

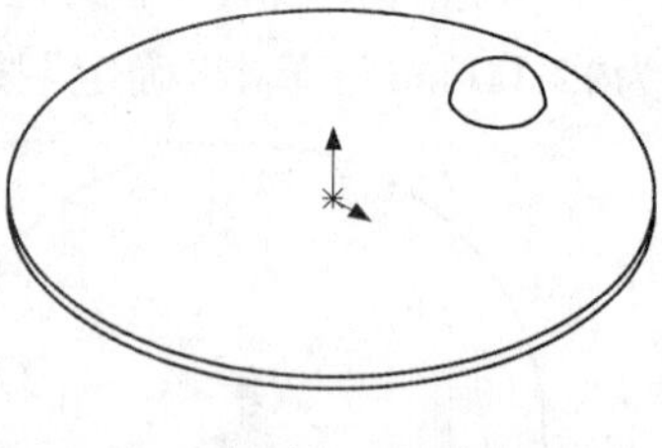

图 10－23　旋转生成实体

(9)单击“特征”工具栏上的线性阵列的下拉列表中的圆周阵列，单击“视图”—“临时轴”，将临时轴显示出来。单击如图 10－24 所示的临时轴作为旋转轴，选择在“360. 00 度”内阵列，“等间距”阵列，阵列“12”个，在要阵列的特征(F)选项框中选择上一步旋转成型的球体，如图 10－25 所示，单击“确定”按钮，完成球体的阵列，单击“视图”—“临时轴”，将临时轴隐藏起来，结果如图 10－26所示。

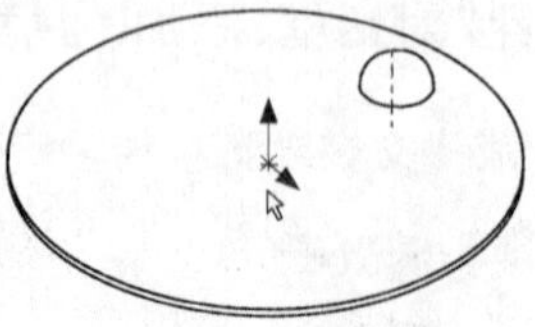

图 10－24　选择阵列轴

图 10－25　阵列参数设置

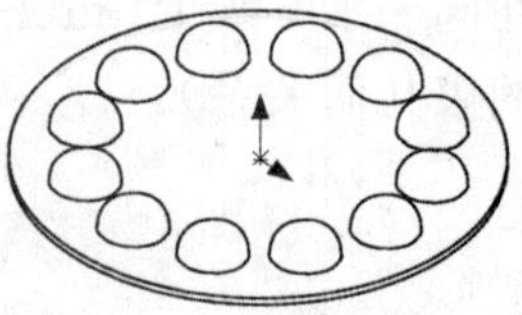

图 10－26　阵列结果

(10)选择上视基准面作为草图绘制平面，单击“视图定向”工具栏中的“正视于”按钮，使绘图平面转为正视方向。

(11)单击“草图”工具栏上的圆，绘制一个圆，其圆心在原点上。单击“草图”工具栏上的[智能尺寸],标注图形尺寸,如图 10-27 所示。

(12)单击图 10-27 中的圆,选择“作为构造线”选项框,圆的线型变为点画线。选中图中的构造线圆,单击“草图”工具栏上的[等距实体],输入偏移距离 2.00mm,选择“双向”,如图 10-28所示,可偏移出两个同心圆,如图 10-29 所示。

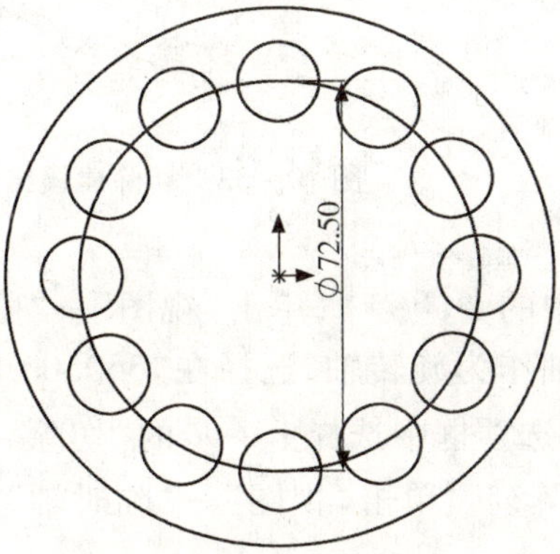

图 10-27　二维草图

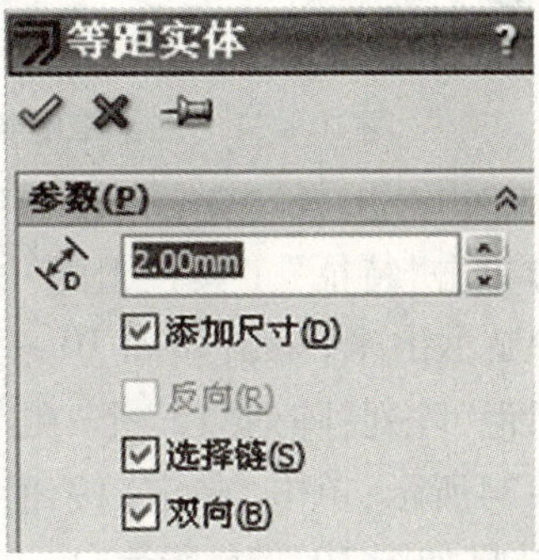

图 10-28　设置偏移参数

(13)单击“特征”工具栏上的[拉伸切除],弹出“切除-拉伸”对话框,系统默认会切除图 10-29中的环形区域,而在此,需要留下环形区域,所以选择“反侧切除”,“方向 1”与“方向 2”中均选择了“完全贯穿”,单击“确定”按钮✔,结果如图 10-30 所示。

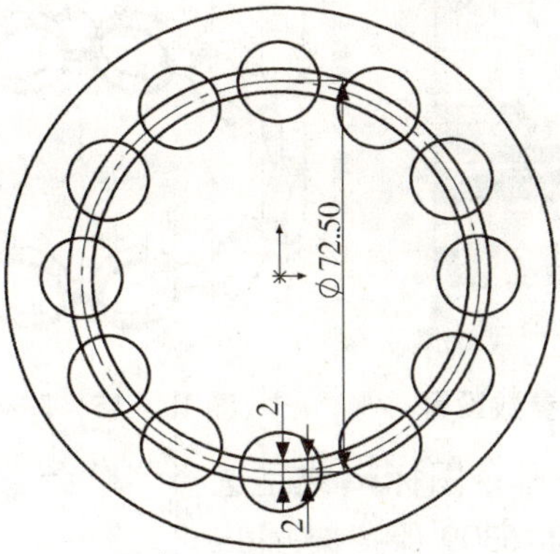

图 10-29　偏移结果

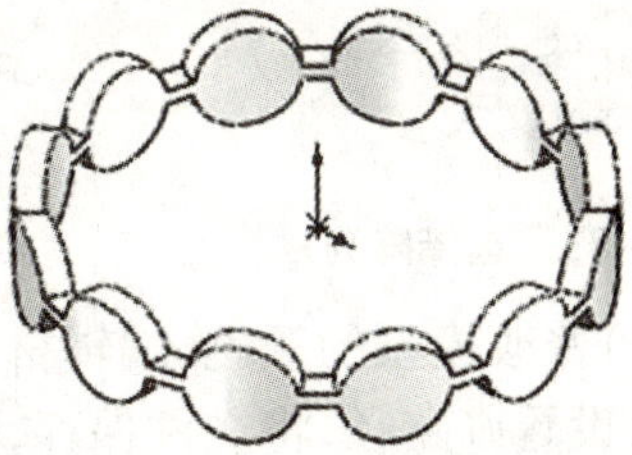

图 10-30　切除建模结果

(14)选择[右视基准面]作为草图绘制平面,单击“视图定向”工具栏中的“正视于”按钮[正视于],使绘图平面转为正视方向。

(15)单击“草图”工具栏上的[草图绘制],绘制如图 10-31 所示的图形。单击“草图”工具栏上的[智能尺寸],标注尺寸,如图 10-31 所示。

(16)单击“特征”工具栏上的旋转切除,弹出“切除－旋转”对话框,选择竖直中心线作为切除旋转轴,单击“确定”按钮,结果如图 10－32 所示。

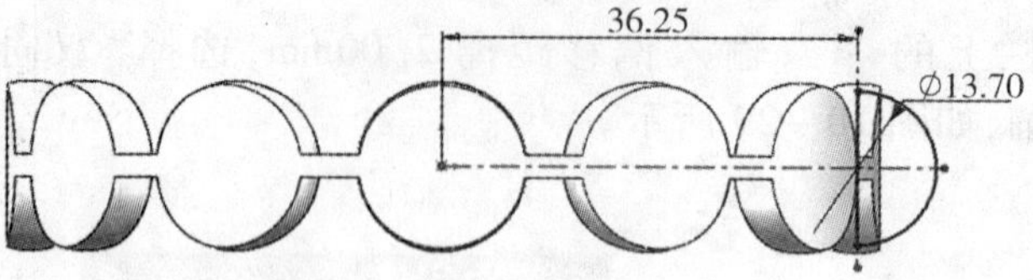

图 10－31　二维草图绘制

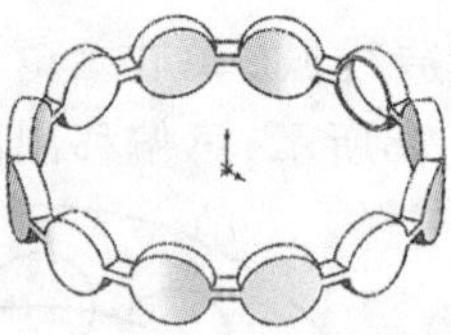
图 10－32　切除建模结果

(17)单击“特征”工具栏上的线性阵列的下拉列表中的圆周阵列,单击“视图”—“临时轴”,将临时轴显示出来,单击如图 10－33 所示的临时轴作为旋转轴,选择在“360.00 度”内阵列,“等间距”阵列,阵列“12”个,在**要阵列的特征(F)**选项框中选择上一步的“切除－旋转”,如图 10－34所示,单击“确定”按钮,完成球体的阵列。单击“视图”—“临时轴”,将临时轴隐藏,结果如图 10－35 所示。

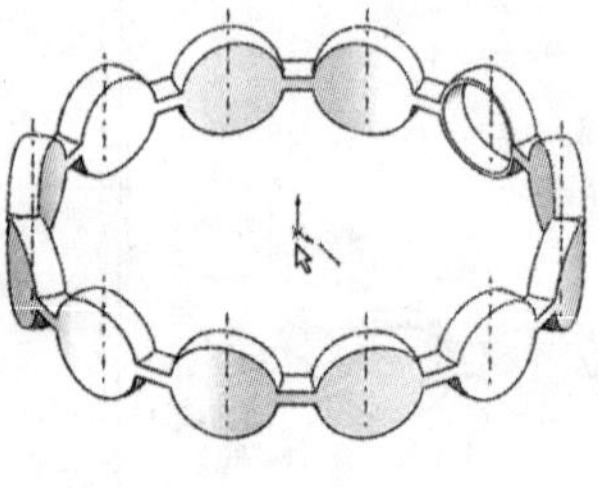
图 10－33　选择阵列轴

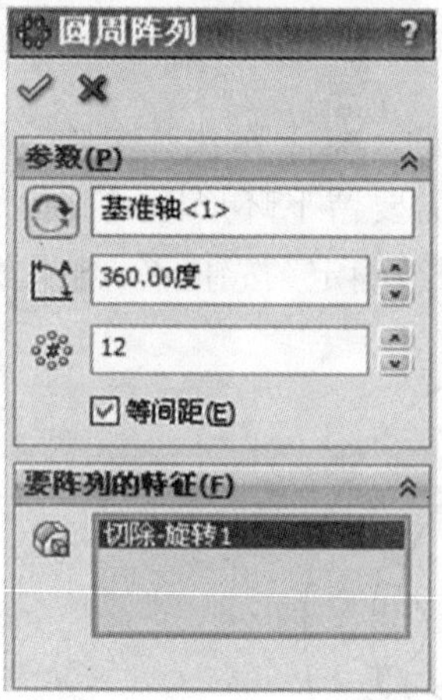

图 10－34　阵列参数设置

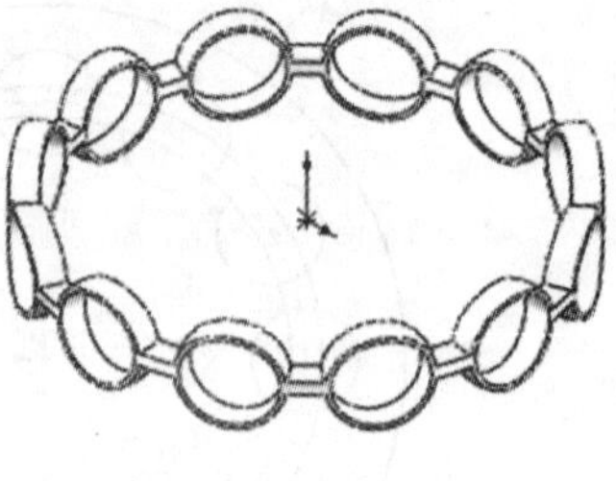
图 10－35　阵列结果

(18)修改模型的颜色,编辑材质,单击“保存”命令图标或是选择菜单命令“文件”—“保存”,设置好路径,将文件保存,并将文件命名为“6309 保持架. sldprt”。

10.1.2　轴承的装配

轴承的零件建模完成后,需把它们组装在一起才能构成轴承。

先把零部件插入到装配体中,用户可以移动、旋转或固定零部件的位置,通过这些方式可以大致确定零部件的位置,然后再使用配合关系精确地定位零部件。

使用配合关系不但可以相对于其他零部件来精确定位零部件,还可以定义零部件相对于其他零部件进行移动和旋转的方式。只有添加了完整的配合关系,才算完成了装配体模型。

通过移动和旋转零部件可使它们处于一个比较合适的位置,为进一步添加配合关系作准备。移动和旋转只适用于没有固定关系且没有被添加完全配合关系的零部件。

(1)启动 SolidWorks2011，将光标移到 SolidWorks2011 图标 SolidWorks 上，选择菜单命令“文件”—“新建”或单击工具栏上的按钮，单击“装配体模板”按钮，单击“确定”按钮，进入 SolidWorks 装配体系统环境。

(2)初次进入此界面，窗口中会出现如图 10－36 所示对话框，单击“浏览”，在文件目录中找到文件“6309 内圈”，选中此文件，双击或单击“打开”，零件随鼠标移动，此时可单击一点将零件放在绘图区域的任意位置，也可以单击图 10－36 中的“确定”按钮。在特征树中，如 (固定) 6309内圈，零件前面有“固定”，表示这个零件相对于系统默认的坐标系是固定的，并且零件的坐标原点与装配体环境中的坐标原点重合。

(3)将光标移到 SolidWorks2011 图标 SolidWorks 上，选择菜单命令“插入”—“零部件”— 现有零件/装配体(E) 或是直接单击“装配体”工具栏的 插入零部件，弹出如图 10－37 所示的“插入零部件”对话框，单击“浏览”，采用上述方法找到零件“6309 外圈”，单击一点将零件放在绘图区域的任意位置。

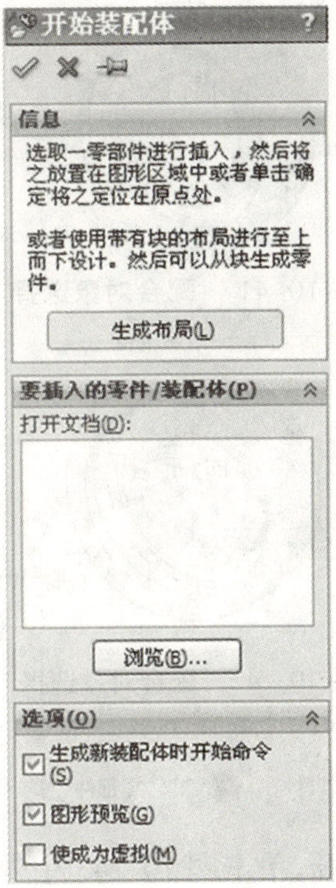

图 10－36 “开始装配体”对话框

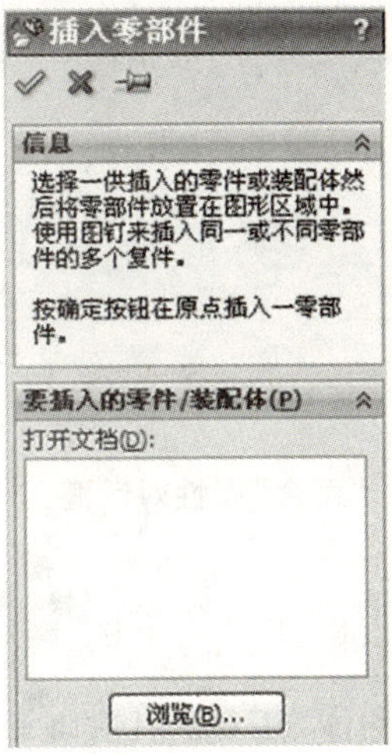

图 10－37 “插入零部件”对话框

(4)采用同样的方法，将“6309 滚动体”和“6309 保持架”均插入进来，结果如图 10－38 所示。

(5)在如图 10－39 所示的特征树中可看到只有“6309 内圈”前面是“＋”号，这表示完全约束，其余零件前面皆为“－”号，表示欠约束，单击“装配体”工具栏上的 移动零部件，选择要欠约束的零件，可移动它们。

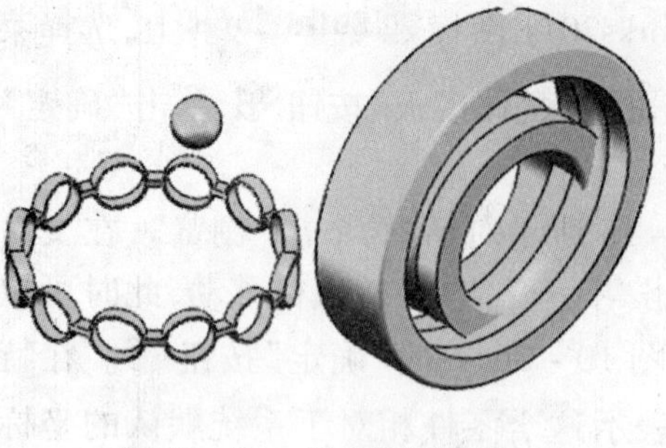

图 10-38　插入零件结果

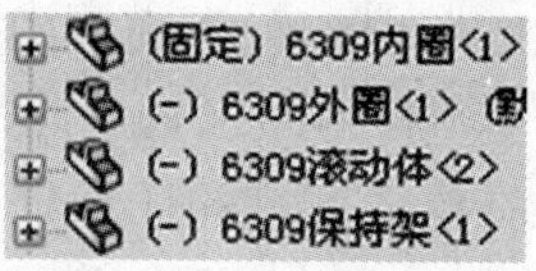

图 10-39　特征树

(6)单击“装配体”工具栏上的配合，弹出如图 10-40 所示“配合”属性对话框，单击图 10-41 中的面 1 与面 2，系统会自动选择同轴心(N)约束几何关系，单击“确定”按钮✔，添加此装配关系。

(7)采用同样的方法，单击图 10-42 中的面 3 与面 4(轴承内外圈端面)，系统会自动选择重合(C)约束几何关系，单击“确定”按钮✔，添加此装配关系。

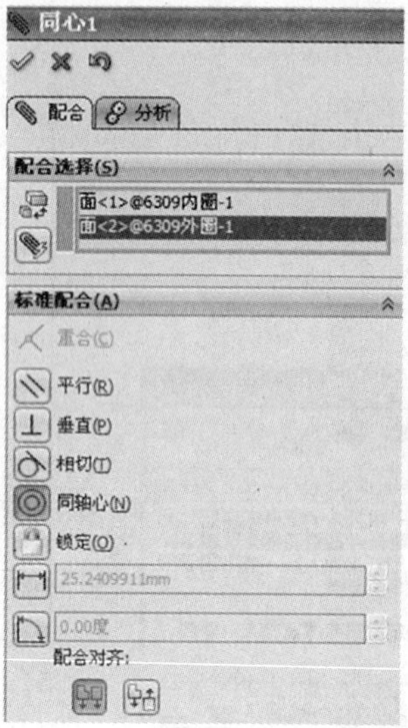

图 10-40　“配合”属性对话框

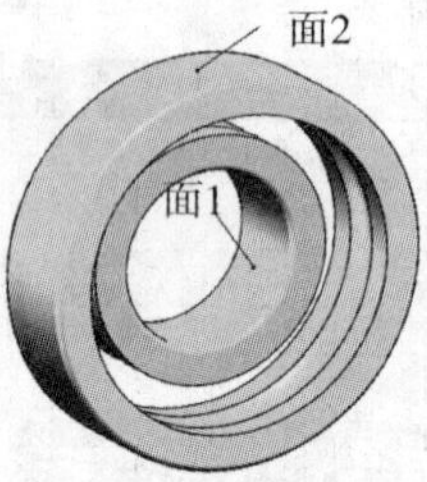

图10-41　配合对象选择

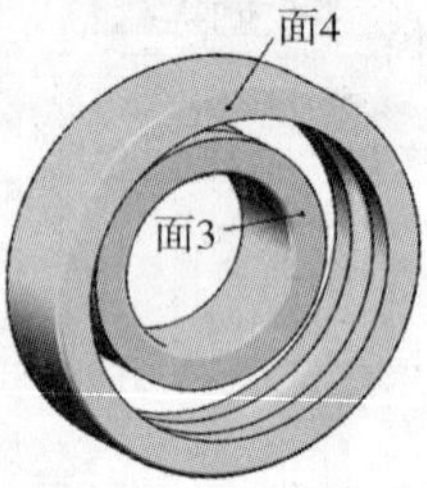

图 10-42　配合对象选择

(8)单击“装配体”工具栏上的移动零部件及其下拉列表中的旋转零部件，将保持架放到合适的位置。单击“装配体”工具栏上的配合。将特征树展开，单击图 10-43 中外圈的“右视基准面”和图 10-44 中保持架的“上视基准面”，系统会自动选择重合(C)约束几何关系，单击“确定”按钮✔，添加此装配关系。添加装配关系后的效果如图 10-45 所示，保持架从这个方向上看已在内外圈中间。

(9)单击“视图”—“临时轴”，显示临时轴。单击“装配体”工具栏上的配合。单击图 10-46中的临时轴与图 10-47 中的临时轴(若找不到，可通过移动零部件及其下拉列表中的旋转零部件，按鼠标中键旋转模型或上下滚动鼠标中键来放大、缩小模型)，添加重合(C)约束几何关系，结果如图 10－48 所示，3 个零件已添加了装配关系，且处于正确的相对位置。

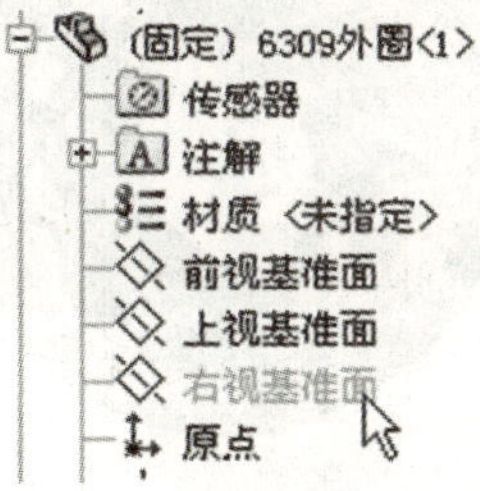

图 10－43　配合对象选择

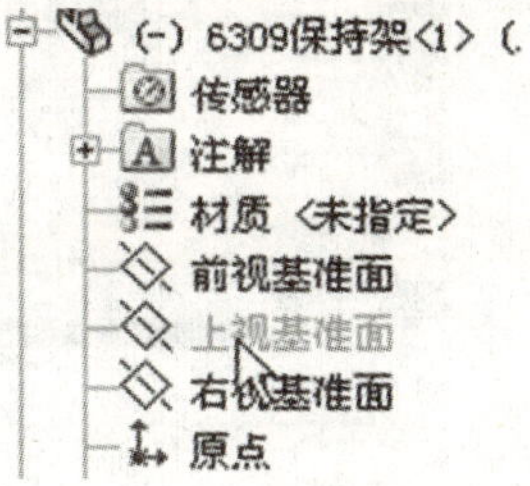

图 10－44　配合对象选择

图 10－45　配合效果

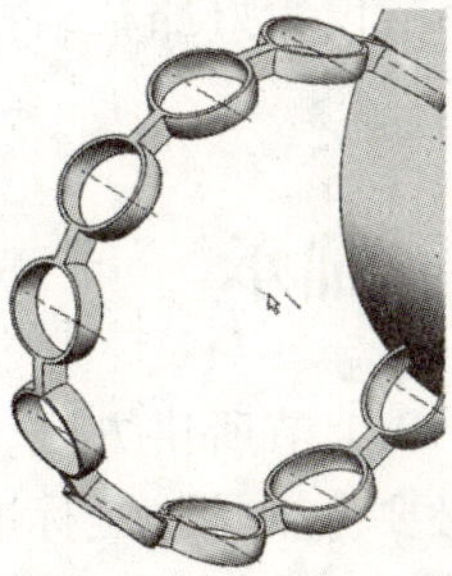

图 10－46　配合对象选择

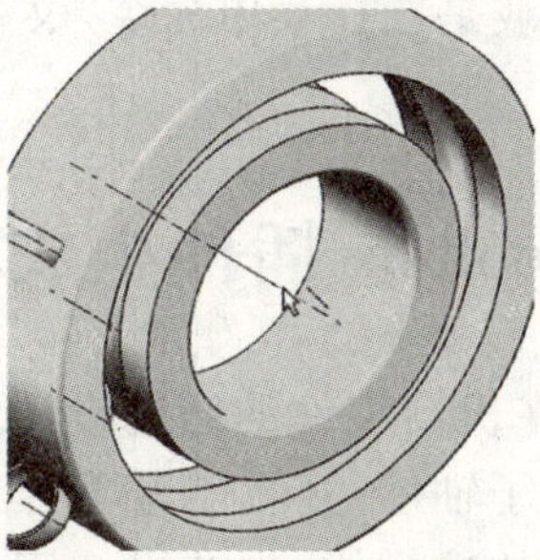

图 10－47　配合对象选择

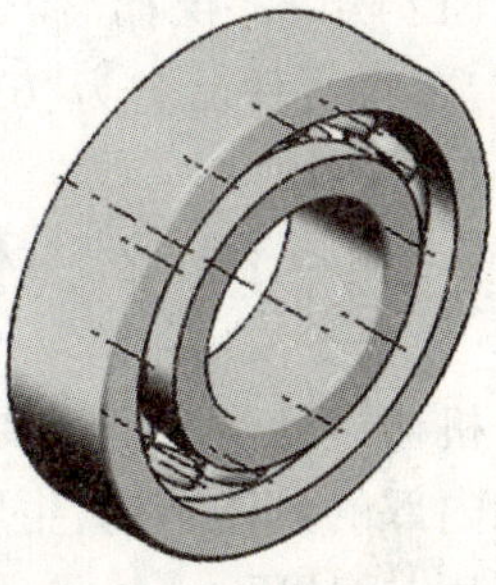

图 10－48　配合结果

（10）单击“装配体”工具栏上的 移动零部件 及其下拉列表中的 旋转零部件，将滚动体放到合适的位置。单击“装配体”工具栏上的 配合。单击图 10－49 中的面 1 和面 2，系统会自动选择 同轴心(N) 约束几何关系，单击“确定”按钮 ✔，添加此装配关系。添加装配关系后的效果如图 10－50所示，滚动体被添加到正确的位置。

（11）单击“插入”—“零部件阵列”—“ 圆周阵列 ”或单击“装配体”工具栏上的 线性零部件... 的下拉列表中的 圆周阵列，单击如图 10－51 所示的轴作为临时轴，输入如图 10－52 所示数据，即在“360.00 度”内，“等间距”、阵列“12”个“6309 滚动体 <2>”。单击“视图”—“临时轴”，隐藏临时轴，结果如图 10－53 所示，轴承装配完成。

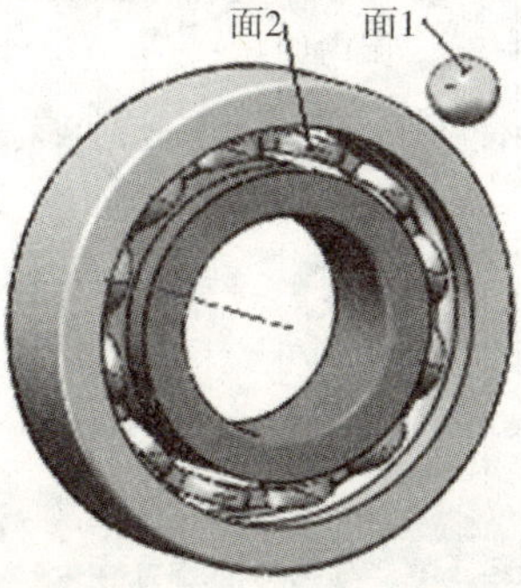

图 10－49　配合对象选择

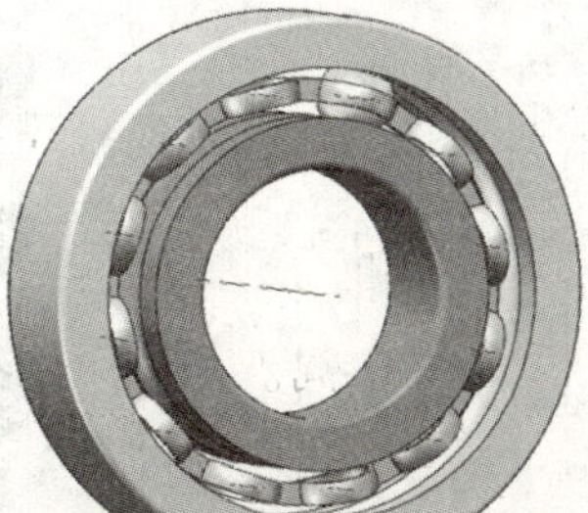

图 10－50　配合效果

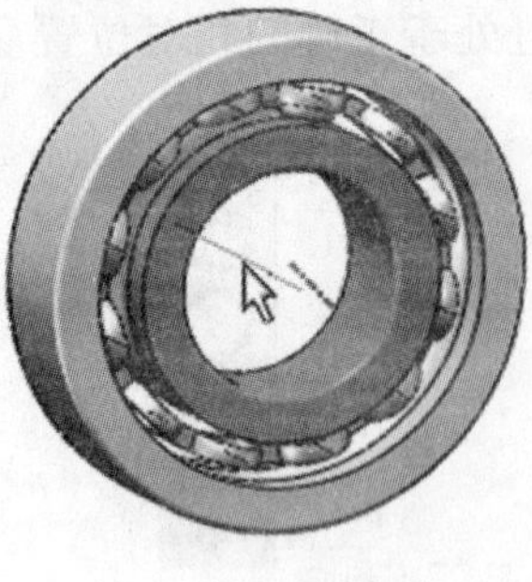

图 10 – 51　阵列轴选择

图 10 – 52　阵列参数设置

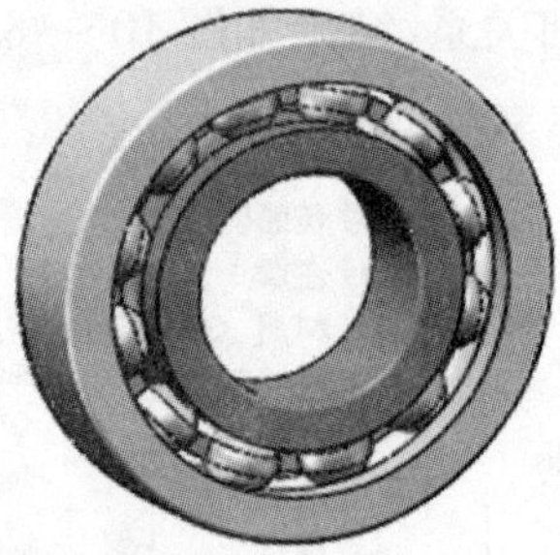

图 10 – 53　阵列结果

(12)单击“保存”命令图标或是选择菜单命令“文件”—“保存”，设置好路径，将文件保存，并将文件命名为“6309”。

10.2　利用 Toolbox 插件生成圆锥滚子轴承

机械设计员应把主要精力放在机器零件的结构设计上，若采用 10.1 节所讲方法，画出轴承内部的具体结构，生成圆锥滚子轴承，显然较为烦琐，而且没有必要。轴承也是标准件，可利用 SolidWorks 的 Toolbox 插件快速生成，本节讲解用 Toolbox 插件生成圆锥滚子轴承的方法。

10.2.1　轴承 32211 的建模

(1)启动 SolidWorks2011，单击窗口右边设计库—Toolbox 前面“+”号—GB 前面“+”号—轴承前面“+”号—滚动轴承，会弹出如图 10 – 54 所示的标准件库。

(2)右键单击圆锥滚子轴承 GB/T 297-1994，单击“生成零件”，单击绘图窗口，此工具栏折叠。单击绘图窗口左边的展开特征树按钮，展开“圆锥滚子轴承 GB/T 29...”对话框，设置如图 10 – 55所示的数据，单击“确定”按钮，生成轴承，结果如图 10 – 56 所示。

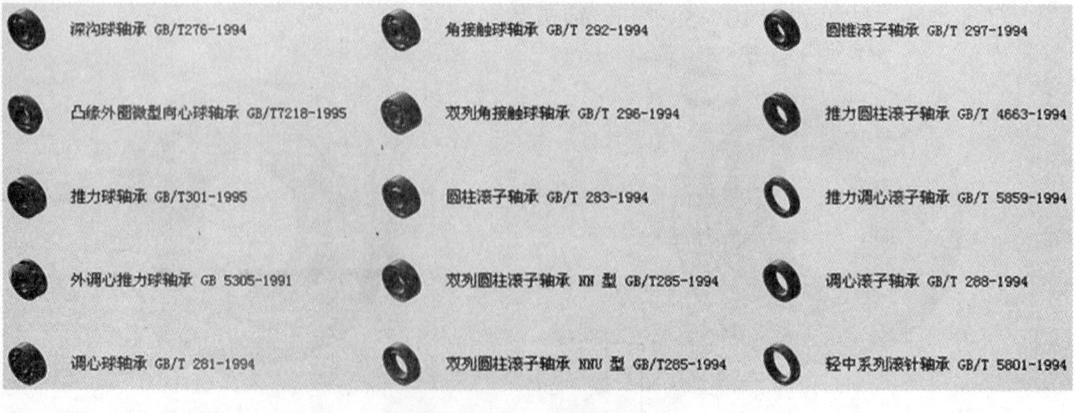

图 10 – 54　标准件库

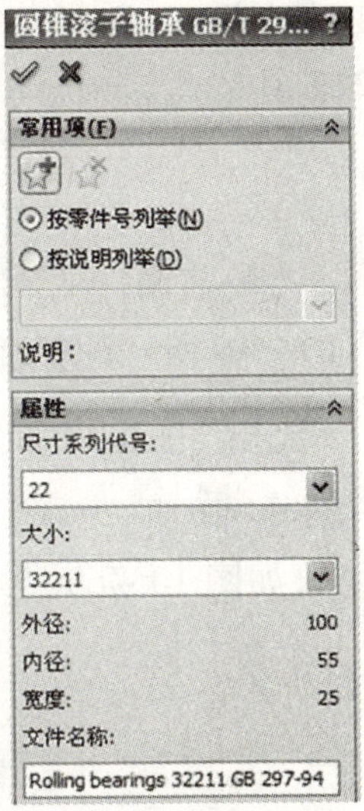

图 10－55　**轴承参数设置**

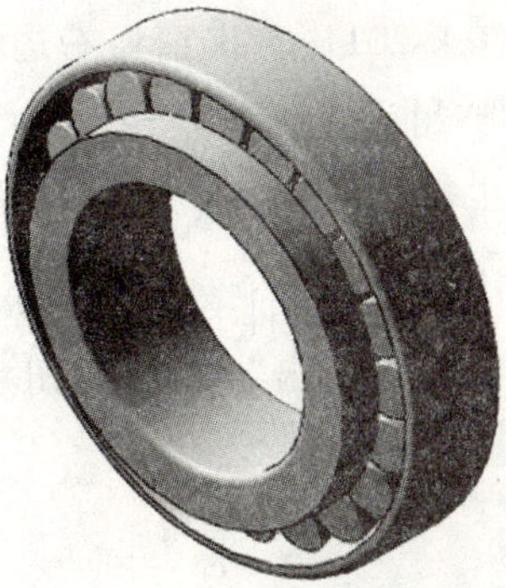

图 10－56　**轴承建模结果**

(3)修改模型的颜色，编辑材质，单击“保存”命令图标或是选择菜单命令“文件”—“保存”，设置好路径，将文件保存，并将文件命名为“32211. sldprt”。

10.2.2　轴承 32212 的建模

(1)启动 SolidWorks2011，单击窗口右边设计库—Toolbox前面“＋”号—GB 前面“＋”号—轴承前面“＋”号—滚动轴承，会弹出如图 10－54 所示的标准件库。

(2)右键单击圆锥滚子轴承 GB/T 297-1994，单击“生成零件”，单击绘图窗口，此工具栏折叠。单击绘图窗口左边的展开特征树按钮，展开“圆锥滚子轴承 GB/T 29...”对话框，设置如图 10－57所示的数据，单击“确定”按钮，生成轴承，结果如图 10－58 所示。

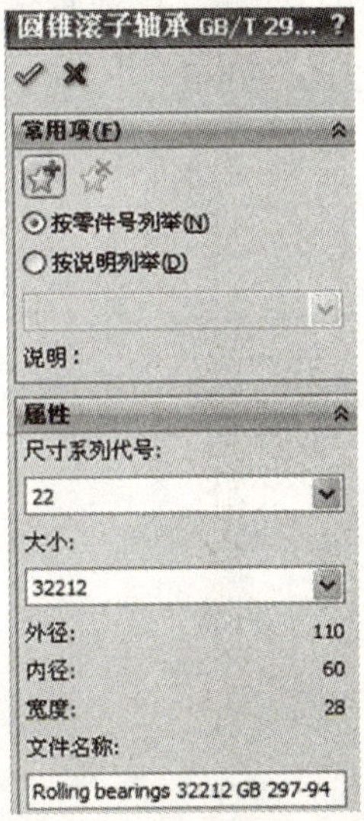

图 10－57　**轴承参数设置**

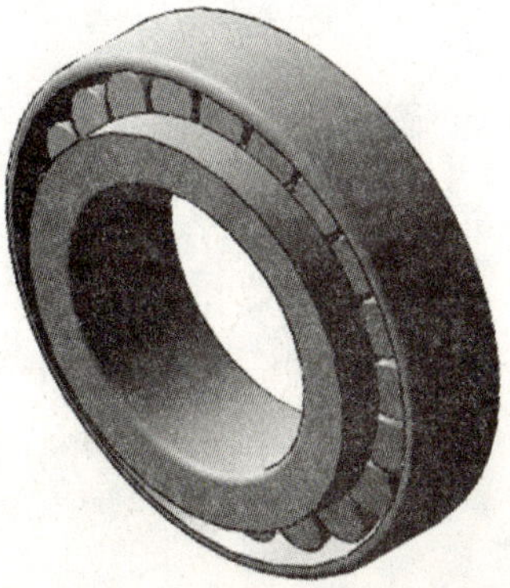

图 10－58　**轴承建模结果**

(3)修改模型的颜色，编辑材质，单击“保存”命令图标或是选择菜单命令“文件”—“保存”，设置好路径，将文件保存，并将文件命名为“32212. sldprt”。

10.2.3 轴承 32216 的建模

启动 SolidWorks2011，单击窗口右边设计库—Toolbox前面“ + ”号—GB前面“ + ”号—轴承前面“ + ”号—滚动轴承，会弹出如图 10 – 54 所示的标准件库。

(1)右键单击圆锥滚子轴承 GB/T 297-1994，单击“生成零件”，单击绘图窗口，此工具栏折叠。单击绘图窗口左边的展开特征树按钮，展开“圆锥滚子轴承 GB/T 29...”对话框，设置如图 10 – 59所示的数据，单击“确定”按钮，生成轴承，结果如图 10 – 60 所示。

图 10 – 59　轴承参数设置

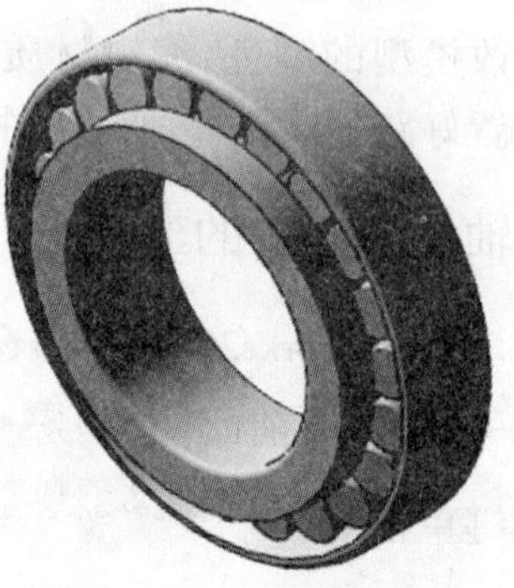

图 10 – 60　轴承建模结果

(2)修改模型的颜色，编辑材质，单击“保存”命令图标或是选择菜单命令“文件”—“保存”，设置好路径，将文件保存，并将文件命名为“32216. sldprt”。

第11章　轴组件的装配

在机械设计中大多数的设备都不是由单一的零件组成的，而是由许多零件装配而成的。它们的建模过程通常是首先完成每一个零件的建模，然后再通过装配将各个零件按照设计要求组合在一起，最后构成完整的模型。

组件的装配是整机装配的基础。进行组件装配时，合理选取一个装配零件尤为重要。通常情况下，第一个装配零件应满足如下两个条件：

(1)该零件是整个装配体模型中最为关键的零件。

(2)用户在以后的工作中不会删除该零件。

组件装配的一般步骤如下：

(1)建立一个装配体文件，进入零件装配体模式。

(2)调入一个零件，默认情况下装配体中的第一个零件是固定的，但是用户可以随时将其解除固定。

(3)调入其他与装配体有关的零件模型或下一级子装配体(下一级组件)。

(4)分析零件之间的装配关系，并建立零件之间的装配关系。

(5)重复步骤(3)、(4)，直到完成所有的零件装配。

(6)全部零件装配完成后，保存装配体模型。

11.1　蜗杆轴组件

蜗杆轴组件包括蜗杆轴、轴承、轴承套筒等零件。由于蜗杆轴是此组件中最关键的零件，是装配的基础，所以在装配时先调入的是蜗杆轴，并把它设为“固定”，其余零件再依次调入。

(1)启动 SolidWorks2011，将光标移到 SolidWorks2011 图标 SolidWorks 上，选择菜单命令“文件”—“新建”或单击工具栏上的按钮，单击“装配体模板”按钮，单击“确定”按钮，进入 SolidWorks 装配体环境。

(2)窗口中会有如图 11－1 所示对话框，单击“浏览”，在文件目录中找到文件“蜗杆轴. SLDPRT”，如图 11－2所示，选中此文件，双击或单击“打开”，零件随鼠标移动，单击绘图窗口任意一点，蜗杆轴被固定放置。在特征树中可见 (固定) 蜗杆轴，零件名前面有“固定”两字，表示这个零件相对于系统默认的坐标系是固定的，并且零件的坐标原点与装配体环境中的坐标原点

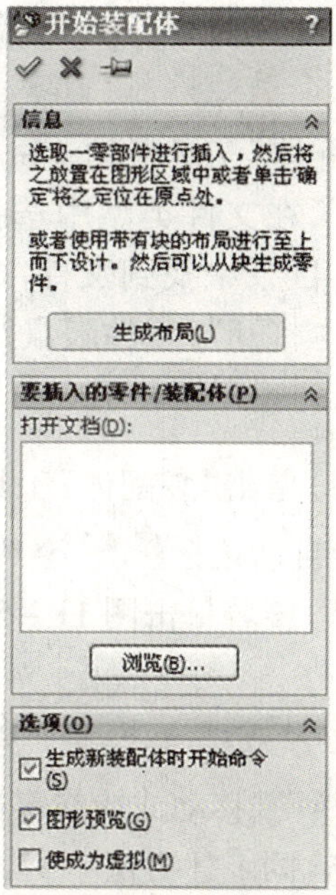

图 11－1　“开始装配体”对话框

重合。

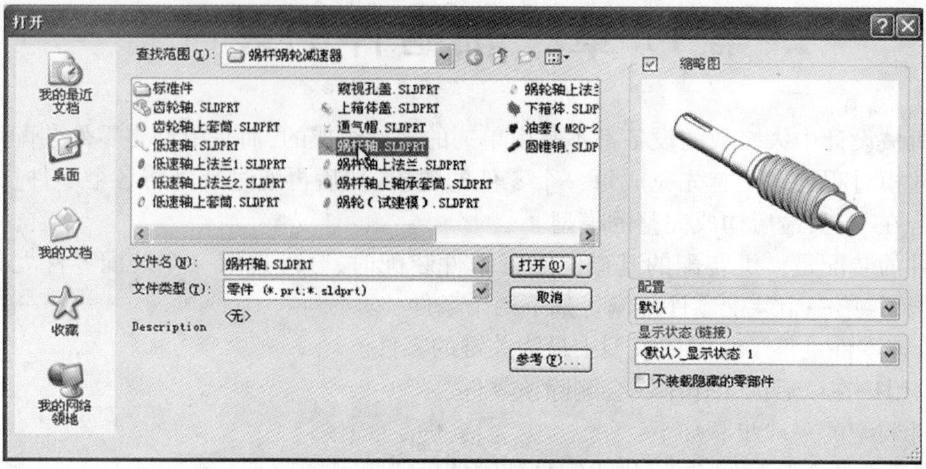

图 11-2 “打开”对话框

通常调入装配体环境的第一个零件是装配体的基础，一般把它设置为“固定”。单击“装配体”工具栏上的移动零部件，可移动不被固定的零部件。右键单击固定的零部件，在弹出的快捷菜单中选择“浮动”，如图 11-3 所示，则改为可移动状态，这时零件名前是“-”号，如(-) 蜗杆轴，表示零件欠约束，可移动。

(3)将光标移到 SolidWorks2011 图标 SolidWorks 上，选择菜单命令“插入”—“零部件”—现有零件/装配体(E)或直接单击“装配体”工具栏的插入零部件，弹出“插入零部件”对话框。单击“浏览”，在文件类型中选择“装配体(*.asm;*.sldasm)”，在文件目录中找到文件“6309.SLDASM”，选中此文件，双击或单击“打开”，零件随鼠标移动，单击绘图区域中的一点，将其插入到装配体环境中。

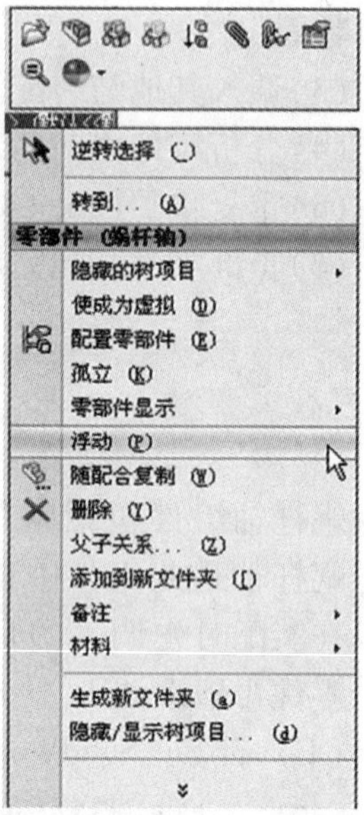

图 11-3 设置零部件“浮动”

(4)单击“装配体”工具栏上的配合，弹出“配合”对话框，单击图 11-4 中的面 1 与面 2，系统会自动选择同轴心(N)约束几何关系，单击“确定”按钮，添加此装配关系。

(5)接着单击图 11-5 中的面 3、面 4(若不方便选择，可按鼠标中键旋转模型，滚动鼠标中键放大或缩小模型，单击“装配体”工具栏上的移动零部件下拉列表中的移动零部件或旋转零部件移动或旋转零部件)，添加重合(C)约束几何关系，至此轴承装到了合适的位置。

(6)同上述方法一样，将零件“蜗杆轴上轴承套筒.SLDPRT”插入到装配体中，自由放置；将轴承零件“32211.SLDPRT”插入到装配体中，自由放置。单击“轴承 32211”(在特征树中选择或在绘图区域选择均可)，按 Ctrl 键并拖动鼠标，在绘图窗口复制一个轴承 32211，结果如图 11－6 所示。

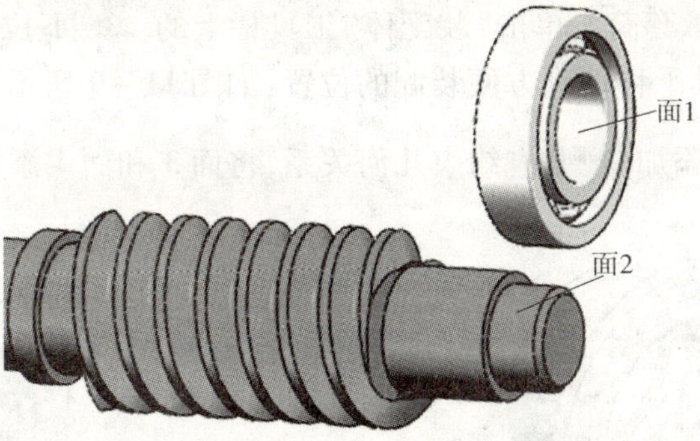

图 11－4　添加约束几何关系的对象选择

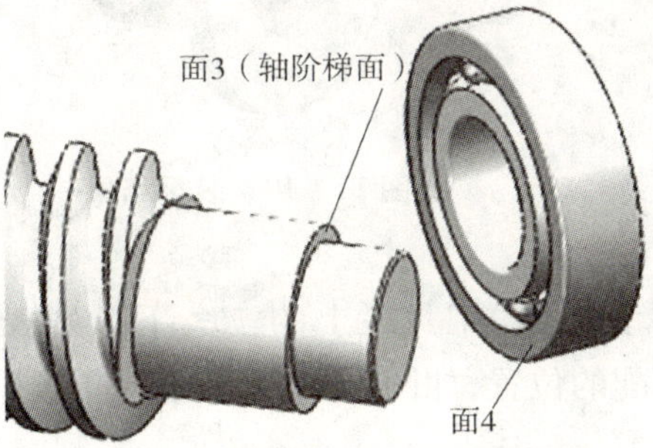

图 11－5　添加约束几何关系的对象选择

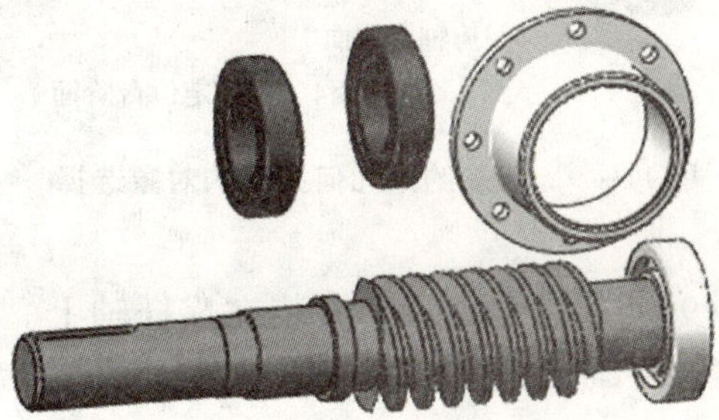

图 11－6　添加零部件

（7）约束两轴承的相对位置。将两个轴承添加适当的约束几何关系。在添加约束几何关系之前，先单击“装配体”工具栏上的 移动零部件 下拉列表中的 移动零部件 或 旋转零部件，将两个轴承移动到大概的位置，方便装配，如图 11－7 所示。单击“装配体”工具栏上的 配合 命令，将面 1 与面 2 添加 同轴心(N) 约束几何关系，将面 3 和面 4 添加 重合(C) 约束几何关系，结果如图 11－8 所示。

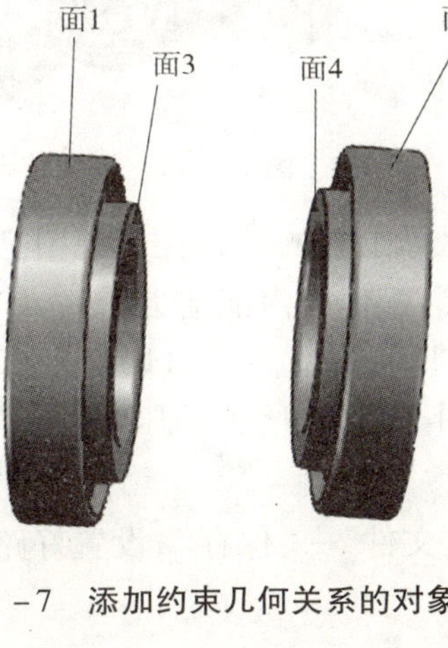

图 11－7　添加约束几何关系的对象选择

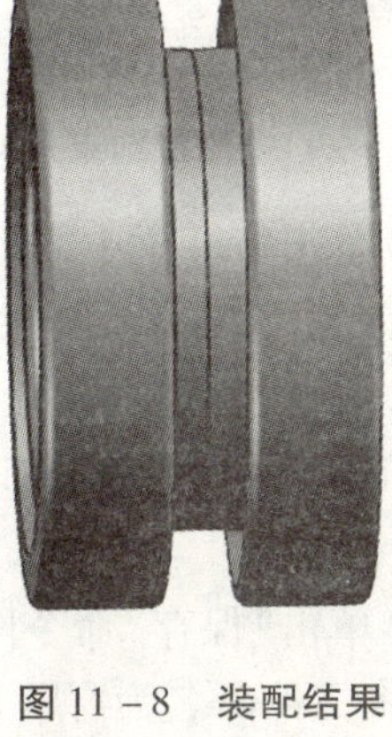

图 11－8　装配结果

(8)将轴承装入轴承套筒。单击“装配体”工具栏上的 移动零部件 下拉列表中的 移动零部件 或 旋转零部件,将两个轴承移动到方便装配的位置,如图 11－9 所示。单击“装配体”工具栏上的 配合,将面 1 与面 2 添加 同轴心(N) 约束几何关系,将面 3 和面 4 添加 重合(C) 约束几何关系,结果如图 11－10 所示。

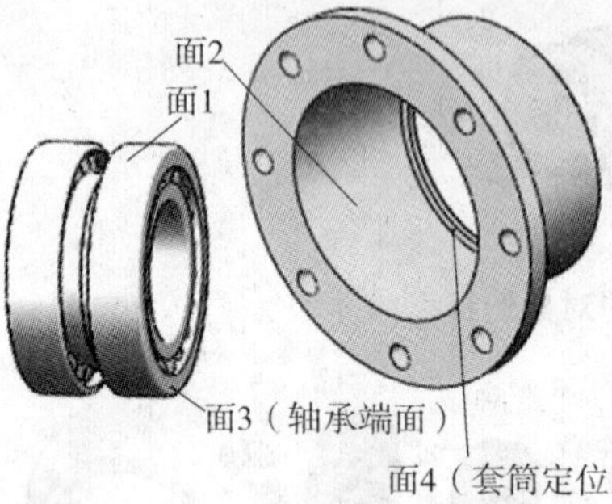

图 11－9　添加约束几何关系的对象选择

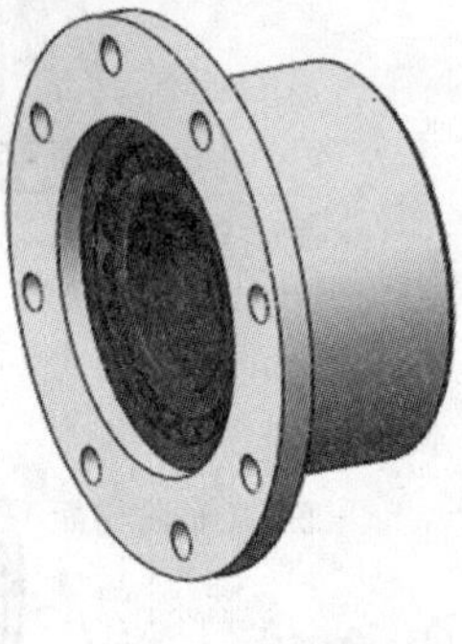

图 11－10　装配结果

(9)将轴承与轴承套筒装在蜗杆轴上。单击“装配体”工具栏上的 移动零部件 下拉列表中的 移动零部件 或 旋转零部件,将零件移动到方便装配的位置,如图 11－11 所示。单击“装配体”工具栏上的 配合,将图 11－11 中的面 1 与面 2 添加 同轴心(N) 约束几何关系,将面 3 和面 4 添加 重合(C) 约束几何关系,结果如图 11－12 所示。

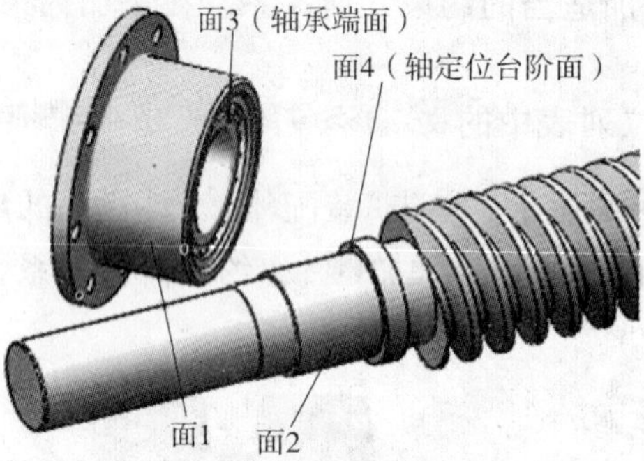

图 11－11　添加约束几何关系的对象选择

图 11－12　装配结果

(10)单击特征树中的 前视基准面,单击绘图区域上方的 ,单击“视图定向”工具栏中的“等轴测”按钮 ,结果如图 11－13 所示,可看到装配体的内部结构。

(11)展开特征树中的“配合”,可看到添加的约束几何关系,如图 11－14 所示。选中任一约束,单击右键,可进行如图 11－15 所示的编辑、图 11－16 所示的压缩、图 11－17 所示的删除等操作。

(12)单击“保存”命令图标 或是选择菜单命令“文件”—“保存”,设置好路径,将文件保存,并将文件命名为“蜗杆轴组件. SLDASM”。

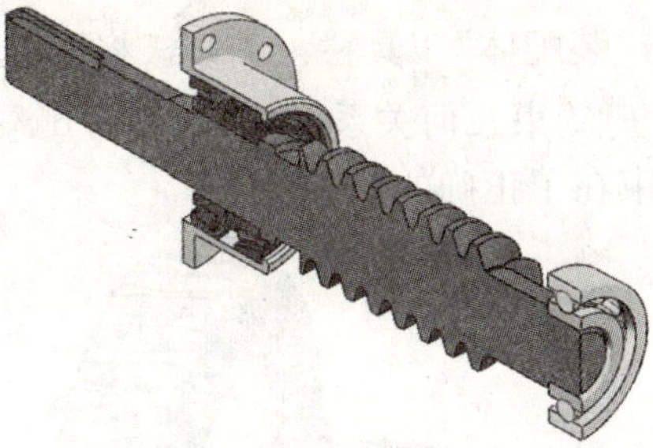

图 11－13　剖视图结果

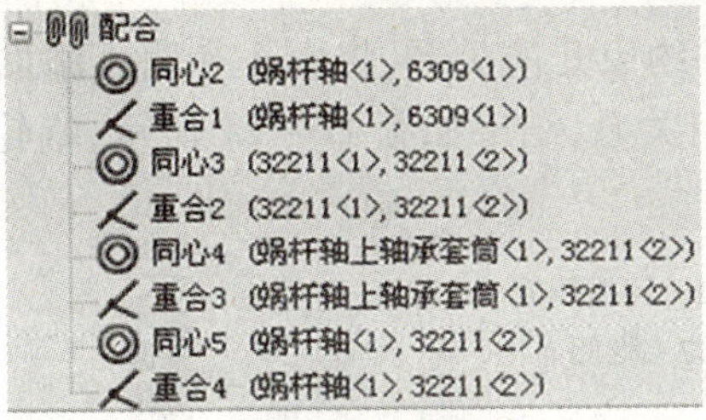

图 11－14　添加的约束几何关系

图 11－15　编辑特征

图 11－16　压缩特征

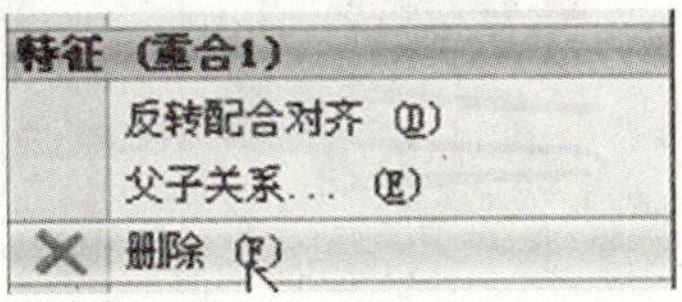

图 11－17　删除特征

11.2　蜗轮齿轮轴组件

(1)启动 SolidWorks2011,将光标移到 SolidWorks2011 图标 SolidWorks 上,选择菜单命令“文件”—“新建”或单击工具栏上的按钮,单击“装配体模板”按钮,单击“确定”按钮,进入 SolidWorks 装配体环境。

(2)同上述方法一样,先把零件“齿轮轴. SLDPRT”插入到装配体环境中,并固定。

(3)将零件“齿轮轴上键. SLDPRT”插入到装配体环境中,自由放置。

(4)单击“装配体”工具栏上的 移动零部件 下拉列表中的 移动零部件 或 旋转零部件,将零件移动到方便装配的位置,如图 11－18 所示。单击“装配体”工具栏上的 配合,将面 1 与面 2 添加 同轴心(N) 约束几何关系,将面 3 和面 4 添加 重合(C) 约束几何关系,将面 5 与面 6 添加 同轴心(N) 约束几何关系,结果如图 11－19 所示,键被约束在了正确的位置。

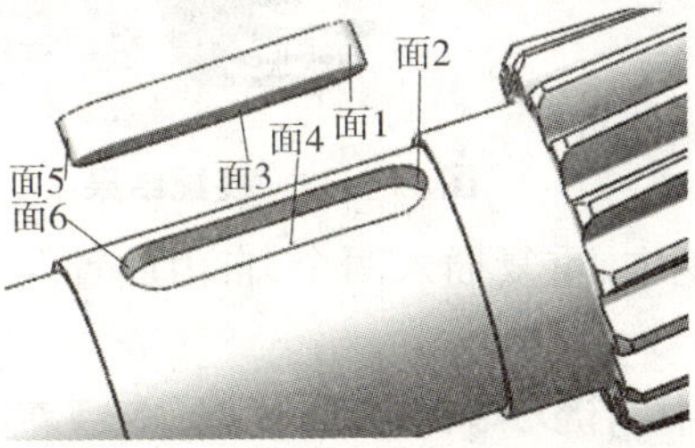

图 11－18　添加约束几何关系的对象选择

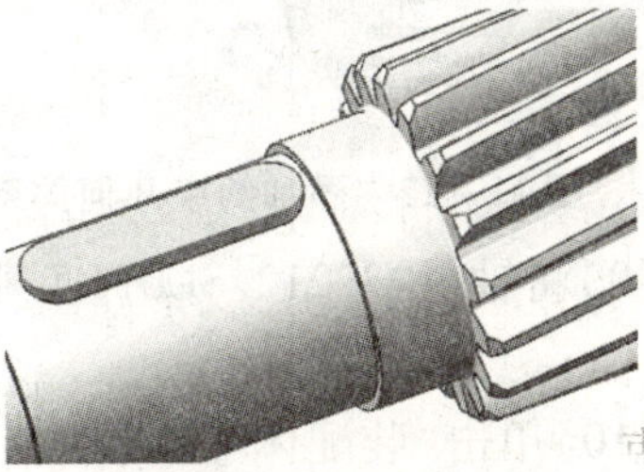

图 11－19　装配结果

(5)将零件“蜗轮. SLDPRT”插入到装配体环境中,自由放置。

(6)单击“装配体”工具栏上的 移动零部件 下拉列表中的 移动零部件 或 旋转零部件,将零件移动到方便装配的位置，如图 11 – 20 所示。单击“装配体”工具栏上的配合，将面 1 与面 2 添加重合(C)约束几何关系，将面 3 和面 4 添加同轴心(N)约束几何关系，将面 5 与面 6 添加重合(C)约束几何关系，结果如图 11 – 21 所示，蜗轮被约束在了正确的位置。

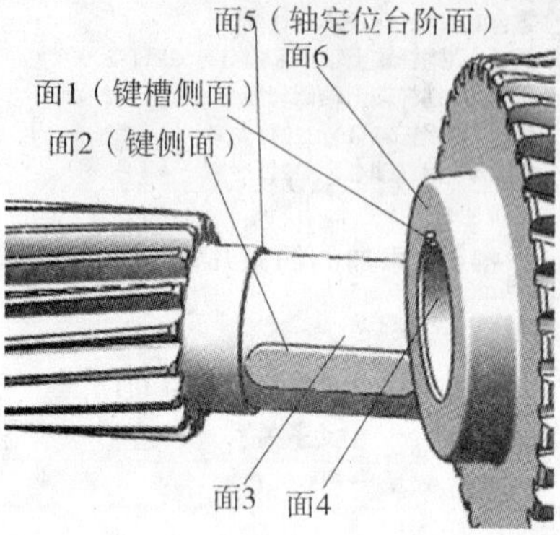

图 11 – 20　添加约束几何关系的对象选择

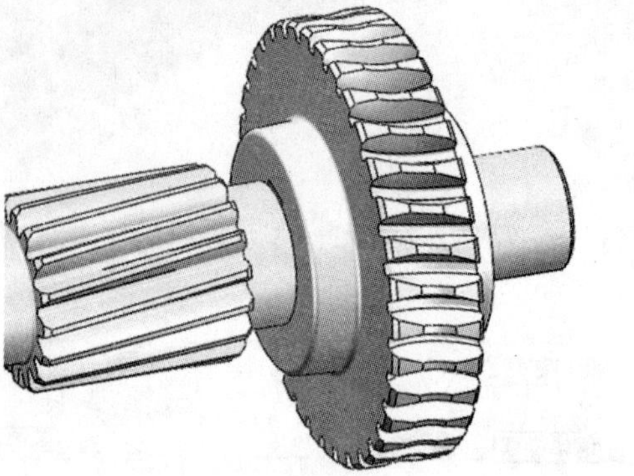

图 11 – 21　装配结果

(7)将零件“齿轮轴上套筒. SLDPRT”插入到装配体环境中，自由放置。

(8)单击“装配体”工具栏上的移动零部件下拉列表中的移动零部件或旋转零部件，将零件移动到方便装配的位置，如图 11 – 22 所示。单击“装配体”工具栏上的配合，将面 1 与面 2 添加重合(C)约束几何关系，将面 3 和面 4 添加同轴心(N)约束几何关系，结果如图 11 – 23 所示，齿轮轴上套筒被装配到了正确的位置。

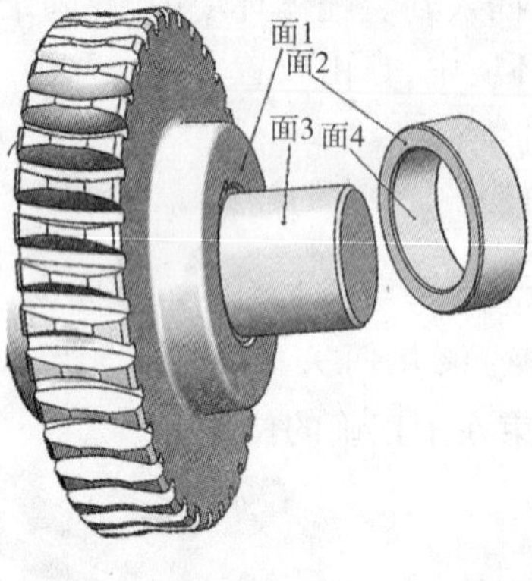

图 11 – 22　添加约束几何关系的对象选择

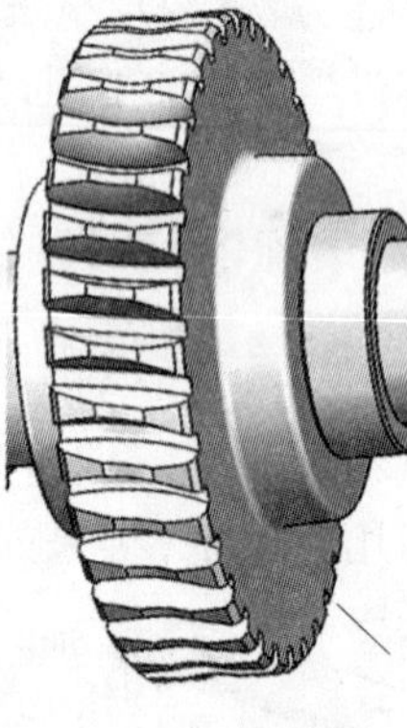

图 11 – 23　装配结果

(9)将轴承“32212. SLDPRT”插入到装配体环境中，重复插入两个，自由放置。

(10)单击“装配体”工具栏上移动零部件的下拉列表中的移动零部件或旋转零部件，将零件移动到方便装配的位置，如图 11 – 24 所示。单击“装配体”工具栏上的配合，将面 1 与面 2 添加同轴心(N)约束几何关系，将面 3 和面 4 添加重合(C)约束几何关系，结果如图 11 – 25 所示，轴承被装配到了正确的位置。采用同样的方法，将图 11 – 26 中面 1 与面 2 添加同轴心(N)约束几何关系，将面 3 和面 4 添加重合(C)约束几何关系，轴承被装配到了正确的位置，结果如

图 11－27所示。

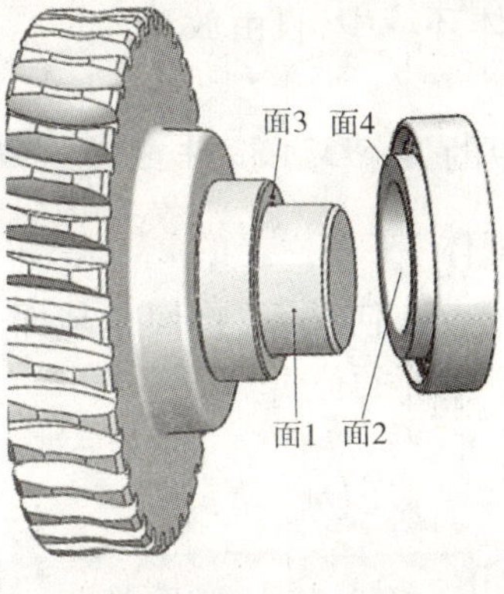

图 11－24　添加约束几何关系的对象选择

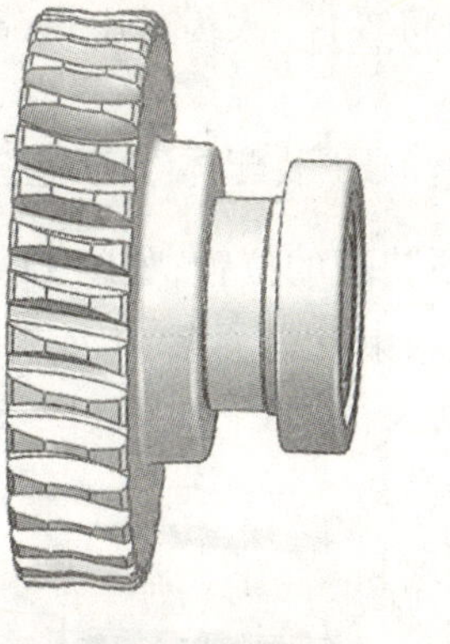

图 11－25　装配结果

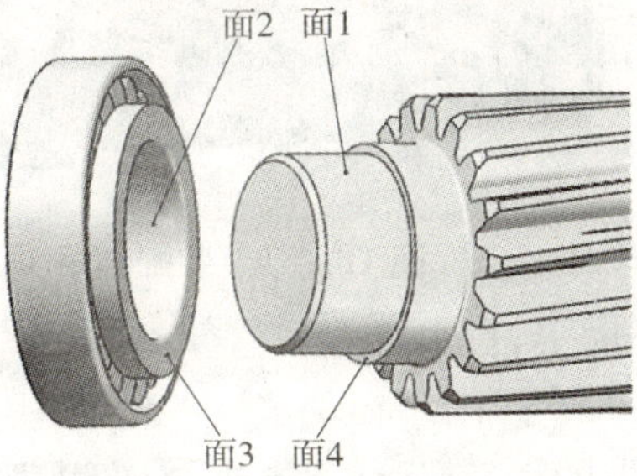

图 11－26　添加约束几何关系的对象选择

图 11－27　装配结果

(11)单击特征树中“蜗轮”零件下的 右视基准面，如图 11－28 所示。单击绘图区域上方的，单击“视图定向”工具栏中的“等轴测”按钮，结果如图 11－29 所示，可看到装配体的内部结构。单击“保存”命令图标或是选择菜单命令“文件”—“保存”，设置好路径，将文件保存，并将文件命名为“蜗轮齿轮轴组件. SLDASM”。

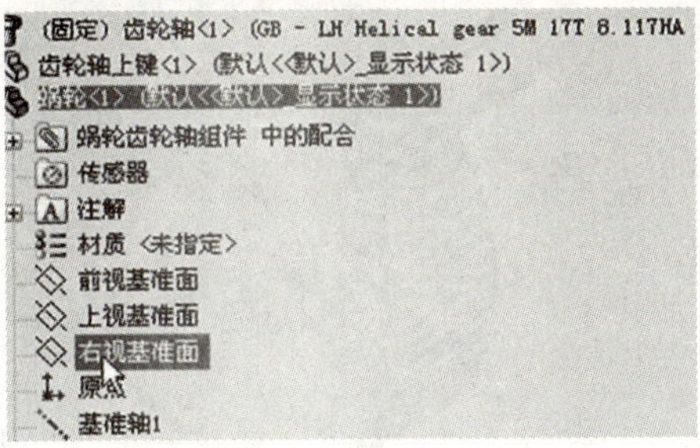

图 11－28　剖视面的选择

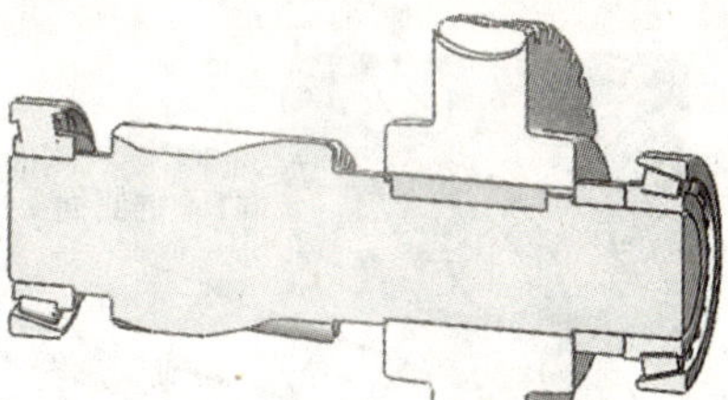

图 11－29　剖视图结果

11.3　低速轴组件

(1)启动 SolidWorks2011，将光标移到 SolidWorks2011 图标 SolidWorks 上，选择菜单命令“文件”—“新建”或单击工具栏上的按钮，单击“装配体模板”按钮，单击“确定”按钮，进入 SolidWorks 装配体环境。

（2）将零件“低速轴. SLDPRT”插入到装配体环境中，并固定。

（3）将零件“大齿轮上键. SLDPRT”插入到装配体环境中，自由放置。

（4）单击“装配体”工具栏上的 移动零部件 下拉列表中的 移动零部件 或 旋转零部件，将键移动到方便装配的位置，如图 11－30 所示。单击“装配体”工具栏上的 配合，将面 1 与面 2 添加 同轴心(N) 约束几何关系，将面 3 和面 4 添加 同轴心(N) 约束几何关系，将面 5 与面 6 添加 重合(C) 约束几何关系，结果如图 11－31 所示，键被约束在了正确的位置。

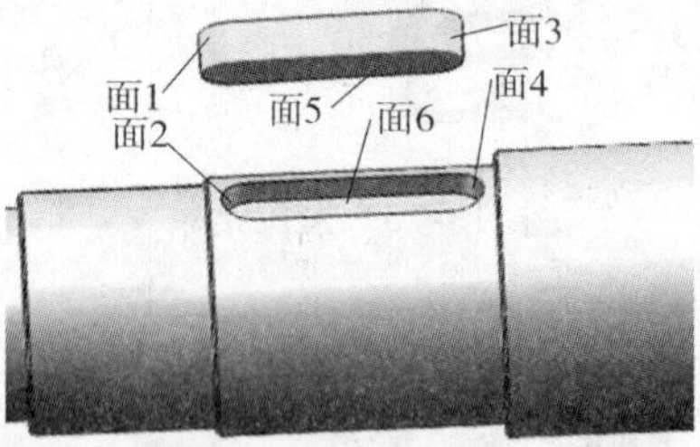

图 11－30　添加约束几何关系的对象选择

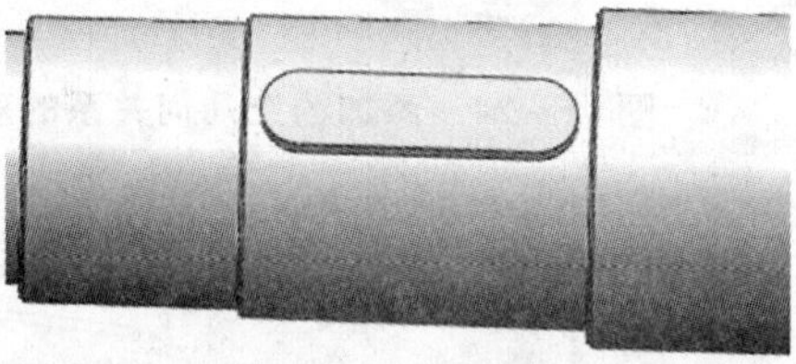

图 11－31　装配结果

（5）将零件“大齿轮. SLDPRT”插入到装配体环境中，自由放置。

（6）单击“装配体”工具栏上的 移动零部件 下拉列表中的 移动零部件 或 旋转零部件，将齿轮移动到方便装配的位置，如图 11－32 所示。单击“装配体”工具栏上的 配合，将面 1 与面 2 添加 重合(C) 约束几何关系，将面 3 和面 4 添加 同轴心(N) 约束几何关系，将面 5 与面 6 添加 重合(C) 约束几何关系，结果如图 11－33 所示，齿轮被约束在了正确的位置。

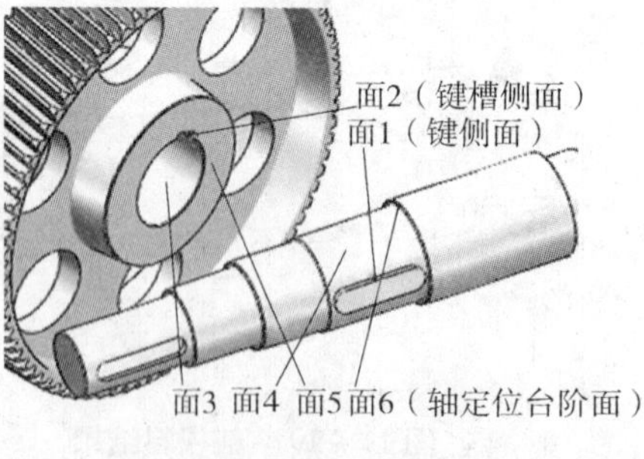

图 11－32　添加约束几何关系的对象选择

图 11－33　装配结果

（7）将零件“低速轴上套筒. SLDPRT”插入到装配体环境中，自由放置。

（8）单击“装配体”工具栏上的 移动零部件 下拉列表中的 移动零部件 或 旋转零部件，将套筒移动到方便装配的位置，如图 11－34 所示。单击“装配体”工具栏上的 配合，将面 1 和面 2 添加 同轴心(N) 约束几何关系，将面 3 与面 4 添加 重合(C) 约束几何关系，结果如图 11－35 所示，套筒被约束在了正确的位置。

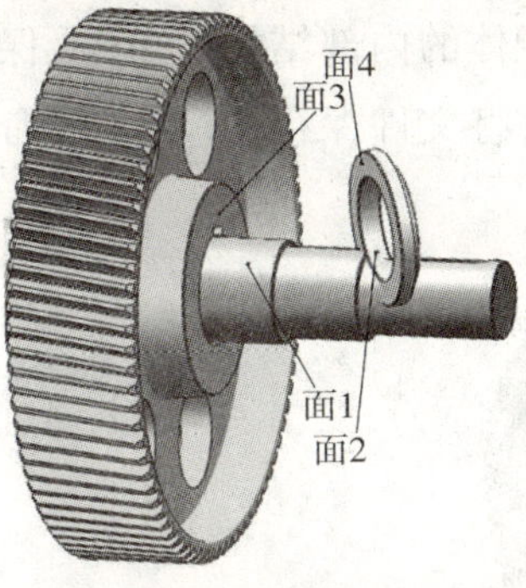

图 11 - 34　添加约束几何关系的对象选择

图 11 - 35　装配结果

(9)将轴承“32216. SLDPRT”插入到装配体环境中,重复插入两个,自由放置。

(10)单击“装配体”工具栏上的 移动零部件 下拉列表中的 移动零部件 或 旋转零部件,将零件移动到方便装配的位置,如图 11 - 36 所示。单击“装配体”工具栏上的 配合,将面 1 与面 2 添加 同轴心(N) 约束几何关系,将面 3 和面 4 添加 重合(C) 约束几何关系,结果如图 11 - 37 所示,轴承被装配到了正确的位置。采用同样的方法,将图 11 - 38 中面 1 和面 2 添加 重合(C) 约束几何关系,将面 3 与面 4 添加 同轴心(N) 约束几何关系,轴承被装配到了正确的位置,结果如图 11 - 39所示。

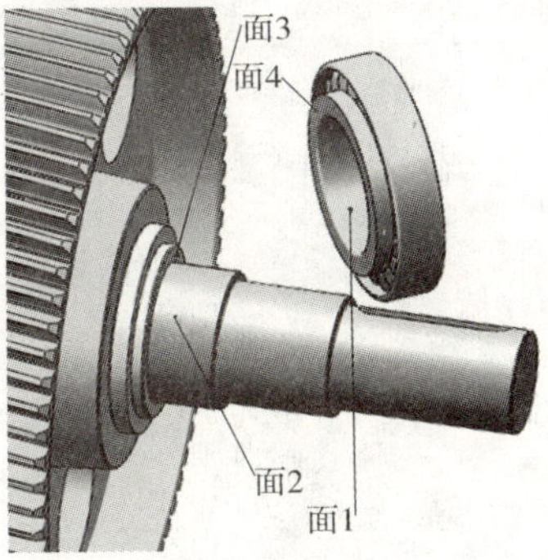

图 11 - 36　添加约束几何关系的对象选择

图 11 - 37　装配结果

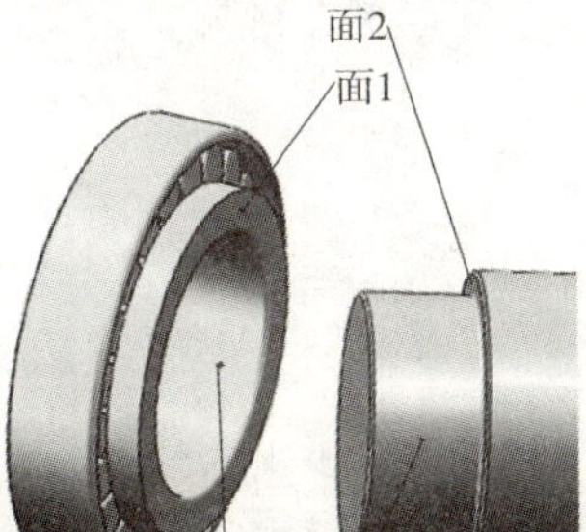

图 11 - 38　添加约束几何关系的对象选择

图 11 - 39　装配结果

(11)单击特征树中的 前视基准面，单击绘图区域上方的，单击“视图定向”工具栏中的“等轴测”按钮，结果如图 11－40 所示，可看到装配体的内部结构。单击“保存”命令图标或是选择菜单命令“文件”—“保存”，设置好路径，将文件保存，并将文件命名为“低速轴组件.SLDASM”。

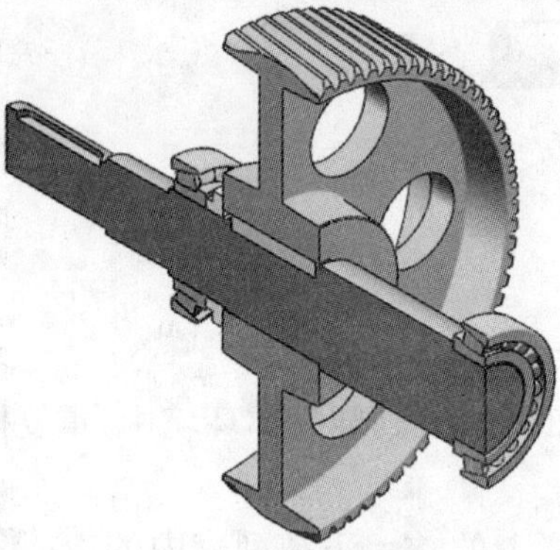

图 11－40　剖视图结果

第 12 章　减速器总装配

总装配是三维实体建模的最后阶段,也是建模过程的关键。在此过程中可进一步确认零件是否能被合理地组织在一起形成整台机器,能进一步检查零件尺寸的合理性及装配完后整台机器的效果,有问题及时修改,尽量将装配中可能出现的问题在本阶段中解决。

12.1　下箱体中零部件装配

(1)启动 SolidWorks2011,将光标移到 SolidWorks2011 图标 SolidWorks 上,选择菜单命令"文件"—"新建"或单击工具栏上的按钮,单击"装配体模板"按钮,单击"确定"按钮,进入 SolidWorks 装配体环境。

(2)窗口中会有如图 12－1 所示对话框,单击"浏览",在文件目录中找到文件"下箱体. SLDPRT",如图 12－2 所示,选中此文件,双击或单击"打开",单击"确定"按钮。将零件的坐标原点与装配体环境中的坐标原点重合,并固定。

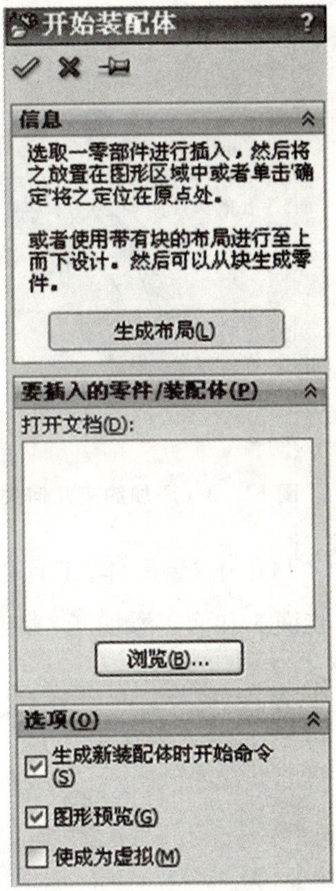

图 12－1　"开始装配体"对话框

(3)选择菜单命令"插入"—"零部件"—现有零件/装配体(E)或直接单击"装配体"工具栏上的插入零部件,弹出"插入零部件"对话框,单击"浏览",在文件类型中选择"装配体(＊. asm; ＊. sldasm)",在文件目录中找到文件"低速轴组件. SLDASM",选中此文件,双击或单击"打开",零件随鼠标移动,单击绘图区域中的一点,将其插入到装配体环境中,自由放置。

(4)选择菜单命令"插入"—"零部件"—现有零件/装配体(E)或直接单击"装配体"工具栏上的插入零部件,弹出"插入零部件"对话框,单击"浏览",在文件类型中选择"零件(＊. prt; ＊. sldprt)",在文件目录中找到文件"低速轴上法兰 1. SLDPRT",选中此文件,双击或单击"打开",零件随鼠标移动,单击绘图区域中的一点,将其插入到装配体环境中,自由放置。

(5)采用同样的方法,将"低速轴上法兰 2. SLDPRT"插入到装配体环境中,自由放置。

(6)单击"装配体"工具栏上的移动零部件下拉列表中的移动零部件或旋转零部件,将零部件移动到方便装配的位置，如图 12 - 3 所示。单击“装配体”工具栏上的配合，将面 1 与面 2 添加同轴心(N)约束几何关系，将面 3 和面 4 添加重合(C)约束几何关系，将面 5 与面 6 添加同轴心(N)约束几何关系，结果如图 12 - 4 所示，低速轴上法兰 1 被约束在了正确的位置。

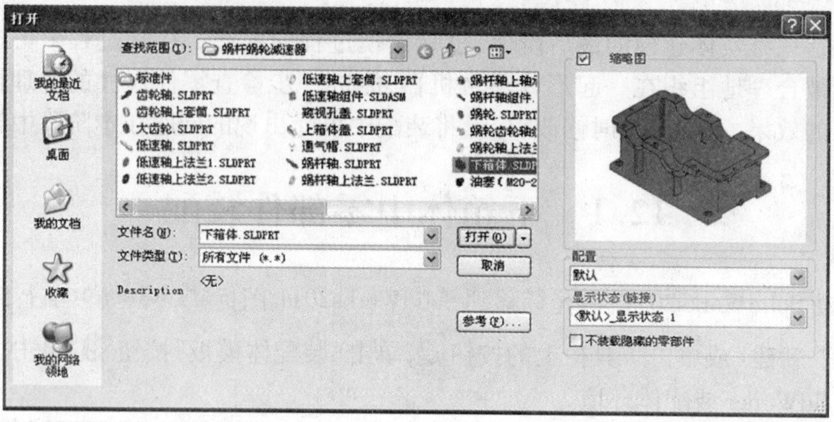

图 12 - 2 “打开”文件对话框

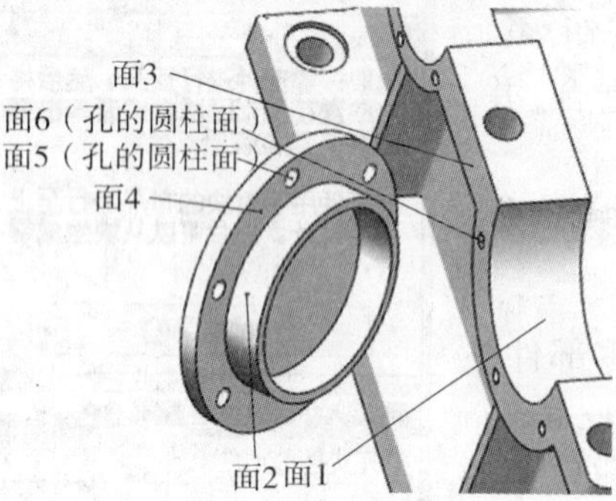

图 12 - 3 添加约束几何关系的对象选择

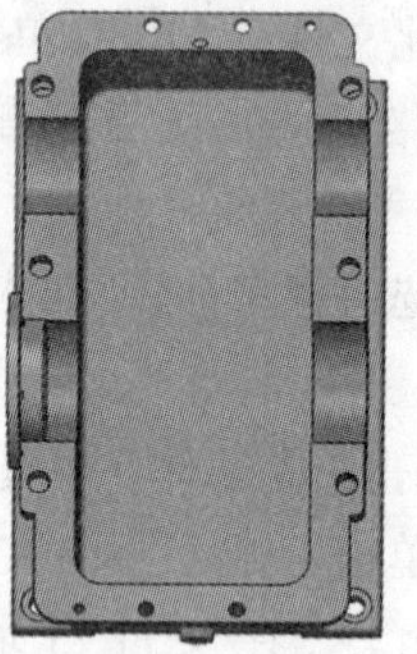

图 12 - 4 装配结果

(7)单击“装配体”工具栏上的配合，将图 12 - 5 中面 1 与面 2 添加同轴心(N)约束几何关系，将面 3 和面 4 添加重合(C)约束几何关系，结果如图 12 - 6 所示，低速轴组件被约束在了正确的位置。

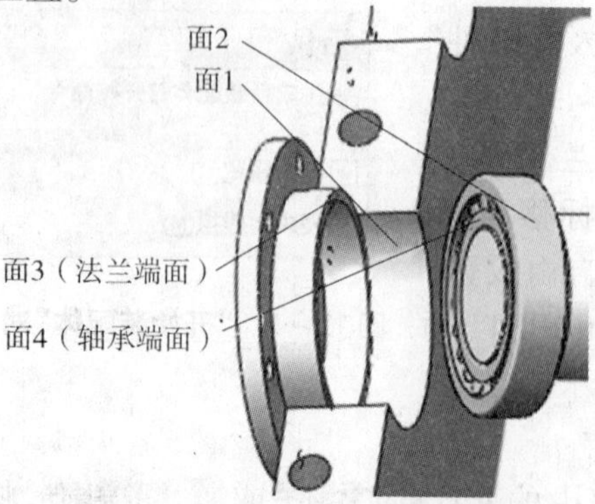

图 12 - 5 添加约束几何关系的对象选择

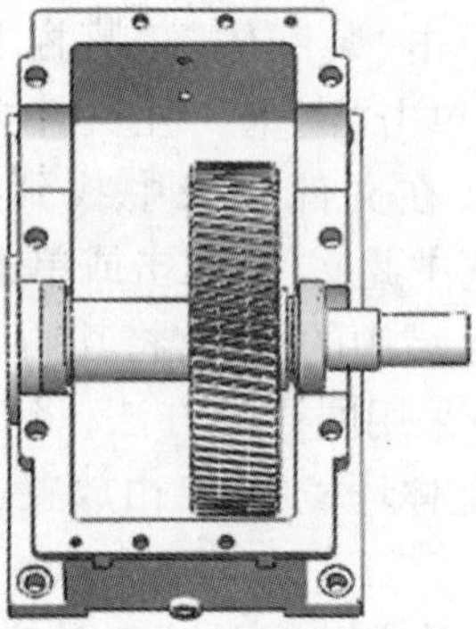

图 12 - 6 装配结果

（8）单击“装配体”工具栏上的配合，将图 12－7 中面 1 与面 2 添加同轴心(N)约束几何关系，将面 3 和面 4 添加重合(C)约束几何关系，面 5 与面 6 添加同轴心(N)约束几何关系，结果如图 12－8 所示，低速轴上法兰 2 被约束在了正确的位置。

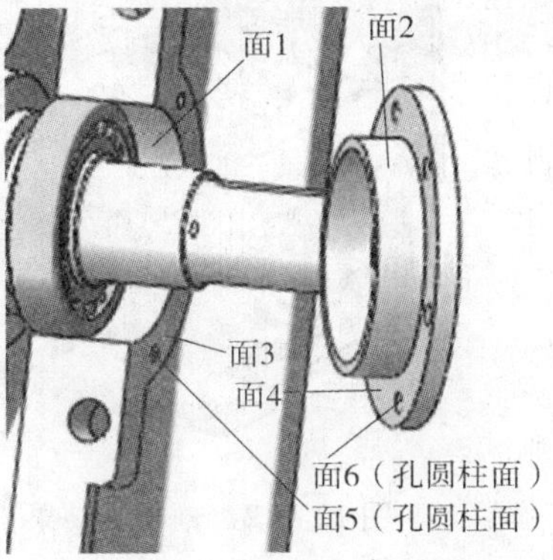

图 12－7　添加约束几何关系的对象选择

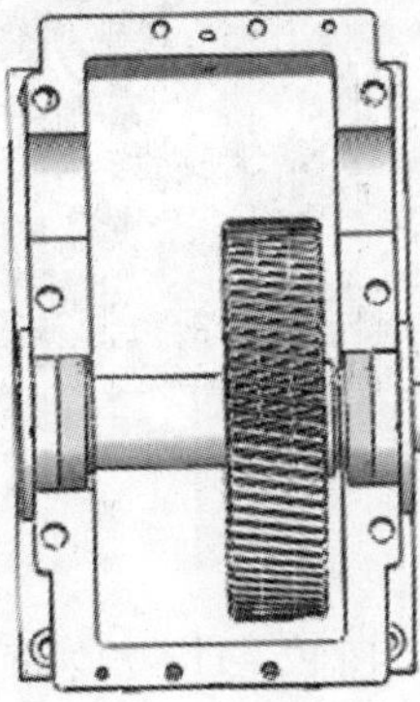

图 12－8　装配结果

（9）特征树结果如图 12－9 所示。表示单个零件，表示装配体，配合表示添加的约束几何关系。

（10）单击如图 12－10 所示的平面，单击绘图区域上方的，绘图区域会显示剖视图（若方向不合适，单击面<1>@下箱体-1前面的箭头更换方向），拖动图 12－11 中的箭头，剖切平面会跟着变化，绘图区域显示的剖视图会跟着变化，拖动到靠近轴的位置，单击“确定”按钮，会看到如图 12－12 所示的剖视图，检查装配体的内部结构是否合理。

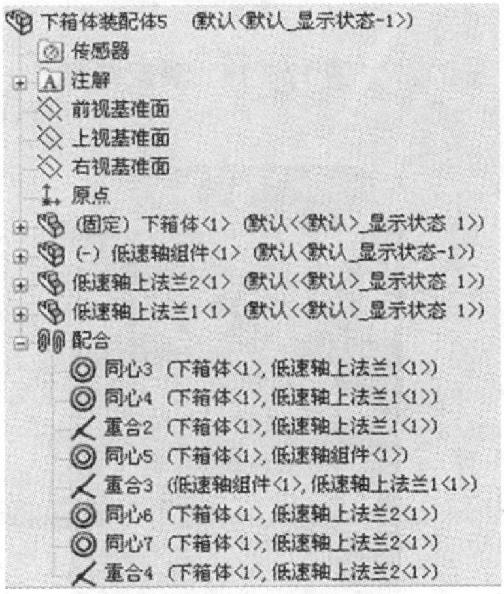

图 12－9　特征树结果

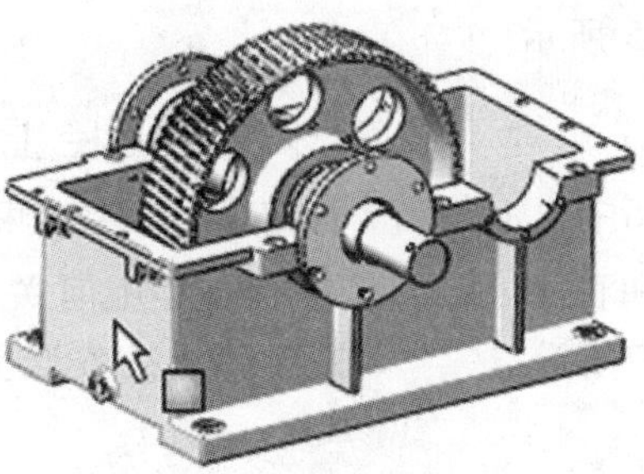

图 12－10　剖切面选择

（11）将“蜗轮齿轮轴组件. SLDASM”插入到装配体环境中，自由放置。

（12）将“蜗轮轴上法兰. SLDPRT”插入到装配体环境中，自由放置。

（13）选中绘图区域的“蜗轮轴上法兰”，按住 Ctrl 键并拖动鼠标，复制一个零件。

（14）单击“装配体”工具栏上的配合，将图 12－13 中的面 1 与面 2 添加同轴心(N)约束几何关系，将面 3 和面 4 添加重合(C)约束几何关系，将面 5 与面 6 添加同轴心(N)约束几何关系，结果如图 12－14 所示，蜗轮轴上法兰被约束在了正确的位置。

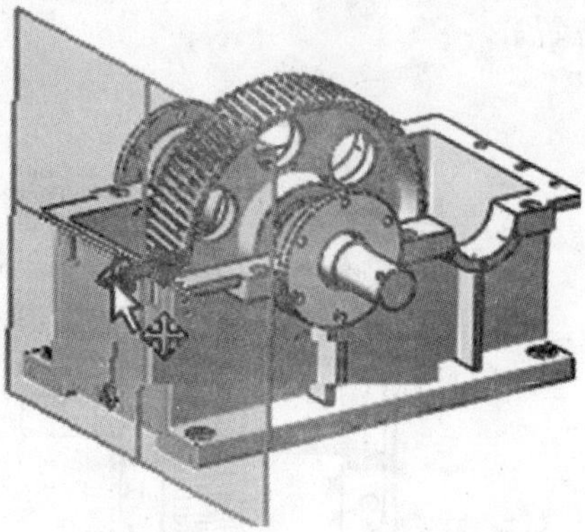

图 12－11　剖切面平移

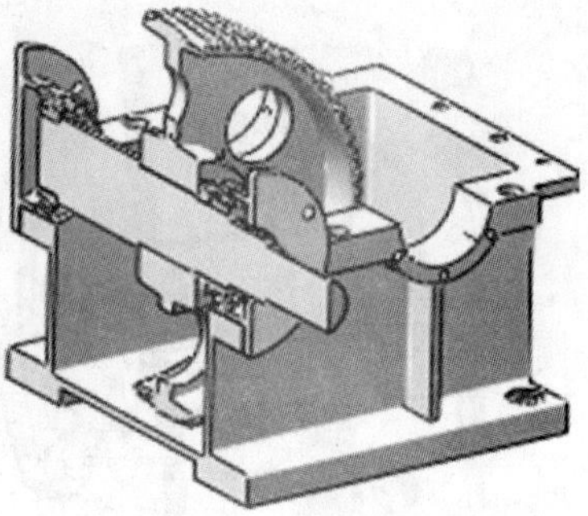

图 12－12　剖视图结果

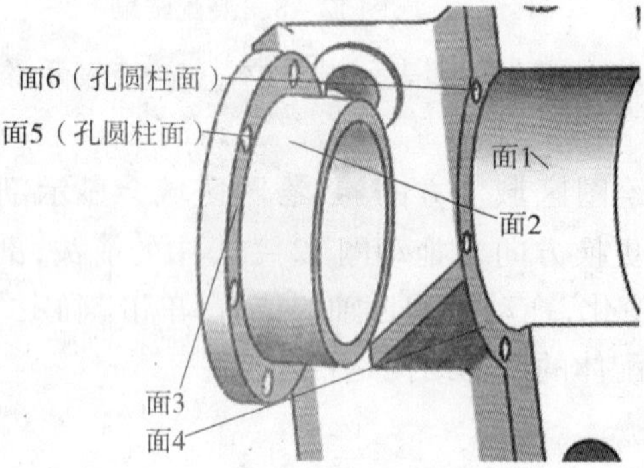

图 12－13　添加约束几何关系的对象选择

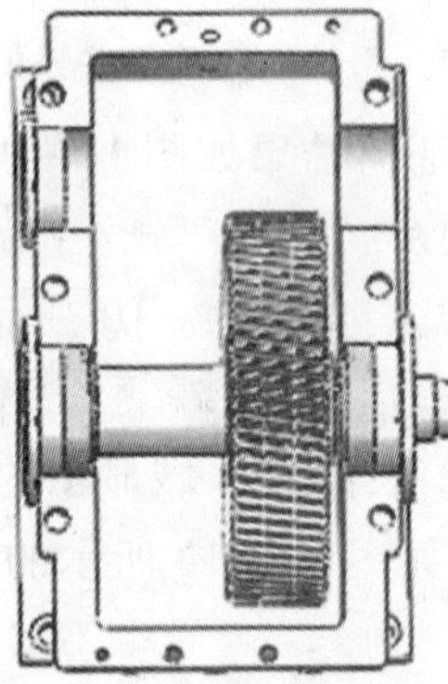

图 12－14　装配结果

(15)采用同样的方法，将另外一个“蜗轮轴上法兰”添加约束几何关系，装配到正确的位置，结果如图 12－15 所示。

(16)单击“装配体”工具栏上的配合，将图 12－16中面 1 与面 2 添加同轴心(N)约束几何关系，将面 3 和面 4 添加重合(C)约束几何关系，结果如图 12－17所示，法兰及轴组件均被安装到了正确的位置。

(17)可以用上述观察剖视图的方法，观察零部件之间有没有干涉和间隙。也可以单击“工具”菜单栏下的“干涉检查”，如图 12－18 所示，在弹出如图 12－19所示的“干涉检查”对话框中，单击“计算”，检查装配有没有干涉。选择图 12－19 中的“使干涉零件透明”，可清楚看到干涉的位置。至此，下箱体中的零件装配完成。

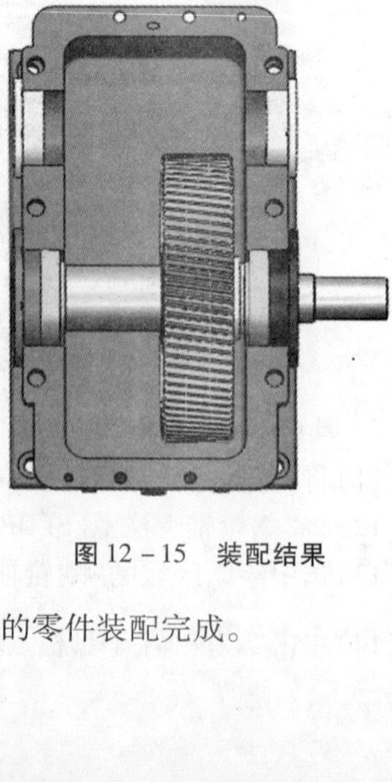

图 12－15　装配结果

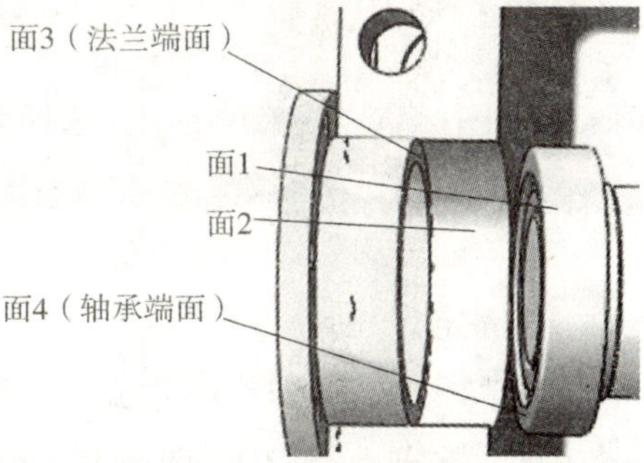

图 12－16　添加约束几何关系的对象选择

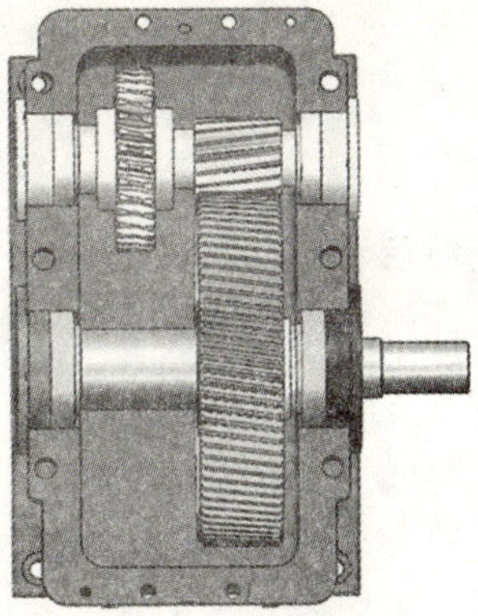

图 12－17　装配结果

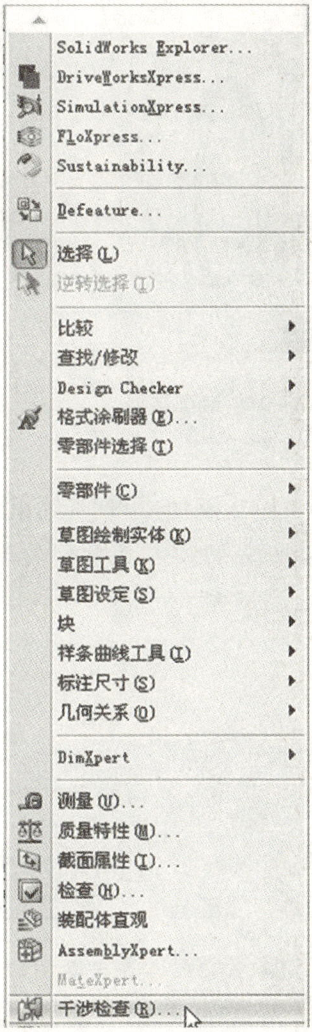

图 12－18　“干涉检查”菜单

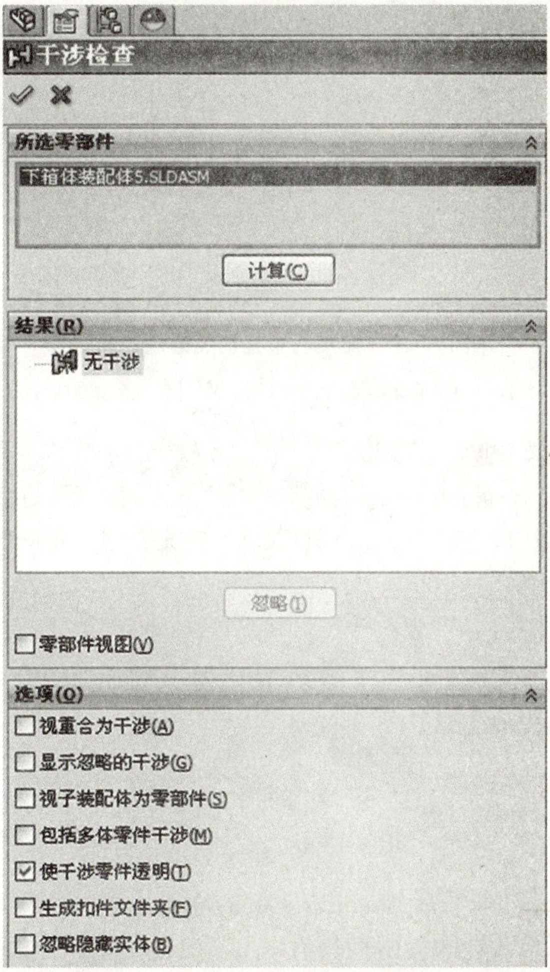

图 12－19　“干涉检查”对话框

(18)单击“保存”命令图标或是选择菜单命令“文件”—“保存”，设置好路径，将文件保存，并将文件命名为“下箱体中零部件装配. SLDASM”。

12.2　上箱体中零部件装配

(1)启动 SolidWorks2011,将光标移到 SolidWorks2011 图标 SolidWorks 上,选择菜单命令“文件”—“新建”或单击工具栏上的按钮,单击“装配体模板”按钮,单击“确定”按钮,进入 SolidWorks 装配体环境。

(2)将“上箱体盖.SLDPRT”插入到装配体环境中,并固定。

(3)将“蜗杆轴上孔用弹性挡圈.SLDPRT”插入到装配体环境中,自由放置。

(4)单击“装配体”工具栏上的配合,将图 12－20 中的面 1 与面 2 添加同轴心(N)约束几何关系,将面 3 和面 4 添加重合(C)约束几何关系,结果如图 12－21 所示,蜗杆轴上孔用弹性挡圈被约束在了正确的位置。

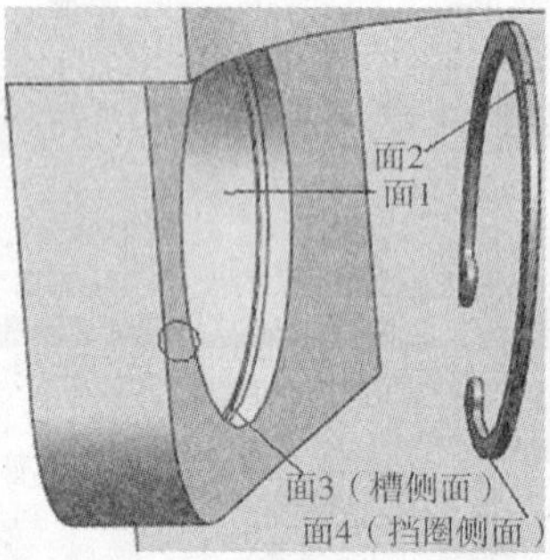

图 12－20　添加约束几何关系的对象选择

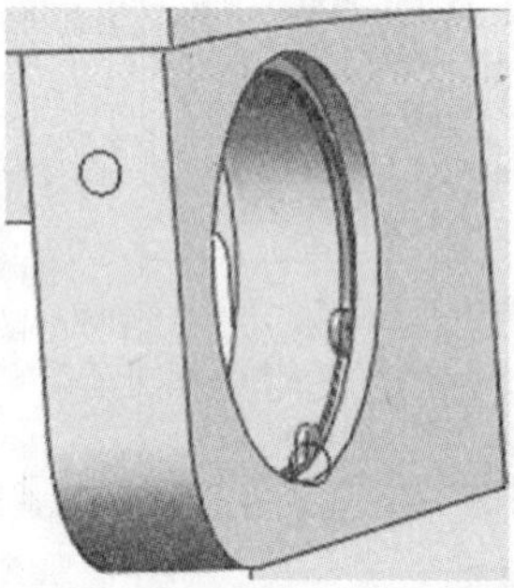

图 12－21　装配结果

(5)将“蜗杆轴组件.SLDASM”插入到装配体环境中,自由放置。

(6)单击“装配体”工具栏上的配合,将图 12－22 中的面 1 与面 2 添加同轴心(N)约束几何关系,将面 3 和面 4 添加重合(C)约束几何关系,将面 5 与面 6 添加同轴心(N)约束几何关系,结果如图 12－23 所示,蜗杆轴组件被安装到了正确的位置。

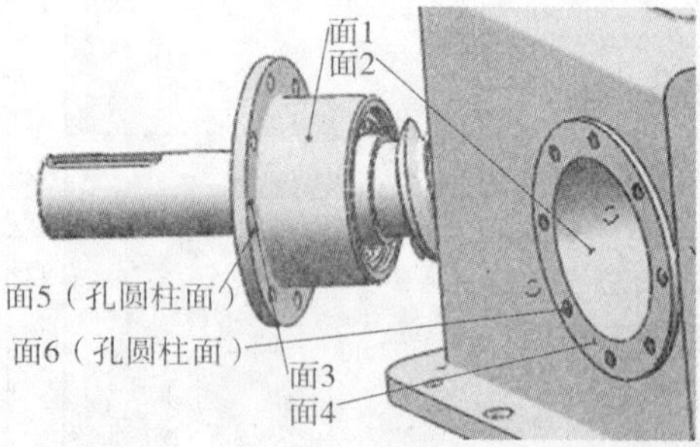

图 12－22　添加约束几何关系的对象选择

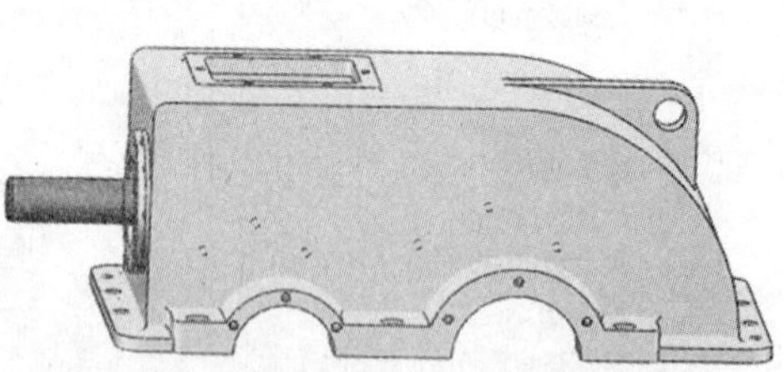

图 12－23　装配结果

(7)单击“工具”菜单栏下的“干涉检查”,弹出“干涉检查”对话框,单击右键,将“所选零部件”选项框中的内容清除,如图 12－24 所示。单击绘图区域的“蜗杆轴”与“蜗杆轴上孔用弹性挡圈”,单击“计算”,可检查“蜗杆轴组件”与“蜗杆轴上孔用弹性挡圈”是否有干涉。若两者之间没有干涉,表明装配正确,否则,则需核对尺寸,编辑零件。

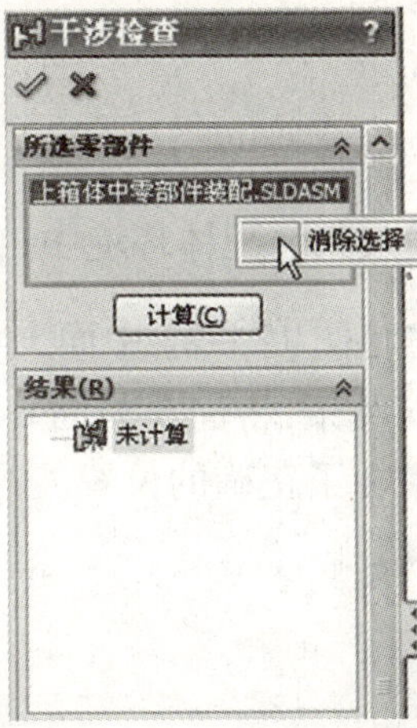

图 12－24 “干涉检查”对象选择

（8）单击“保存”命令图标或是选择菜单命令“文件”—“保存”，设置好路径，将文件保存，并将文件命名为“上箱体中零部件装配. SLDASM”。

12.3 蜗轮蜗杆减速器总装配

（1）启动 SolidWorks2011，将光标移到 SolidWorks2011 图标 SolidWorks 上，选择菜单命令“文件”—“新建”或单击工具栏上的按钮，单击“装配体模板”按钮，单击“确定”按钮，进入 SolidWorks 装配体环境。

（2）将“下箱体中零部件装配. SLDASM”插入到装配体环境中，并固定。

（3）将“上箱体中零部件装配. SLDASM”插入到装配体环境中，自由放置。

（4）单击“装配体”工具栏上的配合，将图 12－25 中的面 1 与面 2 添加同轴心(N)约束几何关系，将面 3 和面 4 添加同轴心(N)约束几何关系，装配结果如图 12－26 所示，上下箱体被准确地装配在了一起。

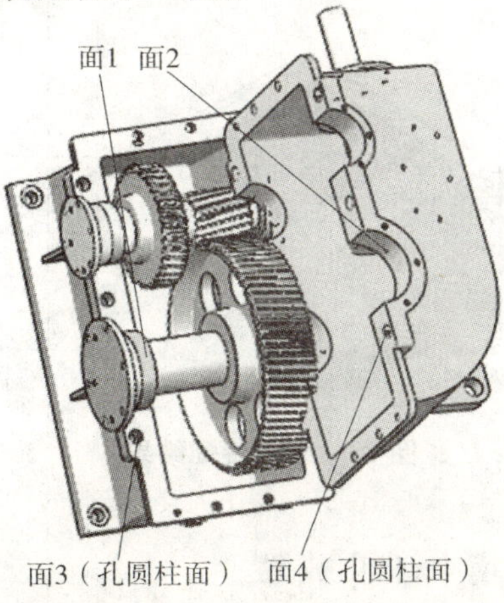

图 12－25 添加约束几何关系的对象选择

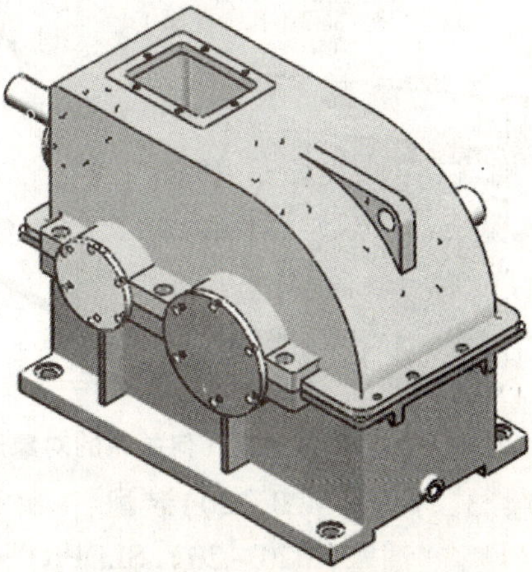

图 12－26 装配结果

12.3.1 其他零件装配

12.3.1.1 蜗杆轴上法兰装配

(1)将“蜗杆轴上法兰.SLDPRT”插入到装配体环境中,自由放置。

(2)单击“装配体”工具栏上的配合,将图 12－27 中面 1 与面 2 添加同轴心(N)约束几何关系,将面 3 和面 4 添加同轴心(N)约束几何关系,将面 5 与面 6 添加重合(C)约束几何关系,结果如图 12－28 所示,蜗杆轴上法兰被约束在了正确的位置。

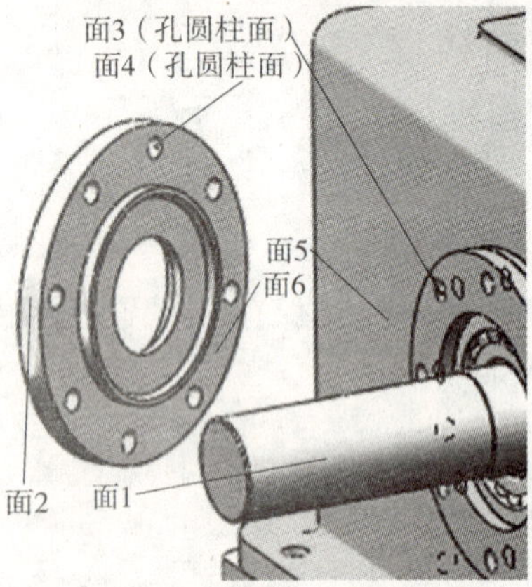

图 12－27　添加约束几何关系的对象选择

图 12－28　装配结果

12.3.1.2 窥视孔盖装配

(1)将“窥视孔盖.SLDPRT”插入到装配体环境中,自由放置。

(2)单击“装配体”工具栏上的配合,将图 12－29 中面 1 与面 2 添加同轴心(N)约束几何关系,将面 3 和面 4 添加同轴心(N)约束几何关系,将面 5 与面 6 添加重合(C)约束几何关系,结果如图 12－30 所示,窥视孔盖被约束在了正确的位置。

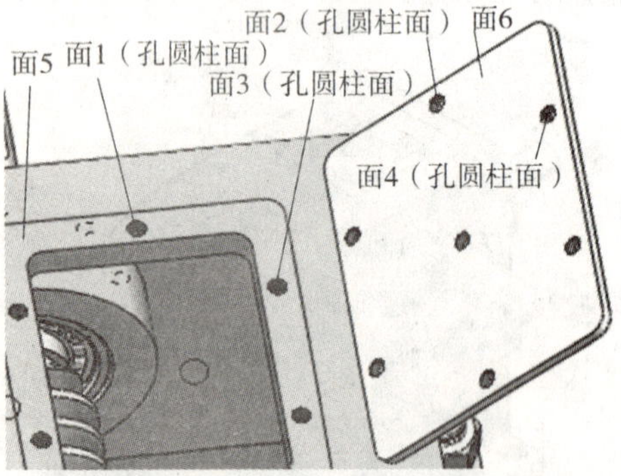

图 12－29　添加约束几何关系的对象选择

图 12－30　装配结果

12.3.1.3 油塞(M20－20)装配

(1)将“油塞(M20－20).SLDPRT”插入到装配体环境中,自由放置。

(2)单击“装配体”工具栏上的配合,将图 12－31 中面 1 与面 2 添加重合(C)约束几何关系，将棱 1 和棱 2 添加同轴心(N)约束几何关系，结果如图 12－32 所示，油塞被约束在了正确的位置。

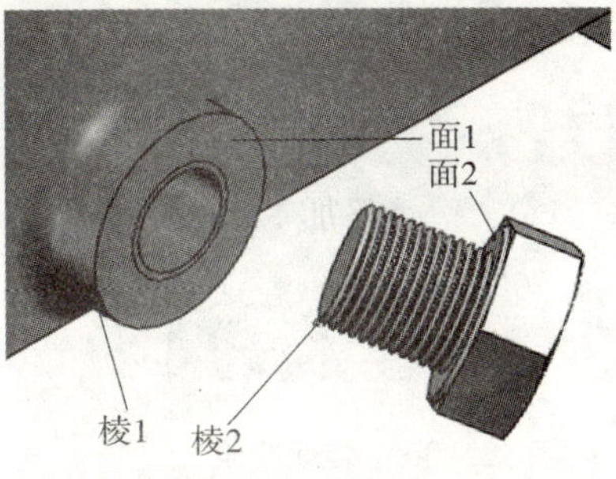

图 12－31　添加约束几何关系的对象选择

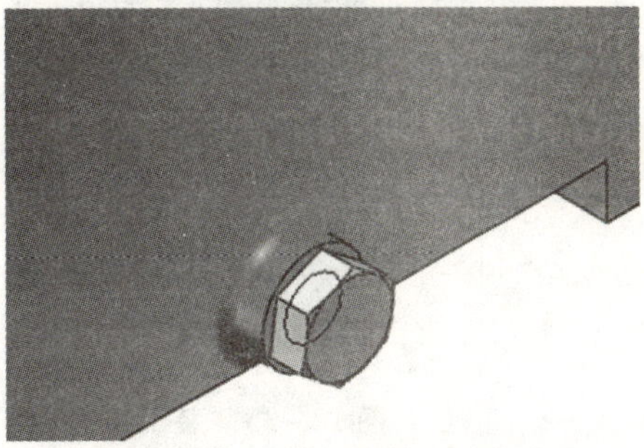

图 12－32　装配结果

12.3.1.4　圆锥销的装配

（1）将“圆锥销.SLDPRT”插入到装配体环境中，自由放置。

（2）单击“装配体”工具栏上的配合，将图 12－33 中面 1 与面 2 添加同轴心(N)约束几何关系，选中面 3 和面 4 时，系统默认添加重合(C)约束几何关系，单击按钮，在“距离”框中输入 15.75，如图 12－34 所示，则这两个面相距为 15.75mm，若方向不正确，可单击转换对齐方向，结果如图 12－35 所示，圆锥销被约束在了正确的位置。

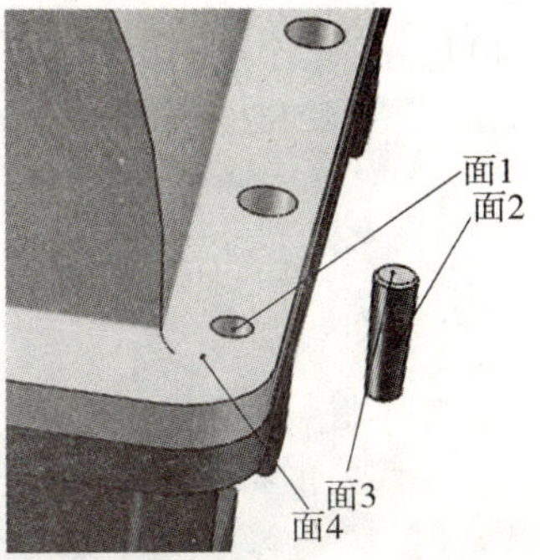

图 12－33　添加约束几何关系的对象选择

图 12－34　输入距离

（3）采用同样的方法，装上另外一个圆锥销，结果如图 12－36 所示。

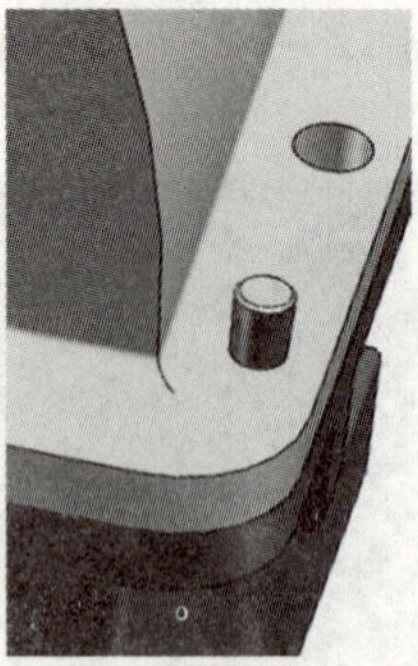

图 12－35　装配结果

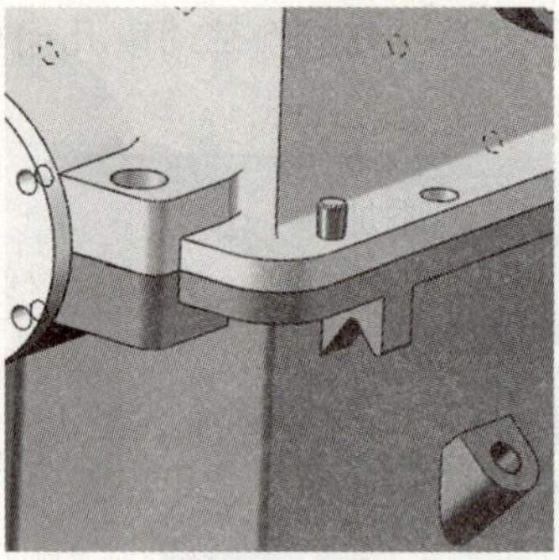

图 12－36　装配结果

12.3.1.5　通气帽的装配

（1）将“通气帽.SLDPRT”插入到装配体环境中，自由放置。

（2）单击“装配体”工具栏上的配合，将图 12－37 中面 1 与面 2 添加同轴心(N)约束几何关系，将面 3 和面 4 添加重合(C)约束几何关系，结果如图 12－38 所示，通气帽被约束在了正确的位置。

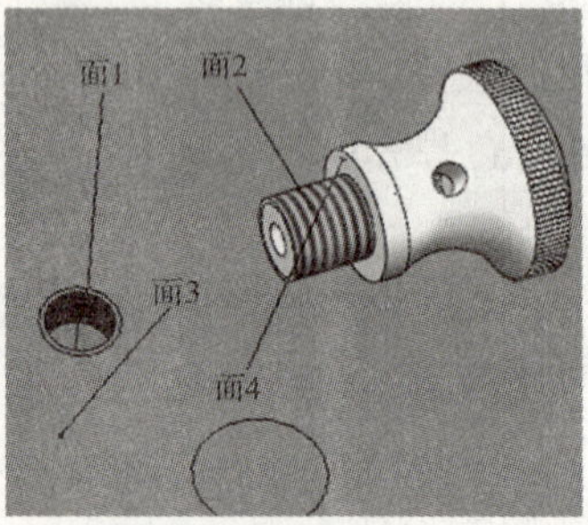

图 12－37　添加约束几何关系的对象选择

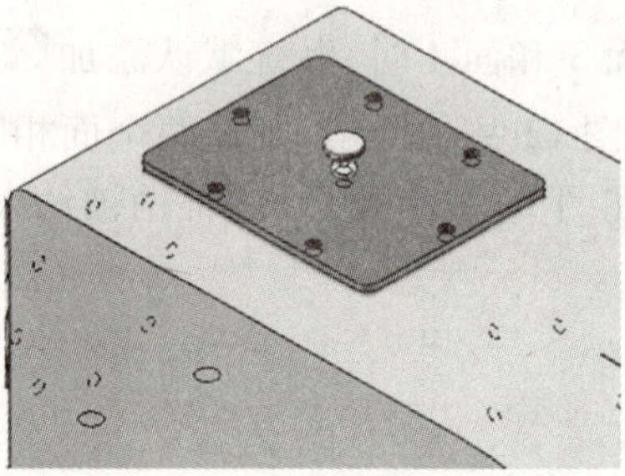

图 12－38　装配结果

12.3.2　紧固件装配

12.3.2.1　上下箱体紧固件 1 的装配

（1）将“M24－100 螺栓（连接上下箱体用）.SLDPRT”插入到装配体环境中，自由放置。

（2）单击“装配体”工具栏上的配合，将图 12－39 中的面 1 与面 2 添加同轴心(N)约束几何关系，将面 3 和面 4 添加重合(C)约束几何关系，结果如图 12－40 所示，螺栓被约束在了正确的位置。

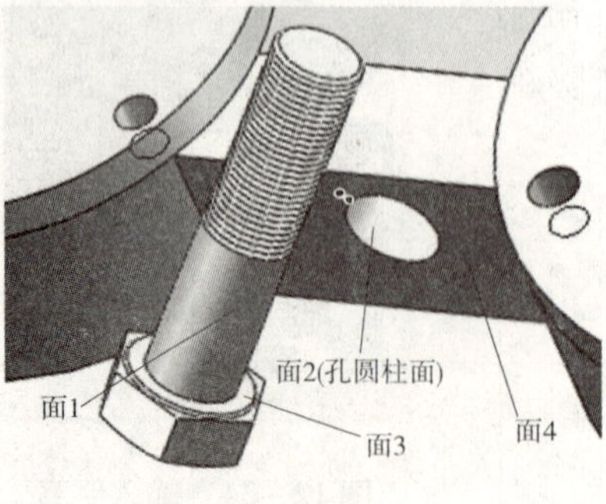

图 12－39　添加约束几何关系的对象选择

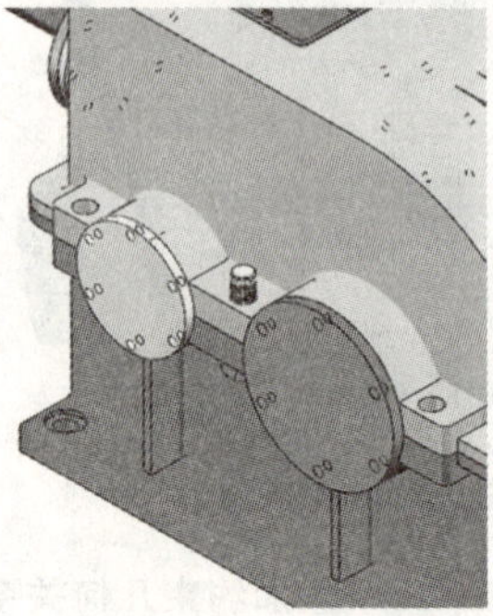

图 12－40　装配结果

(3)将“M24(连接上下箱体用).SLDPRT”插入到装配体环境中,自由放置。

(4)单击“装配体”工具栏上的配合,将图 12－41 中的棱 1 与棱 2 添加同轴心(N)约束几何关系,将面 1 和面 2 添加重合(C)约束几何关系,结果如图 12－42 所示,螺母被约束在了正确的位置。

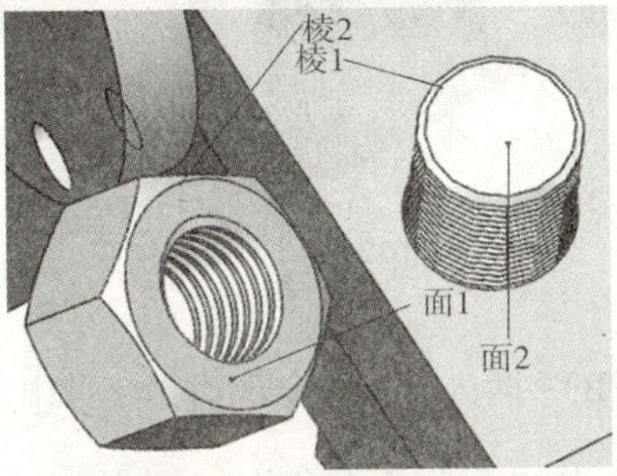

图 12－41　添加约束几何关系的对象选择

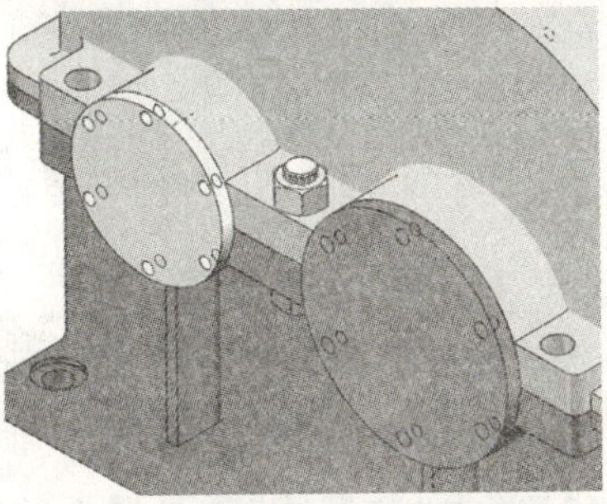

图 12－42　装配结果

(5)单击“装配体”工具栏上的线性零部件...或单击“插入”—“零部件阵列”—“线性阵列”,弹出如图 12－43 所示的对话框。在“方向 1”下的选项框中,选择如图 12－44 所示的棱,输入要阵列的距离 210.00mm,在“要阵列的零部件”选项框中选择上一步所装配的螺栓和螺母,单击“确定”按钮,完成阵列,结果如图 12－45 所示。采用同样的方法反方向阵列,阵列距离为 250.00mm,结果如图 12－46 所示。

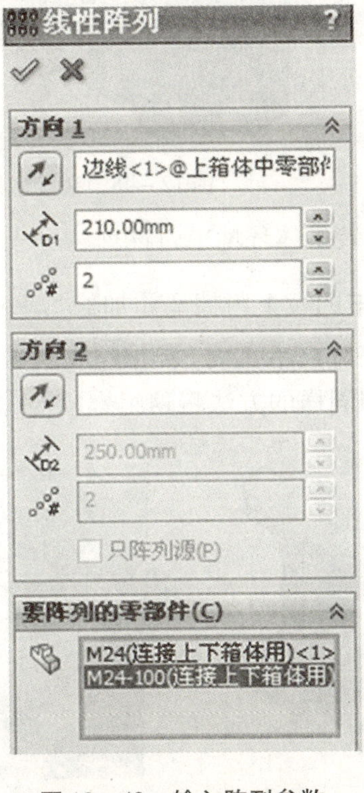

图 12－43　输入阵列参数

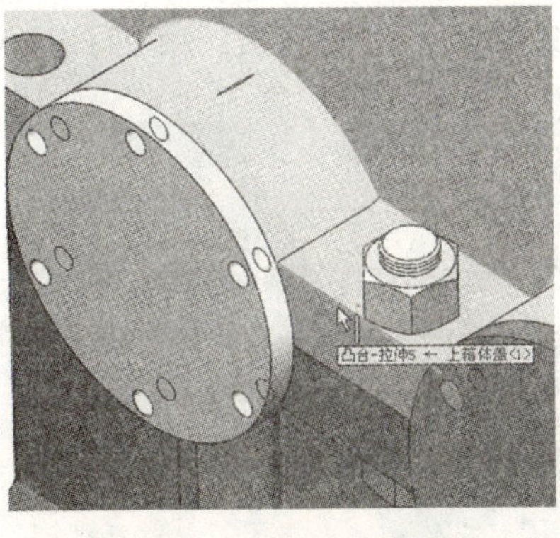

图 12－44　阵列方向选择

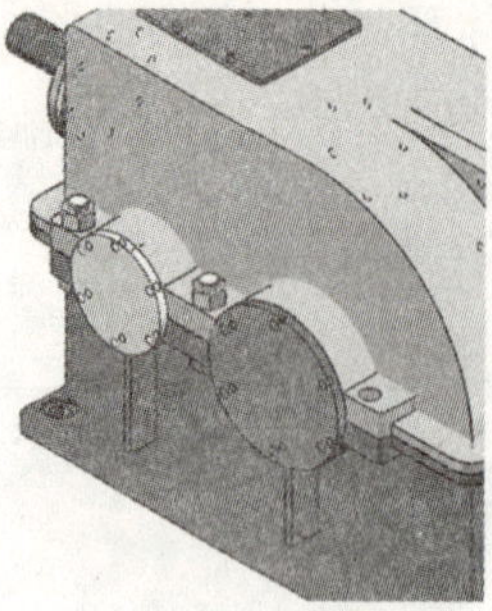

图 12-45　阵列结果

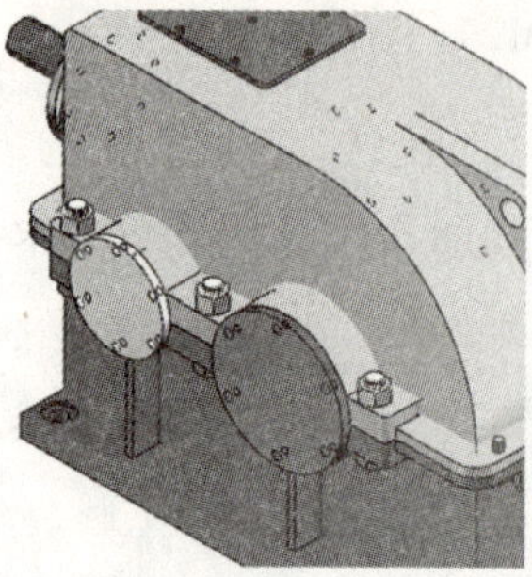

图 12-46　阵列结果

12.3.2.2　上下箱体紧固件 2 的装配

（1）将“M16-56 螺栓（连接上下箱体用）.SLDPRT”插入到装配体环境中，自由放置。

（2）单击“装配体”工具栏上的配合，将图 12-47 中的面 1 与面 2 添加同轴心(N)约束几何关系，将面 3 和面 4 添加重合(C)约束几何关系，结果如图 12-48 所示，螺栓被约束在了正确的位置。

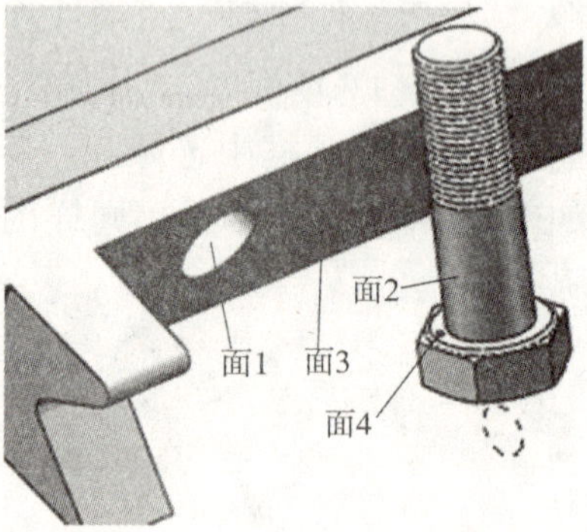

图 12-47　添加约束几何关系的对象选择

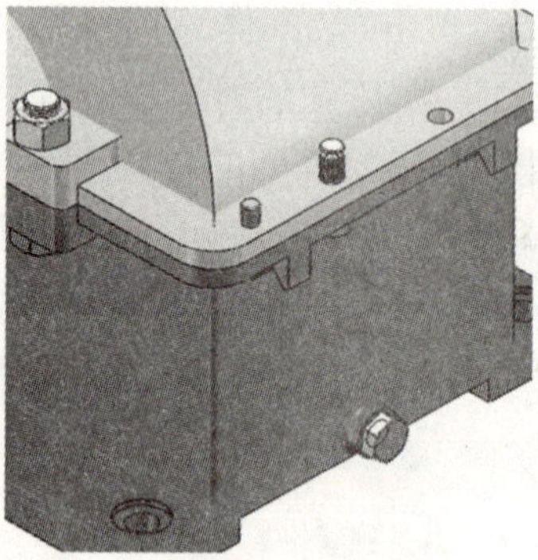

图 12-48　装配结果

（3）将“M16（连接上下箱体用）.SLDPRT”插入到装配体环境中，自由放置。

（4）单击“装配体”工具栏上的配合，将图 12-49 中的棱 1 与棱 2 添加同轴心(N)约束几何关系，将面 1 和面 2 添加重合(C)约束几何关系（若对齐方向不正确，单击或换向），结果如图 12-50 所示，螺母被约束在了正确的位置。采用同样的方法将这组螺栓与螺母安装到如图 12-51 所示的位置。

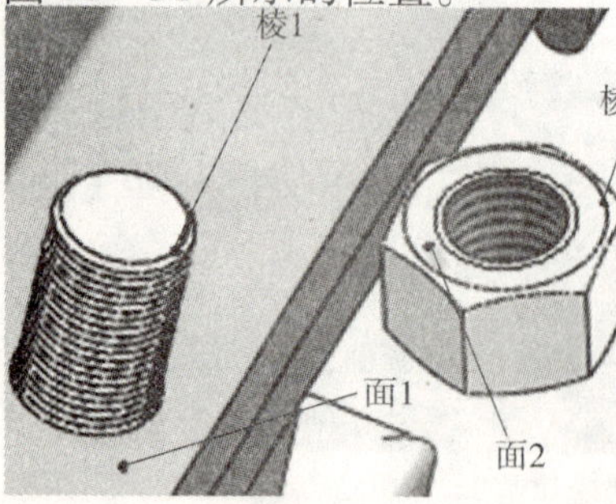

图 12-49　添加约束几何关系的对象选择

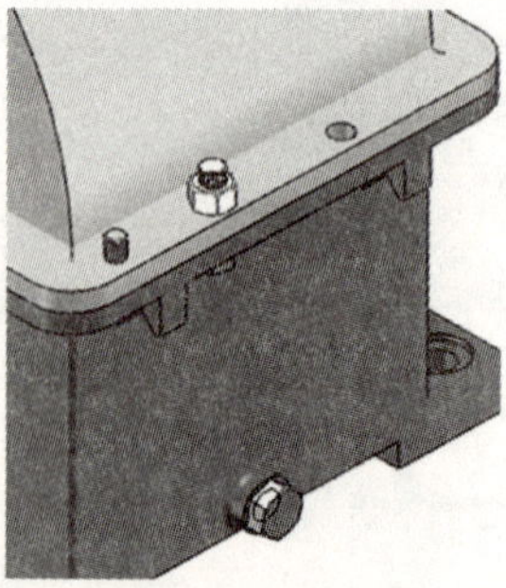

图 12-50　装配结果

图 12-51　装配结果

(5)单击“装配体”工具栏上的线性零部件…下拉列表中的镜像零部件(R),或单击如图 12－52 所示的“插入”—“镜像零部件”,弹出如图 12－53 所示的对话框。展开特征树,在“镜像基准面”中单击前视基准面,在“要镜像的零部件”选项框中选择连接上下箱体的 5 组螺栓,单击“确定”按钮,将螺栓复制到减速器的另一边,如图 12－54 所示。

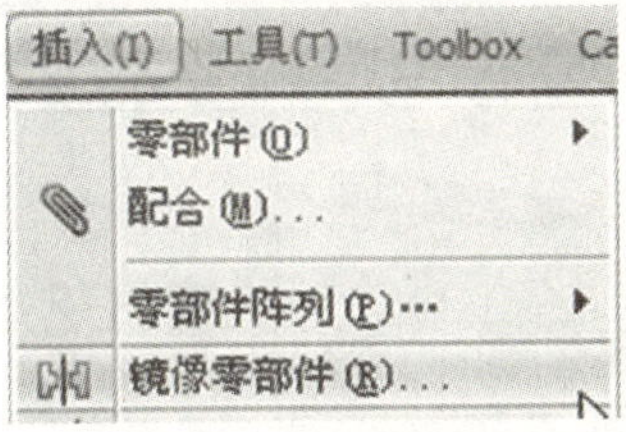

图 12－52　镜像零件

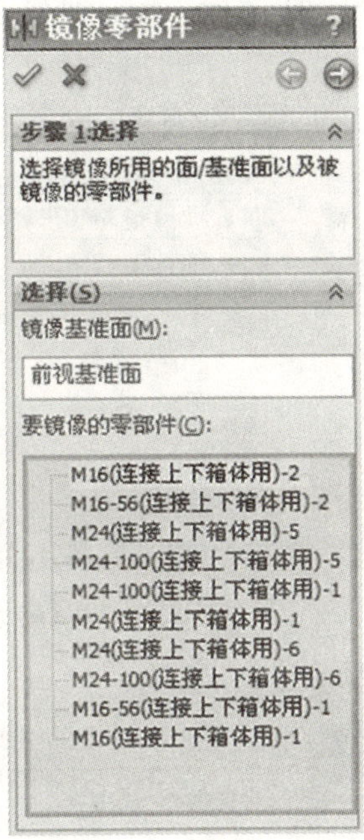

图 12－53　参数设置

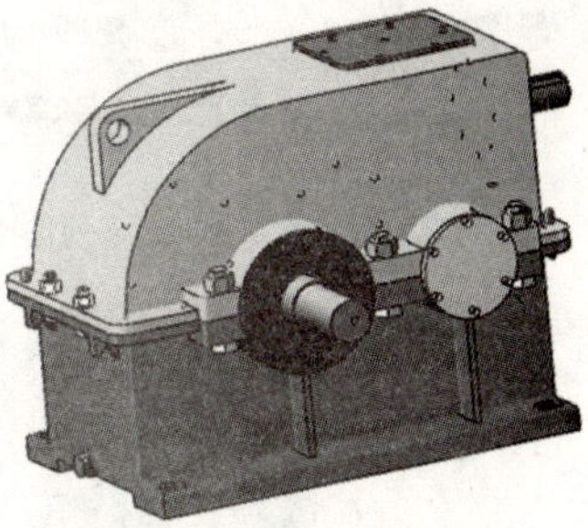

图 12－54　镜像结果

12.3.2.3　上下箱体共用法兰上紧固螺栓的装配

(1)将“M10－30 螺栓. SLDPRT”插入到装配体环境中,自由放置。

(2)单击“装配体”工具栏上的配合,将图 12－55 中的面 1 与面 2 添加同轴心(N)约束几何关系,将面 3 和面 4 添加重合(C)约束几何关系,结果如图 12－56 所示,螺栓被约束在了正确的位置。

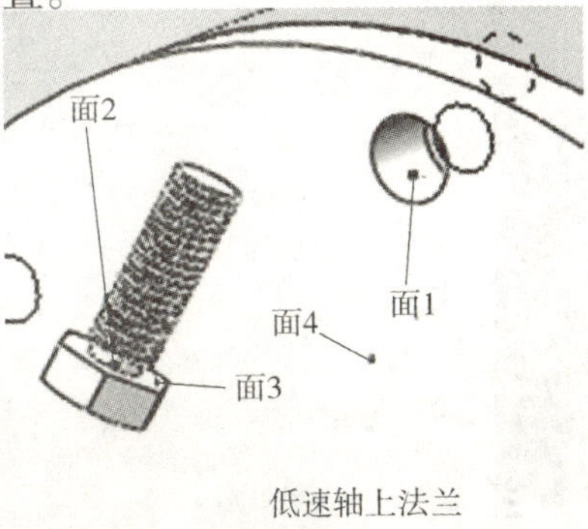

图 12－55　添加约束几何关系的对象选择

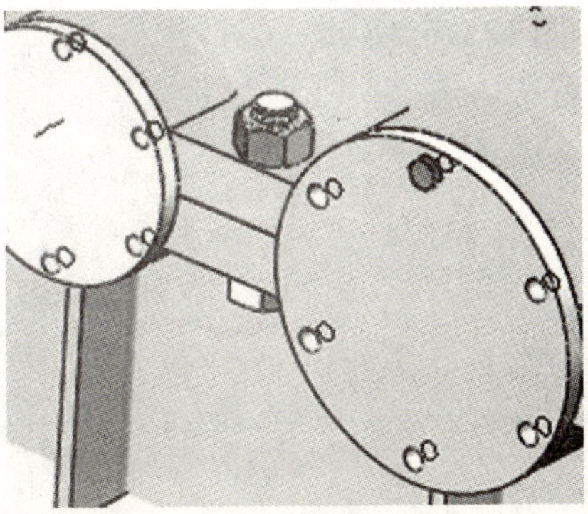

图 12－56　装配结果

（3）单击“装配体”工具栏上线性零部件...下拉列表中的圆周零部件阵列，或单击“插入”—“零部件阵列”—“圆周阵列”，如图 12－57 所示，弹出如图 12－58 所示的对话框。面<1>@下箱体中零部件装配中的面为图 12－59 中的阵列轴参考面，在“要阵列的零部件”选项框中选择“M10－30 螺栓”（在绘图区域或特征树中均可选择），装配结果如图 12－59 所示。

（4）采用同样的方法，将“M10－30 螺栓”装配到蜗轮轴法兰上，结果如图 12－60 所示。

（5）采用同样的方法，将“M10－30 螺栓”装配到减速器的另一面，结果如图 12－61 所示（此处也可单击线性零部件...下拉列表的镜像零部件(R)，读者可自行尝试，观察镜像的结果）。

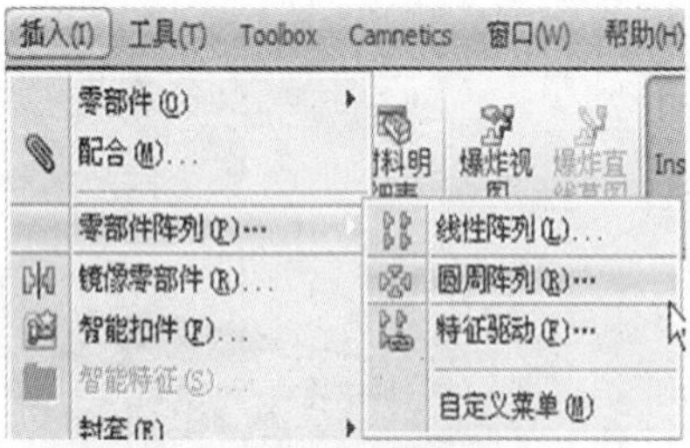

图 12－57　圆周阵列零件

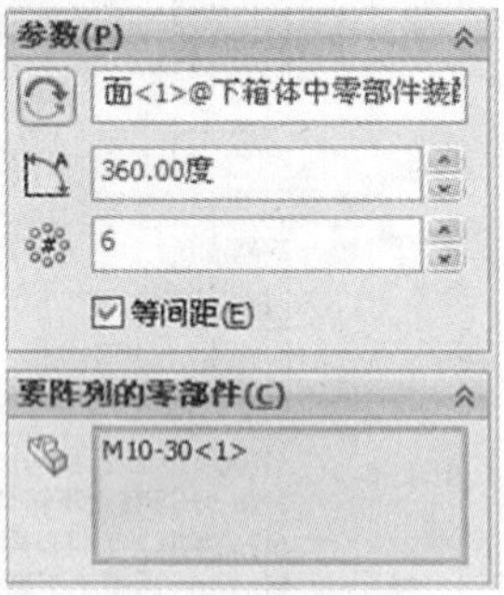

图 12－58　参数设置

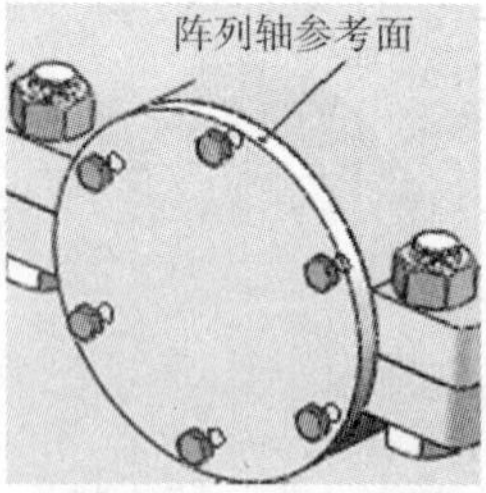

图 12－59　圆周阵列结果

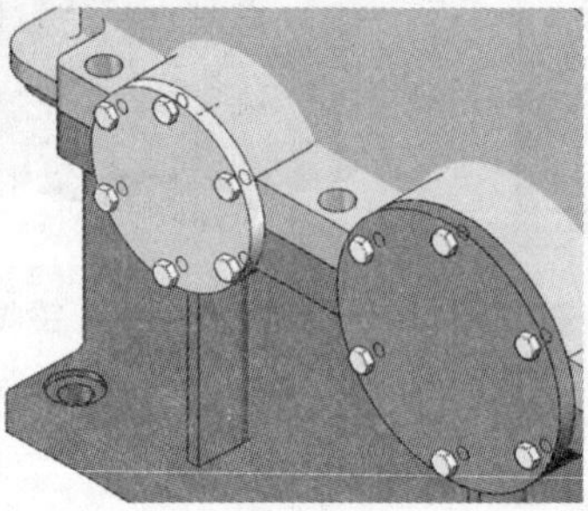

图 12－60　装配结果

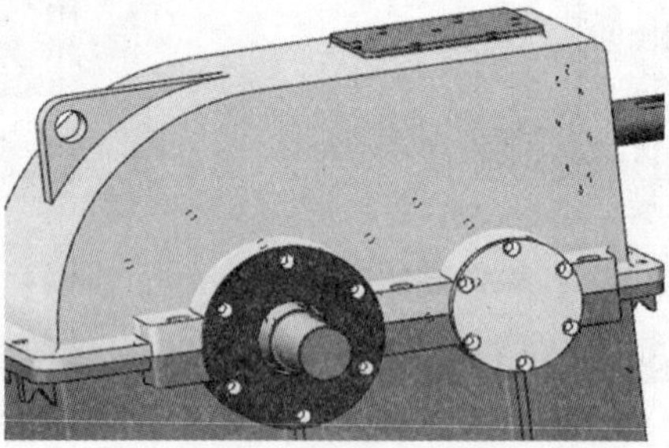

图 12－61　装配结果

12.3.2.4　**蜗杆轴法兰上紧固螺栓的装配**

同上述方法一样，将零件“蜗杆上用 M10－45 螺栓. SLDPRT”装入蜗杆轴的法兰上，结果如图 12－62所示。

图 12－62　装配结果

12.3.2.5 窥视孔上紧固螺栓的装配

（1）将“M10 沉头螺钉（窥视孔用）.SLDPRT”插入到装配体环境中，自由放置。

（2）单击“装配体”工具栏上的配合，将图 12－63 中的面 1 与面 2 添加同轴心(N)约束几何关系，将面 3 和面 4 添加重合(C)约束几何关系，结果如图 12－64 所示，螺钉被约束在了正确的位置。

（3）选中绘图区域的“M10 沉头螺钉（窥视孔用）”，按住 Ctrl 键并拖动鼠标，复制两个零件。采用同样的方法，把它们装配在正确的位置，结果如图 12－65 所示。

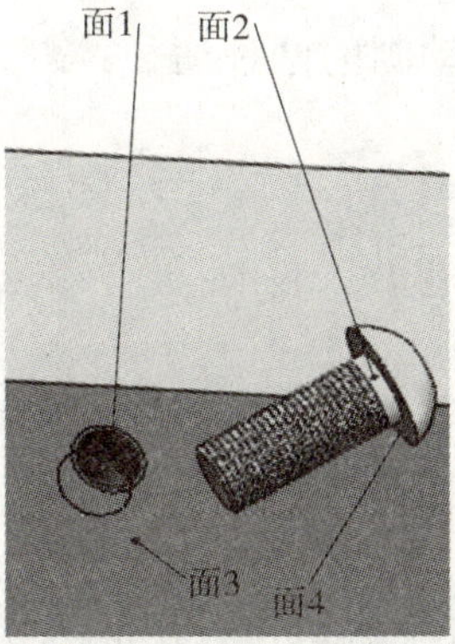

图 12－63 添加约束几何关系的对象选择

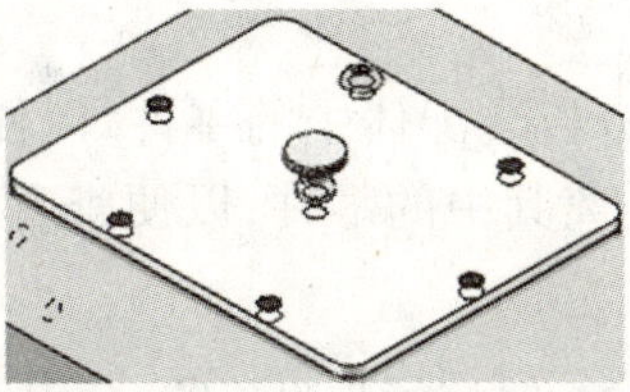

图 12－64 装配结果

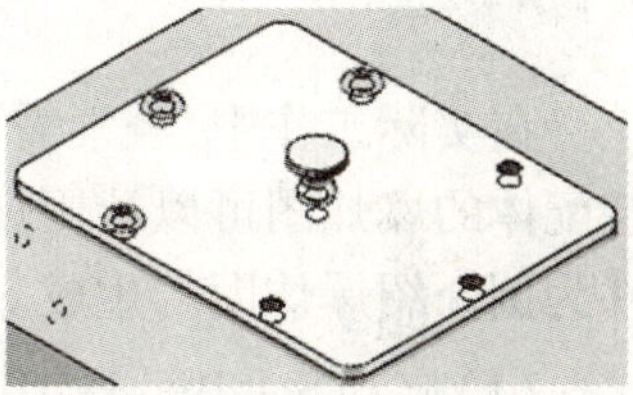

图 12－65 装配结果

（4）单击“装配体”工具栏上的线性零部件...下拉列表中的镜像零部件(R)，或单击“插入”—“镜像零部件”，弹出如图 12－66 所示的对话框。展开特征树，单击如图 12－67 所示特征树中“窥视孔盖”的右视基准面作为镜像基准面，在“要镜像的零部件”选项框中选择装配上去的 3 个 M10 沉头螺钉，单击“确定”按钮，将螺钉复制到另一边，结果如图 12－68 所示。

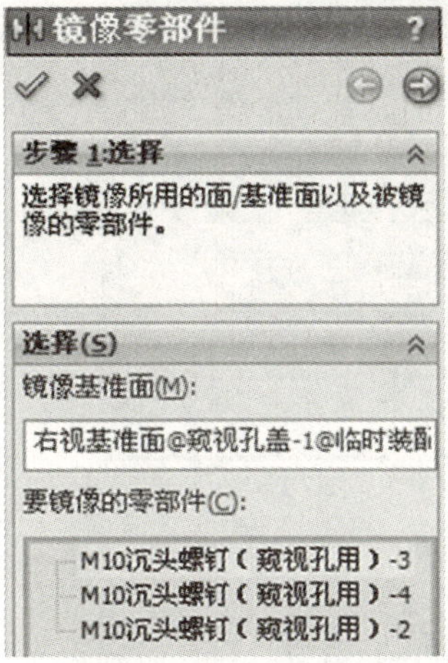

图 12－66 镜像零件

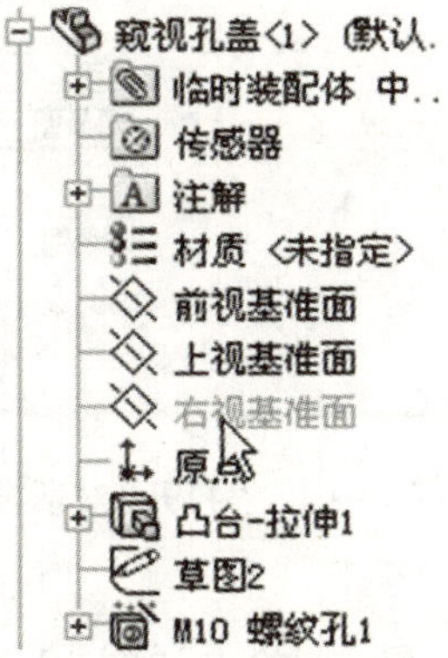

图 12－67 参数设置

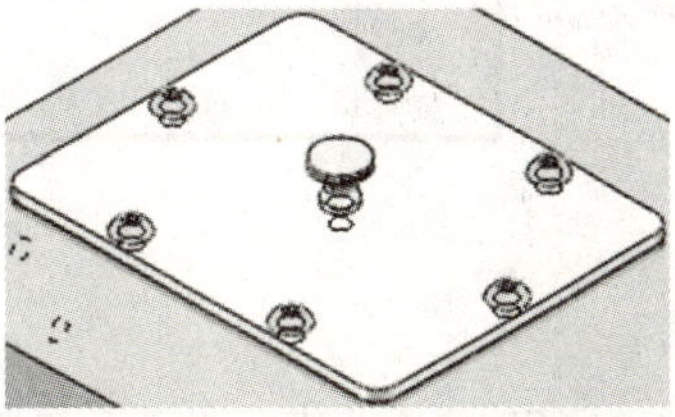

图 12－68 镜像结果

第 13 章　SolidWorks 动画制作概述

动画是交流设计思想的一种强有力的工具，能够方便地演示产品的外观、性能及机构的运动情况，达到直观和形象的交流的目的。对使用 SolidWorks 软件的设计工程师来说，不必耗费大量的金钱和时间来学习复杂的动画制作软件，直接在 SolidWorks 软件中就可以实现产品的组装、拆卸及机构运动的动画模拟，生成可直接在 Windows 平台下运行的动画文件，供设计评审、产品宣传、用户交流时使用。本章介绍了生成动画的两种途径：爆炸图和模拟动画。

13.1　爆炸图生成动画

在实际工作中，经常需要分析装配体中的零件，以便形象地分析它们之间的相互关系。装配体的爆炸图可以让用户分离其中的零件，以便查看这个装配体。下面以蜗轮齿轮轴组件为例介绍爆炸图的生成。

(1)启动 SolidWorks2011，将光标移到 SolidWorks2011 图标 SolidWorks 上，选择菜单命令“文件”—“打开”或单击工具栏上的按钮，弹出“打开”对话框，将“文件类型”选择为“装配体(* . asm; * . sldasm)”，如图 13－1 所示，在文件目录中找到文件“蜗轮齿轮轴组件. SLDASM”，单击“打开”，将所选文件打开。

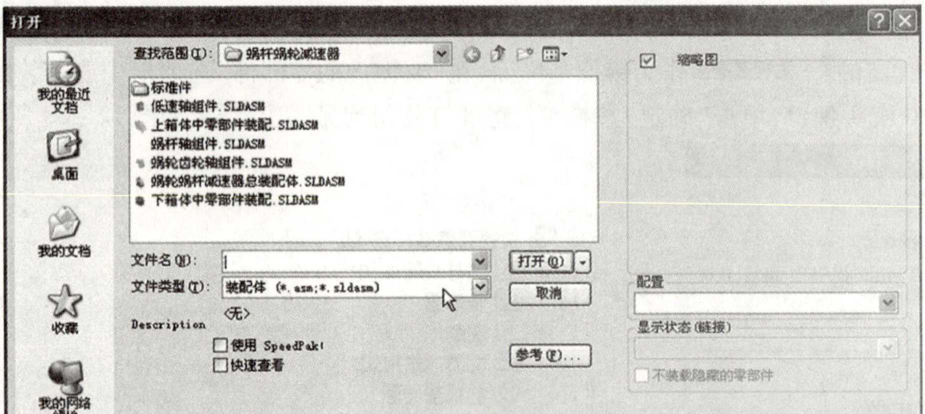

图 13－1　“打开”对话框

(2)单击“装配体”工具栏上的 爆炸视图 或单击如图 13－2 所示的“插入”—“爆炸视图”，弹出如图 13－3 所示的“爆炸”对话框。

(3)单击如图 13－4 所示的轴承，绘图区域会出现如图 13－4 所示的坐标系。移动光标并单击一个箭头拖动，如图 13－5 所示，被选中的轴承就会跟着移动，移动的距离可以参照图中的标尺，松开鼠标后，属性框中会生成一个爆炸步骤，如图 13－6 所示。

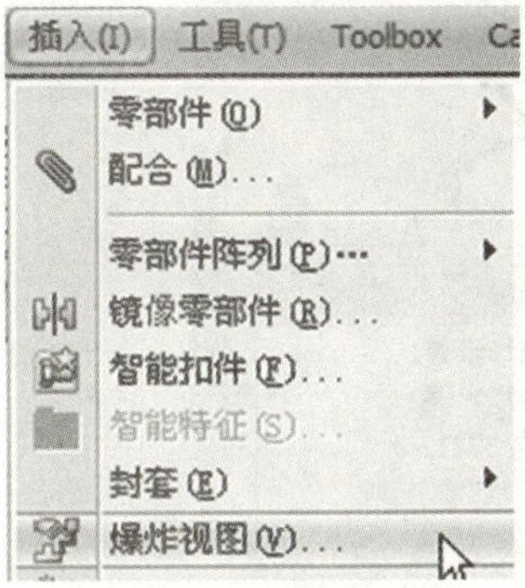

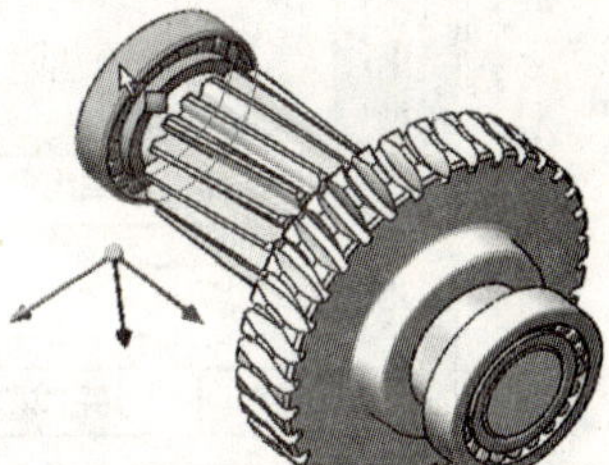

图 13－2　“爆炸视图”工具　　　图 13－3　“爆炸”对话框　　　图 13－4　爆炸对象的选择

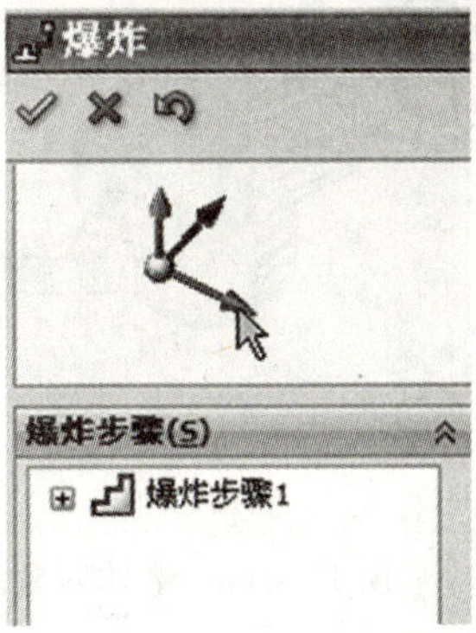

图 13－5　拖动箭头生成爆炸位置　　　图 13－6　生成爆炸步骤

（4）单击如图 13－7 所示的轴承，单击如图 13－8 所示的箭头，此方向就作为移动方向被输入到如图 13－9 所示的“方向”选项框中，若爆炸方向不正确，单击换向，输入爆炸距离“－100.00mm”，单击“完成”，生成了爆炸图的第二步，如图 13－10 所示。

（5）单击“爆炸步骤 2”，将爆炸距离改为“－300.00mm”，单击“完成”。

（6）单击图 13－11 中的套筒，如图 13－12 所示，拖动鼠标移动。

图 13－7　爆炸对象的选择

图 13－8　爆炸方向的选择

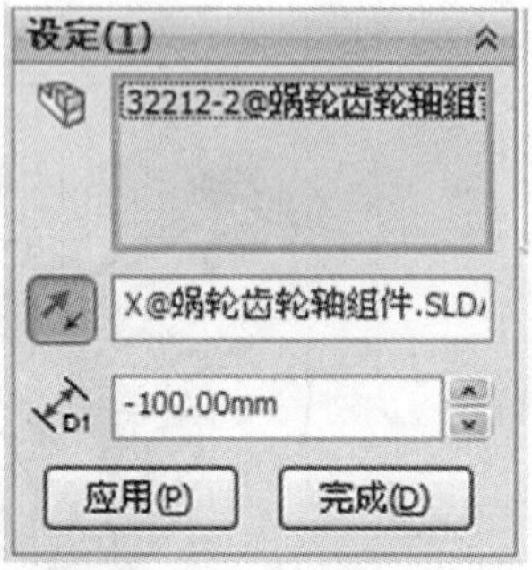

图 13－9　爆炸距离

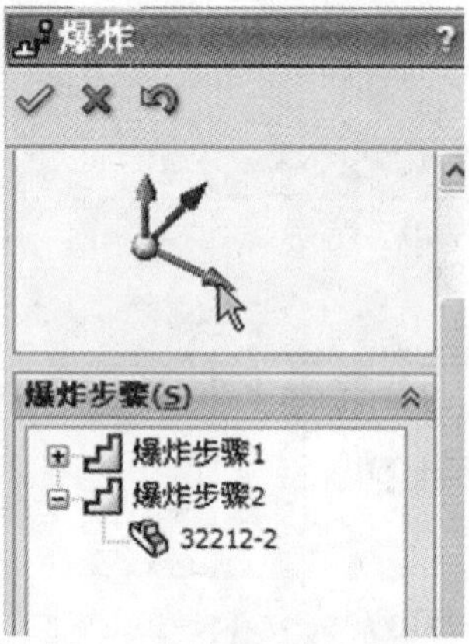

图 13－10　生成爆炸步骤

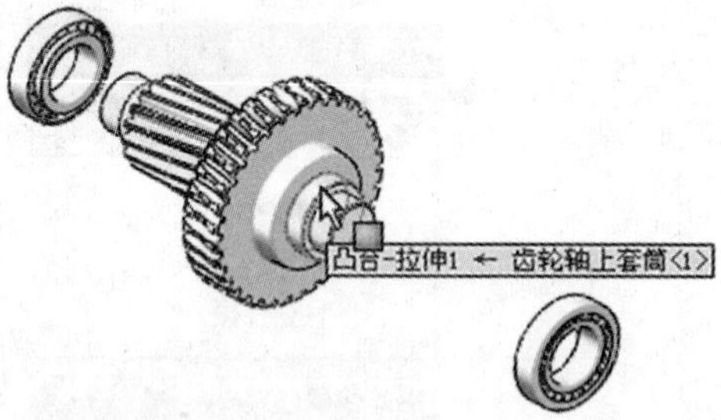

图 13－11　爆炸对象的选择

图 13－12　拖动箭头生成爆炸位置

(7)单击图 13－13 中的蜗轮，如图 13－14 所示，拖动鼠标移动。

(8)单击图 13－15 中的键，如图 13－16 所示，拖动鼠标移动，单击“确定”按钮，完成爆炸图的步骤，如图 13－17 所示。图 13－17 中的爆炸步骤均可单击右键进行编辑。

(9)右键单击特征树上的蜗轮齿轮轴组件，如图 13－18 所示，单击“解除爆炸”。再右键单击蜗轮齿轮轴组件，单击如图 13－19 所示的“动画爆炸”，可看到绘图区域有动画生成，并且有动画控制器出现在窗口，如图 13－20 所示。

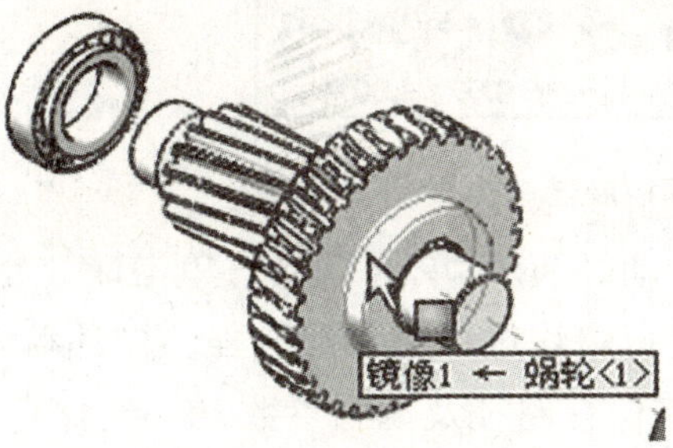

图 13－13　爆炸对象的选择

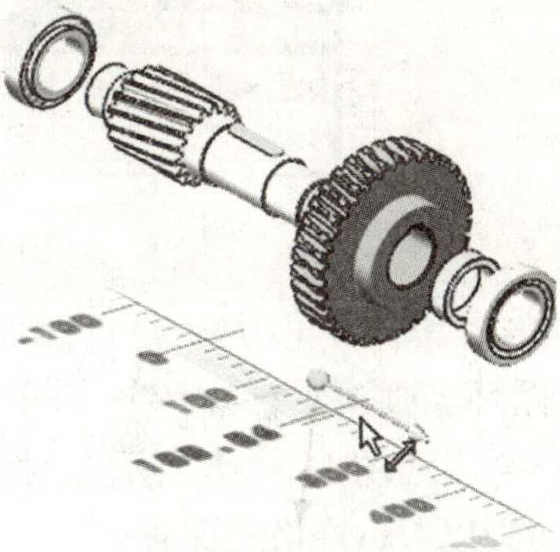

图 13－14　拖动箭头生成爆炸位置

图 13－15　爆炸对象的选择

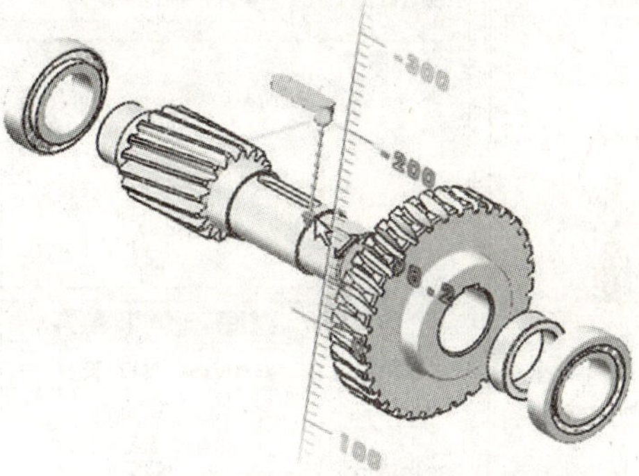

图 13－16　拖动箭头生成爆炸位置

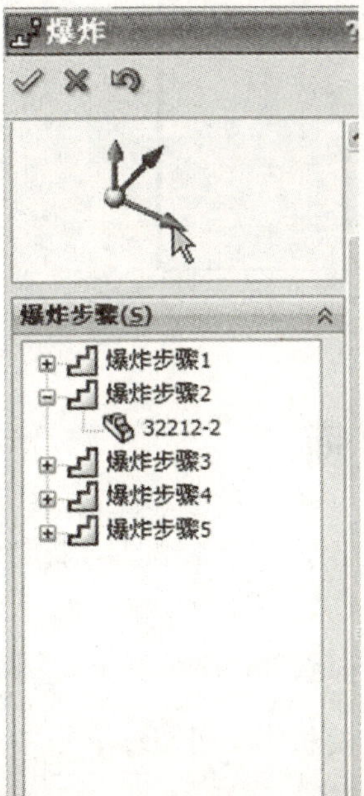

图 13－17　生成爆炸步骤

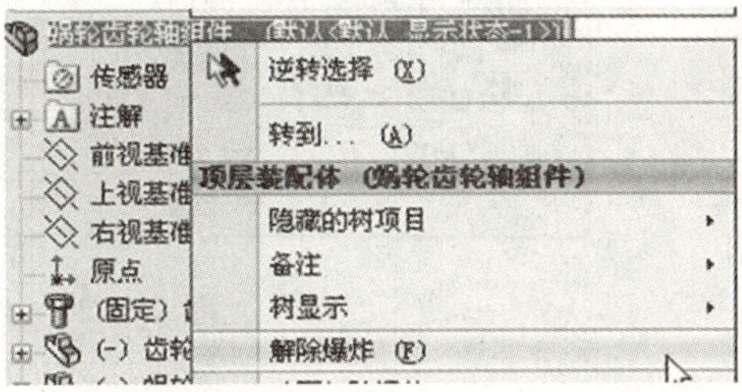

图13－18　“解除爆炸”操作

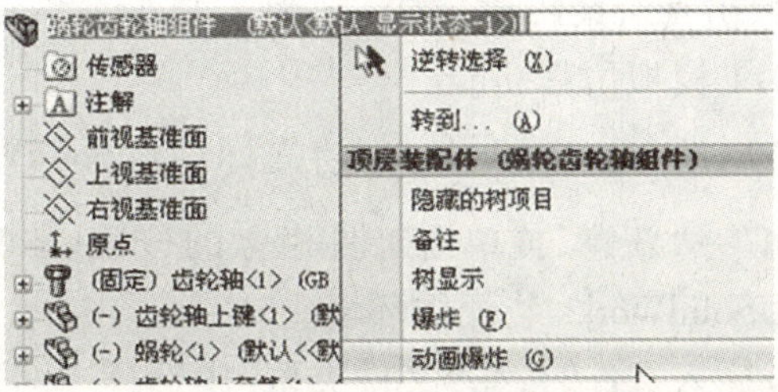

图 13－19　“动画爆炸”操作

图 13－20　动画控制器

(10)单击，再单击，可进行爆炸过程的动画演示；单击，再单击，可进行爆炸过程的循环动画演示；单击，再单击，可进行爆炸过程与装配过程的循环动画演示。单击，会弹出如图 13－21 所示的对话框，设置好保存路径及动画参数，单击“保存”—“确定”可将动画以“.avi”格式保存。

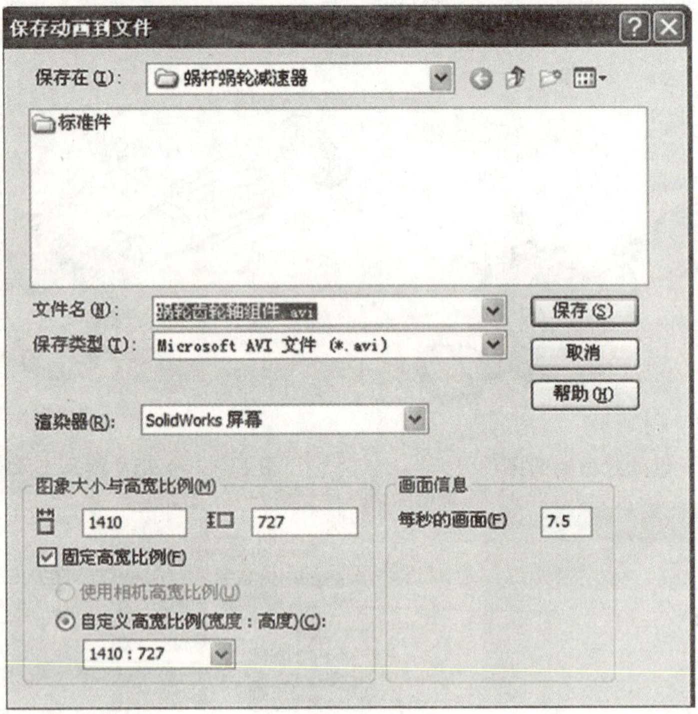

图 13－21　保存动画

13.2　模拟仿真生成动画

模拟仿真对系统要求较高，为了减少系统的计算量，新建了一个装配体来讲解 SolidWorks2011 模拟仿真功能。

(1)启动 SolidWorks2011，将光标移到 SolidWorks2011 图标 SolidWorks 上，选择菜单命令“文件”—“新建”或单击工具栏上的按钮，单击“装配体模板”按钮，单击“确定”按钮，进入 SolidWorks 装配体环境。

(2)插入文件时，在“文件类型”中选择“零件(＊.prt；＊.sldprt)”，在文件目录中找到文件“下箱体.SLDPRT”，选中此文件，双击或单击“打开”，单击“确定”按钮，将下箱体固定。

(3)将“上箱体盖. SLDPRT” 插入到装配体环境中,单击绘图区域中的一点,将其自由放置。

(4)插入文件时,在“文件类型”中选择“装配体(＊. asm; ＊. sldasm)”,在文件目录中找到文件“低速轴组件. SLDASM”,选中此文件,双击或单击“打开”,零件随鼠标移动,单击绘图区域中的一点,将其插入到装配体环境中,自由放置。

(5)将“蜗杆轴组件. SLDASM” 插入到装配体环境中,自由放置。

(6)将“蜗轮齿轮轴组件. SLDASM”插入到装配体环境中,自由放置,如图 13 – 22 所示。

(7)将文件“蜗轮蜗杆减速器总装配体. SLDASM”打开,将光标移至工具栏上,单击右键,弹出如图 13 – 23 所示的快捷菜单,单击 工具(T),调出“工具”工具栏,如图 13 – 24 所示。

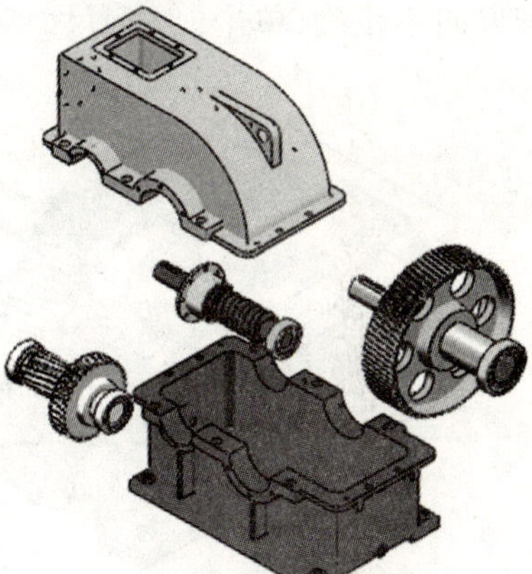

图 13 – 22　插入的零部件

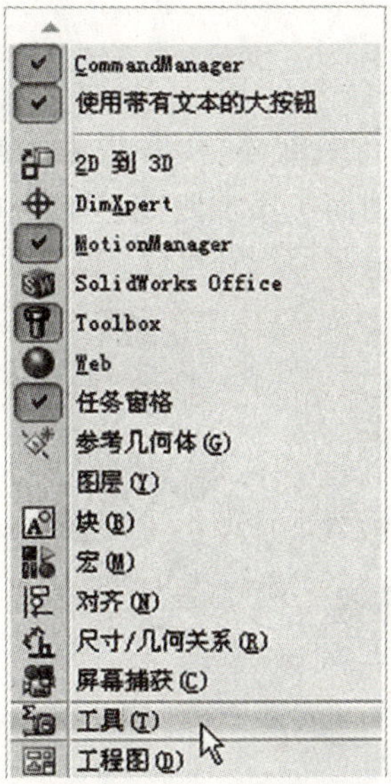

图 13 – 23　右键快捷菜单

图 13 – 24　“工具”工具栏

(8)右键单击“上箱体中零部件装配”,单击“隐藏零部件”,如图 13 – 25 所示,将上半部分的零部件隐藏。

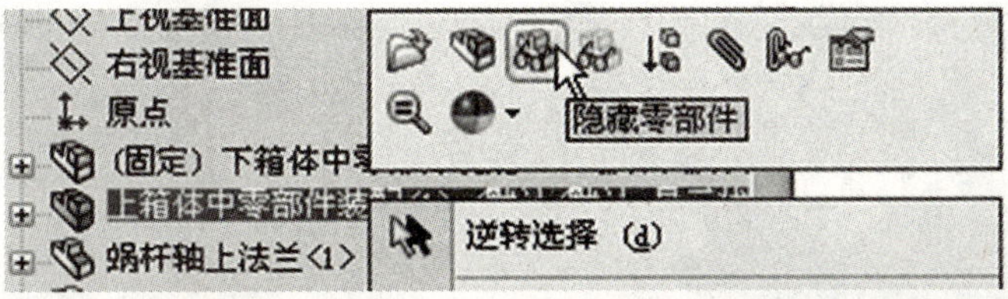

图 13 – 25　隐藏零部件

(9)单击“工具”工具栏上的“测量”图标,单击如图 13 – 26 所示的两个面,测得两者间的垂直距离为“120.00mm”，如图 13－27 所示。

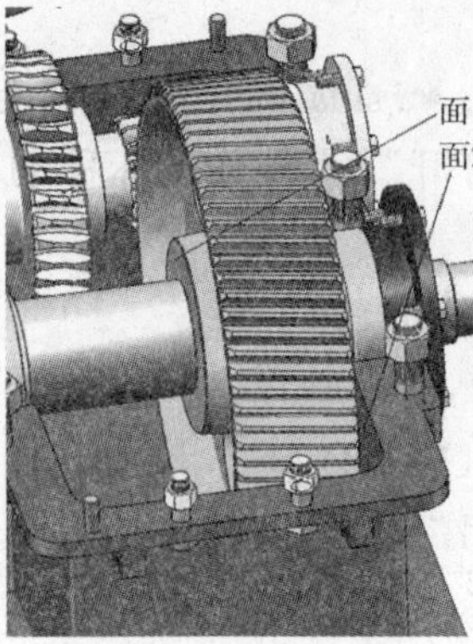

图 13－26　测量对象的选择

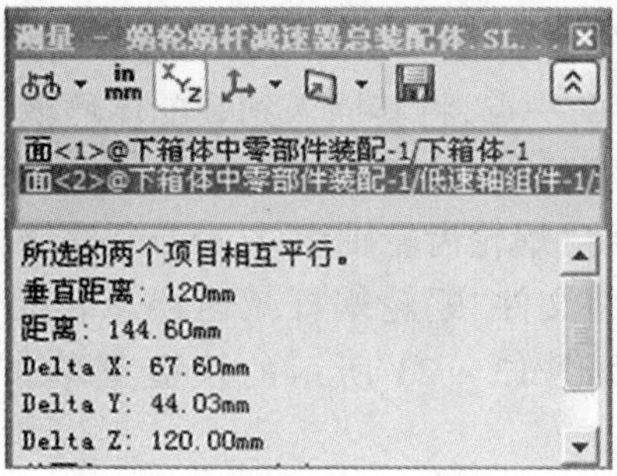

图 13－27　测量结果

(10)单击“装配体”工具栏上的配合，将图 13－28 中的面 1 与面 2 添加同轴心(N)约束几何关系，将面 3 和面 4 添加距离为 120.00mm 的关系，若方向不正确，单击☑反转尺寸(F)，结果如图 13－29 所示。

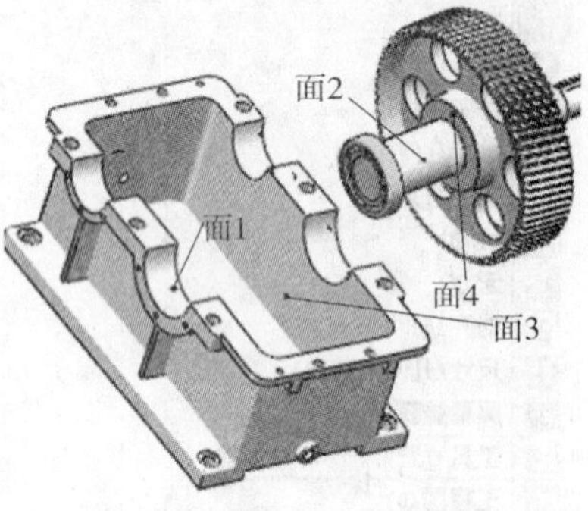

图 13－28　添加约束几何关系的对象选择

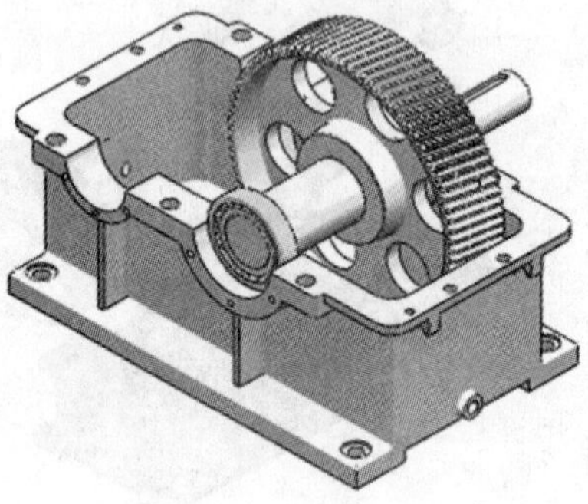

图 13－29　装配结果

(11)同上述方法一样，将图中的各个零部件放到正确的位置，结果如图 13－30 所示。

(12)右键单击“上箱体盖.SLDPRT”，单击“隐藏零部件”，将上箱体盖零件隐藏。

(13)单击特征树下的“运动算例 1”，单击下拉框中的“Motion 分析”，如图 13－31 所示。

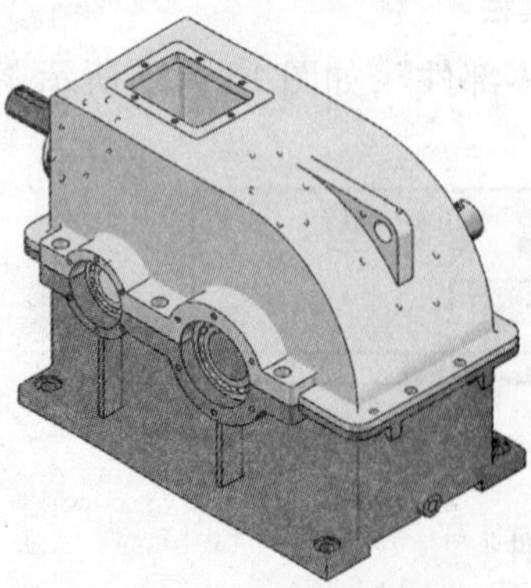

图 13－30　装配结果

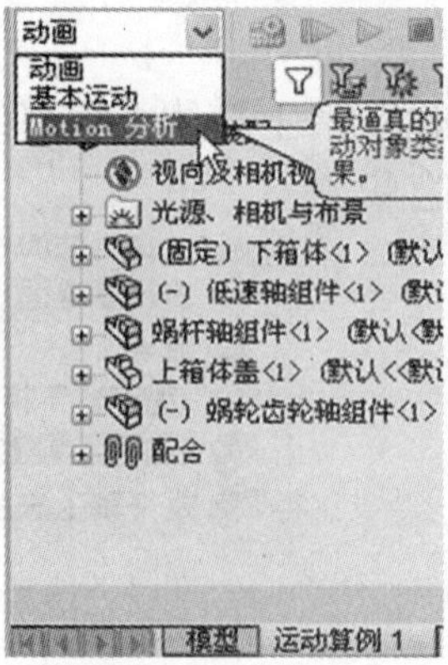

图 13－31　Motion 分析

(14)为了方便电脑计算,单击“装配体”工具栏上的 移动零部件 下拉列表中的 旋转零部件,移动大齿轮与小齿轮,将蜗杆与蜗轮旋转到啮合基本正确的位置,如图 13－32、图 13－33 所示。

图 13－32　设置齿轮的相对位置

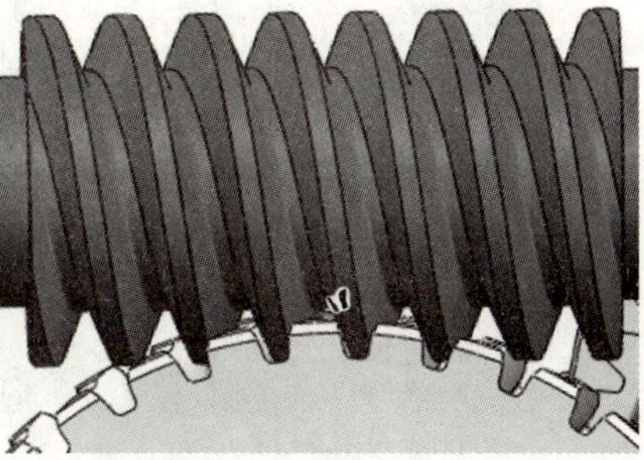

图 13－33　设置蜗杆蜗轮的相对位置

(15)单击“Motion 分析”工具栏上的“马达”按钮,选择“旋转马达”,如图 13－34 所示,单击如图 13－35 所示的蜗杆面,在“零部件/方向”选项框中会自动输入,单击“确定”按钮,完成模拟仿真动力方向的设置。

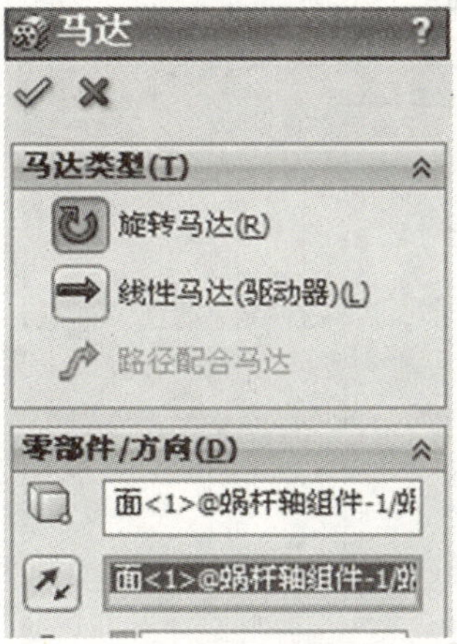

图 13－34　添加动力马达

图 13－35　设置动力方向

(16)单击“Motion 分析”工具栏上的“接触”按钮,弹出如图 13－36 所示的对话框,选择“实体”,连续单击两个齿轮作为要接触的实体,单击“确定”按钮,这样就添加上了一个物理约束。采用同样的方法将蜗杆与蜗轮的物理约束添加上。添加完成后,可看到特征树中出现了添加的马达和约束,如图 13－37 所示。

(17)右键单击“视向及相机视图”—“禁用观阅键码播放”,如图 13－38 所示。

(18)单击“仿真”工具栏上的“计算”按钮,系统开始计算,进行模拟仿真。系统仿真完成后,自动生成动画。单击“仿真”工具栏上的“播放”按钮,可观察到减速器减速仿真的动画。

(19)单击“仿真”工具栏上的“保存”按钮，将模拟仿真结果的动画保存。

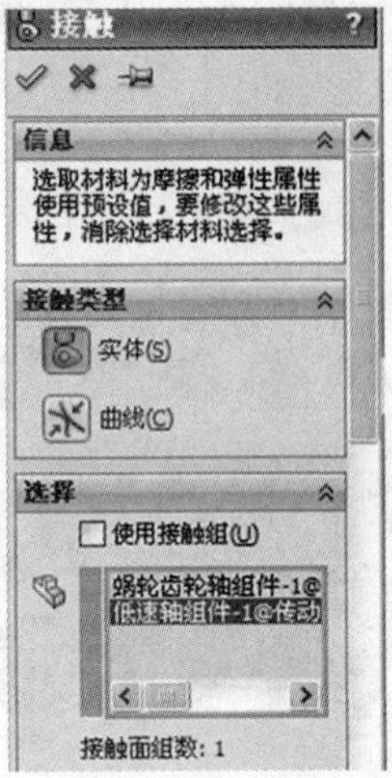

图 13－36　添加物理约束

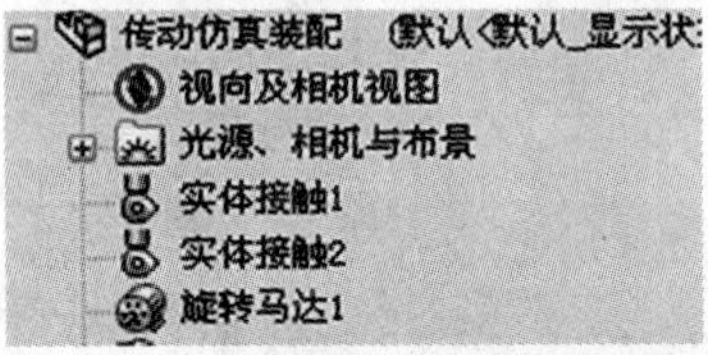

图 13－37　添加的马达和约束

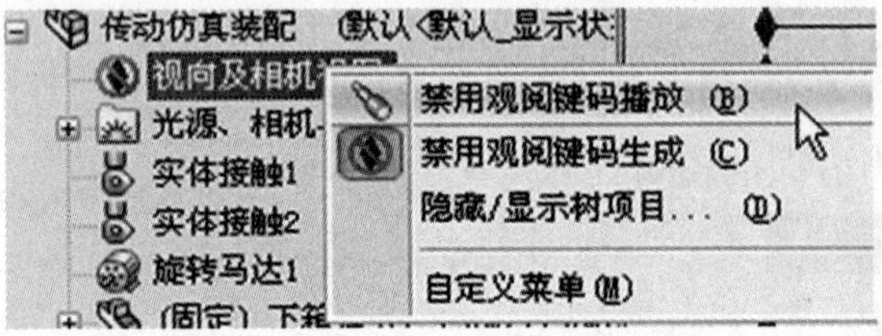

图 13－38　禁用观阅键码播放

第 14 章　创建工程图

工程图在产品设计过程中是很重要的，它一方面体现着设计结果，另一方面也是指导生产的参考依据。在许多应用场合，工程图起到了方便设计人员之间的交流、提高工作效率的效果。

14.1　工程图绘制环境的设置

SolidWorks 提供的图纸格式不符合我国国家标准，用户可以自定义工程图的图纸格式，以符合实际需求。本节自制了一个符合我国国家标准的 A3 图纸。

14.1.1　图框绘制

(1)启动 SolidWorks2011，将光标移到 SolidWorks2011 图标 SolidWorks 上，选择菜单命令“文件”—“新建”或单击工具栏上的按钮，单击“工程图模板”按钮，单击“确定”按钮，进入工程图界面，出现如图 14－1 所示的窗口。由于现在没有模型插入，单击“模型视图”对话框上的“取消”按钮，会出现如图 14－2 所示的图纸. 此图纸不符合我国国家标准。

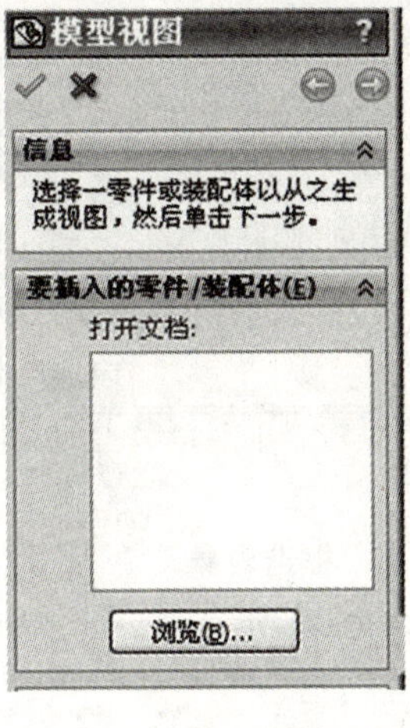

图 14－1　“模型视图”对话框

图 14－2　默认图纸

(2)在空白区域单击右键，如图 14－3 所示，单击“属性”，弹出“图纸属性”对话框，选择“自定义图纸大小”，在“宽度”中输入“420”，在“高度”中输入“297”，如图 14－4 所示，单击“确定”按钮。

(3)在空白区域单击右键，如图 14－5 所示，单击“编辑图纸格式”，框选窗口中所有对象，如图 14－6 所示，按 Delete 键，删除。单击绘图窗口上方的图标，整屏显示 A3 图纸。

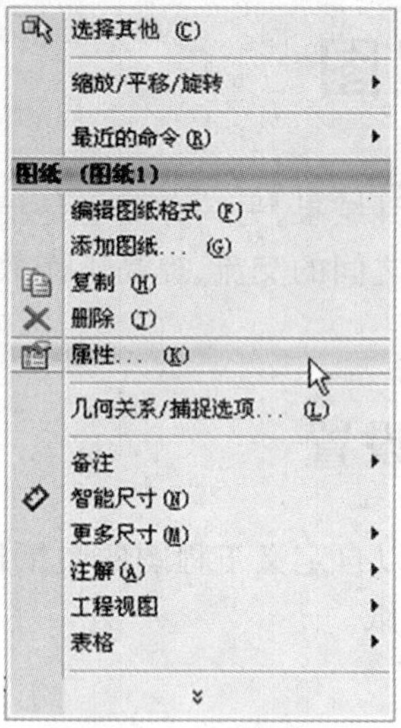

图 14－3　图纸“属性”菜单

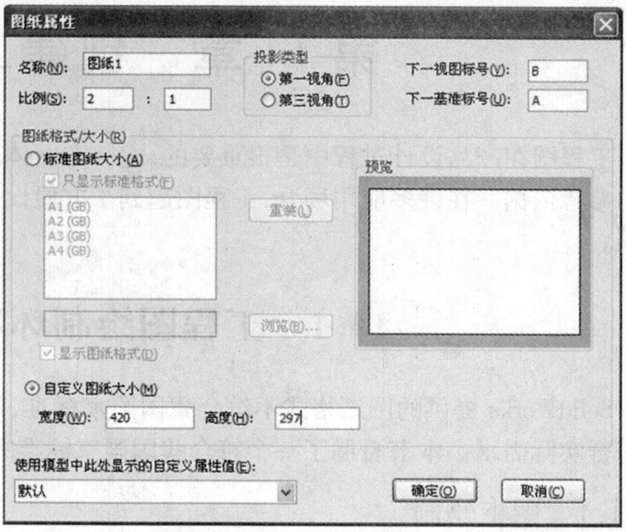

图 14－4　图纸属性设置

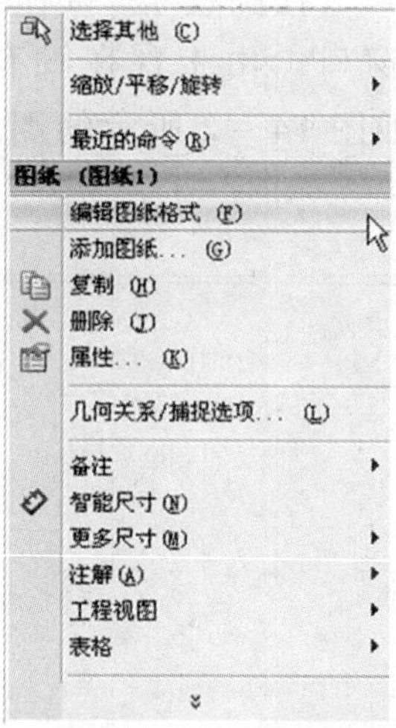

图 14－5　选择“编辑图纸格式”

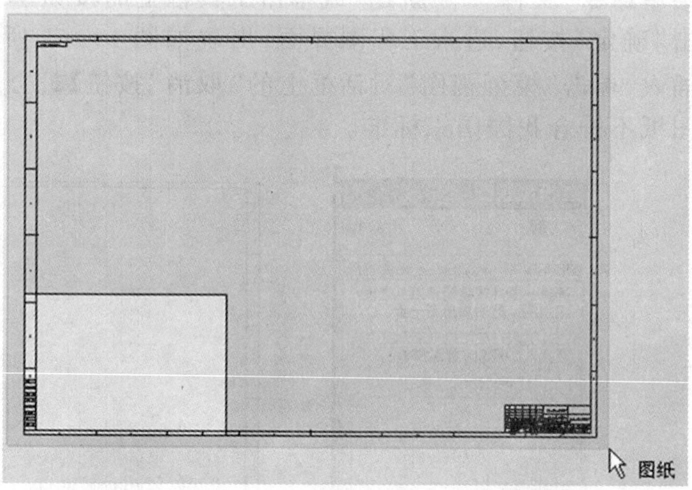

图 14－6　框选对象

(4)单击“草图”工具栏的“矩形”命令，绘制两个矩形，一个为图幅，一个为图框，如图 14－7 所示。

(5)单击外矩形左下角点，输入坐标“0.00，0.00”，并添加约束几何关系，如图 14－8所示，单击“确定”按钮。

(6)单击外矩形右上角点，输入坐标“420.00，297.00”，并添加约束几何关系，如图 14－9所示，单击“确定”按钮。

(7)单击内矩形左下角点，输入坐标“25.00，5.00”，并添加约束几何关系，如图 14－10所示，单击“确定”按钮。

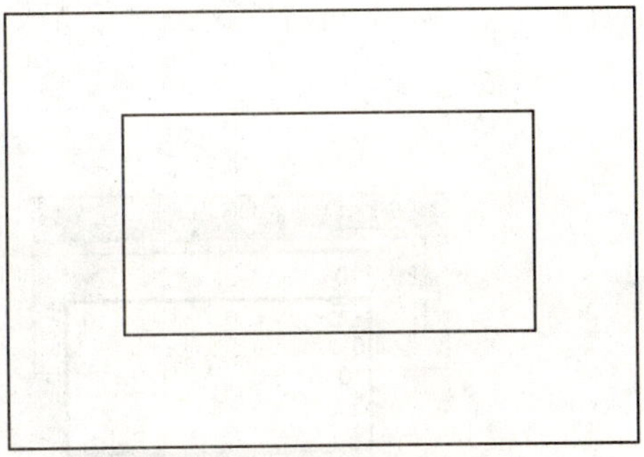

图 14－7　图幅、图框的绘制

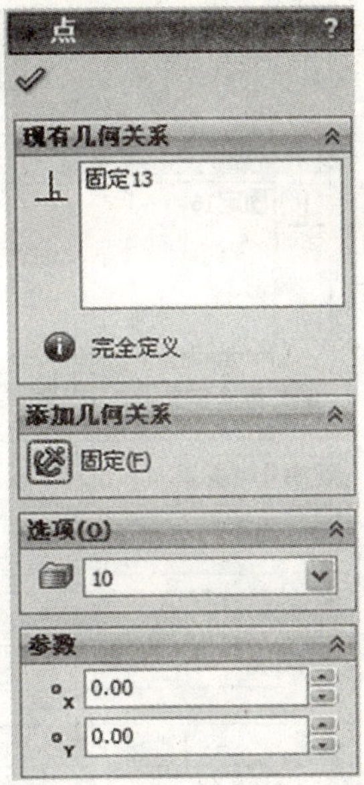

图 14－8　外矩形左下角点位置设置

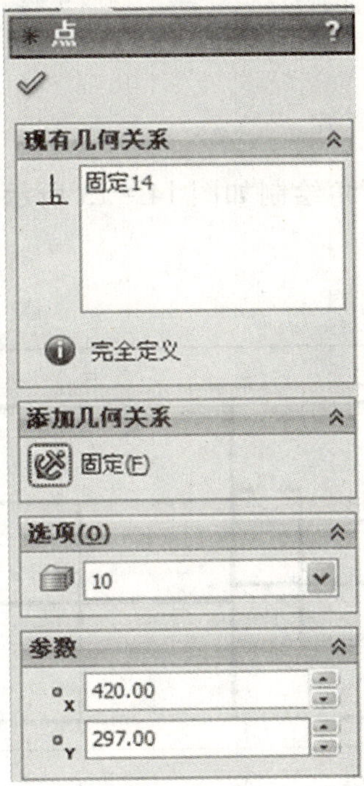

图 14－9　外矩形右上角点位置设置

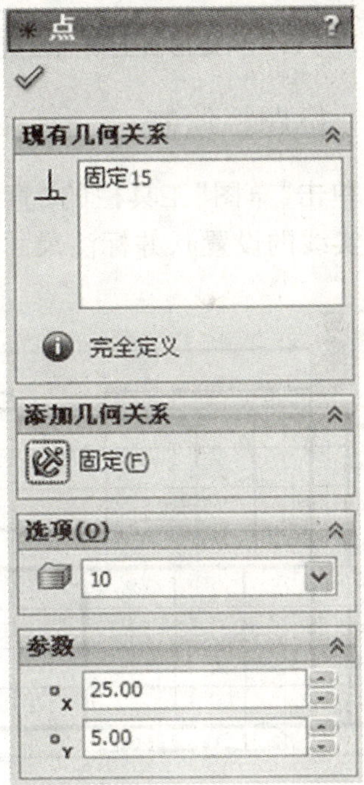

图 14－10　内矩形左下角点位置设置

(8)单击内矩形右上角点，输入坐标“415.00,292.00”，并添加固定(F)约束几何关系，如图 14－11 所示，单击“确定”按钮。

(9)按住 Ctrl 键，连续选择内矩形的四条边，会弹出“属性”对话框，单击“选项”中的下拉箭头，将其放到轮廓实线层，如图 14－12 所示。

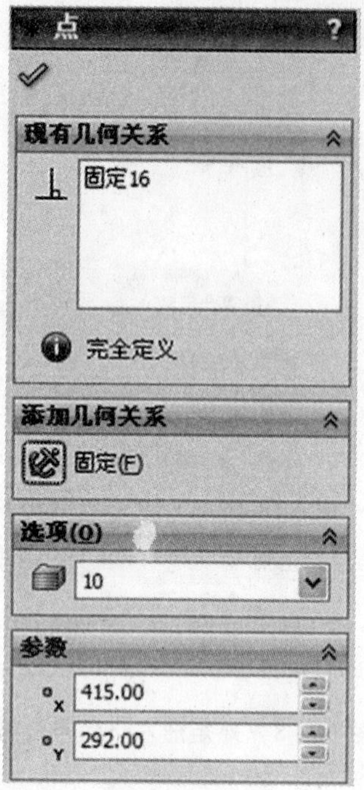

图 14－11　内矩形右上角点位置设置

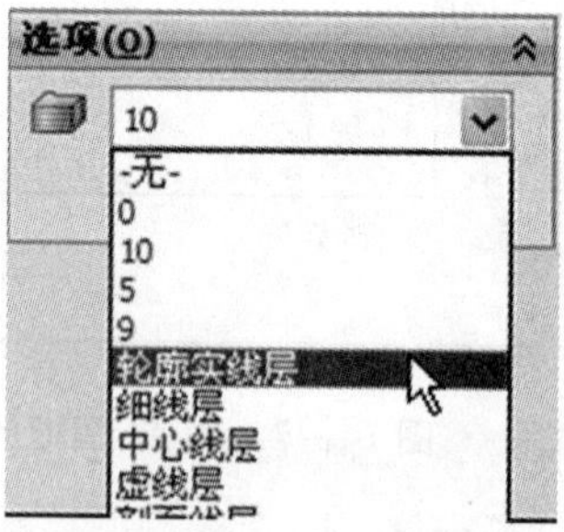

图 14－12　线型设置

14.1.2　标题栏绘制

（1）单击“草图”工具栏的“直线”命令，在图框右下角绘制如图 14－13 所示的标题栏（注意粗实线的设置），并标注尺寸。

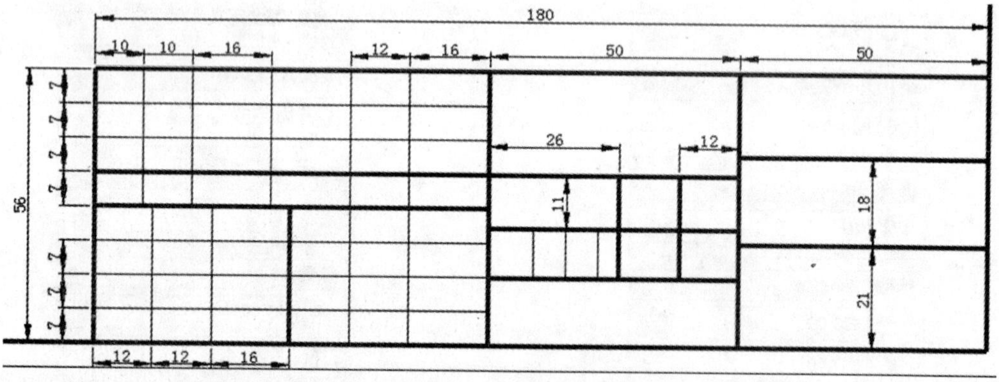

图 14－13　标题栏尺寸

（2）按住 Ctrl 键，连续选择尺寸，单击右键，选择“隐藏”，将标注的尺寸隐藏。

（3）单击“插入”—“注解”—“注释”或单击“注解”工具栏上的注释，弹出如图 14－14 所示的“注解”对话框，单击“无引线”按钮，将引线去掉，在标题栏中加入如图 14－15 所示的文字。若文字对不齐，可选择文字，按住 Alt 键，同时拖动鼠标，对文字位置进行微调。

图 14－14　“注释”对话框

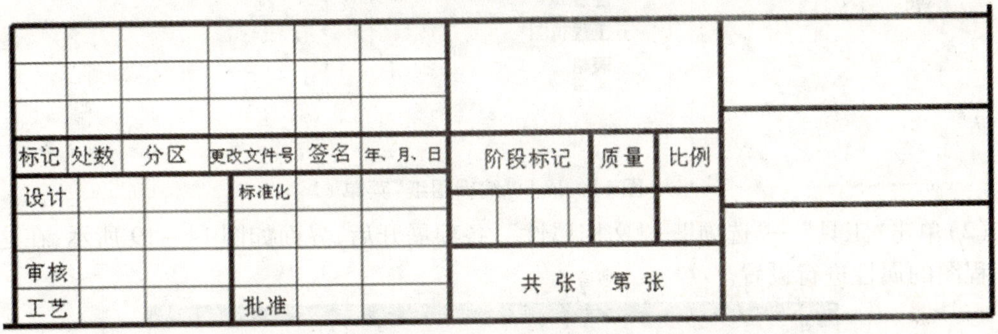

图 14－15　标题栏

（4）框选所有文字，出现“注释”对话框，如图 14－16 所示，单击“字体”，设置为如图 14－17所示的字体。

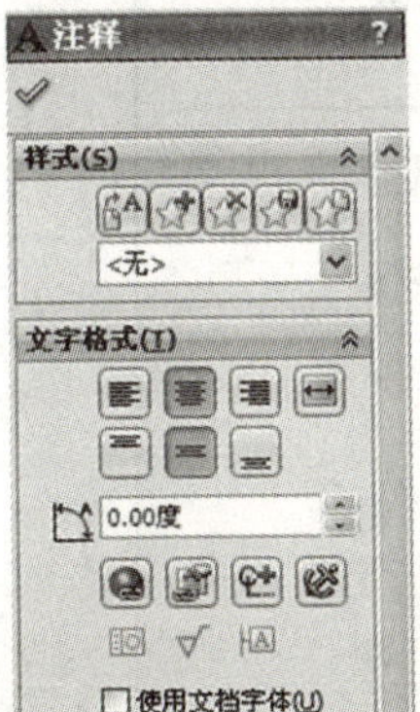

图 14－16　字体设置 1

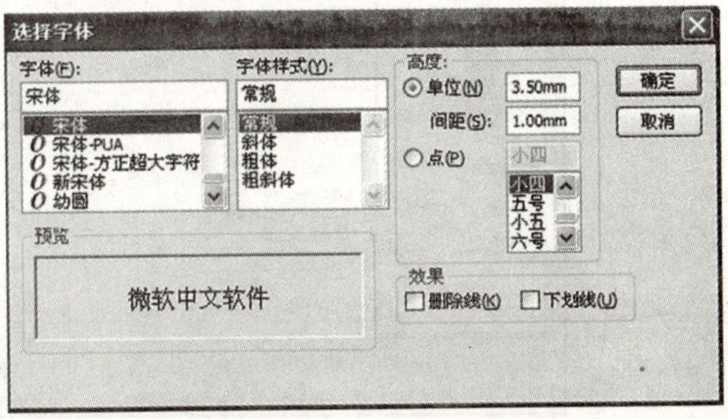

图 14－17　字体设置 2

14.1.3　图纸属性设置

(1)单击右键,如图 14－18 所示,单击“编辑图纸”。

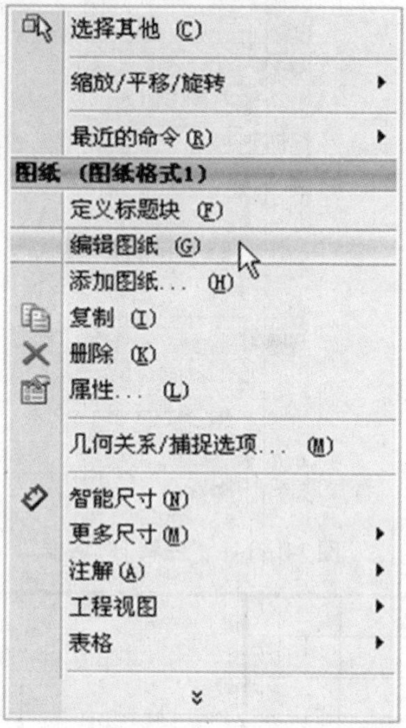

图 14－18　“编辑图纸”菜单

(2)单击“工具”—“选项”—“文档属性”,各项展开后,界面如图 14－19 所示,在这里可对工程图的属性进行设置。

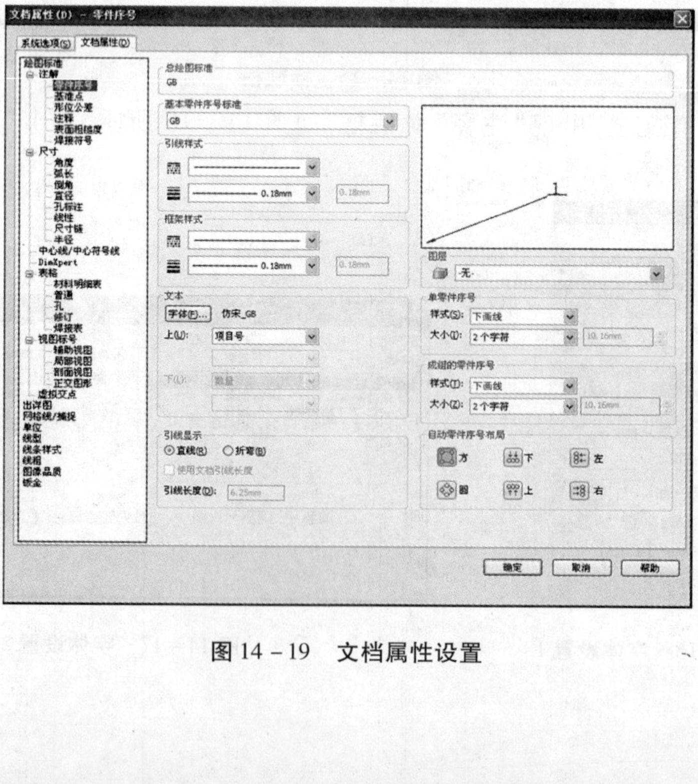

图 14－19　文档属性设置

(3)单击“注解”—“字体”,将字体设置为如图 14－17 所示的字体。

(4)采用同样的方法,将“尺寸”、“视图标号”的字体均改为如图 14－17 所示的字体。

(5)如图 14－20 所示,单击“文件”—“保存图纸格式”,选择要保存的路径,将文件命名为“A3 图纸. slddrt”,将图纸格式保存以备用。

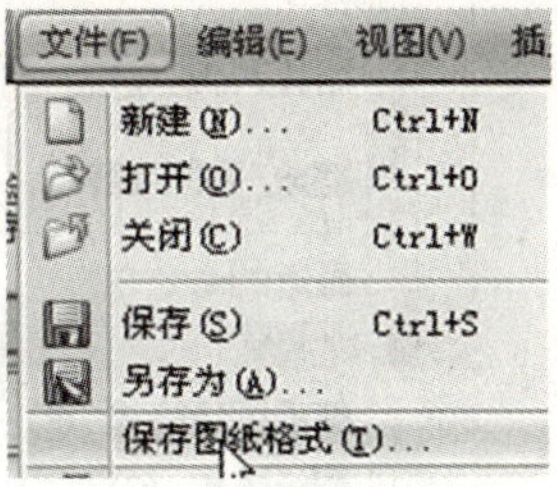

图 14－20　图纸格式保存

14.2　建立工程图

14.2.1　建立三视图

(1)启动 SolidWorks2011,将光标移到 SolidWorks2011 图标 SolidWorks 上,选择菜单命令“文件”—“打开”或单击工具栏上的按钮,弹出“打开”对话框,将“文件类型”中选择为“装配体(＊. asm; ＊. sldasm)”,在文件目录中找到文件“蜗轮蜗杆减速器总装配体. SLDASM”,单击“打开”,将文件打开。

(2)右键单击“上箱体盖”,在弹出的快捷菜单中单击“打开”图标,将零件模型打开。

(3)如图 14－21 所示,单击“文件”—“从零件制作工程图(E)”,弹出如图 14－22 所示的“新建”对话框,任意选择一工程图模板,单击“确定”,进入工程图环境。

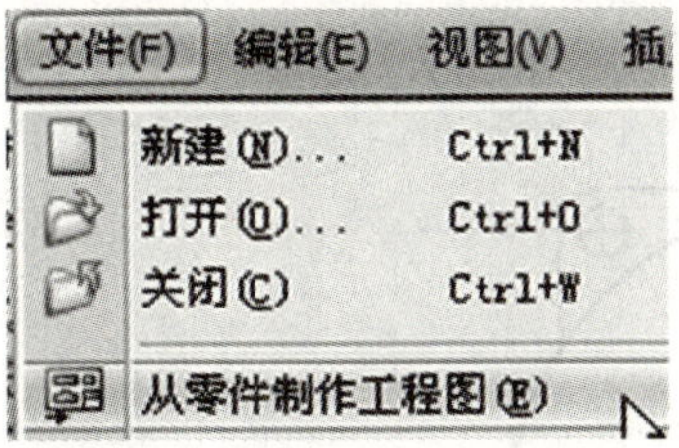

图 14－21　建立工程图

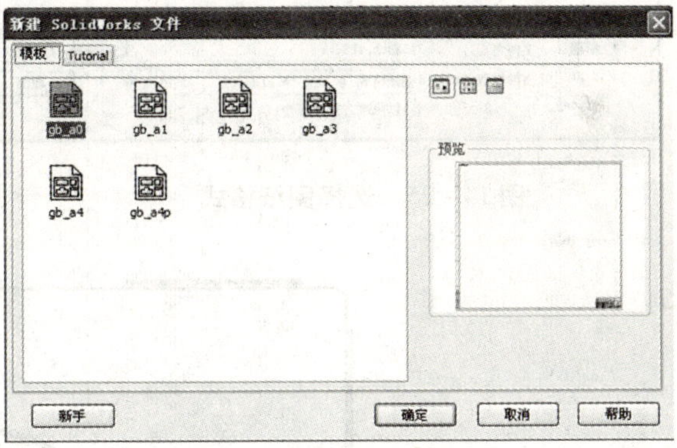

图 14－22　图纸选择

(4)在图纸上单击右键,选择“属性”,如图 14－23 所示。在弹出的“图纸属性”对话框中,单击“浏览”,找到保存的图纸格式,如图 14－24 所示。单击“打开”—“确定”,图纸格式被替换,如图 14－25 所示。

(5)单击窗口右边的,展开如图 14－26 所示的界面。拖动“前视”图至图纸区域,单击“确定”按钮,上箱体的主视图完成,如图 14－27 所示。单击这一视图,可进行移动、修改比例、删除等操作。

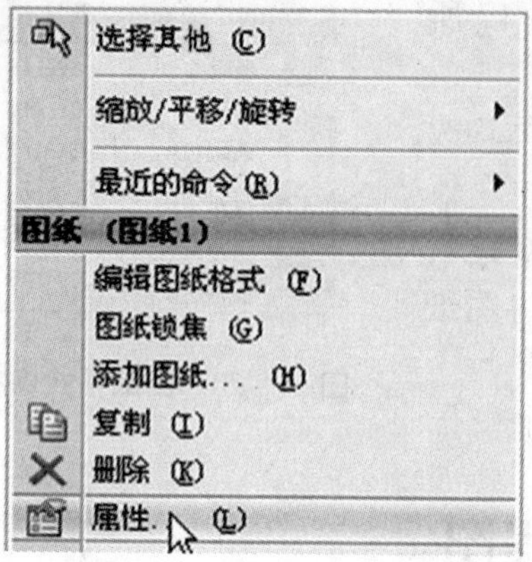

图 14－23　图纸“属性”菜单

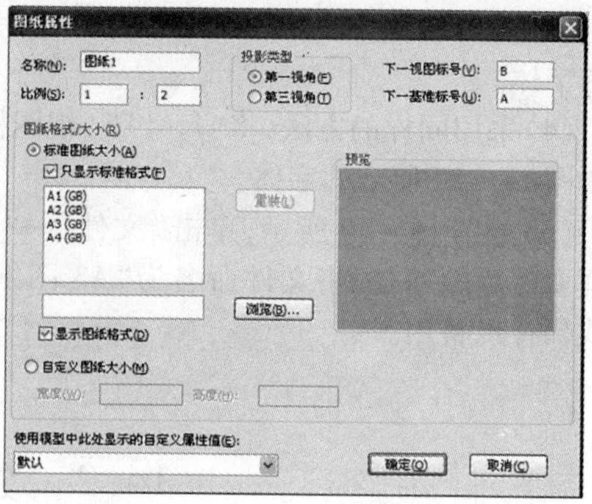

图 14－24　“图纸属性”设置

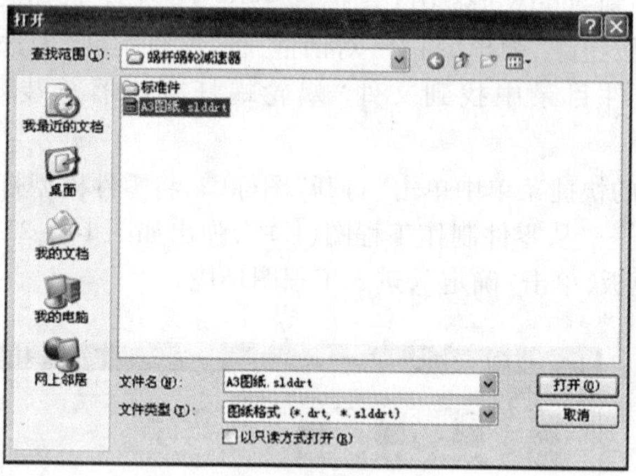

图 14－25　选择图纸格式

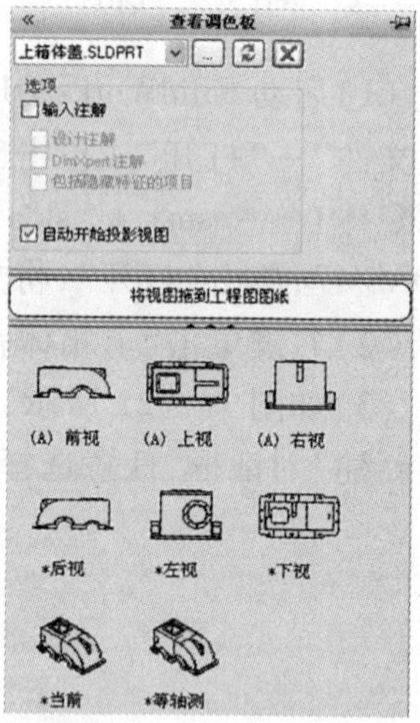

图 14－26　投影视图

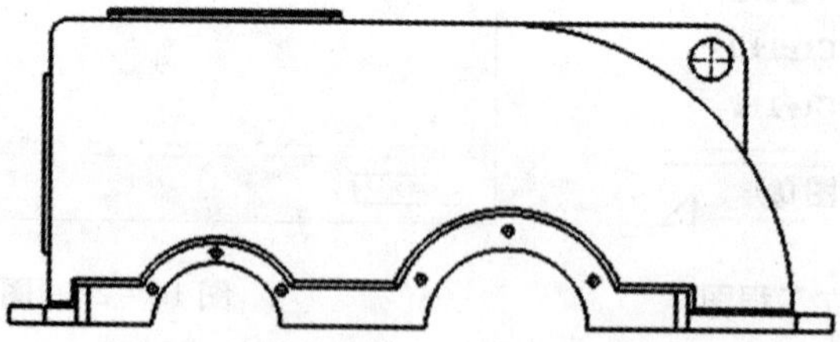

图 14－27　生成主视图

(6)单击“插入”—“工程视图”—“投影视图”或单击“视图布局”工具栏上的投影视图，单击主视图，移动鼠标，可插入俯视图和左视图，如图 14－28 所示。

(7)单击窗口右边的，拖动“等轴测”图至图纸区域，设置比例如图 14－29 所示，单击“确定”按钮，完成轴测图的绘制，结果如图 14－30 所示。

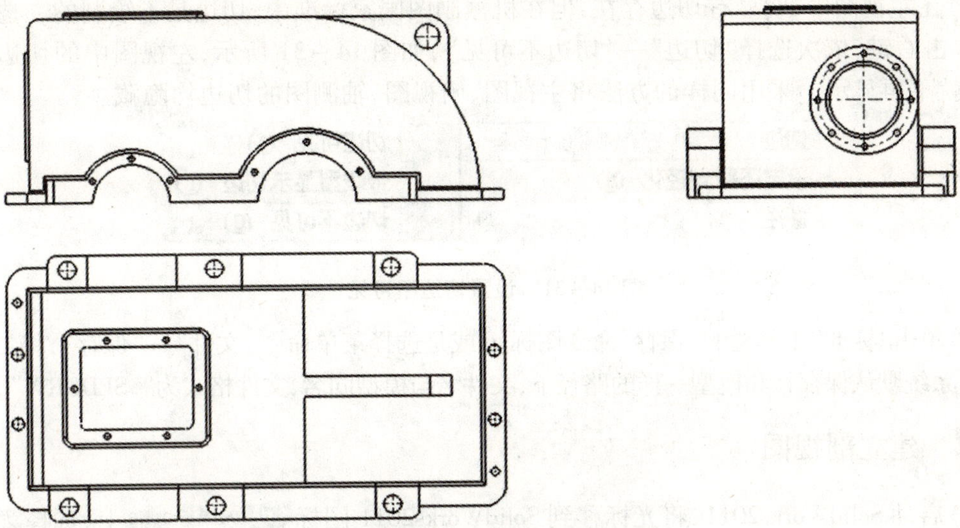

图 14－28　生成三视图

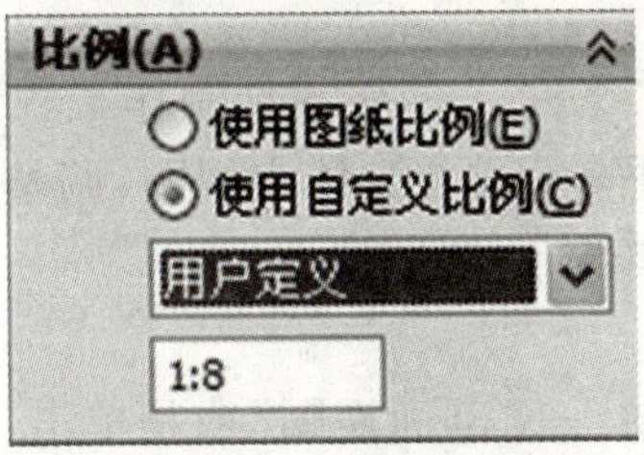

图 14－29　设置轴测图比例

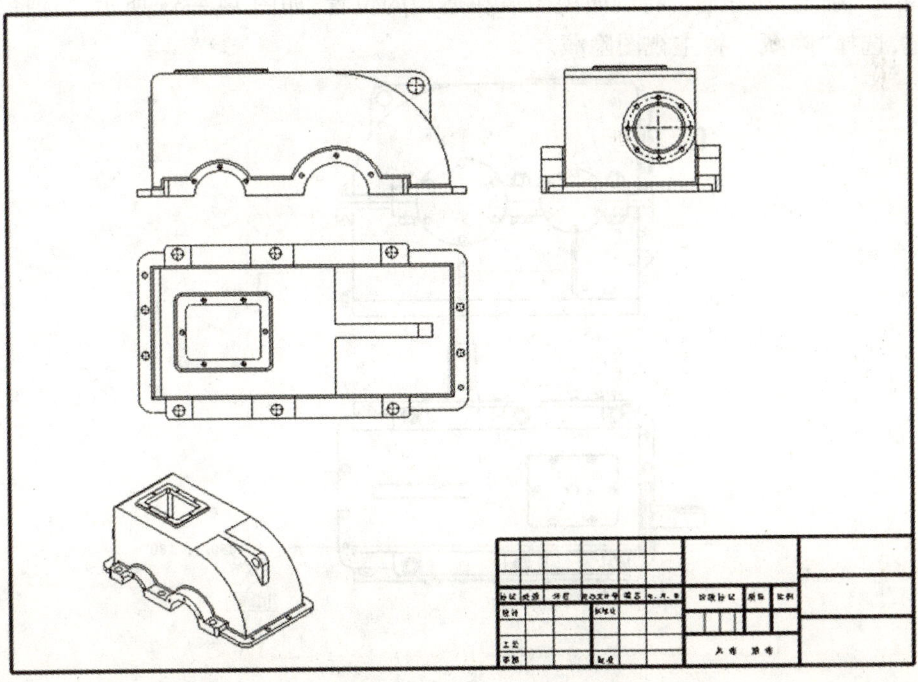

图 14－30　工程图绘制结果

(8)在左视图中,明显有切边存在,但在机械制图国家标准中,切边是不绘制的。选中左视图,单击右键,依次选择“切边”—“切边不可见”,如图 14－31 所示,左视图中的切边在工程图中就不再显示。采用同样的方法将主视图、俯视图、轴测图的切边均隐藏。

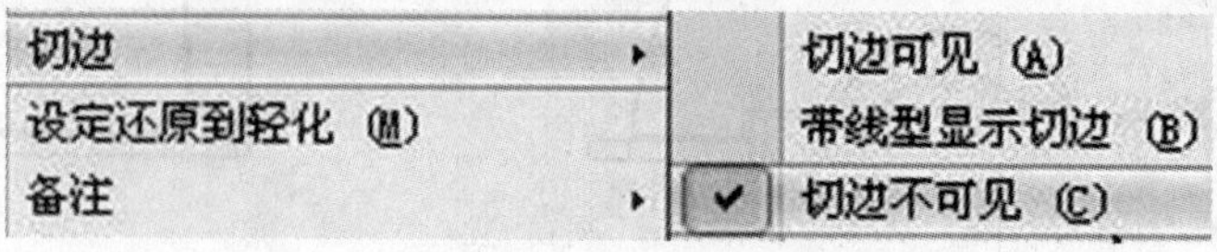

图 14－31 设置切边不可见

(9)单击“标准”工具栏的“保存”命令图标或是选择菜单命令“文件”—“保存”,将二维图形保存,系统默认保存在和模型一样的路径下,文件名与模型同名,文件格式为“. SLDDRW”。

14.2.2 建立剖视图

(1)启动 SolidWorks2011,将光标移到 SolidWorks2011 图标 SolidWorks 上,选择菜单命令“文件”—“打开”或单击工具栏上的按钮,将“蜗轮蜗杆减速器总装配体. SLDASM”打开。

(2)如图 14－21 所示,单击“文件”—“从零件制作工程图(E)”,进入工程图绘图环境,直接用 A0 图纸。同上述方法一样,生成装配体主视图,调整好比例。

(3)采用同样的方法生成装配体的俯视图。

(4)单击“插入”—“工程视图”—“剖面视图”或是单击“视图布局”工具栏的 剖面视图,系统提示绘制一剖切线,在如图 14－32 所示位置绘制一直线,在“属性”框中写上剖面视图的名称“A”,单击“确定”按钮,将剖面视图放在适当的位置,如图 14－33 所示。选择主视图,单击右键,选择“隐藏”,将主视图隐藏。

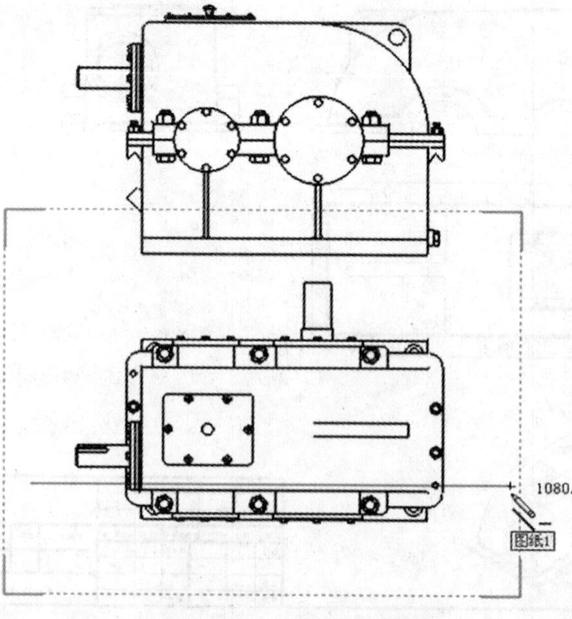

图 14－32 剖切位置绘制

(5)按住 Ctrl 键,连续选择各视图,单击右键,依次选择“切边”—“切边不可见”,此装配体中的切边在工程图中就不再显示。

(6)单击“标准”工具栏的“保存”命令图标或是选择菜单命令“文件”—“保存”,将二维图形保存。

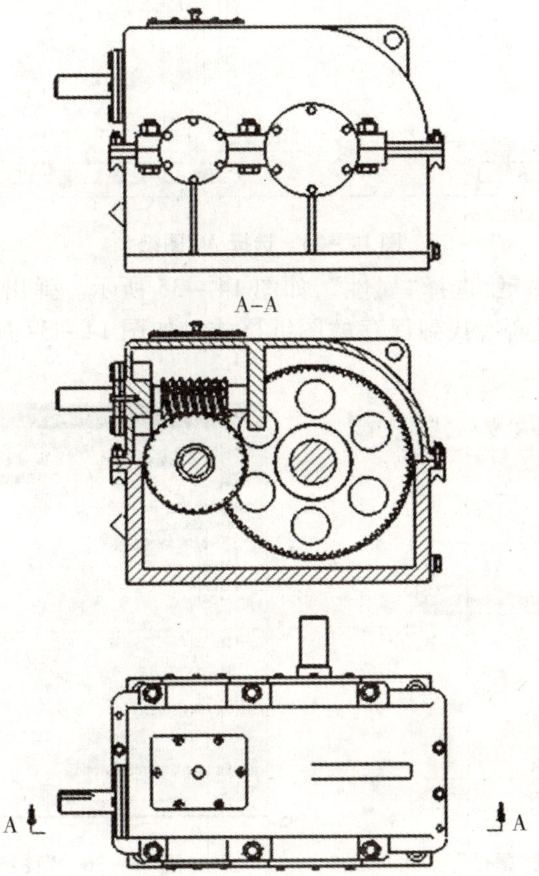

图 14－33　绘制剖视图结果

14.2.3　建立局部放大图

SolidWorks2011 的“局部视图”对应的是我国国家标准中的局部放大图。

(1)启动 SolidWorks2011,将光标移到 SolidWorks2011 图标 SolidWorks 上,选择菜单命令“文件”—“打开”或单击工具栏上的按钮,将“蜗轮蜗杆减速器总装配体. SLDASM”打开。

(2)右键单击“下箱体”,在弹出的快捷菜单中单击“打开”图标,将零件模型打开。

(3)如图 14－21 所示,单击“文件”—“从零件制作工程图(E)”,进入工程图绘图环境,直接用 A0 图纸,如图 14－34 所示,单击“确定”。

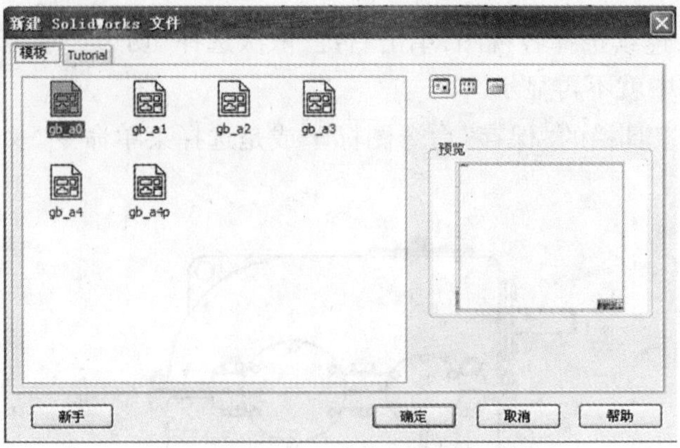

图 14－34　选择 A0 图纸

（4）在图纸上单击右键，选择“属性”，如图 14－35 所示。弹出“图纸属性”对话框，如图 14－36所示，单击“浏览”，找到保存的图纸格式。如图 14－37 所示，单击“打开”—“确定”，图纸格式被替换。

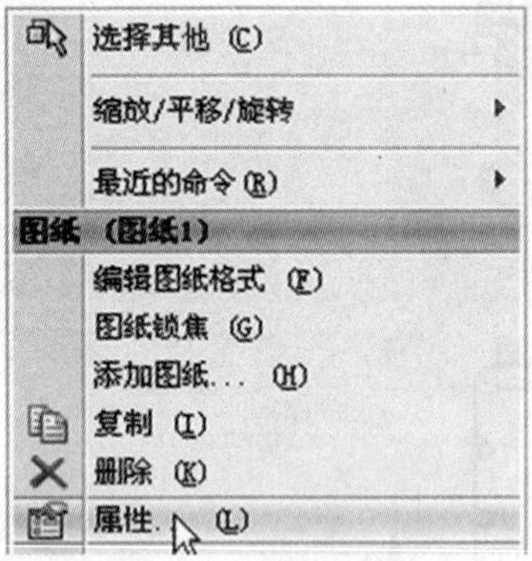

图 14－35　图纸“属性”

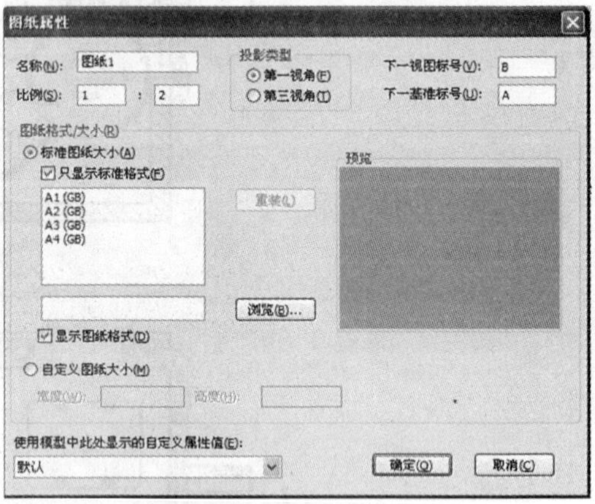

图 14－36　“图纸属性”对话框

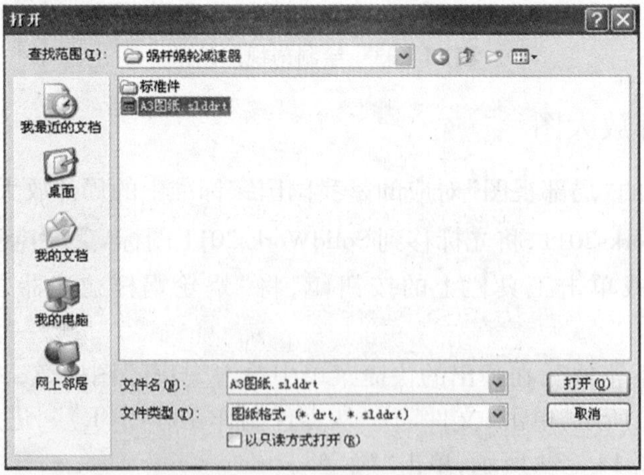

图 14－37　图纸格式选择

(5)单击窗口右边的。拖动“前视”图至图纸区域,单击“确定”按钮,下箱体的主视图完成,如图 14－38 所示。

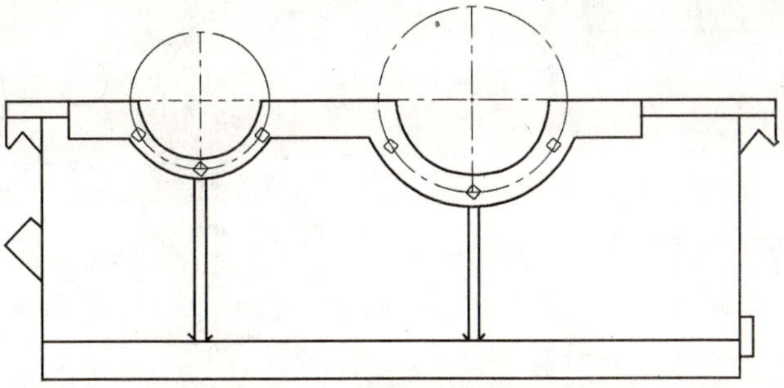

图 14－38　生成主视图

(6)单击“插入”—“工程视图”—“局部视图”或单击“视图布局”工具栏的

,系统提示绘制一圆,来表示要局部放大的范围,绘制如图 14－39 所示的圆,移动光标将局部放大图放在适当的位置,结果如图 14－40 所示。

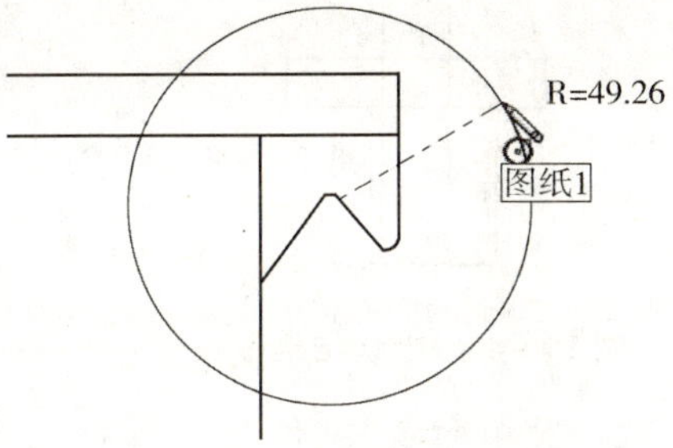

图 14－39　设置放大区域

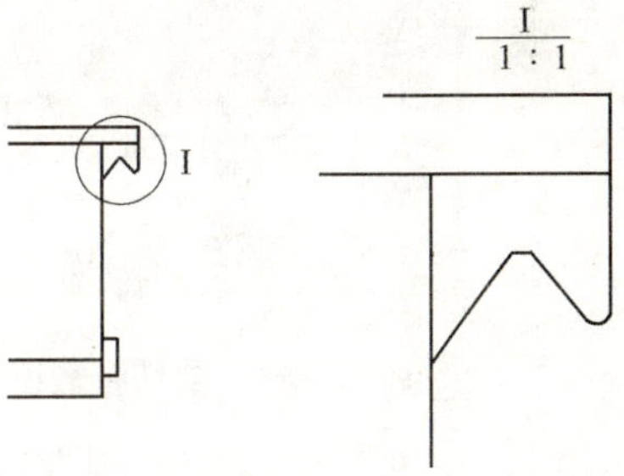

图 14－40　局部放大图绘制结果

(7)单击“标准”工具栏的“保存”命令图标或是选择菜单命令“文件”—“保存”,将二维图形保存。

14.2.4　建立局部剖视图

(1)将零件“通气帽”模型打开。

(2)单击“文件”—“从零件制作工程图(E)”,同上述方法一样,将图纸格式换成自制的 A3 图纸。

(3)单击窗口右边的,拖动“前视”图至图纸区域,单击“确定”按钮,单击这一视图,进行移动,修改比例为 2∶1,如图 14－41 所示。

(4)单击“插入”—“工程视图”—“断开的剖视图”或单击“视图布局”工具栏上的

,系统提示绘制封闭的曲线来表示局部剖视图的范围,绘制如图 14－42 所示的封闭曲线,在“深度”中输入 12.50mm(零件最外轮廓到剖视位置的距离),选中“预览”,如图 14－43 所示,可看到剖视的结果如图 14－44 所示,单击“确定”按钮,完成局部剖视图的绘制。

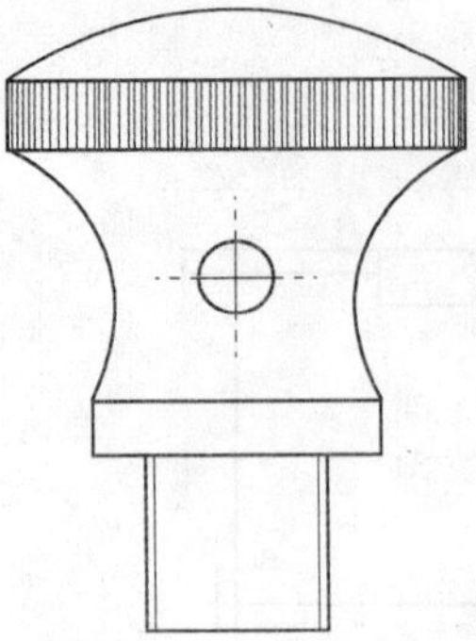

图 14－41　主视图绘制

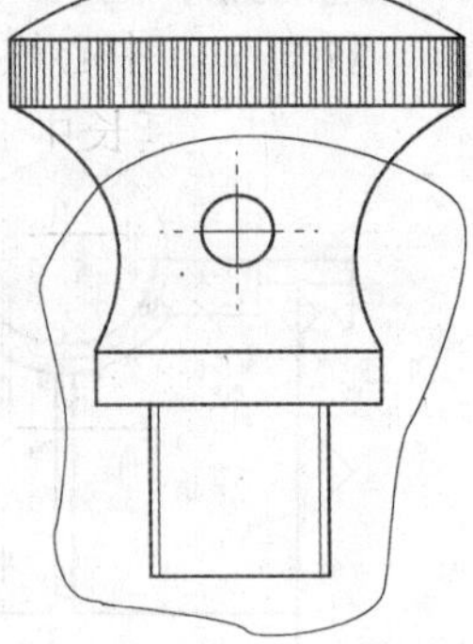

图 14－42　剖切区域设置

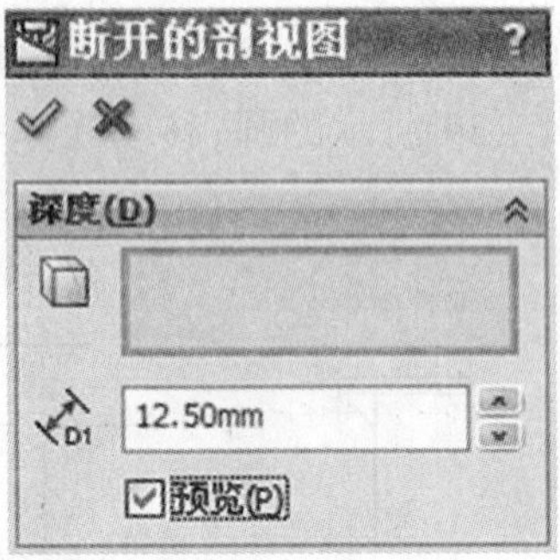

图 14－43　剖切参数设置

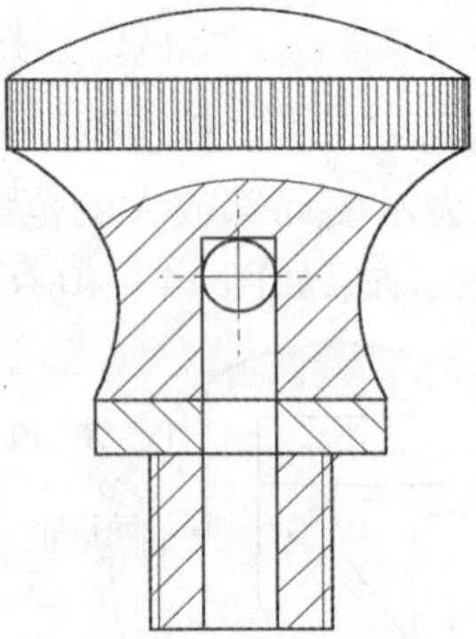

图 14－44　剖切结果

(5)单击“标准”工具栏的“保存”命令图标或是选择菜单命令“文件”—“保存”，将二维图形保存。

14.2.5　断裂视图

国家标准中规定，较长的机件沿长度方向的形状一致或按一定规律变化时，可断开后缩短绘制。SolidWorks2011 中的断裂视图能实现此种规定画法。

(1)将零件“低速轴”模型打开。

(2)单击“文件”—“从零件制作工程图(E)”，同上述方法一样，将图纸格式换成自制的 A3 图纸。

(3)单击窗口右边的，拖动“上视”图至图纸区域，单击“确定”按钮，单击这一视图，进行移动，修改比例为 1: 2，绘制如图 14－45 所示图形。

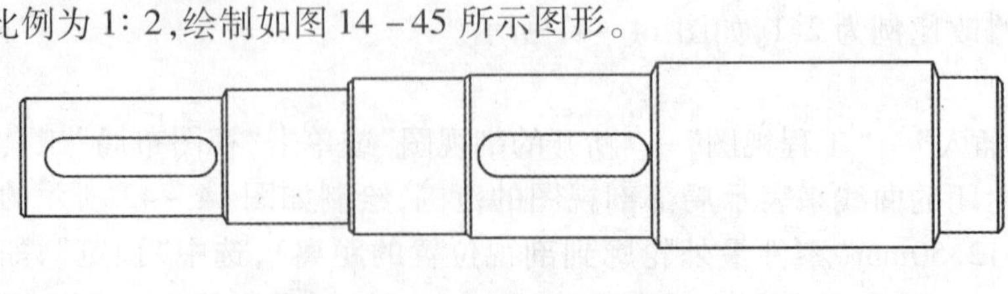

图 14－45　主视图绘制

(4)单击“插入”—“注解”—“中心线”或单击“注解”工具栏上的中心线,单击某一段轴的上下两条轮廓素线,添加上中心线,如图 14－46 所示。选中中心线,单击端点,拖动,延长中心线,如图 14－47 所示。延长中心线后的绘图结果如图 14－48 所示。

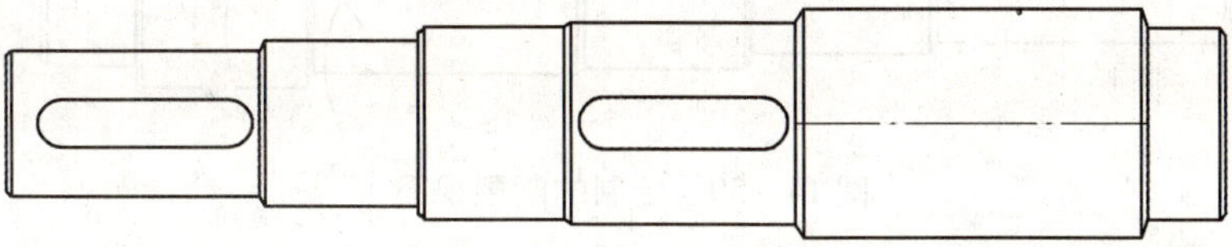

图 14－46　绘制中心线

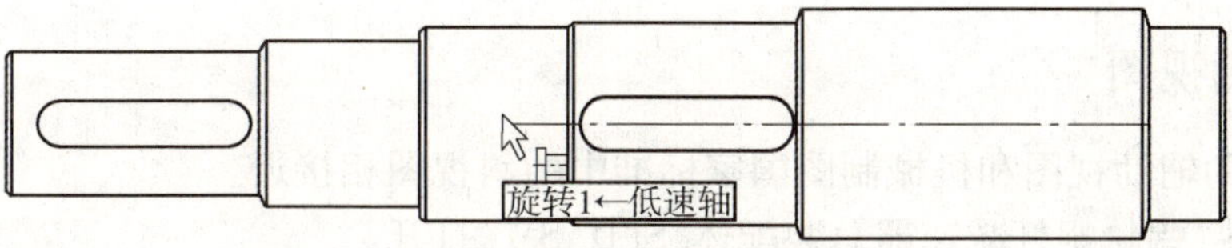

图 14－47　编辑中心线

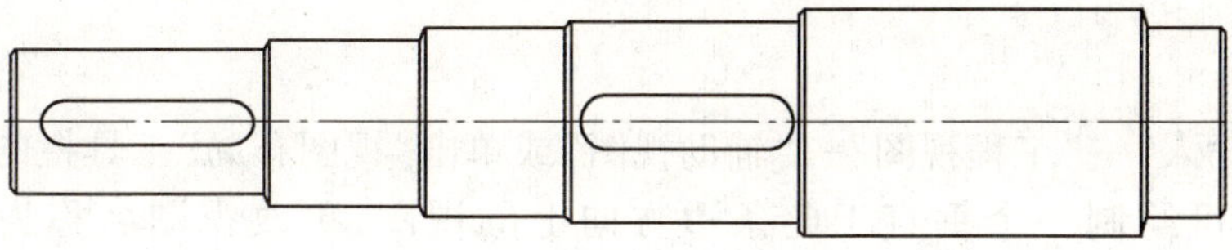

图 14－48　编辑结果

(5)单击“插入”—“工程视图”—“断裂视图”或单击“视图布局”工具栏上的断裂视图,系统提示选择要断开的工程视图,选择图,在“断裂视图”对话框中做如图 14－49 所示的设置,在工程视图中单击要断裂的视图部分的两端,单击“确定”按钮,结果如图 14－50 所示。

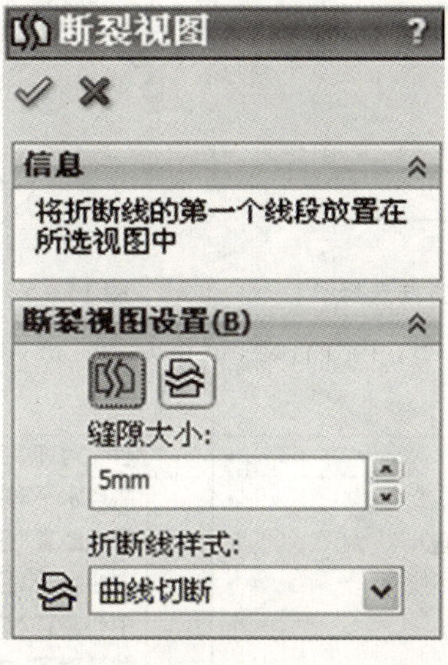

图 14－49　断裂视图的参数设置

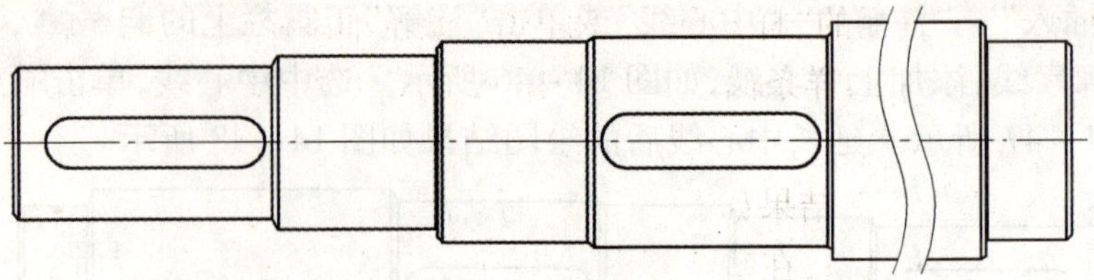

图 14－50　绘制的断裂视图

(6)单击“标准”工具栏的“保存”命令图标或是选择菜单命令“文件”—“保存”，将二维图形保存。

14.2.6　辅助视图

此处所述的辅助视图和机械制图国家标准中的斜视图相接近。

(1)将文件“蜗轮蜗杆减速器总装配体.SLDASM”打开。

(2)右键单击“下箱体”，在弹出的快捷菜单中单击“打开工程图”图标，将零件的工程图打开。

(3)单击“插入”—“工程视图”—“辅助视图”或单击“视图布局”工具栏的辅助视图，系统提示选择一条边，可绘制一个垂直于此条边方向上的视图，更改视图名称为“B”，单击如图 14－51所示的棱，移动鼠标，绘制出如图 14－52 所示的视图。

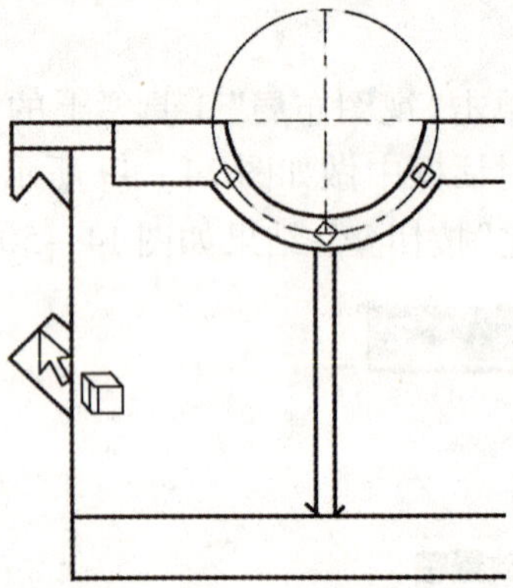

图 14－51　辅助视图方向选择

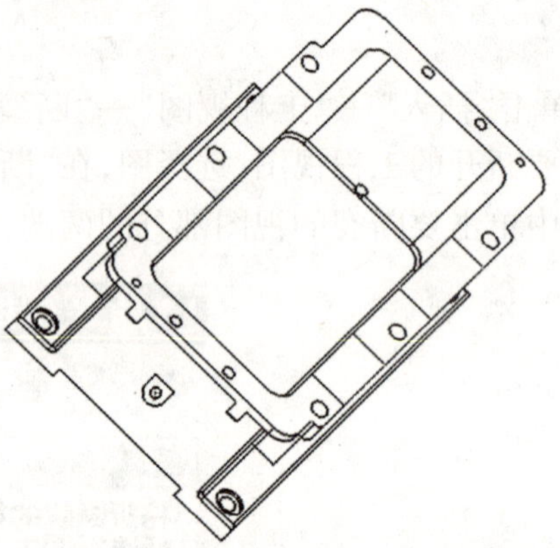

图 14－52　绘制的辅助视图

(4)选中图 14－52 中的视图，单击右键，依次选择“视图对齐”—“解除对齐关系”，如图 14－53所示。

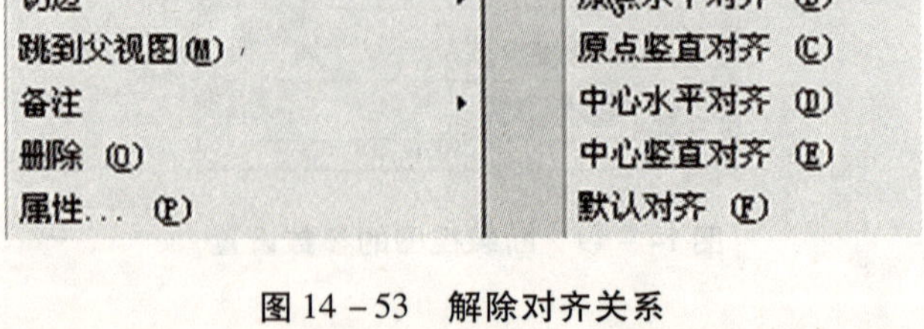

图 14－53　解除对齐关系

(5)单击“草图”工具栏的“样条曲线”命令，绘制如图 14－54 所示的封闭区域。

(6)选中图 14－54 中的样条曲线，单击“插入”—“工程视图”—“剪裁视图”或单击“视图布局”工具栏的，剪裁结果如图 14－55 所示。

(7)利用剪裁视图的思路，在基本视图的基础上生成斜视图。把如图 14－55 所示的视图删除，重新生成图 14－52，并解除对齐关系。

(8)选中图 14－52 中的视图，单击右键，依次选择“缩放/平移/旋转”—“旋转视图”按钮，将视图旋转到合适的位置，如图 14－56 所示。

(9)单击图 14－57 中的面，单击“草图”工具栏的，面上的棱转换出了草图。

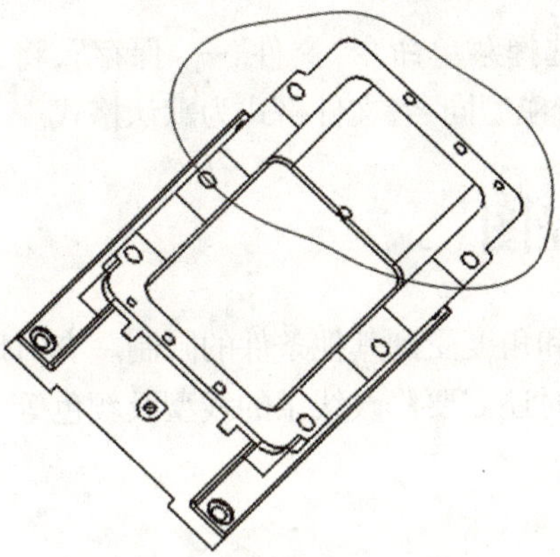

图 14－54　剪裁视图范围

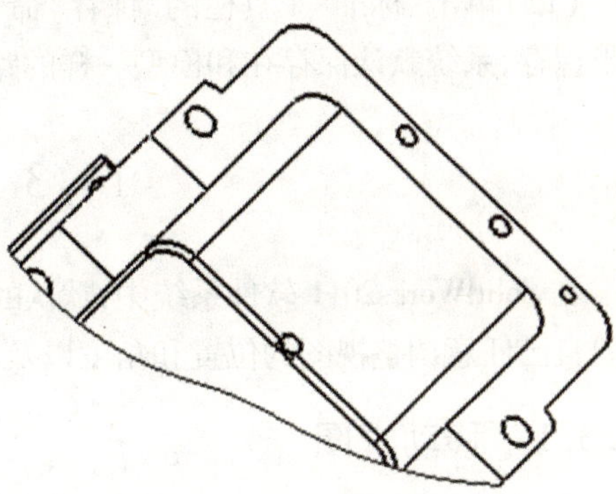

图 14－55　剪裁视图的结果

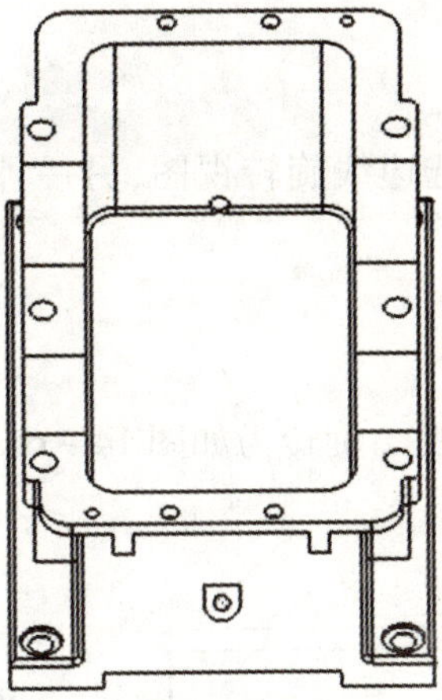

图 14－56　旋转视图结果

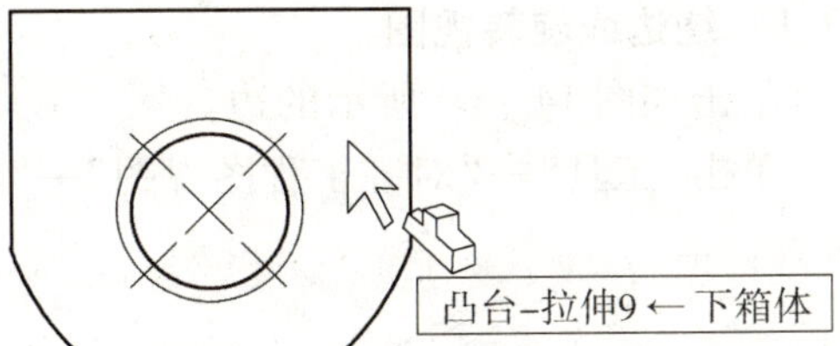

图 14－57　选择转换实体的面

(10)如图 14－58 所示，框选上一步中转换出的草图，单击“插入”—“工程视图”—“剪裁视图”，或是单击“视图布局”工具栏的，裁剪结果如图 14－59 所示，即为机械制图中的斜视图。

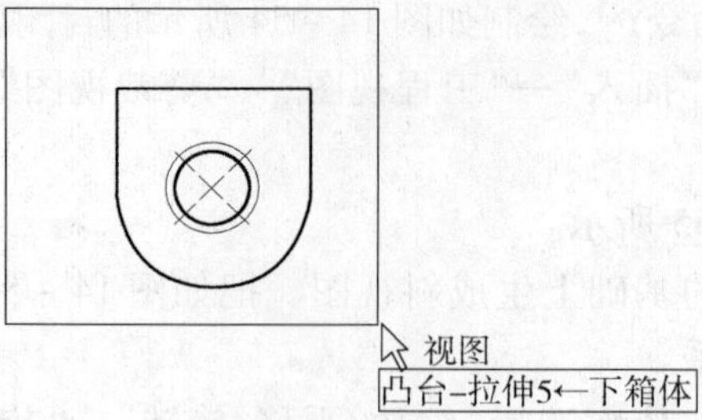

图 14 – 58　框选剪裁对象

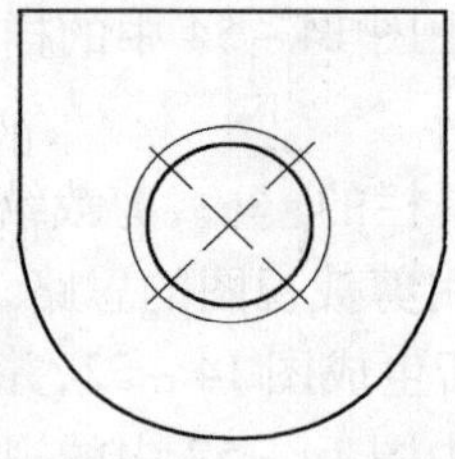

图 14 – 59　剪裁的图形

（11）单击中心线，将其删除，单击"插入"—"注解"—"中心符号线"或单击"注解"工具栏上的⊕ 中心符号线，单击螺纹小径的圆，添加上中心线。

（12）单击"标准"工具栏的"保存"命令图标或是选择菜单命令"文件"—"保存"，将二维图形保存，系统默认保存在和模型一样的路径下，文件名与模型同名，文件格式为默认格式。

14.3　修改工程图

在 SolidWorks2011 软件系统中，默认的视图生成位置和角度受到其他条件的限制。有时用户需要自己任意调整视图的位置和角度以及显示和隐藏，有时还需要修改线条的线型及颜色等。

14.3.1　移动视图

将光标移动到视图上，当光标变为时可移动视图。若移动的视图与其他视图没有约束几何关系，可以拖动它到任意的位置。

14.3.2　旋转视图

SolidWorks2011 提供了两种旋转视图的方法：一种是绕所选边线旋转视图，另一种是绕视图中心点以任意角度旋转视图。

14.3.2.1　绕边线旋转视图

（1）单击如图 14 – 60 所示的边。

（2）单击"工具"—"对齐工程图视图"—"竖直边线"，此时视图旋转为如图 14 – 61 所示的结果。

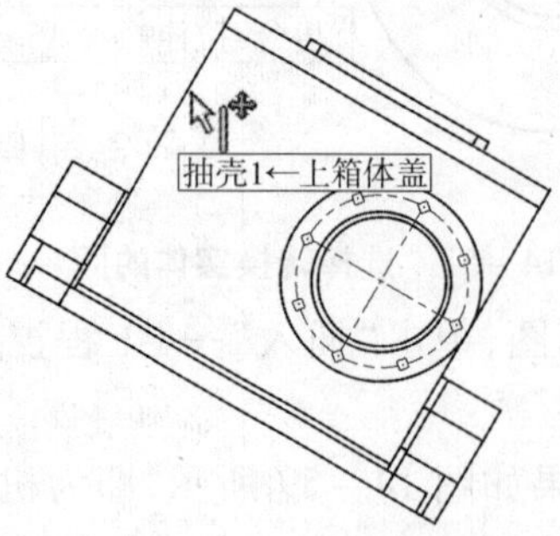

图 14 – 60　旋转视图参考

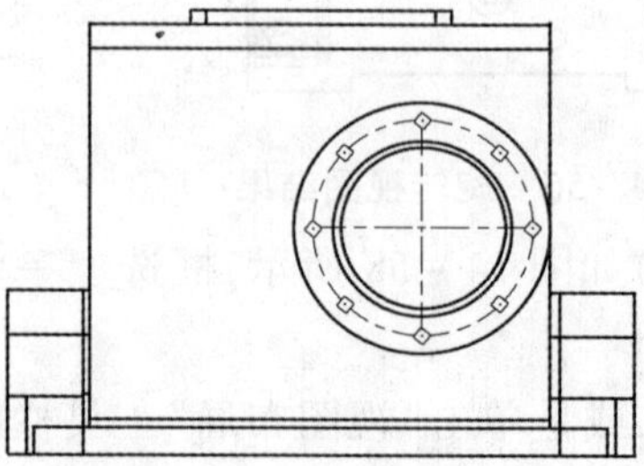

图 14 – 61　旋转结果

14.3.2.2 围绕中心点旋转视图

(1)选择要旋转的视图。

(2)单击“视图”工具栏上的“旋转”按钮，系统会弹出如图 14－62 所示的对话框，在图中“工程视图角度”中输入旋转角度，或拖动鼠标直接旋转。

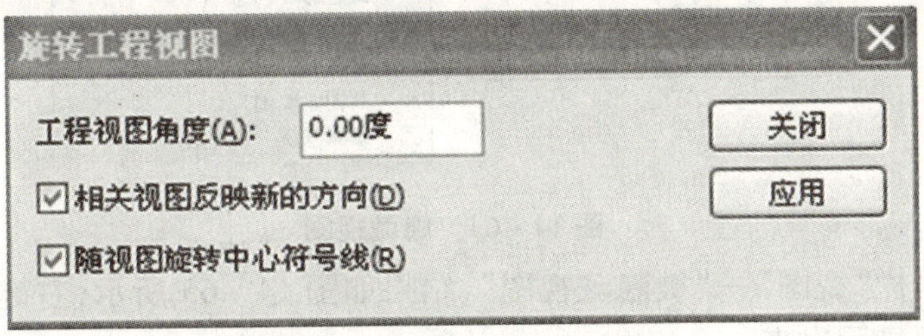

图 14－62　旋转角度设置

14.3.3　删除视图

用户可以很方便地删除视图，当删除某个视图时，其自身的派生视图（基于该视图所生成的视图）也被一并删除。

要删除工程图，可进行如下操作：

(1)在视图区域或者模型树中选择要删除的视图。

(2)单击右键弹出快捷菜单，单击 删除 (K)或是直接按 Delete 键删除，弹出如图 14－63 所示的对话框。

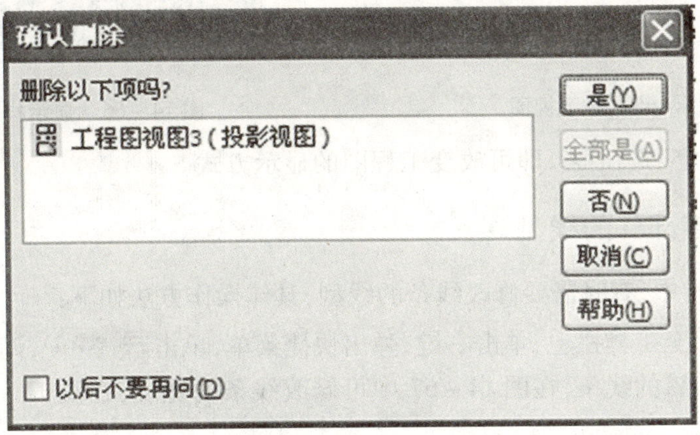

图 14－63　删除视图

(3)单击“是”按钮。

14.3.4　隐藏和显示视图

在编辑工程图时，可以使用“隐藏”命令来隐藏不必要显示的视图。隐藏视图后，还可以将其显示出来，具体操作如下：

(1)右键单击要隐藏的视图，单击“隐藏”，视图被隐藏，如图 14－64 所示。

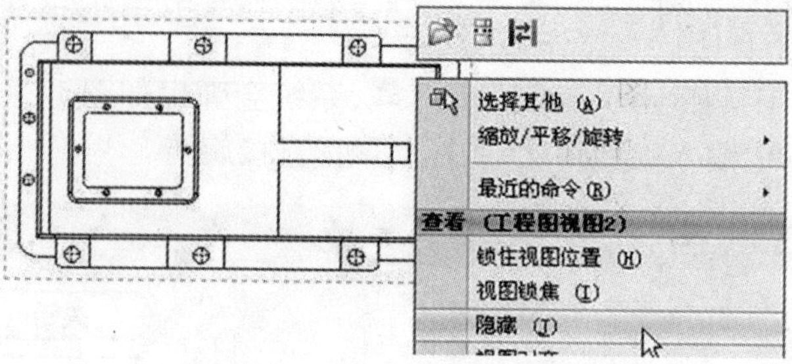

图 14－64　隐藏视图

（2）单击菜单栏“视图”—“被隐藏视图”，结果如图 14－65 所示，右键单击虚线框，单击“显示”，视图重新显示出来。

14.3.5　工程图显示方式的设置

在 SolidWorks2011 中，工程图的显示不仅可以像一般工程图那样显示线框的形式，还可以显示成三维实体的样式。

（1）在绘图区域中选择要更改显示方式的视图。

（2）单击工程图“属性”下如图 14－66 所示的不同显示样式。

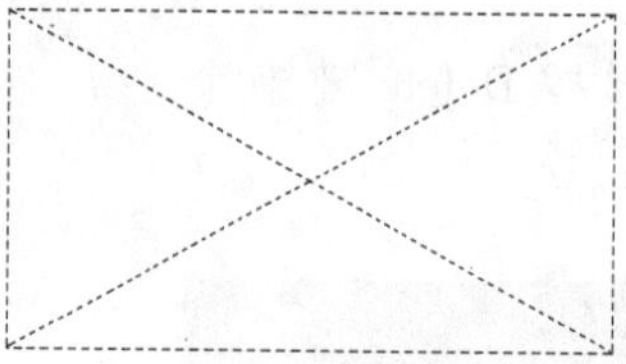

图 14－65　显示视图

图 14－66　显示样式设置

（3）单击“确定”按钮，即可改变工程图的显示方式。

14.3.6　改变零部件的线型

在工程图编辑中，有时需要修改线条的线型，具体操作方法如下：

（1）将光标移至工具栏上，单击右键，弹出快捷菜单，单击 线型(L)，调出“线型”工具栏。

（2）单击要编辑的线条，在图 14－67 中可修改线条的宽度，在图 14－68 中可修改线条的线型。

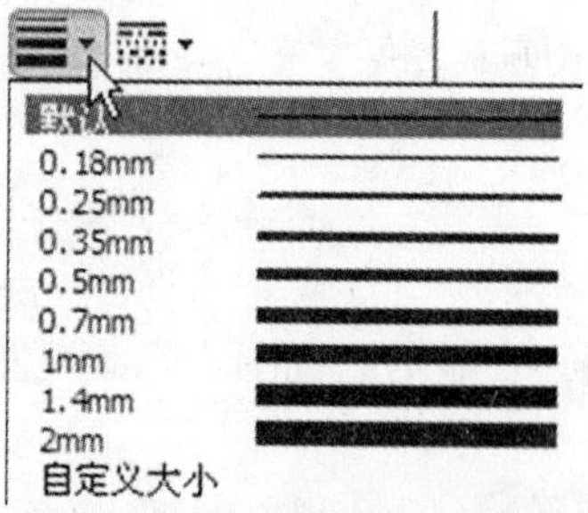

图 14－67　线宽设置

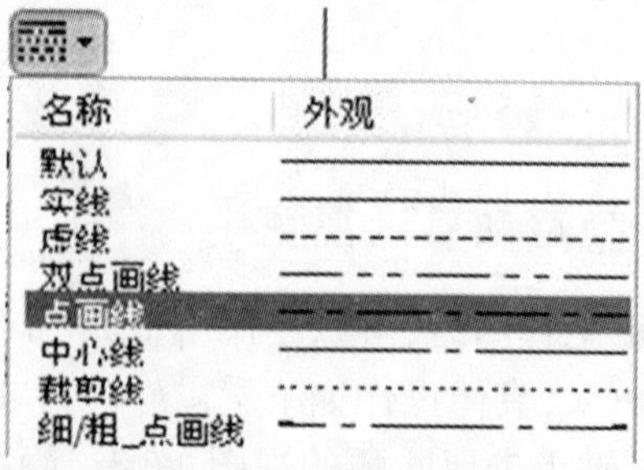

图 14－68　线型设置

14.3.7 改变视图的比例

(1)单击要更改比例的视图。

(2)在“属性”下的“比例”中，将视图比例修改为合适的比例，如图 14－69 所示，可用户自定义。

(3)单击“确定”按钮。

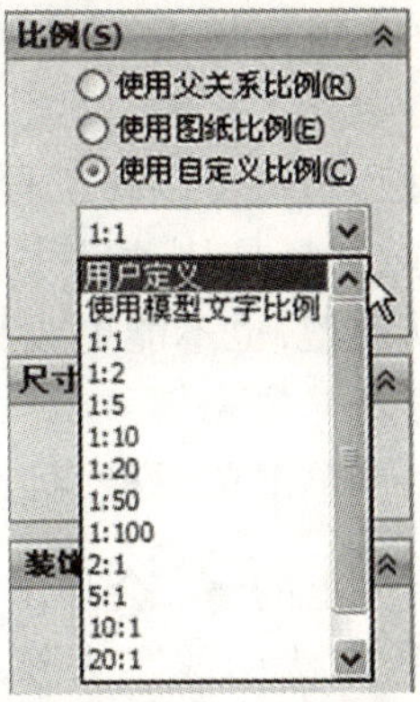

图 14－69　比例设置

14.3.8 修改剖面线

在剖视图中，SolidWorks2011 系统会自动添加剖面线，但有时候自动添加的剖面线并不能满足要求，则需要编辑剖面线。

(1)单击要编辑的剖面线，如图 14－70 所示，弹出如图 14－71 所示的属性框。

(2)将“材质剖面线”取消，可对剖面线进行编辑。在选项框中，数字越大，剖面线越密，此处输入“2”；在选项框中输入剖面线的倾斜角度为“90 度”（系统默认的剖面线与水平方向向右成 45 度为 0 度），单击“确定”按钮，单击工具栏上“重建模”命令，剖面线修改结果如图 14－72 所示。

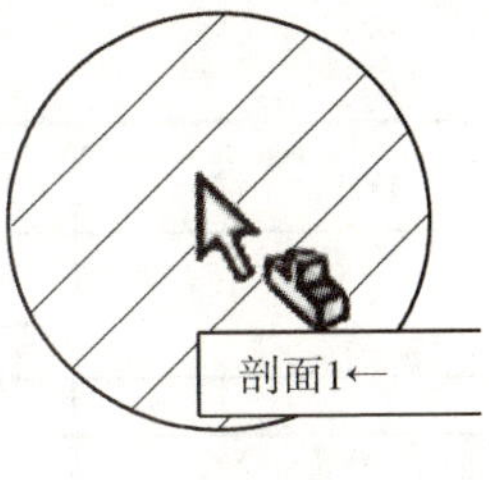

图 14－70　剖面线的选择

图 14－71　剖面线属性设置

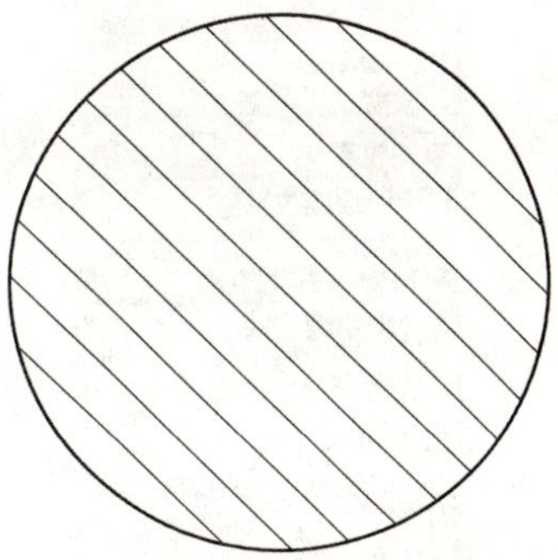

图 14－72　剖面线修改结果

14.3.9 切边显示

在机械制图国家标准中，绘制二维图形，切边在图中不绘制。SolidWorks2011 系统默认绘制了切边。选中要修改的视图，单击右键，依次选择“切边”—“切边不可见”，将切边隐藏。

14.4 尺寸标注和技术要求

工程的尺寸标注与模型是相关联的，模型中尺寸的更改会反映在工程图中。通常用户在生成零件特征时会生成尺寸,然后将这些尺寸插入到各工程视图中。在模型中更改尺寸会更新工程图,反之,在工程图中更改插入的尺寸也会更改模型。用户可以在工程图中添加尺寸,但是这些尺寸是参考尺寸,并且是从动尺寸。参考尺寸显示模型的测量值,但并不驱动模型,也不能更改其数值。当更改模型时,参考尺寸会相应更新。

单击菜单栏“插入”—“注解”—“注释”或单击“注解”工具栏上的注释,会弹出注释属性框,单击如图 14－73 所示属性框中“无引线”,去除系统默认的箭头,输入技术要求即可。

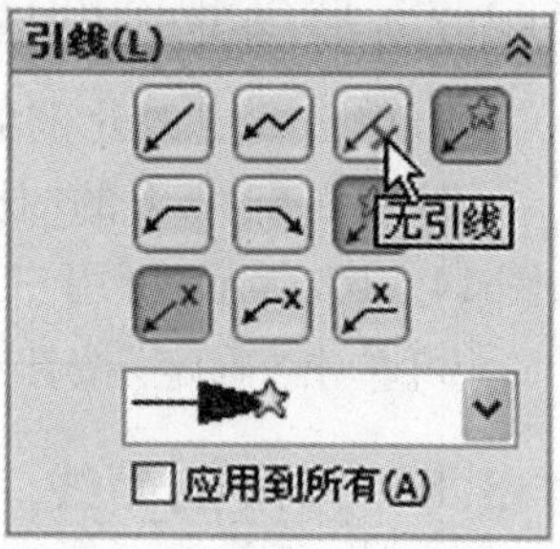

图 14－73　文字引线设置

14.5　装配图绘制

(1)将“蜗轮齿轮轴组件. SLDASM”打开。

(2)单击“文件”—“从零件制作工程图”,进入工程图绘图环境,直接用 A0 图纸。同上述方法一样,生成装配体主视图及轴测图,调整好比例。

(3)将图纸格式换为自制的 A3 图纸。

(4)单击主视图,选择菜单栏“插入”—“表格”—“材料明细表”,弹出如图 14－74 所示的“材料明细表”对话框,各选项具体的含义留给读者自学。

(5)单击“确定”按钮,有一表格出现,将其放置在标题栏的上方,如图 14－75 所示。

图 14－74　“材料明细表”对话框

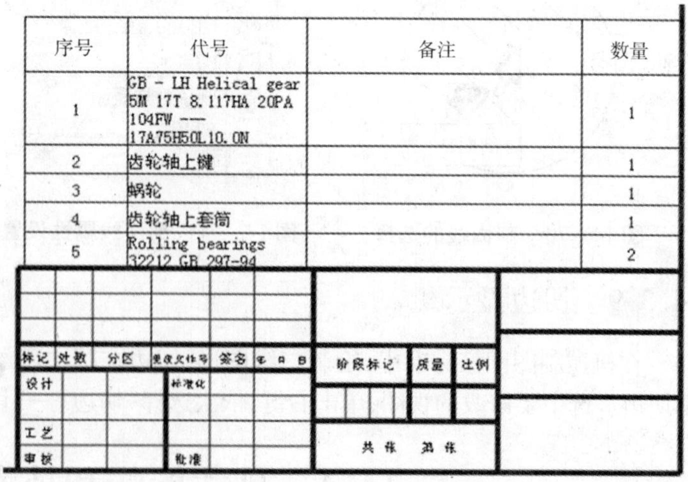

图 14－75　材料明细表

(6)标题栏不符合国家标准的要求,需对它进行编辑。当光标变成如图 14－76 所示的状态时,单击右键,弹出快捷菜单,插入列,如图 14－77 所示,直到标题栏为 7 列,单击每一列,写上表头,结果如图 14－78 所示。

图 14－76 选择材料明细表列

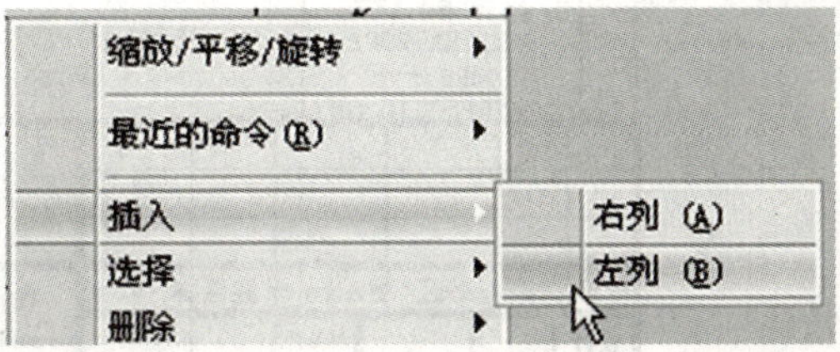

图 14－77 插入列

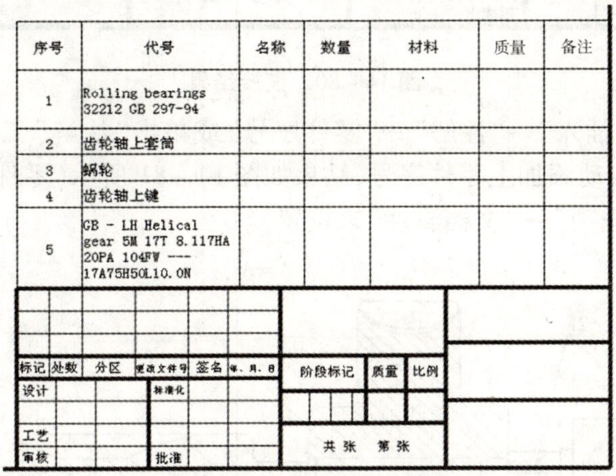

图 14－78 插入列的结果

(7)给列链接上属性。选择一列,单击右键,依次选择"格式化"—"列宽",设置每列的宽度,选择一列,单击Σ,将此列链接到"文件名",如图 14－79 所示,单击"确定"按钮✔,结果如图 14－80所示。

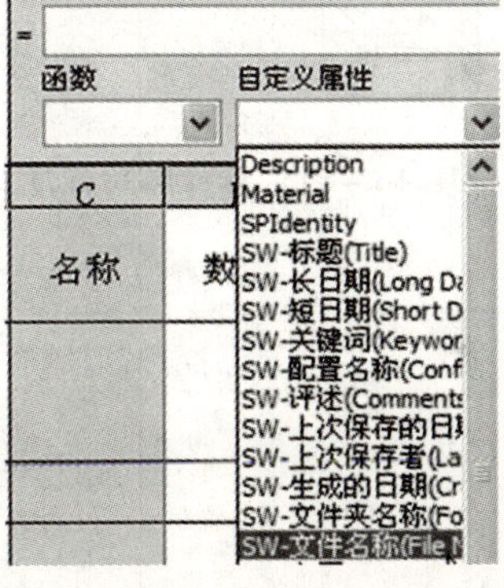

图 14－79 给材料明细表列链接上属性

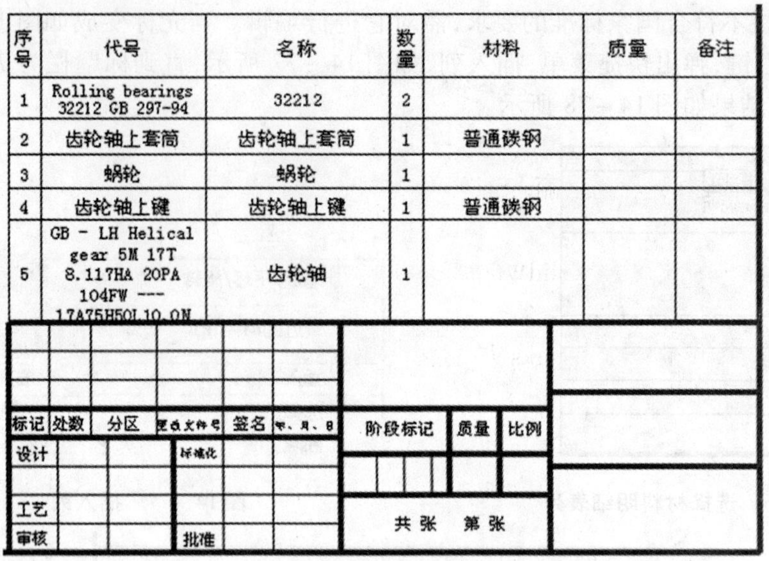

序号	代号	名称	数量	材料	质量	备注
1	Rolling bearings 32212 GB 297-94	32212	2			
2	齿轮轴上套筒	齿轮轴上套筒	1	普通碳钢		
3	蜗轮	蜗轮	1			
4	齿轮轴上键	齿轮轴上键	1	普通碳钢		
5	GB - LH Helical gear 5M 17T 8.117HA 20PA 104FW --- 17A75H50L10.0N	齿轮轴	1			

图 14－80　链接结果

(8)单击菜单栏“插入”—“注解”—“零件序号”或单击“注解”工具栏上的 零件序号,单击要标注的零件,会自动添加上零件序号,结果如图 14－81 所示(零件序号的端点形式可以通过单击“工具”—“选项”—“文档属性”来设置)。

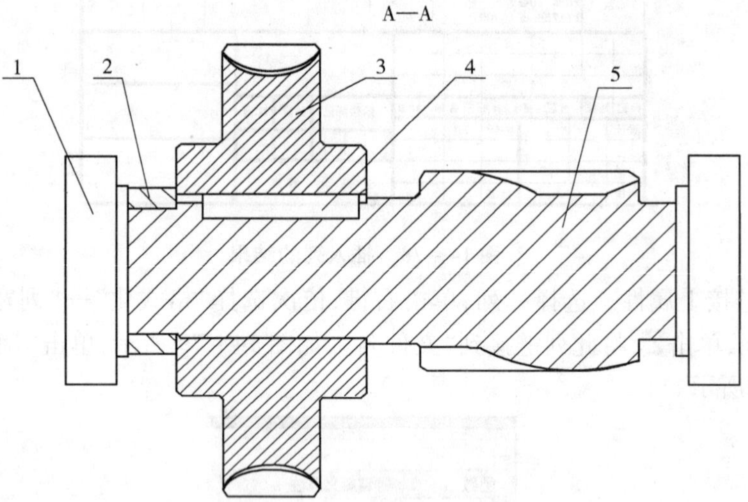

图 14－81　零件序号标注

参考文献

[1]胡仁喜，张红松，刘昌丽. SolidWorks 机械设计工程与实践[M]. 北京:北京科海电子出版社，2007.

[2]江洪,单莉,李春表. SolidWorks 机械设计实例解析[M]. 北京:机械工业出版社,2007.

[3]张晋西,郭学琴. SolidWorks 及 COSMOSMotion 机械仿真设计[M]. 北京:清华大学出版社,2007.

[4]濮良贵,纪名刚. 机械设计[M]. 北京:高等教育出版社,2002.

[5]中国机械工程学会,中国机械设计大典编委会,北京英科宇科技开发中心. 机械设计手册[M]. 北京:电子工业出版社,2007.

[6] SolidWorks 2011 “SolidWorks 帮助”文件.

[7] SolidWorks 2011 “SolidWorks 指导教程”文件.

